石墨烯材料性能研究系列丛书

石墨烯材料热学和电学性能研究
——从非简谐效应视角

郑瑞伦　夏继宏　杨文耀　著

杨邦朝　主审

西南交通大学出版社

·成　都·

内容简介

本书反映了作者科研团队多年来在石墨烯材料热力学和电学性质，特别是非简谐效应理论领域的主要研究成果。在介绍石墨烯材料的有关概念、分类、制备方法、普遍的物理化学性质以及石墨烯的结构和晶体结合的基础上，论述非简谐效应理论的有关概念、基本观点、研究问题的基本方法及其在三维、二维、纳米系统热学和电学性能等方面的一些应用。基于石墨烯、外延石墨烯、类石墨烯等石墨烯材料的结构以及组成粒子的相互作用和运动特点，对石墨烯材料的热力学和电学性能的变化规律及其非简谐效应，从理论上进行深入的定量研究。

图书在版编目（CIP）数据

石墨烯材料热学和电学性能研究：从非简谐效应视角／郑瑞伦，夏继宏，杨文耀著. —成都：西南交通大学出版社，2019.5
（石墨烯材料性能研究系列丛书）
ISBN 978-7-5643-6707-7

Ⅰ. ①石… Ⅱ. ①郑… ②夏… ③杨… Ⅲ. ①石墨－复合材料－热学－研究②石墨－复合材料－电学－研究 Ⅳ. ①TB332

中国版本图书馆 CIP 数据核字（2018）第 290963 号

石墨烯材料性能研究系列丛书

石墨烯材料热学和电学性能研究
——从非简谐效应视角

郑瑞伦
夏继宏 著
杨文耀

责任编辑 牛 君
封面设计 何东琳设计工作室

印张 21 字数 366 千
成品尺寸 170 mm × 230 mm
版次 2019 年 5 月第 1 版
印次 2019 年 5 月第 1 次
印刷 成都勤德印务有限公司
书号 ISBN 978-7-5643-6707-7

出版发行 西南交通大学出版社
网址 http://www.xnjdcbs.com
地址 四川省成都市金牛区二环路北一段111号
西南交通大学创新大厦21楼
邮政编码 610031
发行部电话 028-87600564 028-87600533
定价 88.00元

序　言

石墨烯作为一种新兴的二维纳米材料，其独特的性质和广泛的应用前景，使石墨烯材料的研究成为当前国内外最受关注的研究领域之一，并在制备、性能、应用等方面已进行了大量的实验和理论研究。在石墨烯材料的各种性质中，最重要的电学、热学和力学性质是与应用联系最紧密，而且，也是理论上最需要深入研究的性质。但目前对石墨烯材料电学和热学性质的理论研究著作还较少，特别是对石墨烯材料的各种性质（包括物理、化学性质等）中，与应用联系最紧密的电学和热力学性质的非简谐效应的研究更少。这些年来，在实验上已发现石墨烯材料的许多新现象、新规律，特别是电学和热力学性质随温度变化的规律以及表现的非简谐效应现象，但从理论上深入研究还远不够。为了深入对石墨烯材料的研究，更好地应用于生产、科技和生活等领域，需要一部有关石墨烯材料热电性能研究的理论著作。

重庆文理学院新型储能器件及应用工程研究中心，长期以来对三维、二维和纳米等各类材料的电学和热力学性质的变化规律及其原子振动的非简谐效应进行了较系统深入的研究，提出了非简谐理论。近几年来，该科研团队紧跟世界科技发展前沿，对石墨烯材料的制备、性能等进行了大量的实验和理论研究，特别是对它的电学、热学和力学性能的非简谐效应，通过实验和理论相结合，在实验基础上，构建物理模型，应用固体物理理论，采用格林函数法等方法，对石墨烯材料热、电和力学性能的非简谐效应及其变化规律进行较深入的研究，并取得了有价值的研究成果，本书正是该科研团队所做工作的总结。

本书特点是：① 系统性、逻辑性强，内容次序符合认知规律；② 理论与实验紧密结合，理论有深度、广度及前沿性；③ 反映了国内外有关石墨烯材料热学和电学性能的新进展，特别反映了科研团队近期科研成果以及提出的新理论，新方法；④ 突出了物理学科的特点，做到物理图像清晰，物理概念明确，便于阅读理解。

该书的编写得到重庆文理学院领导的热情鼓励、大力支持和许多老师的热情帮助，是科研团队的老师们共同努力的结果。该书的出版，对该科研团队对石墨烯材料的研究将起重要的促进作用，使其研究更上一个新水平、新台阶。同时也将使读者较系统和深入地了解石墨烯材料的制备、结构、热力学和电学性质的变化规律以及研究方法、基本研究过程，为同行进行相关研究和应用提供可靠的理论和实验支撑，对促进学术交流和科学技术的进步起积极作用。

2018 年 6 月

前　言

自2004年Geim和Novoselov采用机械剥离法获得石墨烯并于2010年获得诺贝尔物理学奖以来，石墨烯作为一种新兴的二维材料，它的完美晶体结构和独特的电学、光学、热学、力学等性能，使其在电子器件、能量储存、环境科学等领域具有广泛的应用前景和科学价值，对石墨烯材料的研究，已成为当前最受关注的研究领域之一，目前已有许多学者对石墨烯材料（包括石墨烯、外延石墨烯、类石墨烯、氧化石墨烯、石墨烯复合材料等）的制备、性能、应用等展开研究，主要是性能实验和定性分析。但缺乏理论上的深入研究，特别是对石墨稀材料各种性质的非简谐效应的研究较少，缺乏这方面的具有一定理论深度的著作。为了深入对石墨烯材料的研究，使其更好地应用于生产、科技、生活等领域，需要一部有关石墨烯材料热、电性能及其应用的著作，期望从实验和理论上更深入地揭示石墨烯材料的电学、热学和力学等非简谐性质遵从的规律以及这些性质的应用。

重庆文理学院新型储能器件及应用工程研究中心，长期以来对三维、二维、纳米等各类材料的电学、热学和力学性质及其原子振动的非简谐效应进行研究，提出了非简谐效应理论。特别是2004年Novoselov等首次用机械剥离法得到单原子厚度的石墨烯以来，该科研团队紧跟世界科技发展，对石墨烯材料的制备、性能等进行了大量的实验和理论研究，采取实验和理论相结合的方法，在实验基础上，构建物理模型，应用固体物理理论，采用格林函数法、密度泛函方法等方法，对石墨烯材料热、电和力学性能的非简谐效应及其变化规律进行较深入的研究，并取得成效。为了将已有的研究成果深入化、系统化及理论化，使我们对石墨烯材料的研究更深入，再上新台阶；为新器件、新材料的应用提供可靠的理论和实验支撑；使读者较系统和深入地了解石墨烯材料的制备、结构、热力学和电学性质的变化规律，特别是非简谐效应及其应用；了解主要的理论研究方法和采用的理论模型以及基本研究过程，并由此发现新现象；也为了使我们的研究被同行所了解，促进学术交流，我们将所做的工作进行总结，撰写了一本有关石墨烯材料热学和电学性能非简谐效应及其应用的著作。

本书共 8 章，第 1、2 章分别介绍石墨烯材料的有关概念、分类和制备方法、物理化学性质以及石墨烯的结构和晶体结合；第 3 章论述非简谐效应理论的有关概念、基本观点、研究问题的基本方法和它在研究三维、二维、纳米系统的热学、电学和光学等性质方面的一些应用；从第 4 章起，按照石墨烯、外延石墨烯、类石墨烯材料的顺序，依次论述了石墨烯材料的热力学、电学性质的非简谐效应；第 8 章论述了石墨烯的热电效应及其应用。

本书第 1 章、第 8 章由杨文耀撰写，第 2 章、第 6 章由夏继宏撰写，第 3、4、5、7 章由郑瑞伦撰写。全书经郑瑞伦、夏继宏统一修改，保证了各章内容的协调和风格的一致性。

本书的出版得到重庆文理学院的资助。著者衷心感谢重庆文理学院领导的热情鼓励和大力支持、帮助，感谢电子科技大学杨邦朝教授对本书撰写的策划组织并审阅全书，感谢西南科技大学彭同江教授的热情指导。在所写的内容中，许多是我们科研团队的老师，如程正富、任晓霞、申凤娟、杜一帅、周虹君、高君华、李杰、杨保亮等老师的研究成果，在修改和整理的过程中，还得到学校许多老师的热情帮助，在此向他们表示衷心感谢。

限于作者水平，书中难免存在错误和不妥之处，敬请读者指正。

著　者

2018 年 6 月

目　录

1　石墨烯材料简介…………………………………………………………001
1.1　石墨烯材料的起源及分类………………………………………………001
1.1.1　石墨烯材料的起源……………………………………………001
1.1.2　石墨烯材料的分类……………………………………………004
1.2　石墨烯材料的基本性质…………………………………………………007
1.2.1　石墨烯的力学性质……………………………………………007
1.2.2　石墨烯的光学性质……………………………………………008
1.2.3　石墨烯的化学性质……………………………………………008
1.2.4　石墨烯的导电性………………………………………………009
1.2.5　石墨烯的导热性………………………………………………010
1.2.6　石墨烯的阻隔性………………………………………………010
1.3　石墨烯材料的制备方法简介……………………………………………011
1.3.1　机械剥离法……………………………………………………011
1.3.2　外延生长法……………………………………………………013
1.3.3　氧化还原法……………………………………………………014
1.3.4　溶剂热法………………………………………………………019
1.3.5　有机合成法……………………………………………………020
1.3.6　化学气相沉积法………………………………………………021
1.3.7　电弧放电法……………………………………………………024
1.3.8　等离子增强合成法……………………………………………025
1.3.9　火焰法…………………………………………………………027
参考文献…………………………………………………………………………029

2 石墨烯的结构和晶体结合 …… 035
2.1 石墨烯的结构和显微形貌以及电子结构 …… 035
2.1.1 石墨烯的晶体结构 …… 035
2.1.2 石墨烯的电子结构 …… 036
2.1.3 多层石墨烯的晶体结构和电子结构 …… 038
2.2 石墨烯的晶体结合 …… 041
2.2.1 石墨烯的原子相互作用能 …… 041
2.2.2 石墨烯的结合能 …… 042
2.2.3 温度对石墨烯原子相互作用能的影响 …… 043
2.3 石墨烯与吸附原子的结合 …… 044
2.3.1 石墨烯的吸附模型 …… 045
2.3.2 吸附引起的石墨烯态密度的改变 …… 046
2.3.3 吸附原子性质对石墨烯吸附系统结合强弱的影响 …… 048
2.3.4 吸附原子覆盖度随温度的变化 …… 049
2.4 石墨烯与吸附原子的键能随温度的变化 …… 051
2.4.1 石墨烯与吸附原子之间的相互作用能 …… 051
2.4.2 吸附原子性质对石墨烯与吸附原子键能的影响 …… 052
2.4.3 温度对吸附键能的影响 …… 055
参考文献 …… 056
3 非简谐效应理论及其在晶体热学性质上的应用 …… 057
3.1 非简谐效应理论的有关概念和基本方法 …… 057
3.1.1 简谐近似与非简谐效应的概念 …… 057
3.1.2 描述非简谐效应的特征量 …… 058
3.1.3 非简谐效应理论的基本观点和基本方程 …… 061
3.1.4 非简谐效应理论研究问题的方法 …… 062
3.2 三维晶体的物理模型和声子谱 …… 062
3.2.1 三维晶体的物理模型 …… 063
3.2.2 三维晶体的声子谱 …… 064

3.2.3 德拜温度和格林乃森参量与简谐系数和非简谐系数的关系 …… 066
3.3 三维晶体热力学性质的非简谐效应 …… 067
3.3.1 简谐近似下三维晶体的热力学性质 …… 068
3.3.2 三维晶体的热膨胀、热压强、压缩系数随温度的变化 …… 069
3.3.3 三维晶体的定容热容量随温度的变化 …… 071
3.3.4 三维晶体的热导率随温度的变化 …… 073
3.4 非简谐振动对二维系统的临界点与玻意耳线的影响 …… 075
3.4.1 Collins 模型 …… 075
3.4.2 二维系统的吉布斯函数 …… 076
3.4.3 二维系统的状态方程和临界点 …… 078
3.4.4 非简谐振动对玻意耳温度和玻意耳线的影响 …… 079
3.5 二维晶体热力学性质的非简谐效应 …… 082
3.5.1 简谐近似下二维晶体的热力学函数 …… 082
3.5.2 简谐近似下二维晶格热容理论 …… 083
3.5.3 非简谐振动对二维二元系统溶解限曲线的影响 …… 085
3.5.4 二维晶体的定压热膨胀系数和等温压缩系数 …… 087
3.6 纳米晶热力学性质的非简谐效应 …… 088
3.6.1 纳米晶的物理模型以及简谐系数和非简谐系数 …… 088
3.6.2 直角六面体型纳米晶的德拜温度和格林乃森参量 …… 090
3.6.3 直角六面体型纳米晶的热膨胀系数 …… 091
3.6.4 直角六面体型纳米晶的定容热容量以及热导率 …… 092
3.6.5 直角六面体型纳米晶的表面能 …… 095
3.6.6 非简谐振动对球状纳米晶表面能的影响 …… 096
3.7 非简谐效应理论的其他应用 …… 098
3.7.1 激光辐照金属板材的物理模型 …… 098
3.7.2 激光辐照下金属板材的温度分布和升温率 …… 100
3.7.3 激光辐照金属板材非简谐效应 …… 101
3.7.4 温度对光学微腔光子激子系统玻色凝聚的影响 …… 104
参考文献 …… 110

4 石墨烯热力学性质的非简谐效应 ······113
4.1 石墨烯声子的性质 ······113
4.1.1 几种低维晶格模型的声子谱 ······113
4.1.2 石墨烯的声子谱 ······115
4.1.3 石墨烯的声子频率随温度的变化 ······115
4.1.4 石墨烯声子的弛豫时间 ······118
4.2 石墨烯的格林乃森参量和德拜温度随温度的变化 ······122
4.2.1 石墨烯的原子相互作用和简谐系数、非简谐系数 ······122
4.2.2 石墨烯的德拜温度随温度的变化 ······123
4.2.3 石墨烯的格林乃森参量随温度的变化 ······124
4.3 石墨烯的热容量和热导率随温度的变化 ······126
4.3.1 石墨烯热容量的物理模型 ······126
4.3.2 石墨烯的热容量随温度的变化 ······127
4.3.3 石墨烯的热导率随温度的变化 ······128
4.4 石墨烯的负热膨胀现象 ······130
4.4.1 石墨烯负热膨胀现象的发现 ······131
4.4.2 非低温石墨烯热膨胀系数随温度的变化 ······131
4.4.3 石墨烯低温热膨胀系数随温度的变化 ······132
4.5 石墨烯力学性质的非简谐效应 ······137
4.5.1 Keating 形变势下的弹性模量 ······137
4.5.2 Davydov 模型下单层石墨烯的弹性 ······139
4.5.3 Davydov 石墨烯形变势模型下的弹性 ······141
4.5.4 点缺陷型下石墨烯的弹性模型 ······146
参考文献 ······150
5 石墨烯电学性质的非简谐效应 ······153
5.1 三维晶体的电导率随温度的变化 ······153
5.1.1 三维导体的电子电导率随温度的变化 ······153
5.1.2 三维半导体的电导率随温度的变化 ······157

5.1.3 原子非简谐振动对晶体电导率的影响 …… 161
5.2 导体和半导体的态密度以及能带结构 …… 162
5.2.1 三维导体电子的态密度和能带结构 …… 163
5.2.2 三维半导体带电粒子的态密度和能带结构 …… 165
5.2.3 二维晶体带电粒子的态密度和能带结构 …… 166
5.3 石墨烯的能带结构和能态密度 …… 168
5.3.1 无缺陷单层石墨烯电子的能带结构 …… 168
5.3.2 缺陷型石墨烯的电子能带结构 …… 170
5.3.3 单层石墨烯电子的能态密度 …… 171
5.3.4 石墨烯吸附原子的局域态密度 …… 172
5.3.5 吸附对石墨烯态密度的影响 …… 175
5.4 石墨烯吸附系统的电荷分布 …… 176
5.4.1 吸附原子的键能 …… 177
5.4.2 吸附原子的电荷分布 …… 178
5.4.3 吸附原子的性质对电荷分布的影响 …… 181
5.5 原子非简谐振动对石墨烯吸附系统电荷分布的影响 …… 183
5.5.1 石墨烯吸附系统电荷分布随吸附原子位置的变化 …… 183
5.5.2 原子非简谐振动对吸附原子电荷分布的影响 …… 185
5.6 石墨烯的费米速度和电导率 …… 188
5.6.1 石墨烯电子的费米速度和费米能 …… 188
5.6.2 石墨烯的电子电导率 …… 189
5.6.3 电子-声子互作用对石墨烯电导率的影响 …… 192
5.6.4 空位缺陷对石墨烯电导率的影响 …… 193
5.7 石墨烯电极材料比电容的量子极限 …… 194
5.7.1 石墨烯电极材料比电容的影响因素 …… 195
5.7.2 材料性质和温度对石墨烯电极材料比电容的影响 …… 196
5.7.3 量子效应对石墨烯电极材料比电容的贡献 …… 197
参考文献 …… 201

6 外延石墨烯的热学和电学性质 …… 203
6.1 外延石墨烯的制备与分类 …… 203
6.1.1 外延石墨烯的概念和分类 …… 203
6.1.2 外延石墨烯的制备 …… 204
6.2 外延石墨烯电子能态密度 …… 209
6.2.1 基底的态密度 …… 209
6.2.2 含缺陷的金属基外延石墨烯的态密度 …… 210
6.2.3 含缺陷的半导体基外延石墨烯的态密度 …… 215
6.2.4 半导体膜外延石墨烯的态密度 …… 217
6.3 外延石墨烯的费米速度 …… 218
6.3.1 零温情况外延石墨烯的电子费米速度 …… 218
6.3.2 金属基外延石墨烯的费米速度随温度和费米能的变化 …… 220
6.3.3 半导体基外延石墨烯的费米速度 …… 222
6.3.4 空位缺陷对金属基外延石墨烯的费米速度的影响 …… 223
6.4 外延石墨烯的电导率 …… 224
6.4.1 金属基外延石墨烯的电导率 …… 224
6.4.2 半导体基外延石墨烯的电导率随温度的变化 …… 229
6.4.3 吸附对半导体基外延石墨烯电导率的影响 …… 231
6.4.4 空位缺陷对金属基外延石墨烯电导率的影响 …… 232
6.5 外延石墨烯热力学性质的非简谐效应 …… 233
6.5.1 外延石墨烯原子振动的简谐系数和非简谐系数 …… 233
6.5.2 外延石墨烯的格林乃森参量和德拜温度 …… 237
6.5.3 外延石墨烯的热膨胀系数和弹性模量随温度的变化 …… 238
参考文献 …… 239
7 类石墨烯热学和电学性质的非简谐效应 …… 241
7.1 类石墨烯的原子相互作用能和内聚能 …… 241
7.1.1 类石墨烯的概念和分类 …… 241
7.1.2 类石墨烯的原子相互作用能 …… 242

7.1.3 类石墨烯的内聚能 …… 245
7.2 类石墨烯电子能态密度 …… 247
7.2.1 单层化合物 A_N-B_{8-N} 型类石墨烯的态密度 …… 247
7.2.2 金属基外延类石墨烯态密度 …… 251
7.2.3 金属基外延类石墨烯吸附系统的态密度 …… 253
7.2.4 金属基外延类石墨烯的电荷分布 …… 253
7.3 类石墨烯热力学性质的非简谐效应 …… 254
7.3.1 类石墨烯的简谐系数与非简谐系数 …… 254
7.3.2 类石墨烯的热膨胀系数和格林乃森参量随温度的变化 …… 257
7.3.3 类石墨烯的德拜温度和热容量随温度的变化 …… 260
7.3.4 短程作用对类石墨烯热力学性质的影响 …… 262
7.4 类石墨烯的弹性与形变以及有效电荷 …… 265
7.4.1 类石墨烯的弹性模量 …… 265
7.4.2 类石墨烯的形变 …… 267
7.4.3 形变对类石墨烯极性的影响 …… 268
7.4.4 形变对类石墨烯有效电荷的影响 …… 270
7.5 类石墨烯的介电性质 …… 274
7.5.1 类石墨烯的极化率 …… 274
7.5.2 类石墨烯的介电常数随化合物的变化 …… 277
7.5.3 类石墨烯的介电常数随温度的变化 …… 278
参考文献 …… 280
8 石墨烯热电效应及其应用 …… 281
8.1 热电效应分类及其热电现象的热力学理论 …… 281
8.1.1 热电效应的有关概念和分类 …… 281
8.1.2 热电现象的热力学理论 …… 283
8.1.3 热电系数的计算公式 …… 287
8.2 石墨烯热电效应 …… 288
8.2.1 石墨烯热电性能概述 …… 288

8.2.2 石墨烯热电效应的研究进展 …… 289
8.2.3 进一步提高石墨烯热电性能的途径 …… 291
8.3 半导体基外延石墨烯热电效应的奇异现象 …… 292
8.3.1 石墨烯热电效应奇异性的发现 …… 293
8.3.2 外延石墨烯的热电系数 …… 294
8.3.3 半导体基外延石墨烯的热电势 …… 296
8.3.4 杂化势随温度的变化和非简谐振动对热电势的影响 …… 299
8.3.5 半导体薄膜基外延石墨烯的热电势 …… 301
8.4 金属基外延石墨烯热电效应的奇异现象 …… 303
8.4.1 金属块体基外延石墨烯的热电势 …… 303
8.4.2 金属薄膜基外延石墨烯的热电势 …… 304
8.4.3 声子拖拽对外延石墨烯热电势的贡献 …… 306
8.5 石墨烯热电性能的应用 …… 308
8.5.1 石墨烯热电性能在新型环境响应材料上的应用 …… 308
8.5.2 石墨烯热电性能在热电器件上的应用 …… 313
8.5.3 石墨烯热电性能在光电探测器上的应用 …… 315
参考文献 …… 317
附 录 …… 320

1 石墨烯材料简介

2004 年，英国曼彻斯特大学物理学家安德烈 · 盖姆教授（Andre Geim）和康斯坦丁 · 诺沃肖洛夫教授（Konstantin Novoselov）采用机械剥离法，从定向热解石墨中成功分离出了只有原子级厚度的二维薄层碳材料——石墨烯（Graphene），证实了石墨烯可以单独存在这一事实。研究表明单层石墨烯在电学、光学、热学等方面具有许多普通碳材料所不具有的优异性能：是最薄的纳米材料（单原子厚度）、最坚硬的纳米材料（抗拉强度 125 GPa，弹性模量 1.1 TPa，比金刚石更坚硬）、几乎完全透明（光吸收率仅为 2.3%）、超高导热系数（5 300 $W \cdot m^{-1} \cdot K^{-1}$）、超高常温电子迁移率（15 000 $cm^2 \cdot V^{-1} \cdot s^{-1}$）、超高电导率（$10^6$ $S \cdot cm^{-1}$，比铜或银更高）。在实际应用中，石墨烯材料具有良好的发展前景：石墨烯的电阻率极低，电子运输速度极快，被期待用于发展出更薄、导电速度更快的新一代电子组件或晶体管；石墨烯的透明性及良好的导体性，使其适合于制造透明触控屏、光板，甚至是太阳能电池。因此，石墨烯这一“神奇”材料开始了飞速发展，并被誉为 21 世纪“新材料之王”[1-3]。

2010 年，安德烈 · 盖姆教授和康斯坦丁 · 诺沃肖洛夫教授因“在二维石墨烯材料的开创性实验”，共同获得了诺贝尔物理学奖。

1.1 石墨烯材料的起源及分类

本节将从石墨烯材料的理论研究、首次成功制备、石墨烯的定义及分类等多个方面为大家介绍石墨烯的起源及其发展。并从不同的角度介绍不同种类的石墨烯及其基本特征。

1.1.1 石墨烯材料的起源

其实，石墨烯并不是一个新兴事物，早在 1947 年，菲利普 · 华莱士（Philip Wallace）就开始研究二维碳材料的电子结构[4]；1956 年，麦克鲁（J. W. McClure）

就推导出了二维碳材料的波函数方程[5]。

但传统理论认为，二维碳材料只能是一个理论上的结构，不会实际存在。1934 年，朗道（L. D. Landau）和佩尔斯（R. E. Peieds）就指出“严格和独立的二维晶体材料由于其自身的热力学不稳定性，在常温常压下会迅速分解”[6]。1966 年，大卫·莫明（David Mermin）和赫伯特·瓦格纳（Herbert Wagner）提出了 Mermin–Wagner 理论，指出表面起伏会破坏二维晶体的长程有序[7]。因此，虽然理论物理学家对二维碳材料并不陌生，但都认为在实际中，二维碳材料不会存在，关于二维碳材料的研究只是停留在理论上。

直到 2004 年，安德烈·盖姆教授和弟子康斯坦丁·诺沃肖洛夫采用“微机械剥离法”，最终获得了石墨烯：选取最普通的胶带在高定向热解石墨上反复剥离，并将胶带上的石墨碎片转移到硅片基底上，经光学显微镜下反复观察，最终寻找到了石墨烯材料，如图 1.1.1 所示。这一实验证实了二维碳材料——石墨烯可以单独存在这一事实[1]，因此从理论上对二维碳材料特性的预言到实验上石墨烯的成功制备，经历了近 60 年的时间。

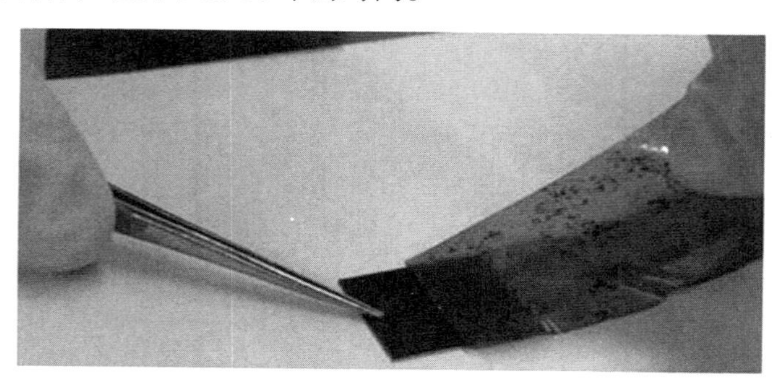

图 1.1.1　石墨烯的机械剥离

关于石墨烯（Graphene）这一概念的形成和被人们广泛接收，也经历近 10 年的时间：1986 年，H. P. Boeh 等首先使用“Graphene”这个名称来指代单层石墨片：“The term Graphene layer should be used for such a single carbon layer”[8–10]。1997 年，A. D. Mcnaught 等才给“Graphene”下了更为明确的定义：“The term Graphene should be used only when the reactions, structural relations or other properties of individual layers are discussed”[11]。

需要注意的是，在热力学上二维原子晶体是不稳定，且平整无起伏的。而在透射电子显微镜下观察，可以发现石墨烯片上存在大量波纹结构（或称之为褶皱），说明石墨烯并不是一个百分之百平整的完美平面（如图 1.1.2 所示）。实际上，石墨烯就是通过调整其内部的碳–碳键长在表面形成褶皱，或吸附其他分子提高微观粗糙度，来适应热波动，并以此维持自身的稳定性[12,13]。所以石墨烯不是一个严格意义上的二维材料，而是由一层碳原子构成的准二维碳纳米材料。

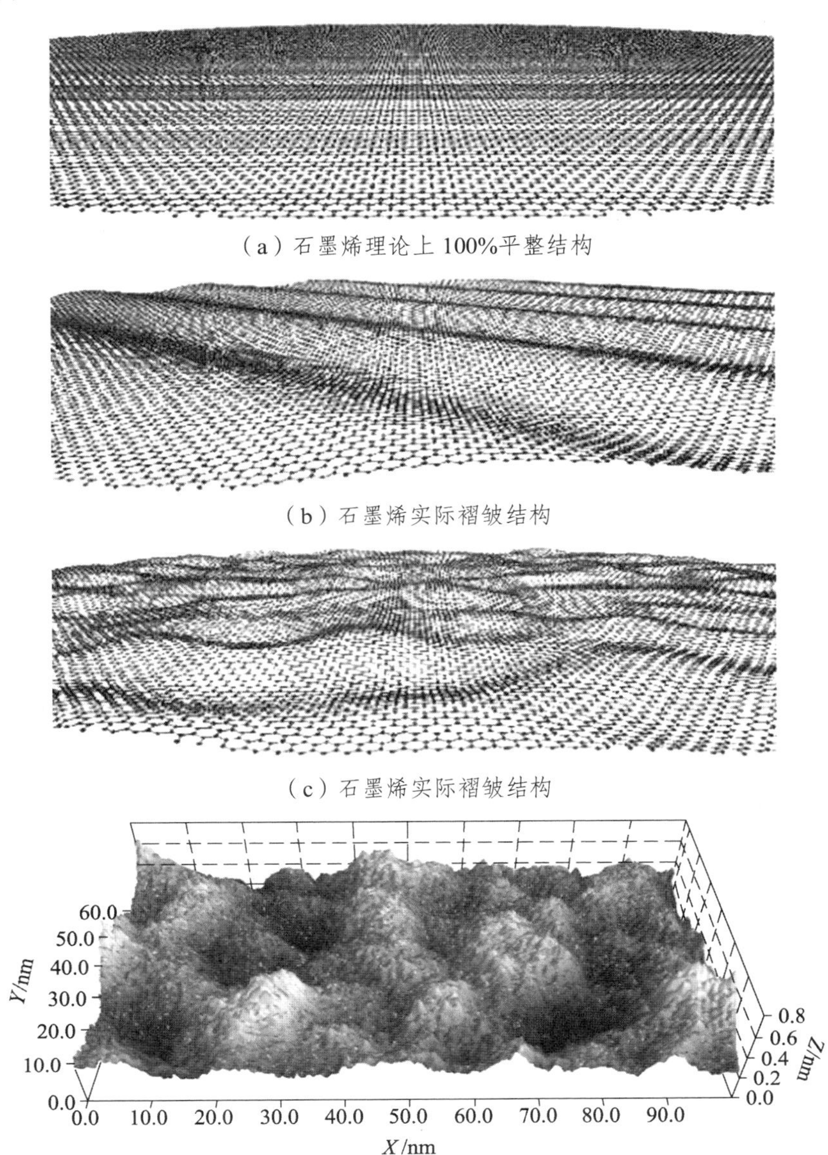

（a）石墨烯理论上100%平整结构

（b）石墨烯实际褶皱结构

（c）石墨烯实际褶皱结构

（d）石墨烯 AFM 表征图

图 1.1.2 石墨烯微观结构图[12,13]

2004 年，安德烈·盖姆团队获得的石墨烯就是准二维原子晶体材料。2005 年，安德烈·盖姆团队又在实验上验证了单层石墨烯具有与理论相符的电子特性[14]，证明了单层石墨烯材料具有优异的电性能。从此，大量的科学家将目光投向了石墨烯，而关于石墨烯的高水平论文正在以每年近 3 000 篇的速度迅速增长[15]。

1.1.2　石墨烯材料的分类

作为一种新型材料，石墨烯材料的分类并没有一个严格的判定标准；目前，国际上普遍认可的分类方式有以下几大类：

1.1.2.1　按厚度区分

1. 按层数分类法一

根据石墨烯材料的层数不同，可简单地分为单层石墨烯、双层石墨烯、薄层石墨烯和厚层石墨烯。

（1）单层石墨烯。

指由一层以苯环结构（即六角形蜂巢结构）周期性紧密堆积的碳原子单独构成的一种二维碳材料。

（2）双层石墨烯。

指由两层以苯环结构周期性紧密堆积的碳原子以不同堆垛方式（包括 AB 堆垛、AA 堆垛、AA′堆垛等）堆垛构成的一种二维碳材料。

（3）薄层石墨烯。

指由 3~10 层以苯环结构周期性紧密堆积的碳原子以不同堆垛方式（包括 ABC 堆垛、ABA 堆垛等）堆垛构成的一种二维碳材料。

（4）厚层石墨烯。

指厚度在 10 层以上、10 nm 以下，苯环结构周期性紧密堆积的碳原子以不同堆垛方式（包括 ABC 堆垛、ABA 堆垛等）堆垛构成的一种二维碳材料。

除了以上的分类方法以外，业内也将 3~10 层的石墨烯称为少层石墨烯（Few-layer Graphene），将 10 层以上 10 nm 以下的石墨烯称为多层石墨烯。

2. 按层数分类法二

由于在国内、国际上都没有形成一个标准的分类方法，对于石墨烯的分类存在很多争议，特别是在少层石墨烯及多层石墨烯的定义上分歧较大。按照 2013

年，A. Bianco 等在 *Carbon* 上提出的分类方式，石墨烯又可以分为以下几类[16]：

（1）单层石墨烯（Single-layer Graphene）。

由 sp^2 杂化碳原子组成、具有一个原子层厚度的、六边形结构的二维碳材料。

（2）双层或三层石墨烯（Bilayer Graphene，Trilayer Graphene）。

由 sp^2 杂化碳原子组成、具有 2 个或 3 个原子层厚度的、六边形结构的二维碳材料。

（3）多层石墨烯（Multi-layer Graphene）。

由 sp^2 杂化碳原子组成、具有 2~10 个原子层厚度的、六边形结构的二维碳材料。

（4）少层石墨烯（Few-layer Graphene）。

少层石墨烯是多层石墨烯的一种特殊情况：由 sp^2 杂化碳原子组成、具有 2~5 个原子层厚度的、六边形结构的二维碳材料。

（5）石墨纳米片（Graphite Nanoplates）。

厚度小于 100 nm 的石墨材料。

（6）石墨粉体（Graphite Powders）。

厚度大于 100 nm 石墨材料。

1.1.2.2 按外在形态厚度区分

除了简单地按照材料的厚度对其进行区分，还可按材料的外在形态进行分类：

1. 石墨烯量子点（Graphene Quantum Dots）

由 sp^2 杂化碳原子组成、具有一个、两个或者几个的原子层厚度的、横向尺寸小于 10 nm（平均为 5 nm）的六边形蜂窝状结构的准零维纳米材料（三个维度上尺寸均呈现纳米级别）[17]。

2. 石墨烯纳米片（Graphene Nanosheet）

由 sp^2 杂化碳原子组成、具有一个原子层厚度的、横向尺寸小于 100 nm 的六边形蜂窝状结构的二维碳材料。

3. 石墨烯微米片（Graphene Microsheet）

由 sp^2 杂化碳原子组成、具有一个原子层厚度的、横向尺寸在 100 nm~100 μm 的六边形蜂窝状结构的二维碳材料。

4. 石墨烯纳米带（GrapheneNanoribbon）

由 sp^2 杂化碳原子组成、具有一个原子层厚度的、宽度小于 100 nm、长宽比大于 10 的六边形蜂窝状结构的二维碳材料。

1.1.2.3 按功能区分

按照石墨烯的功能进行分类，也是公认的分类方式之一。

1. 氧化石墨（Graphite Oxide）

经过化学反应，将石墨进行氧化，在石墨片上引入含氧基团。氧化石墨中的含氧基团插层进入石墨片层之间，增加了石墨片层之间的距离。氧化石墨可以通过后续的机械剥离、超声剥离等方法将其制备成氧化石墨烯。

2. 氧化石墨烯（Graphene oxide，GO）

通过化学法进一步对氧化石墨进行氧化，在碳原子上生成含氧基团。含氧官能团的引入使氧化石墨的性质较石墨更加活泼。典型氧化石墨的碳氧比一般小于 3.0，接近 2.0[16]。再通过机械剥离、超声剥离、化学热剥离等方法将其剥离成氧化石墨烯。氧化石墨烯具有较好的亲水性和极低的电导率，一般为棕黄色。市面上常见的产品有粉末状、片状以及溶液状。

3. 还原氧化石墨烯（Reduced Graphene oxide，RGO）

通过化学还原，热还原，微波还原，光化学还原，光热还原或微生物/细菌还原等方法，降低氧化石墨烯的氧含量，达到驱除含氧官能团的效果，使其获得较高的电导率，生成还原氧化石墨烯。同时氧化石墨烯不会被完全还原，将有部分含氧基团残留在还原氧化石墨烯上，使其具有较好的亲水性[18]。

4. 氟化石墨烯（Fluorinated Graphene，FGO）

采用一定的技术手段，在石墨烯中引入含氟基团，将石墨烯部分或全部氟化[19]。氟化石墨烯的表面等低，可以与非水系电解质组合制成高能量密度、高能输出功率、长储存周期、高安全性能的新型储能器件（如电池、超级电容器等）的活性材料。同时氟化石墨烯具有优良的润滑性，可以用作机械润滑油、汽车机油的优良添加剂。需要注意的是：氟化石墨烯的前驱体是单质气体氟，单质气体氟具有剧毒，因此对氟化石墨烯的制备技术要求较高。

5. 氢化石墨烯（Hydrogenated Graphene，HGO）

采用一定的技术手段，在氧化石墨烯中驱除含氧基团并引入了 C—H 键，将其氢化。研究结果表明石墨烯的氢化过程能打开石墨烯中的带隙，通过调节氢化的过程及含量可以有效调整氢化石墨烯的禁带宽度，是发展前景良好的半导体材料，使其具有优良的铁磁性、荧旋旋光性和低的电子导电性[20]。

综上所述，人们可以根据实际应用的需求，对石墨烯进行不同种类的功能化，如溴化、硫化、氮化、磷化等，不同功能化的石墨烯将呈现出不同的物理化学特性，在这里就不一一介绍了。

除了上述的分类方式以外，我们还将与石墨烯结构类似的二维材料，统称为类石墨烯材料，如六方氮化硼、过渡金属硫化物、第ⅣA 族和第ⅢA 族金属硫化物、片状硅和片状锗、第ⅣA 族二元化合物和ⅢA 族至ⅤA 族二元化合物等。类石墨烯由于其独特的结构和高的比表面积，在光电、催化、化学与生物传感、超级电容器、太阳能电池及锂离子电池等领域有着非常广阔的应用前景[21]。

1.2　石墨烯材料的基本性质

石墨烯是一种由二维平面上的 sp^2 杂化碳原子构成，具有单层片状结构的新型碳材料。由于 GN 具有单原子层结构，在电学、光学、热学上具有许多普通碳材料所不具有的优异性能：其比表面积可以达到 $2675m^2 \cdot g^{-1}$[22]，最大电导率为 $10^6 S \cdot cm^{-1}$[23, 24]。且 GN 具有优异的机械性能。下面对石墨烯的主要性能进行介绍。

1.2.1　石墨烯的力学性质

石墨烯既是最轻的材料，也是最强韧的材料，其断裂强度比最好的钢材还要高 200 倍（高达 $42\ N \cdot m^{-1}$[15]）。同时它又有很好的弹性，拉伸幅度能达到自身尺寸的 20%，石墨烯的杨氏模量高达 1.1 TPa[25]。此外，石墨烯还具有极高的三维强度（高达 243.6 GPa[26]），如果用一块面积 1 m^2 的石墨烯做成吊床，其本身重量不足 1 mg，便可以承受一只 1 kg 的猫。

石墨烯突出的力学性能，使其在许多方面具有比金属和其他无机材料更明显的优势，是制备超轻薄、高强度、高韧性装备的理想选择。然而石墨烯的制备难度较高，成本偏高，严重制约了石墨烯的应用。而石墨烯氧化物的制备方法比较简单，是目前唯一可以低成本大规模（吨级）制备的石墨烯材料。虽然石墨烯氧化物有许多缺陷，但其力学性能并没有降低太多（石墨烯氧化物薄膜，其杨氏模量仍可高达 0.25 TPa[15]）。因此，石墨烯氧化物薄膜是制备微型压力和力学传感器及共振器的首选材料。

1.2.2 石墨烯的光学性质

石墨烯具有令人惊奇的光学性质，其中单层石墨烯对可见光的吸收率为2.3%，即光的透过性高达97.7%。这是由于石墨烯具有零带隙特征，二维石墨烯在布里渊区 K 点处的能量与动量呈线性关系，载流子的有效质量为0。狄拉克电子的线性分布使单层石墨烯对于从可见光到太赫兹波段的光都具有很高的吸收率，每层石墨烯仅可吸收 2.3%的光，可见，多层石墨烯的光吸收率与石墨烯的层数成正比。并且通过化学掺杂或电学调控就可以有效控制石墨烯的光透过性，使其在柔性触摸屏、光电探测器、光调制器领域具有良好的应用前景[27]。

此外，狄拉克电子的超快动力学和泡利阻隔在锥形能带结构中的存在，赋予了石墨烯优秀的非线性光学性质：当入射光所产生的电场与石墨烯内碳原子的外层电子发生共振时，石墨烯内电子云相对于原子核的位置发生偏移，并产生极化，由此导致了石墨烯的非线性光学性质。石墨烯的非线性光学性质使之很容易变得对光饱和。因此，石墨烯对光具有较低的饱和通量，这一性质使石墨烯在许多光学领域如激光开关、光子晶体等有良好的应用前景[28]。

1.2.3 石墨烯的化学性质

石墨烯的基本化学性质与石墨类似，但由于石墨烯是由蜂窝网状结构、单层的 sp^2 杂化原子组成，其最基本的化学键是碳碳双键，苯环是其基本结构单元，此外，石墨烯还含有边界基团和平面缺陷。石墨烯的特殊结构使其具有与石墨不同的化学性质：

1. 常温化学稳定性

石墨烯的基本结构骨架非常稳定，一般化学方法很难破坏其苯环结构，使其在室温下具有良好的化学稳定性和惰性。在金属防腐蚀领域，可将石墨烯用于为金属表面涂层，可有效防止金属和金属合金的氧化；在光电子器件中，也可利用石墨烯的化学稳定性和惰性来提高光电子器件的耐久性[29]。

2. 高温氧化性

石墨烯主骨架参与的反应通常需要比较剧烈的条件，因此石墨烯的反应活性更多地集中在它的缺陷和边界官能团上。通过与石墨烯官能团的反应，可以将石墨烯进行氧化或碳化等。如石墨烯与活泼金属反应，可以打开部分双键，形成碳化合物。在高温下，石墨烯也容易被氧化，生成 CO、CO_2，或在 C 原子上生长部分含氧基团。

3. 还原性

被氧化的石墨烯，可以在特定条件下，发生还原，驱除氧原子或含氧基团。

4. 芳香性

经过一定反应，石墨烯中可以形成具有苯环结构的碳氢化合物（芳香烃），具有芳香性。

5. 超疏水性和超亲油性

石墨烯不溶于水或有机溶剂，具有超疏水性，对于油脂具有很好的吸附作用，具有超亲油性。若对石墨烯掺杂亲水基团，使其具有部分亲水性，形成双亲性的石墨烯，使其可以均匀分散于水溶剂中。

6. 原子吸脱附

石墨烯极易吸附并脱附各种原子、离子或分子，如电化学领域的电子–离子对吸附、气体吸附等。当石墨烯吸附原子或分子作为给体或受体时，可以改变石墨烯载流子的浓度，而本身却能保持很好的导电性[30]。但在石墨烯吸附离子的同时，会产生一些衍生物，石墨烯的导电性会变差。

可见，石墨烯特殊的化学性质，使其在防腐涂层、储能、光电转换、环保、污水净化、隐形等众多领域具有潜在的应用前景。

1.2.4 石墨烯的导电性

在石墨烯的电子结构中，位于导带的 π^*轨道电子与位于价带的 π 轨道电子相交于费米能级的 K 和 K'点，因此，石墨烯为零带隙的半导体，对外显示金属性。其载流子（也称为狄拉克费米子）的有效质量为 0，当载流子在轨道中移动时，不会因晶格缺陷或引入外来原子而发生背散射，反而遵循一种特殊的量子隧道效应，可以近光速的速度移动。因此，石墨烯具有很高的载流子迁移率，是一种导电性能优良的材料。室温下，石墨烯载流子迁移率为 15 000 $cm^2 \cdot V^{-1} \cdot S^{-1}$，是硅材料的 10 倍，是目前已知的载流子迁移率最高的碲化铟的 2 倍以上。并且，石墨烯载流子的迁移率基本不受温度影响，在特殊条件下，最高可达 250 000 $cm^2 \cdot V^{-1} \cdot S^{-1}$[30]。

石墨烯中原子间作用力十分强，在常温下，即使周围碳原子发生挤撞，石墨烯内部电子受到的干扰也非常小，其对应的电阻率为 $10^{-6}\Omega\cdot cm$，使石墨烯成为目前已知物质中室温电阻率最低的材料。

除了超高载流子迁移率及超低的电阻率外，石墨烯还具有突出的电子性质，包括室温量子霍尔效应和自旋传输性质。量子霍尔效应使石墨烯在量子储存和计算、标准电阻及其他基本物理常数的准确测量等方面具有重要的意义。而石墨烯中碳原子的自旋和轨道动量之间很小的相互作用，使得石墨烯上的自旋特性可传递超过微米级别，使其成为自旋电子器件的理想材料[31-32]。

1.2.5　石墨烯的导热性

石墨烯的结构非常稳定，碳碳键长度仅为 142 pm。石墨烯内部的碳原子之间的连接很柔韧，当施加外力于石墨烯时，碳原子面会弯曲变形，使得碳原子不必重新排列来适应外力，从而保持结构稳定。这种稳定的晶格结构使石墨烯具有优秀的导热性。石墨烯的热导性能主要取决于其中的声子传输，室温下，石墨烯的导热系数高达 5000 $W\cdot m^{-1}\cdot K^{-1}$，高于多壁纳米管的 3000 $W\cdot m^{-1}\cdot K^{-1}$、单壁纳米管的 3500 $W\cdot m^{-1}\cdot K^{-1}$ 以及石墨的 1000 $W\cdot m^{-1}\cdot K^{-1}$；也远高于一些常见金属，并且是金刚石的 3 倍[33]。

由于石墨烯的导热性极好，可以将电子产品运行过程中产生的大量热量快速散发到空气中，保证电子产品的正常运行。因此，石墨烯在电子设备散热应用中具有广阔的应用前景。

1.2.6　石墨烯的阻隔性

虽然单层氧化石墨烯薄膜只有一个原子层厚度，但其具有高度灵活性，可以像气球一样被拉伸，甚至在几个大气压差下也无碍，可以隔绝绝大多数的气体、蒸气和液体，即使是像氦这样的小原子也无法渗透它，这一性能使石墨烯有可能发展成为一种柔软轻便的抗透气、阻隔隔膜材料[34]。

需要注意的是，氧化石墨烯具有良好的亲水性，对于水分子，氧化石墨烯薄膜的阻隔效果较差，其透过速度比气体分子快 10 倍。这可能是由于在薄膜中氧化石墨烯层之间形成的纳米毛细管，和氧化石墨烯上众多氢键基团（如—OH、—COOH 等）和水分子之间形成的强相互作用，促使水分子快速透过氧化石墨烯薄膜[35]。因此，氧化石墨烯薄膜可作为新水滤膜而石墨烯是疏水性的，采用石墨烯薄膜作为阻水隔膜效果更佳。

1.3 石墨烯材料的制备方法简介

自从2004年，安德烈·盖姆团队采用胶带刮擦法证实了石墨烯可以单独存在这一事实后，国际上掀起了石墨烯研究热潮，近10年来，制备石墨烯的方法从最开始的机械剥离法发展出了外延生长法、化学剥离法、化学气相沉积法、有机合成法等多种方法，下面将其中比较常用的几种方法做一个简单的介绍。

1.3.1 机械剥离法

石墨层片之间是以较弱的范德华力进行结合（$2\ eV \cdot nm^{-2}$），简单施加外力便能从石墨上直接将石墨烯剥离下来。因此，机械剥离法（Mechanical Exfoliation）就是利用外加物理作用力，在石墨上剥离出石墨烯纳米片。当年安德烈·盖姆团队就是利用3M的胶带在高定向热解石墨上反复撕拉，最后剥离出了石墨烯（详见图1.1.1及图1.3.1）。然而早期利用机械剥离法得到的石墨片通常含有几十至上百个片层，并不能称之为石墨烯。后来随着技术方法的改进，科研人员逐渐可以制备出层数为单层至有限的几层，尺寸从零点几纳米到几纳米，甚至最大可达微米级的石墨烯薄片。

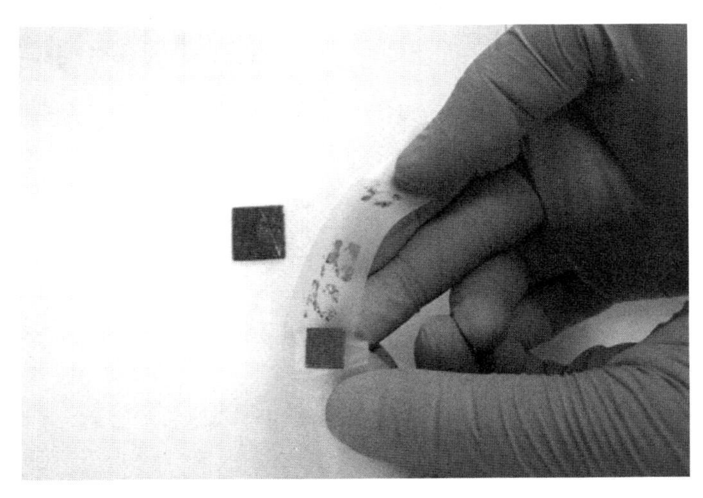

图1.3.1 胶带剥离法制备石墨烯

基于同样的原理，科学家们还采用原子力显微镜（AFM）和扫描隧道显微镜（STM）操作中的针尖与石墨表面的作用，剥离出了石墨烯片[36]：通过微调法向应力和悬臂的扫描速度，能够把在基底上的石墨切割成10~100 nm厚度的石墨烯纳米片，甚至可以切出单原子层厚的石墨烯。

除了上述的方法以外，印章转移印刷法也是利用外力作用剥离石墨烯的一种有效手段[37]，如图 1.3.2 所示。首先在印章突起的表面上涂一层转换层（采用旋涂法将具有一定黏性的树脂类材料均匀涂于印章表面）；然后将印章按压在原始石墨上，在压力作用下，印章上的转换层边缘将产生极大的剪切力，当印章被提起时，将从原始石墨上分离出石墨烯；再采用显微镜检测石墨烯的品质，若品质完好，则再将其转移到任意基底上。Liang 等通过此方法得到了层数为四层的石墨烯[37]。Song 等在此基础上，对转移印刷法进行了改进，其具体操作步骤如下：首先在石墨上采用光刻和氧气等离子体刻蚀法制造石墨阵列，并将金箔放在阵列上，这里金箔就是转移层，通过压力作用，将金箔压在石墨上，石墨表面在刻蚀的阵列边缘将产生极大的剪切力，当剥离金箔时，石墨烯阵列会与金箔一起被剥离；最后再将金箔上的石墨烯阵列转移印刷在其他基底上。采用该方法可以获得单层或多层石墨烯矩阵[38]。

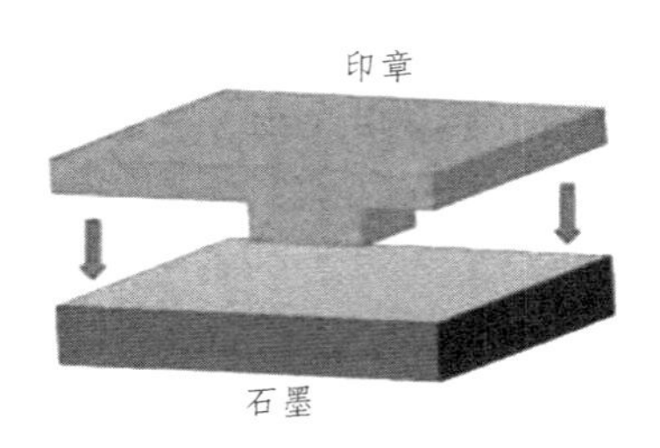

（a）将带有突起的印章压到石墨基底上

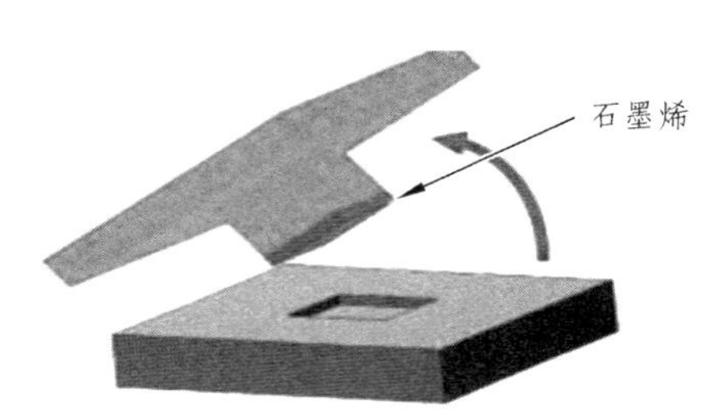

（b）利用印章突起边缘从石墨表面分离出石墨烯

（c）检测印章突起上石墨烯的品质

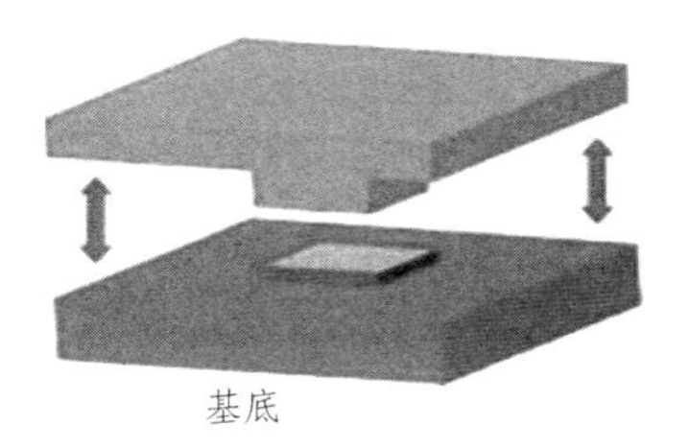

（d）将品质完好的石墨烯其转移到另外的基底上

图 1.3.2　印章切取转移印刷法示意图[37]

上面介绍的机械剥离法虽然都能得到较薄的石墨烯，但都存在耗时费力，产率极低、得到的石墨烯尺寸很小等问题，而且极难形成规模化，显然并不具备工业化生产的可能性。

1.3.2　外延生长法

所谓外延生长法（Epitaxial Growth），指的是在一个晶格结构上通过晶格匹配生长出另外一种晶体的方法。外延生长石墨烯法包括碳化硅外延生长法和金属催化外延生长法两大类。

1.3.2.1　碳化硅（SiC）外延生长法

SiC 外延生长法指的是以具有原子级平整度表面的 SiC 单晶为衬底，在超高真空环境下，对其进行加热（1400°C 以上），使衬底表面的 C—Si 键发生断裂。此时 Si 原子会先于 C 原子升华而从表面脱附，而衬底表面剩余的 C 原子会发生重构从而形成六方蜂窝状的石墨烯薄膜[39]，如图 1.3.3 所示。

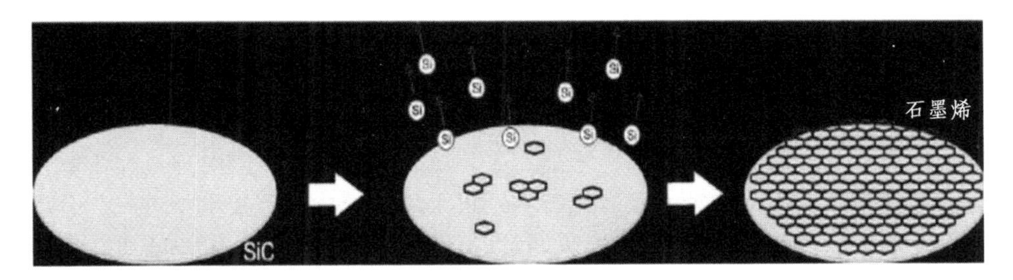

图 1.3.3　SiC 外延法生长石墨烯步骤示意图[39]

目前，国内外有很多研究团队利用高温热解碳化硅制备石墨烯，他们之间的工艺步骤和条件不尽相同，但都形成了一个共识：控制石墨烯的生长速率是生长出高品质石墨烯的关键因素。即较低的生长温度和较快的生长速度会造成石墨烯品质下降；而生长温度过高又会使石墨烯的厚度大大增加[40-45]。

为解决上述问题，国内外科学家经过一系列实验研究，认为通过以下三方面的处理，都可以制备性出高品质石墨烯：

（1）在高温下通入氩气作为保护气体热解处理碳化硅[43]。

（2）在高温下通入乙硅烷作为保护气体热解处理碳化硅[44]。

（3）在封闭的石墨腔中，超高真空下，高温处理碳化硅[45]。

1.3.2.2　金属催化外延生长法

金属催化外延生长法指的是以催化金属（Pt、Ir、Ru、Cu 等）为基底，在超高真空、高温条件下，通入碳氢化合物气体，碳氢化合物气体会被吸附到催化金属表面，并且发生脱氢反应，而溶解在金属表面中的 C 则在其表面重新析出结晶重构生长出石墨烯[46]。

需要注意的是，气体被吸附到金属基底表面时，脱氢生长石墨烯的过程是一个自限过程，即基底吸附气体后不会重复吸收。因此，金属催化外延生长法所制备出的石墨烯多为单层，且可以大面积地制备出均匀、易于转移的石墨烯（可通过化学腐蚀去掉金属基底）[47-48]。

与其他制备方法比较，外延法所获得的石墨烯具有较好的均一性，且外延法的技术手段与设备需求和当前的集成电路技术有很好的兼容性，因此外延法是最有可能获得大面积、高质量石墨烯的一种制备方法。

1.3.3 氧化还原法

氧化还原法（Oxidation-reduction Method）具备操作简单、成本低，易实现，可以形成较大的生产规模等优点，是生产石墨烯的主流方法之一。

氧化还原法的起始材料为石墨，其基本原理就是在强酸和强氧化条件下，通过离子的插层作用及热作用，增加石墨片层之间的距离，同时通过化学氧化反应将石墨片氧化，获得膨胀氧化石墨；再采用超声分散等技术，进一步分离膨胀氧化石墨，获得氧化石墨烯（GO）；最后采用各种还原技术驱除氧化石墨烯表面的含氧基团，最终得到还原氧化石墨烯（RGO）。氧化还原法制备石墨烯可以简单地分为以下几个方面：

1.3.3.1 氧　化

将石墨进行氧化处理，其目的是改变石墨层片的自由电子对，对其表面进行含氧官能团（如羟基、羧基、羰基和环氧基）的修饰，这些官能团可以降低石墨层片间的范德华力，增强石墨的亲水性[49]，使其便于分散在水中。

操作方法一般是：先将石墨片浸泡于浓硫酸等强酸溶液中，硫酸根等离子会插层到石墨片层之间，形成石墨插层化合物。然后加入强氧化剂（如浓硝酸、高锰酸钾等）对其进行氧化，进一步破坏石墨完整的晶体结构，从而在石墨表面引入含氧官能团，含氧基团的相互排斥可进一步加大石墨片的层间距，为后续氧化石墨片层之间的分离打下基础，此时的产物为膨胀氧化石墨。

1.3.3.2 超声剥离

超声的目的是将氧化石墨在水中剥离，形成均匀稳定的氧化石墨烯分散液。

操作方法一般是：先将少量的膨胀氧化石墨分散于水、乙醇等溶剂中形成低浓度的分散液，再利用超声波的作用破坏石墨片层间的范德华力，使溶剂插入石墨层间，进行层层剥离。再将获得的悬浊液离心分离，去除厚层石墨，即可获得氧化石墨烯分散液。

需要注意的是超声剥离并不仅仅是氧化还原法制备石墨烯中的一个关键步骤，也能单独采用超声剥离法制备石墨烯：

采用膨胀石墨为前驱体材料，将其分散于具有匹配表面能的有机溶剂中（N-甲基吡咯烷酮 NMP、二甲基乙酰胺 DMA、丁内酯 GBL、1，3-二甲基-2-咪唑啉酮 DMEU、苯甲酸苄酯 BBZ 等），采用超声剥离的方式，将膨胀石墨剥离成石墨烯材料，该方法也叫作液相剥离法。液相剥离法可以在不引入缺陷的情况下将石墨逐层剥离，得到石墨烯片，使得石墨烯的优异的电学、光学、力学等方面性能得以保持（图 1.3.4）。而不同的有机溶剂剥离效果是不同的，这是因为剥离石墨层片所需要的剥离能与有机溶剂的表面张力和单位面积石墨层片的范德华结合力（即石墨烯的表面能）的匹配程度有关的。两者越匹配，剥离能就小，分散效果越好。结果表明，最佳的有机分散溶剂是苯甲酸苄酯，剥离能接近于零[51]。

超声剥离法操作简单，不需要太多烦琐的实验步骤，石墨烯产物的晶体结构保持完好，因此很受科研工作者的青睐。但其所制备的石墨烯有尺寸不易控制、产率较低、重复性较差等缺点，并且难以实现宏量制备，因此溶剂超声剥离法很难大规模推广应用。

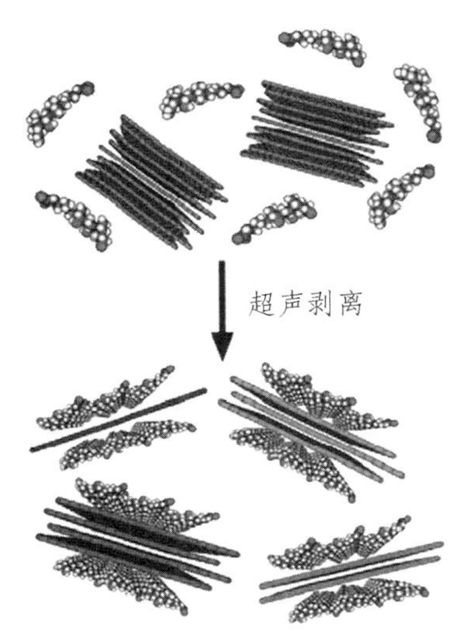

（a）流程示意图

（b）石墨烯分散液

（c）SC 基底上有序单层石墨烯示意图

图 1.3.4　超声剥离石墨烯示意图超声剥离石墨烯[50]

1.3.3.3　还　原

由于氧化石墨烯的导电性较差，且缺陷多，在实际应用中常常将其还原成具有高导电的石墨烯材料。

常见的将氧化石墨烯还原的方法主要有三类：第一类是使用还原剂在高温或者高压条件下，还原氧化石墨烯；第二类是直接将石墨烯在惰性气体保护下加热（200~500 °C），使含氧官能团的稳定下降，以水蒸气和二氧化碳等形式被驱离出石墨烯；第三类是催化还原法，在光照或高温条件下，将催化剂混合到氧化石墨烯中，诱导氧化石墨烯进行还原。

通过以上的还原可以有效消除氧化石墨烯表面的相关缺陷，并驱除官能团，从而使其部分或全部恢复石墨烯的本征结构和优异的性能，得到不同大小和厚度的还原氧化石墨烯。

以上介绍的是氧化还原法的基本步骤，而目前，常见的氧化还原法制备石墨烯的具体方法有：Stande nmaler 法[52]、Hummers 法[53]、Brodie 法[54]等，其中 Hummers 法应用最为广泛，这里做一个简单介绍。

Hummer[53,55]法制备氧化石墨烯，需要通过低温、中温、高温三个阶段的氧化作用，在鳞片石墨层间插入了含氧基团，通过含氧基团的相互排斥，增大鳞片石墨层之间的层间距，使鳞片石墨发生膨胀，体积大幅度增大，最终获得膨胀氧化石墨（图 1.3.5）。

然后在膨胀石墨中添加双氧水，使得膨胀氧化石墨被进一步氧化，获得了具有良好水溶性的氧化石墨材料，此时金黄色的氧化石墨颗粒在上层液体中形成了均匀的氧化石墨水溶液[图 1.3.6（a）]。最后通过对氧化石墨溶液的离心纯化，获得了具有一定黏度的氧化石墨溶胶[图 1.3.6（b）]。将制备好的氧化石墨溶胶在一定的功率下，超声剥离 1~3 h。当超声振动传递到膨胀氧化石墨层间时，由于超声声强很大，会在石墨层间液体中激发很强的空化效应，产生空化气泡，空化气泡的产生和破裂，将产生微射流，进一步增大氧化石墨片之间的距离，破坏范德华力，最终导致氧化石墨片相互脱离，减小了氧化石墨片的厚度。在长时间超声下，氧化石墨片反复脱离，其厚度持续减小，最终形成纳米厚度的氧化石墨烯。

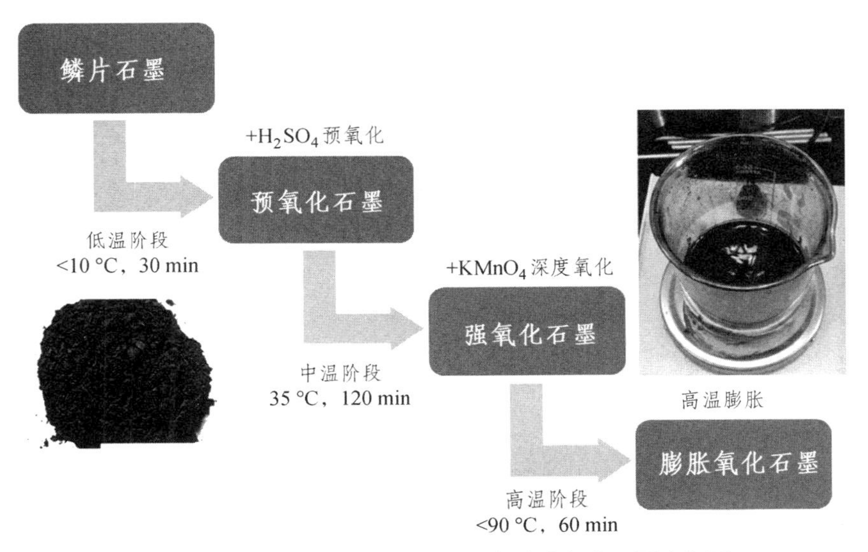

图 1.3.5 采用改进 hummer 法制备膨胀氧化石墨流程图

（a）氧化石墨水溶液

（b）氧化石墨溶胶

图 1.3.6 Hummer 法制备氧化石墨溶胶

再采用水合肼等还原剂，可以将氧化石墨烯还原成还原氧化石墨烯。而水合肼具有剧毒，因此，在实际应用中，常常采用高温还原或水热还原，这里为大家介绍一种水热还原法。

图 1.3.7（a）是采用上述方法制备的氧化石墨烯溶胶，通过在水热反应釜中，150 °C 温度下持续水热反应 6 h，可制备具有良好弹性的石墨烯水凝胶[图 1.3.7（b）]，将水凝胶在−55 °C 下冻干 24 h，最终获得具有立体结构的石墨烯材料[图 1.3.7（c）]，其微观结构如图 1.3.8 所示。

（a）氧化石墨烯溶胶

（b）石墨烯水凝胶

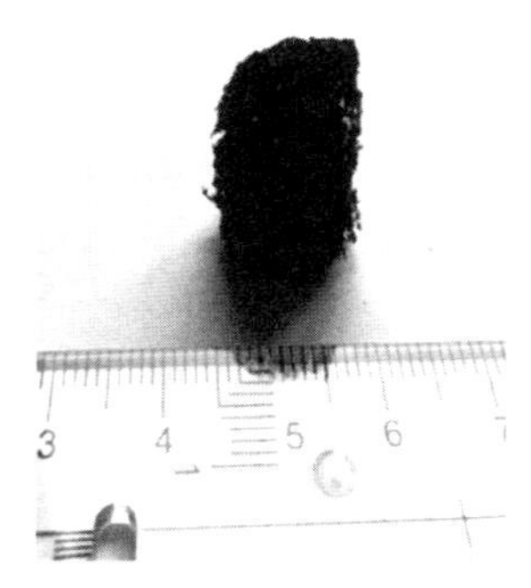

（c）石墨烯

图 1.3.7　水热法制备还原氧化石墨烯

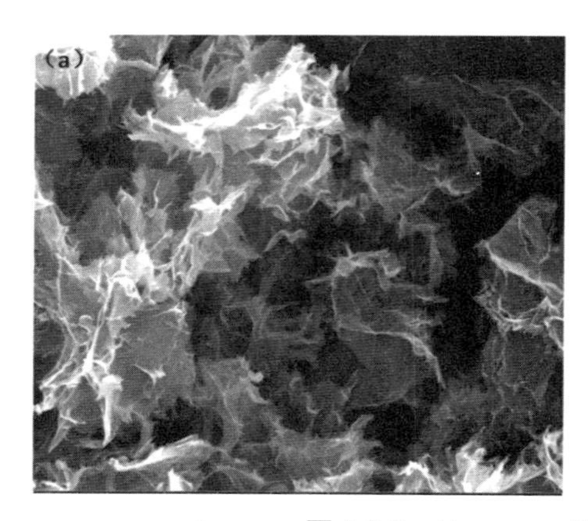

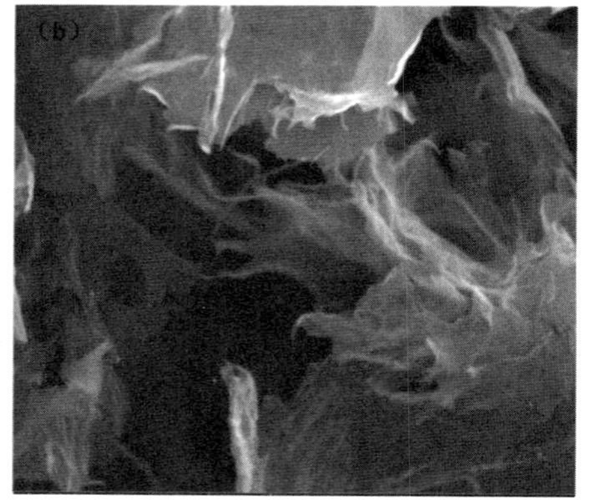

图 1.3.8　Hummers 法制备石墨烯的微观图

采用氧化还原法制备石墨烯具有简单易行、成本低廉等优点，特别是在制备过程中可根据实际要求对石墨烯进行改性，获得氧掺杂、氮掺杂、硫掺杂、磷掺杂等各类功能化石墨烯材料。功能化石墨烯上含有特定基团，可以稳定分散在多种溶剂中（如水、乙醇、DMF 和 NMP 等），使其能均匀涂覆在任意基底上（旋涂法），进而应用于柔性器件、有机器件等各类电子器件中。

但采用氧化还原法制备的石墨烯片具有层数目不等，表面存在大量的缺陷和官能团等缺点：

（1）采用该方法制备的石墨烯片层大小、片层上官能团种类和数量难以精确控制，同批次材料一致性差别。经过科学家的多次实验发现：在精确控制反应环境与反应条件的前提下，当 C、O 比为 4∶1~8∶1 时，所制备出的石墨烯具有较高的一致性品质。

（2）在化学氧化和插层过程中，不可避免地在石墨烯片层上形成许多缺陷和官能团，会导致石墨烯良好的导电性等许多优良性能部分或全部丧失（如 GO 的导电性极差；RGO 的导电性高于 GO，但低于机械剥离法制备的石墨烯材料）。

（3）氧化还原法所产生的废液及废气对环境污染比较严重。

1.3.4 溶剂热法

在上一节，我们介绍了采用水热法将 Hummers 法制备氧化石墨烯还原成还原氧化石墨烯，而溶剂热法（Solvothermal Method）就发源于水热法（Hydrothermal Method），都是在密闭高温容器中进行的反应。不过水热法溶剂为水，石墨烯前驱体为氧化石墨；而溶剂热法的溶剂为有机溶剂，而石墨烯的前驱体则是该有机溶剂和碱金属发生反应生成的中间相。如乙醇与金属钠在密闭容器中首先发生反应，生成中间相，然后将其高温裂解后即可生成克量级的石墨烯[56,57]。

Wang[57]等在高压釜中添加了 5 mL 乙醇及 2 g 金属钠，并在 220 °C 下反应 72 h，获得的产物如图 1.3.9（a）所示；再将产物放置管式炉中热解，获得黑色产物[如图 1.3.9（b）所示]。再经过去离子水清洗过程，将金属钠、乙醇钠、氧化钠等杂质清洗干净后，获得石墨烯材料。

（a）溶剂热反应的产物

（b）热解后的产物

图 1.3.9 溶剂热法制备石墨烯[57]

通过 SEM 对材料的微观结构进行观察，可以发现石墨烯产物具有泡沫状高度多孔结构[如图 1.3.10（a）所示]，通过超声分散，可以轻松地从泡沫状石墨烯结构上剥离石墨烯[如图 1.3.10（b）所示]。

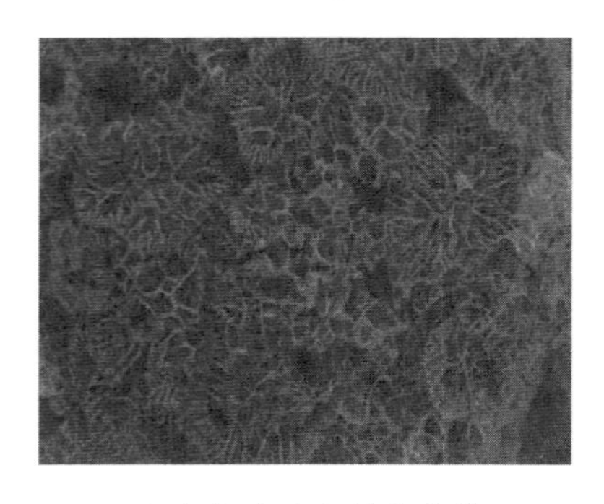

（a）超声分立前的产物

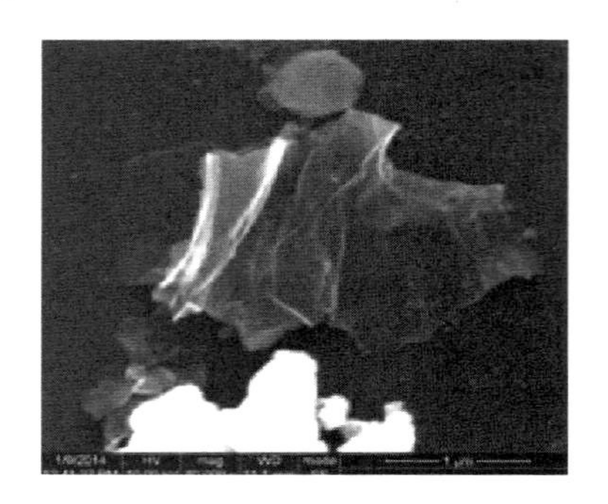

（b）超声分离后的产物

图 1.3.10 溶剂热法制备石墨烯的 SEM 图[57]

溶剂热法制备石墨烯具有方法工艺简单，可使用更加环保的原材料，成本低等优点，适合于批量生产。但由于溶剂热需要高温高压条件，因此该方法又具有一定的危险性，对设备及操作的要求较高。

1.3.5 有机合成法

有机合成法（Organic Synthesis）是一种自下而上的直接合成方法，利用石墨烯和有机大分子的结构相似性来合成高纯石墨烯。其具体方法是：首先从芳香小分子开始，通过有机合成反应一步一步地合成出多环芳烃（Polycyclic Aromatic Hydrocarbons，PAHs）或石墨烯纳米带（Graphene Nano-ribbon，GNR）；将 PAHs 作为前驱体，再通过可控溶液化学反应，在环化脱氢反应作用下得到连续的、厚度小于 5 nm 的多环芳烃结构材料（石墨烯材料）。也可以先热解小分子前驱体，再高温碳化处理得到尺寸较大的石墨烯材料。

2008 年，Mullen 等[58]合成了长 12 nm 的条带状 PAHs，其他科学家采用该种 PAHs 为前驱体，通过分子前驱体的表面辅助耦合，获得聚苯树脂，再进行环化脱氢，合成了具有原子精度的、形状各异的石墨烯纳米条带[59,60]。Cai 等[61]以带卤族元素的多环芳烃为前驱体分子，通过热沉积去除卤族元素，形成双自由基中间体；再通过 C—C 耦合作用，聚合成线性聚合物，形成了较长的芳香体系。最后经过脱氢环化反应，合成了石墨烯材料（如图 1.3.11 所示）。

有机化学合成法制备石墨烯具有产量高、结构完整、可调节性强等优点。而前驱体多环芳烃的设计和合成是获得高性能、高产率石墨烯的关键步骤，因此对前驱体要求较高。

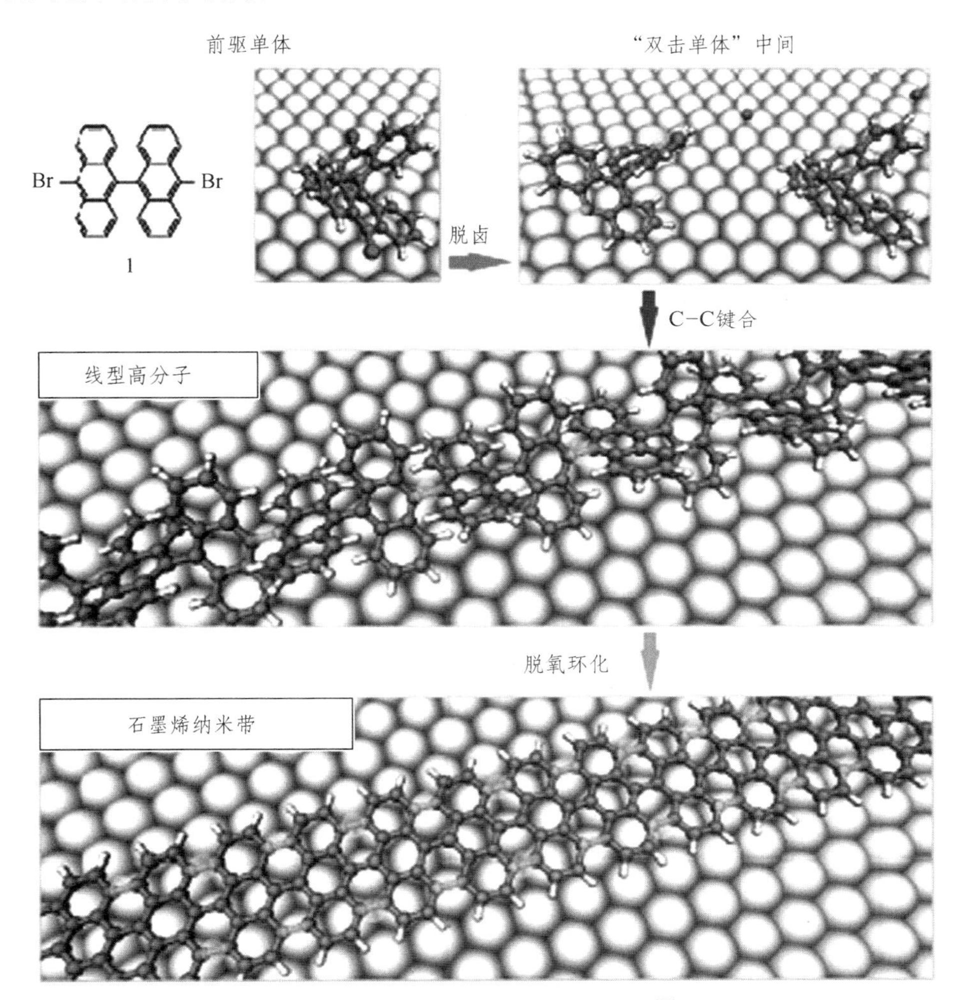

图 1.3.11 有机合成法制备石墨烯[61]

1.3.6 化学气相沉积法

化学气相沉积法（Chemical Vapor Deposition，CVD）是气相法制备石墨烯的一种典型技术。其主要原理是利用平面金属作为基底和催化剂，在高温环境中通入一定量的碳源前驱气体（如甲烷、乙烯等），通过高温退火使碳原子沉积在基底表面形成石墨烯。采用 CVD 法，石墨烯能够在多种金属表面生长，如 Ru、Ir、Co、Re、Ni、Cu、Pt、Pd 等，其中研究最多、性能最好的是 Cu 和 Ni。而从生长机理上可以简单地将其分为两类。

1. 渗碳析碳机制（氩气保护）

对于镍等具有较高溶碳量的金属基体，气态碳源裂解产生的碳原子在高温时会渗入金属基体内，在降温时再从其内部析出成核，进而生长成石墨烯。

下面以镍基底及甲烷为例，介绍一种渗碳拆碳机制的化学气相沉积法制备石墨烯的具体步骤，制备原理如图 1.3.12 所示。

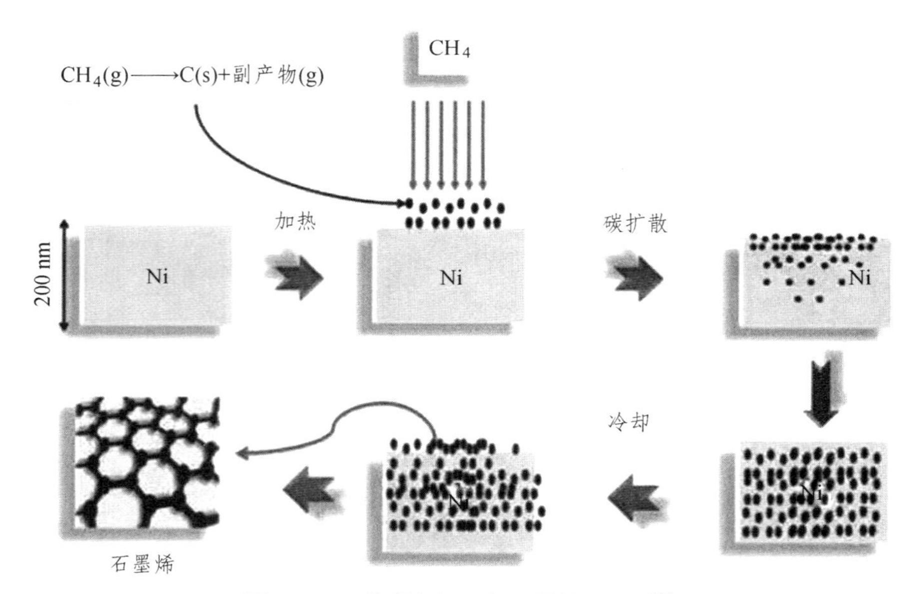

图 1.3.12 化学气相沉积石墨烯原理图[62]

在高温炉中对镍基底加热，并通入氩气保护的甲烷气体，在镍的催化作用下，甲烷在镍表面发生裂解产生碳原子。由于金属镍具有较高的溶碳量，高温下分解的碳原子会渗入金属镍内部，发生碳扩散。当温度降低时，碳原子会从镍金属中析出，在金属镍表面形成石墨烯薄膜。

同时，在制备过程中可通过选择基底类型、生长温度、前驱体流量、降温速度等参数，实现石墨烯生长的调控（如生长速率、厚度、面积等），图 1.3.13 中展示了反应温度对石墨烯薄膜的厚度关系，可以发现温度不同，所获得的石墨烯厚度也有所不同。

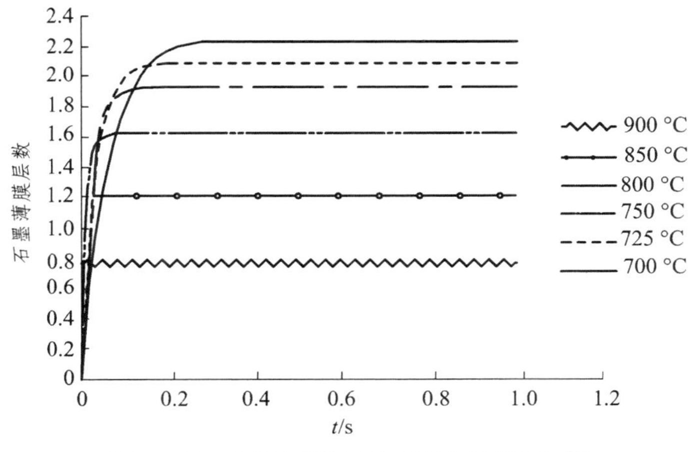

图 1.3.13 石墨薄膜层数与反应温度关系图[62]

2. 表面生长机制（氩气保护）

对于铜等具有较低溶碳量的金属基体，当气态碳源裂解产生的碳原子会吸附于金属表面，进而成核生长成“石墨烯岛”，并通过“石墨烯岛”二维生长，长大合并得到连续的石墨烯薄膜。

CVD 法的优点在于可以生长大面积、高质量、缺陷少、均匀性好，且层数可控的石墨烯薄膜；缺点是成本高、工艺复杂、存在转移难等问题。

目前，常见的转移 CVD 法合成石墨薄膜的方法是：转移印刷技术及卷对卷转移技术，通过上述技术可以将石墨烯薄膜从金属基底上转移到目标基底上。

转移印刷技术是指在生长有石墨烯的表面旋涂一层与石墨烯薄膜紧密结合的 PMMA 薄膜作为支撑媒介；再通过金属刻蚀的方法将金属完全溶解，此时，石墨烯薄膜会依附在 PMMA 薄膜上（PMMA/GN），并漂浮在刻蚀液表面；再将 PMMA/GN 膜置于目标基底上并干燥；最后采用丙酮去除 PMMA，得到完整的 CVD 制备石墨烯薄膜。

而卷对卷转移指的是另一种常用的精密转移技术，如图 1.3.14 所示，将 CVD

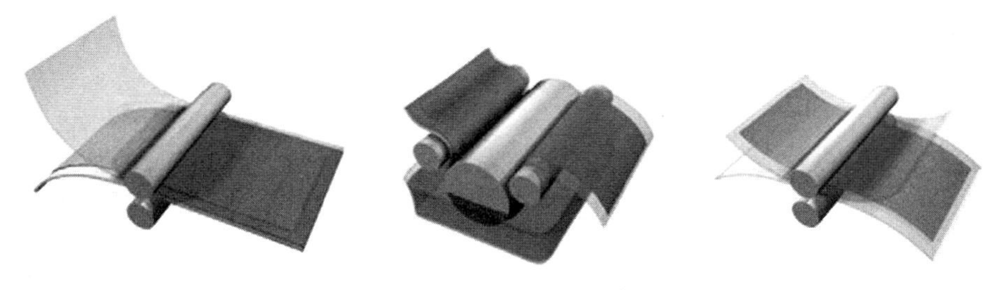

（a）卷对卷转移流程示意图

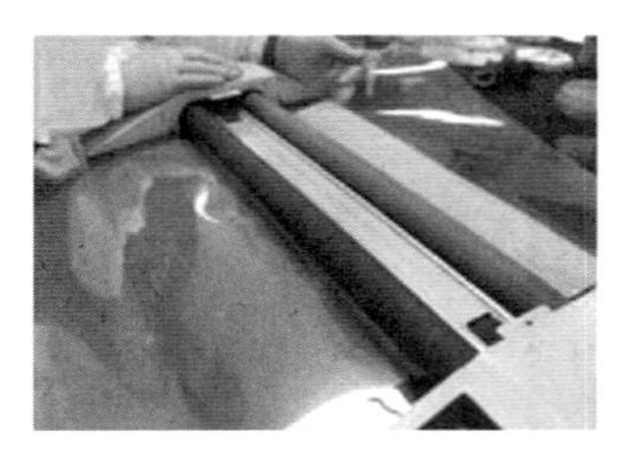

（b）石墨烯实际转移图

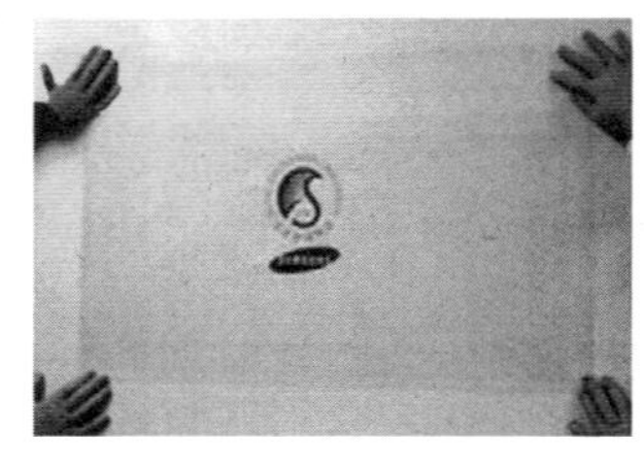

（c）大面积石墨烯薄膜

（d）柔性石墨烯薄膜

图 1.3.14 卷对卷制备大面积石墨烯薄膜（PET 基底）[63]

制备的铜箔基底石墨烯薄膜与 PET 薄膜进行经过两只贴合滚轮的滚压（压力为 0.1~0.3 MPa）而贴合在一起，利用石墨烯薄膜与 PET 及铜箔不同的吸附效果，石墨烯薄膜会从铜箔上转移到 PET 薄膜上。

1.3.7 电弧放电法

电弧放电法（Arc Discharge）也是气相法的一种，其基本原理是以惰性气体（氩气、氦气）或氢气为缓冲气体，在两个石墨电极上施加一定大小的电流，当两石墨电极间距达到某一定值时，会形成等离子电弧。随着放电的进行，阳极石墨会持续消耗，在阴极和炉壁上沉积石墨烯材料。2009 年，Subrahmanyam 等[64]在 2.66×10^4 Pa 的氢气分压下，以 100 A 的大电流、50 V 的高电压进行电弧放电，制备了 2~4 层厚度、100~200 nm 尺寸的石墨烯片，如图 1.3.15 及图 1.3.16 所示。

通过对上述方法的改进，可以在制备石墨烯的同时对其进行掺杂，如使用硼、氮等对石墨烯进行掺杂，这一技术为制备 P-doped（P-掺杂）及 N-doped（N-掺杂）石墨烯提供了有效技术路径。

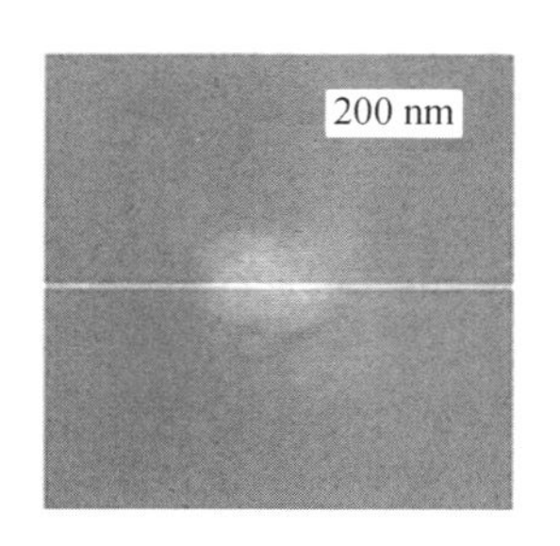

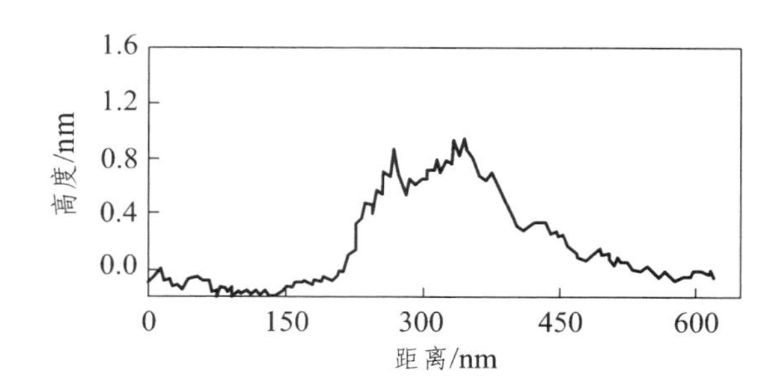

（a）纯石墨烯

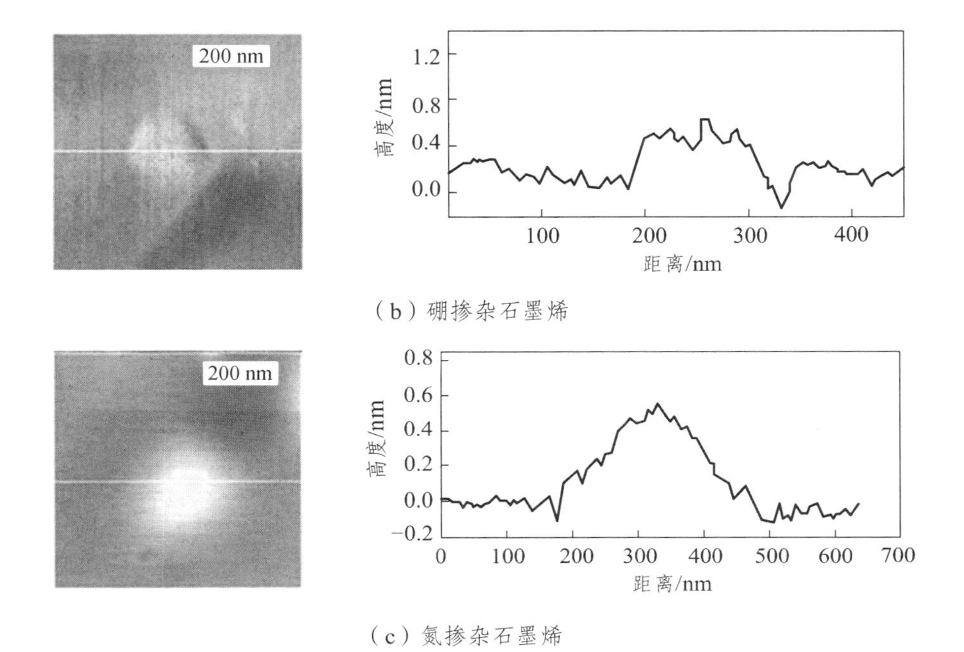

（b）硼掺杂石墨烯

（c）氮掺杂石墨烯

图 1.3.15 电弧放电制备石墨烯 AFM 图[64]

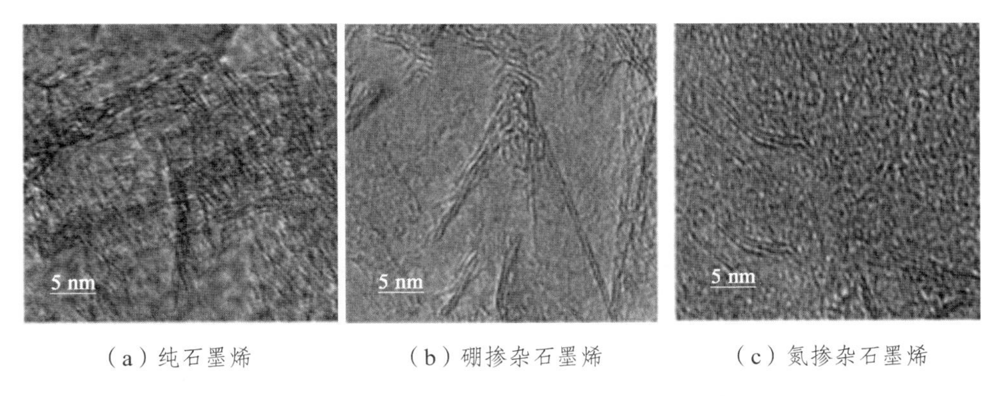

（a）纯石墨烯 （b）硼掺杂石墨烯 （c）氮掺杂石墨烯

图 1.3.16 电弧放电制备石墨烯 TEM 图[64]

由于电弧法合成时电弧中心温度高，因而该方法合成出的石墨烯具有晶化程度高、缺陷少、导电性好以及热稳定性高等优点，且可以实现大量合成。

1.3.8 等离子增强合成法

等离子增强合成法（Plasma Synthesis）也是 CVD 的一种特殊情况，指的是在利用传统的化学气相沉积技术的同时，辅助以等离子增强技术，实现石墨烯的低温合成。而等离子体增强技术的原理是：在化学气相沉积室中，通入反应气体（甲烷、氢气等）并保持较低气压（1 ~ 600 Pa）；通过射频激发，直流高压激发，脉冲激发和微波激发等方式激发气体，使其产生低温等离子体。基体（阴极）表面附近的气体电离，反应气体得到活化，在基体表面上不仅存在着通常的热化学反应，还存在着复杂的等离子体化学反应，通过这两种化学反应的共同作用在基体材料上形成了固体石墨烯薄膜。

Yang 等[65]在 CVD 基础上，以 SiO_2 为衬底，在 900 °C、300 W 的功率下反应了 60 min，反应设备原理如图 1.3.17（a）所示。通过等离子增强合成法制备的石墨烯薄膜具有 130 nm 的厚度[图 1.3.17（c）]，呈现出多孔结构[图 1.3.17（b）]。

采用等离子增强合成法制备的石墨烯与普通的化学气相沉积法制备的产物形态不同，呈现出堆叠排列、相互搭接的三维多孔结构。这种结构将在场发射和超级电容器电极材料等方面具有重要的应用价值。

（a）制备设备示意图

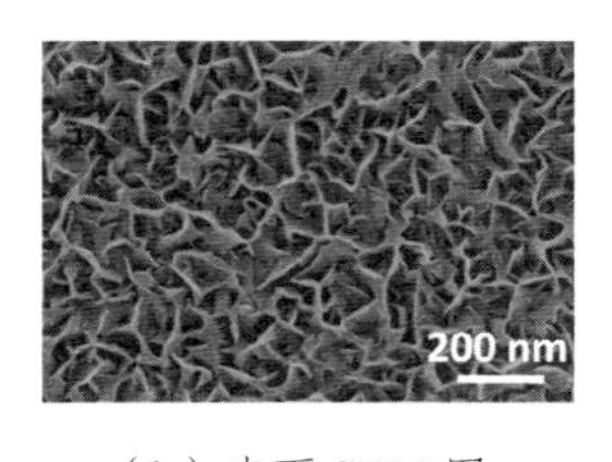

（b）表面 SEM 图

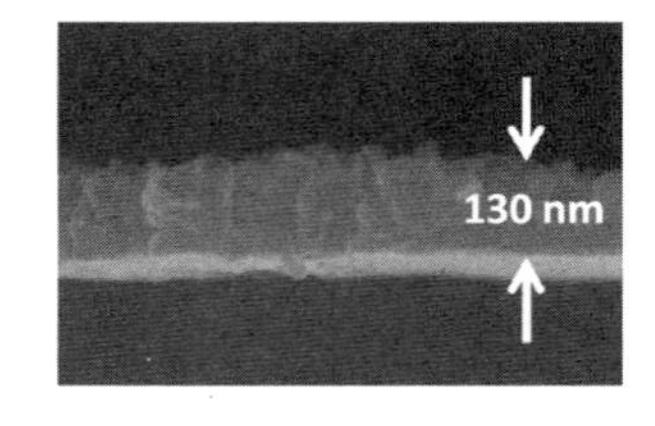

（c）截面 SEM 图

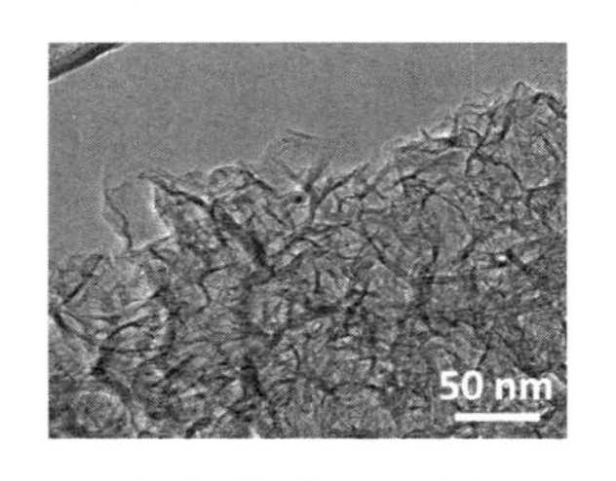

（d）截面 TEM 图

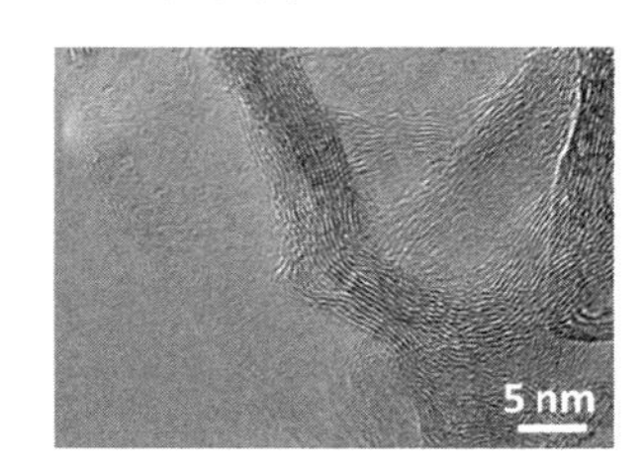

（e）HRTEM 图

图 1.3.17　等离子体增强制备石墨烯[65]

1.3.9 火焰法

火焰法（Flame Synthesis）制备石墨烯，首先需要在硅片基板上沉积一层镍或者铜纳米晶体薄膜作为石墨烯生长的催化剂，当富碳材料在空气或其他助燃气体中燃烧时，碳原子会被晶体薄膜吸附，形成镍碳或者铜碳固溶体；当将基板从火焰移出冷却时，碳原子的溶解度降低，过饱和碳原子从金属表面析出，形成石墨烯薄膜。因此可以认为火焰法制备石墨烯其本质也是 CVD 法制备石墨烯，制备示意图如图 1.3.18 所示。

我国武汉大学潘春旭教授研究团队长期从事火焰法制备碳纳米材料的相关研究。其研究团队曾利用火焰法合成氮掺杂碳纳米管、碳纳米纤维、石墨烯等纳米材料[67-69]，该研究团队对火焰法制备石墨烯的微观结构及机理进行了分析，其制备机理示意图如图 1.3.19 所示，所制备的石墨烯微观结构如图 1.3.20 及图 1.3.21 所示。

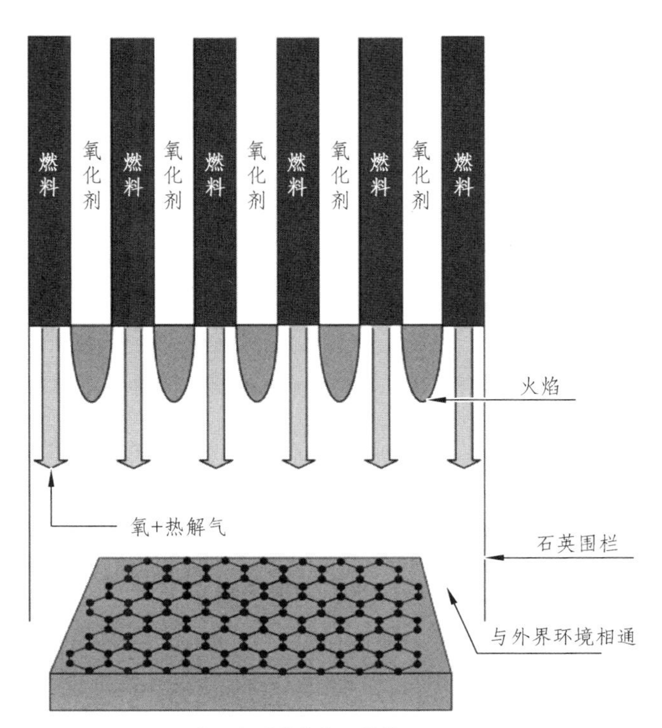

图 1.3.18 火焰法制备石墨烯装置示意图[66]

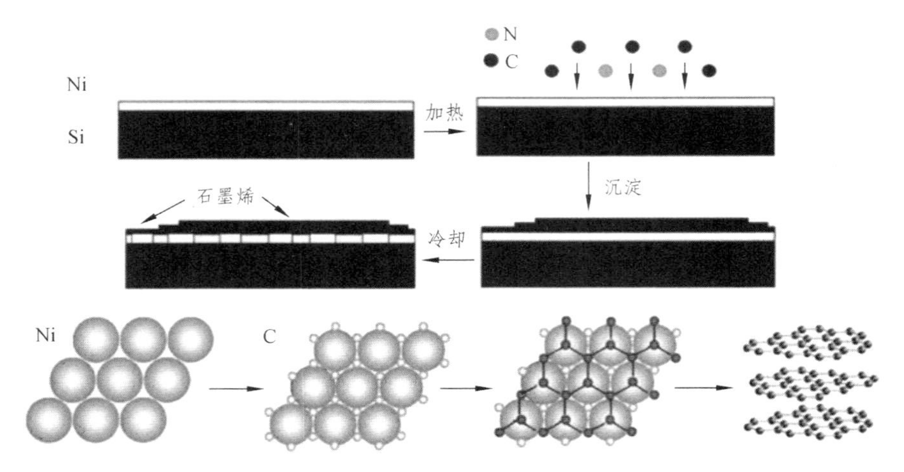

图 1.3.19 火焰法制备石墨烯机理分析示意图[67]

图 1.3.20 是火焰法制备石墨烯薄膜的 SEM 微观结构图，右图中可以发现，薄膜呈现出明显的褶皱形貌，说明通过火焰法成功制备出了石墨烯纳米薄膜。图 1.3.21 是对透明薄膜进行 TEM 表征，可以看出，这些透明薄膜具有石墨烯的层状结构，相应区域的衍射花样也显示其具独特的六角结构，再次说明了通过火焰法可以成功制备出高质量的少层石墨烯纳米薄膜。

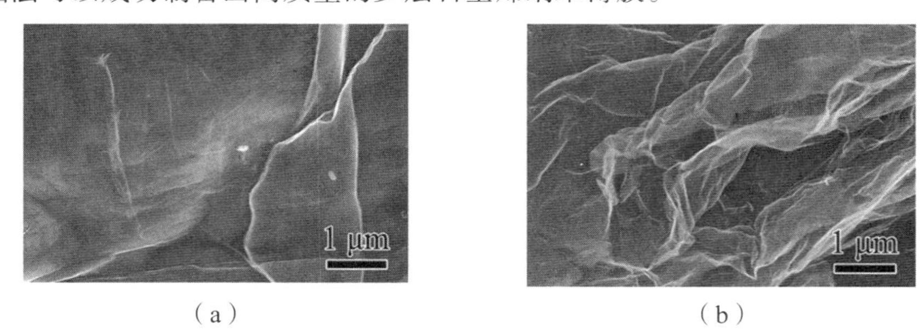

（a） （b）

图 1.3.20 火焰法制备石墨烯 SEM 微观结构图[67]

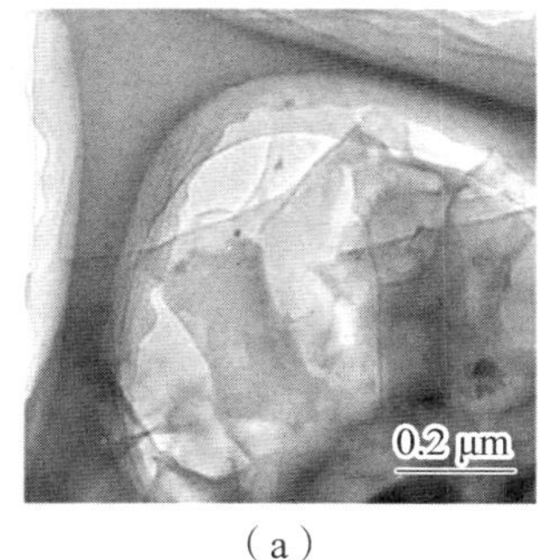

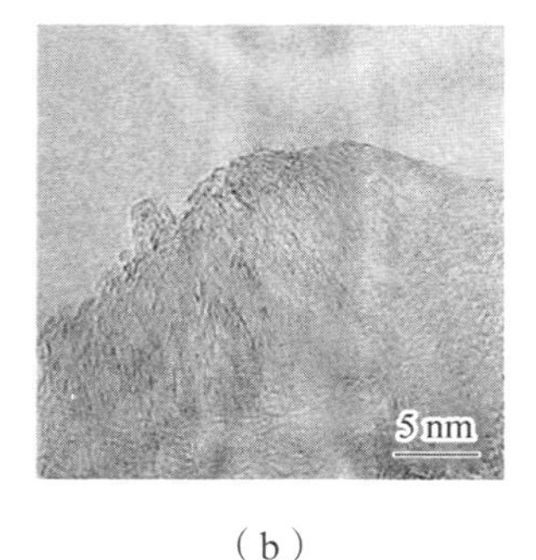

（a） （b）

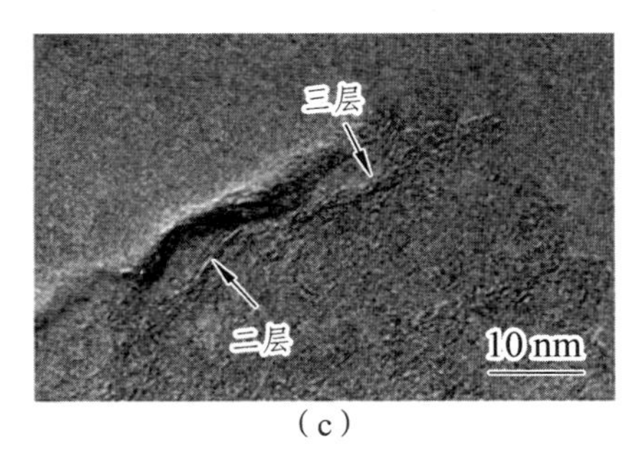

（c）

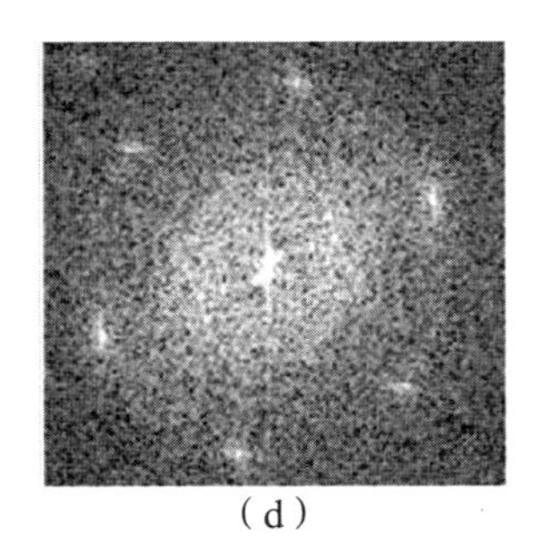

（d）

图 1.3.21 火焰法制备石墨烯 TEM 微观结构图[69]

在这里需要注意的是，在金属晶体薄膜表面上沉积石墨烯所需的条件是适当的渗碳温度、碳源和冷却速度，制备全过程还需要在保护性气氛下防止高温氧化。为制备出大面积的薄膜，可以通过火焰法放大装置增大火焰及基底的尺寸，从而扩展制备石墨烯的面积。

采用火焰法制备石墨烯具有设备简单、制备速度快、节约能源和时间、可连续制备等优点。但是与化学气相沉积法相比，也有一些不足[50]：

（1）富碳化合物在空气中的火焰为扩散焰，其各部分的温度和成分不同，所制备石墨烯薄膜的均匀性和连续性不如化学气相沉积法；

（2）火焰法制备过程中加热温度和冷却速度较难控制，制备石墨烯薄膜的稳定性有待提高；

（3）空气中的火焰有不完全燃烧沉积炭黑的问题，氧的扩散对石墨烯的氧化不能完全避免，最终制得的石墨烯晶化程度和纯净度不如化学气相沉积法。

除上面介绍的合成方法之外，制备石墨烯的方法还有电化学合成法[70-72]、偏析合成法[73,74]、模板法[75,76]、CO 还原法[77]、碳纳米管切割法[78,79]等方法，由于每一种制备方法所处的环境不同，因此所制备的石墨烯具有不同的形貌特性及独特的性能，因此不能简单地认为哪一种好，哪一种差，需要根据具体的使用环境进行合理选择。

参考文献

[1] GEIM A K, NOVOSELOV K S, et. al. Electric field effect in atomically thin carbon films[J]. Science, 2004, 306(5696): 666-669.

[2] GEIM A K, NOVOSELOV K S. The rise of graphene[J]. Nature Materials, 2007, 6(3): 183-191.

[3] GEIM A K, NOVOSELOV K S. The rise of graphene[M]// Nanoscience and technology:

a collection of reviews from *Nature* Journals, 2009: 11-19.
[4] WALLACE P R. The band theory of graphite[J]. Physical Review, 1947, 71(9): 622-634.
[5] MCCLURE J W. Diamagnetism of graphite[J]. Physical Review, 1960, 104(3): 666-671.
[6] GEIM A K. NS the rise of graphene[J]. Nature Materials, 2007, 6(3): 183-190.
[7] MERMIN N D, WAGNER H. Absence of ferromagnetism or antiferromagnetism in one- or two-dimensional isotropic heisenberg models[J]. Physical Review Letters, 1966, 17(17): 1133-1136.
[8] BOEHM H P, SETTON R, STUMPP E. Nomenclature and terminology of graphite intercalation compounds[J]. Carbon, 1986, 24(2): 241-245.
[9] BOEHM H P, SETTON R, STUMPP E. Nomenclature and terminology of graphite[J]. Pure & Applied Chemistry, 1990, 66(9): 1893-1901.
[10] FITZER E, KOCHLING K H, BOEHM H P, et al. Recommended terminology for the description of carbon as a solid(IUPAC Recommendations 1995)[J]. Pure & Applied Chemistry, 1995, 67(3): 473-506.
[11] MCNAUGHT A D, WILKINSON A. IUPAC in compendium of chemical terminology[M]. 2nd ed. Oxford: Blackwell scientific, 1997.
[12] MEYER J C, GEIM A K, KATSNELSON M I, et al. The structure of suspended graphene sheets[J]. Nature, 2007, 446(7131): 60-63.
[13] STOLYAROVA E, RIM K T, RYU S, et al. High-resolution scanning tunneling microscopy imaging of mesoscopic graphene sheets on an insulating surface [C]. Proceedings of the National Academy of Sciences of the United States of America, 2007, 104(22): 9209-9212.
[14] NOVOSELOV K S, GEIM A K, MOROZOV S V, et al. Two-dimensional gas of massless dirac fermions in graphene[J]. Nature, 2005, 438(7065): 197-200.
[15] 陈永胜, 黄毅. 石墨烯: 新型二维碳纳米材料[M]. 北京: 科学出版社, 2013.
[16] BIANCO A, CHENG H M, ENOKI T, et al. All in the graphene family — a recommended nomenclature for two-dimensional carbon materials[J]. Carbon, 2013, 65(6): 1-6.
[17] LI L, WU G, et al. Focusing onluminescent graphene quantum dots: current status andfutureperspectives[J]. Nanoscale, 2013, 5(10): 4015-4039.
[18] YANG W Y, XU J H, et al. Porous conducting polymer and reduced graphene oxide preparation, characterization and electrochemical performance[J]. Journal of Materials Science: Materials in Electronics, 2015, 26(3): 1668.
[19] ROBINSON J T, BURGESS J S, JUNKERMEIER C E, et al. Properties of fluorinated graphene films[J]. Nano Letters, 2010, 10(8): 3001.

[20] PUMERA M, WONG C H. Graphene and hydrogenated graphene[J]. Chemical Society Reviews, 2013, 42(14): 5987.

[21] XU M, LIANG T, SHI M, et al. Graphene-like two-dimensional materials[J]. Chemical Reviews, 2013, 113(5): 3766-3798.

[22] LEE C, WEI X, et al. Measurement of the elastic properties and intrinsic strength of monolayer graphene[J]. Science, 2008, 321(5887): 385-388.

[23] NAIR R R, BLAKE P, et al. Fine structure constant defines visual transparency of graphene[J]. Science, 2008, 320(5881): 385-388.

[24] Chen H. Muller M betel. Mechanically strong, Electrically conductive, and Biocompatible Grapheme paper[J]. Advanced Materials, 2010, 20(18): 3557-3561.

[25] BALANDIN A A, GHOSH S, et al. Superior thermal conductivity of single-layer Graphene[J]. Nano Letter, 2008, 8(3): 902-907.

[26] 杨晓东，贺鹏飞，等. 石墨烯纳米压痕实验的分子动力学模拟[J]. 中国科学：物理学力学天文学, 2010, 40(3): 97-104.

[27] 姜小强，刘智波，等. 石墨烯光学性质及其应用研究进展[J]. 物理学进展，2017, 37(1): 22-36.

[28] 赵敏，许并社，等. 石墨烯材料的非线性光学研究进展[J]. 中国材料进展，2016, 35(12): 889-893.

[29] BLAKE P, BRIMICOMBE P D, et al. Graphene-based liquid crystal device[J]. Nano Letters, 2008, 8(6): 1704-1708.

[30] 曹宇臣，郭鸣鹏. 石墨烯材料及其应用[J]. 石油化工, 2016, 45(10): 1149-1159.

[31] COUTLAND R. 石墨烯在自旋电子学中的前景[J]. 科技纵览, 2013(2): 13-14.

[32] 马兆里. 石墨烯纳米结构的自旋电子输运性质研究[D]. 上海：复旦大学, 2011.

[33] 惠治鑫，贺鹏飞，等. 硅功能化石墨烯热导率的分子动力学模拟[J]. 物理学报，2014, 63(7): 184-190.

[34] 张晓亮. 功能化氧化石墨烯/UHMWPE 复合薄膜的制备及气体阻隔性研究[D]. 西安：西安理工大学, 2015.

[35] BOEHM H P, SETTON R, STUMPP E. Nomenclature and terminology of graphite intercalation compounds[J]. Carbon, 1986, 24(2): 241-245.

[36] ZHANG Y, SMALL J P, PONTIUS W V, et al. Fabrication and electric-field-dependent transport measurements of mesoscopic graphite devices[J]. Applied Physics Letters, 2004, 86(7): 073104-073104$_{-3}$.

[37] LIANG X, ZENG L, FU A, et at. Graphene transistors fabricated via transfer-printing in device active-areas on large wafer[J]. Nano Letters, 2007, 7(12): 3840-3844.

[38] SONG L, CI L, GAO W, et al. Transfer printing of graphene using gold film[J].

AcsNano, 2009, 3(6): 1353-1356.

[39] ROLLINGS E, GWEON G H, et al. Synthesis and characterization of atomically thin graphite films on a silicon carbide substrate[J]. Journal of Physics & Chemistry of Solids, 2006, 67(9-10): 2172-2177.

[40] YAKIMOVA R, VIROJANADARA C, et al. Analysis of the formation conditions for large area epitaxial graphene on SiC substrates[J]. Materials Science Forum, 2009, 645-648: 565-568.

[41] EMTSEV K V, SPECK F, et al. Interaction, growth, and ordering of epitaxial graphene on SiC{0001} surfaces: a comparative photoelectron spectroscopy study[J]. Physical Review B Condensed Matter, 2008, 77(15): 155303.

[42] LEE D S, RIEDL C, et al. Raman spectra of epitaxial graphene on SiC and of epitaxial graphene transferred to SiO_2[J]. Nano Letters, 2008, 8(12): 4320.

[43] EMTSEV K V, BOSTWICK A, et al. Towards wafer-size graphene layers byatmospheric pressure graphitization of silicon carbide[J]. Nature Materials, 2009, 8(3): 203-207.

[44] TROMP R M, HANNON J B. Thermodynamics and kinetics of graphene growth on SiC(0001)[J]. Physical review letters, 2009, 102(10): 106104.

[45] De HEER W A, BERGER C, et al. Large area and structured epitaxial graphene produced by confinement controlled sublimation of silicon carbide[J]. Proceeding of the National Academy of Sciences, 2011, 108(41): 16900

[46] 于海玲，朱嘉琦，等. 金属催化制备石墨烯的研究进展[J]. 物理学报，2013, 62(2): 10-19.

[47] LARCIPRETE R, ULSTRUP S, et al. Oxygen switching of the epitaxial graphene-metal interaction[J]. AcsNano, 2012, 6(11): 9551.

[48] GAO M, PAN Y, et al. Tunable interfacial properties of epitaxial graphene on metal substrates[J]. Applied Physics Letters, 2010, 96(5): 1379.

[49] STANKOVICH S, PINER R D, CHEN X, et al. Stable aqueous dispersions of graphitic nanoplatelets via the reduction of exfoliated graphite oxide in the presence of poly(sodium 4-styrenesulfonate)[J]. Journal of Materials Chemistry, 2005, 16(2): 155-158.

[50] GREEN A A, HERSAM M C. Solution phase production of graphene with controlled thickness via density differentiation[J]. Nano Letters, 2009, 9(12): 4031-4036.

[51] 朱宏伟，徐志平，谢丹. 石墨烯：结构、制备方法与性能表征[M]. 北京：清华大学出版社，2011: 11.

[52] OOSTINGA J B, HEERSCHE H B, LIU X, et al. Gate-induced insulating state in

bilayer graphene devices[J]. Nature Materials, 2008, 7(2): 151-157.
[53] HUMMERS W S, OFFEMAN R E. Preparation of graphitic oxide[J]. J Am Chem Soc, 1958, 80(6): 1339.
[54] TANG L, WANG Y, LI Y, et al. Preparation, structure, and electrochemical properties of reduced graphene sheet films[J]. Advanced Functional Materials, 2009, 19(17): 2782-2789.
[55] 李鑫，张海洋，等. 硫掺杂三维石墨烯的制备及其电化学特性研究[J]. 电子组件与材料, 2018, 37(5): 57-61.
[56] CHOUCAIR M, THORDARSON P, STRIDE J A. Gram-scale production of graphene based on solvothermal synthesis and sonication[J]. Nature Nanotechnology, 2009, 4(1): 30-33.
[57] 王平. 溶剂热法制备石墨烯及与微波结合的研究[D]. 成都：电子科技大学, 2014.
[58] SIMPSON C D, MATTERSTEIG G, KAI M, et al. Nanosized molecular propellers by cyclodehydrogenation of polyphenylene dendrimers[J]. Journal of the American Chemical Society, 2004, 126(10): 3139-3147.
[59] YANG X, DOU X, ROUHANIPOUR A, et al. Two-dimensional graphene nanoribbons[J]. Journal of the American Chemical Society, 2008, 130(13): 4216-4217.
[60] CAI J, RUFFIEUX P, JAAFAR R, et al. Atomically precise bottom-up fabrication of graphene nanoribbons[J]. Nature, 2010, 466(7305): 470-473.
[61] CAI J, RUFFIEUX P, JAAFAR R, et al. Atomically precise bottom-up fabrication of graphene nanoribbons[J]. Nature, 2010, 466(7305): 470-473.
[62] AL-SHURMAN K, NASEEM H. CVD graphene growth mechanism on nickel thin films[J]. 2014.
[63] BAE S, KIM H, LEE Y, et al. Roll-to-roll production of 30-inch graphene films for transparent electrodes[J]. Nature Nanotechnology, 2010, 5(8): 574-578.
[64] SUBRAHMANYAM K S, PANCHAKARLA L S, GOVINDARAJ A, et al. Simple method of preparing graphene flakes by an arc-discharge method[J]. Journal of Physical Chemistry C, 2009, 113(11): 4257-4259.
[65] YANG C, BI H, WAN D, et al. Direct PECVD growth of vertically erected graphene walls on dielectric substrates as excellent multifunctional electrodes[J]. Journal of Materials Chemistry A, 2012, 1(3): 770-775.
[66] MEMON N K, TSE S D, AL-SHARAB J F, et al. Flame synthesis of graphene films in open enviro nments[J]. Carbon, 2011, 49(15): 5064-5070.
[67] LI D, YU C, WANG M, et al. Synthesis of nitrogen doped graphene from graphene oxide within an ammonia flame for high performance supercapacitors[J]. Rsc

Advances, 2014, 4(98): 55394-55399.

[68] LI D, YU C, WANG M, et al. Synthesis of nitrogen doped graphene from graphene oxide within an ammonia flame for high performance supercapacitors[J]. Rsc Advances, 2014, 4(98): 55394-55399.

[69] ZHANG Y, CAO B, ZHANG B, et al. The production of nitrogen-doped graphene from mixed amine plus ethanol flames[J]. Thin Solid Films, 2012, 520(23): 6850-6855.

[70] LIU N, LUO F, WU H, et al. One - Step ionic - liquid - assisted electrochemical synthesis of ionic - liquid - functionalized graphene sheets directly from graphite[J]. Advanced Functional Materials, 2008, 18(10): 1518-1525.

[71] GAO H, XIAO F, CHI B C, et al. One-step electrochemical synthesis of PtNi nanoparticle-graphene nanocomposites for nonenzymatic amperometric glucose detection[J]. Acs Appl Mater Interfaces, 2011, 3(8): 3049-3057.

[72] SINGH V V, GUPTA G, BATRA A, et al. Greener electrochemical synthesis of high quality graphene nanosheets directly from pencil and its SPR sensing application[J]. Advanced Functional Materials, 2012, 22(11): 2352-2362.

[73] LIU N, FU L, DAI B, et al. Universal segregation growth approach to wafer-size graphene from non-noble metals[J]. Nano Letters, 2011, 11(1): 297-303.

[74] LIU X, FU L, LIU N, et al. Segregation growth of graphene on Cu-Ni alloy for precise layer control[J]. Journal of Physical Chemistry C, 2011, 115(24): 11976-11982.

[75] LI N, LIU G, ZHEN C, et al. Battery performance and photocatalytic activity of mesoporousanatase TiO_2 nanospheres/graphene composites by template-free self-assembly[J]. Advanced Functional Materials, 2011, 21(9): 1717-1722.

[76] WEI D, LIU Y, ZHANG H, et al. Scalable synthesis of few-layer graphene ribbons with controlled morphologies by a template method and their applications in nanoelectromechanical switches[J]. Journal of the American Chemical Society, 2009, 131(31): 11147-11154.

[77] KIM C D, MIN B K, JUNG W S. Preparation of graphene sheets by the reduction of carbon monoxide[J]. Carbon, 2009, 47(6): 1610-1612.

[78] CI L, XU Z, WANG L, et al. Controlled nanocutting of graphene[J]. Nano Research, 2008, 1(2): 116-122.

[79] ZHANG X, SAMORÌ P. Chemical tailoring of functional graphene-based nanocomposites by simple stacking, cutting, and folding[J]. Angewandte Chemie, 2016, 55(50): 15472.

2　石墨烯的结构和晶体结合

本章将论述石墨烯的晶体结构和显微形貌以及电子结构，在此基础上论述石墨烯的晶体结合和石墨烯与吸附原子的结合。

2.1　石墨烯的结构和显微形貌以及电子结构

石墨烯的性质取决于它的结构和电子结构状态等，本节将首先论述单层石墨烯的晶体结构和显微形貌以及电子结构特点，然后论述多层石墨烯的晶体结构和电子结构。

2.1.1　石墨烯的晶体结构

石墨烯广义上讲可分为单层石墨烯、双层石墨烯、少层石墨烯和多层石墨烯。单层石墨烯（Graphene）：指由一层以苯环结构（即六角形蜂巢结构）周期性紧密堆积的碳原子构成的一种二维碳材料。双层石墨烯（Bilayer or Double-layer Graphene）：指由两层以苯环结构（即六角形蜂巢结构）周期性紧密堆积的碳原子以不同堆垛方式（包括 AB 堆垛、AA 堆垛等）堆垛构成的一种二维碳材料。少层石墨烯（Few-layer Graphene）：指由 3~10 层以苯环结构（即六角形蜂巢结构）周期性紧密堆积的碳原子以不同堆垛方式（包括 ABC 堆垛、ABA 堆垛等）堆垛构成的一种二维碳材料。多层石墨烯又叫厚层石墨烯（Multi-layer Graphene）：指厚度在 10 层以上 10 nm 以下苯环结构（即六角形蜂巢结构）周期性紧密堆积的碳原子以不同堆垛方式（包括 ABC 堆垛、ABA 堆垛等）堆垛构成的一种二维碳材料。类石墨烯是指在一个维度上维持纳米尺度，一个或几个原子层厚度，而在二维平面内具有无限类似碳六元环组成的二维（2D）周期蜂窝状点阵结构，如六方氮化硼、过渡族金属与硫族元素化合物、第 III（Ⅳ）A 族金属硫化物、硅烯和锗烯等。

严格定义下的石墨烯是指单层石墨烯，即由单原子层紧密堆积的二维晶体结构，其中碳原子以六元环形式周期性排列于石墨烯平面内，理论厚度约为 0.334 nm。每个碳原子通过 σ 键与临近的三个碳原子相连，每个 C—C 键的键长 0.142 nm；s，p_x 和 p_y 三个杂化轨道形成强的共价键合，组成 sp^2 杂化结构，具有的 120°键角，赋予石墨烯极高的力学性能。剩余的 p_z 轨道的 π 电子在与平面垂直的方向形成 π 轨道，此 π 电子可以在石墨烯晶体平面内自由移动，从而使得石墨烯具有良好的导电性。如图 2.1.1 所示，从图中也可以清楚地看到，石墨烯是由单层碳原子紧密堆积成二维蜂窝状晶体结构。在单层石墨烯中，每个碳原子通过 sp^2 杂化与周围碳原子成键构成正六边形，每个六边形单元类似一个苯环。每个碳原子都贡献出一个未成键电子。单层石墨烯厚度仅为 0.35 nm，大概是人体头发丝直径的二十万分之一。同时石墨的结构非常稳定，碳原子之间的连接非常柔韧，受到外力时，碳原子面发生弯曲变形，使碳原子不必重新排列来适应外力，从而保证了自身的结构稳定。

图 2.1.1　石墨烯的结构[1]

石墨烯晶体结构中每个元胞包含两个碳原子，四个价电子的其中 3 个分别与邻近碳原子产生 sp^2 轨道杂化形成 3 个 σ 键，另外 1 个 p 轨道电子贡献给非局域化的 π 和 π^* 键，分别形成最高占据电子轨道和最低非占据电子轨道。

2.1.2　石墨烯的电子结构

图 2.1.2 给出了单层石墨烯的电子结构。

电子显微镜技术是现代研究物质微观结构的重要手段，在材料表征上发挥着重要作用。使用最多的电子显微技术包括扫描电子显微镜（SEM）和透射电子显微镜（TEM）。

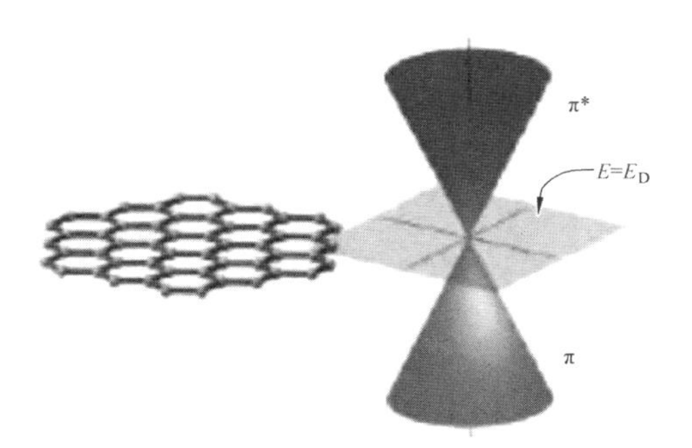

图 2.1.2　单层石墨烯的电子结构[2]

扫描电子显微镜（SEM）是 1965 年发明的较现代的细胞生物学研究工具，其成像原理如下：主要是利用二次电子信号成像来观察样品的表面形态，即用极狭窄的电子束去扫描样品，通过电子束与样品的相互作用产生各种效应，其中主要是样品的二次电子发射。二次电子能够产生样品表面放大的形貌像，这个像是在样品被扫描时按时序建立起来的，即使用逐点成像的方法获得放大像，从而获得样品的结构信息。图 2.1.3 展示了石墨烯在不同分辨率下的 SEM 图像，图 2.1.4 展示了石墨烯的 TEM 图像。

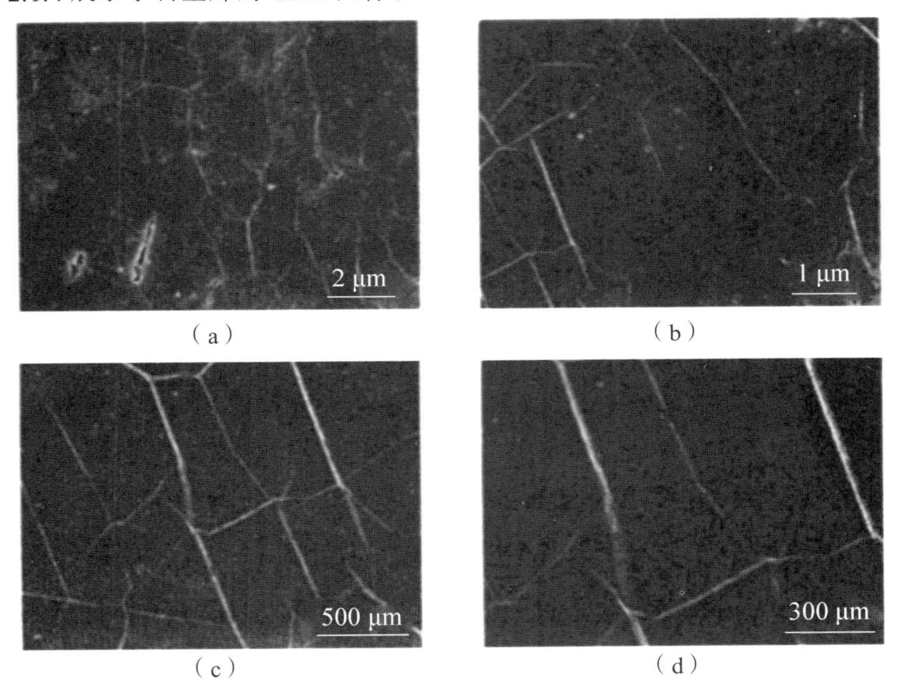

（a）　（b）

（c）　（d）

图 2.1.3　石墨烯在不同分辨率下的 SEM 图像

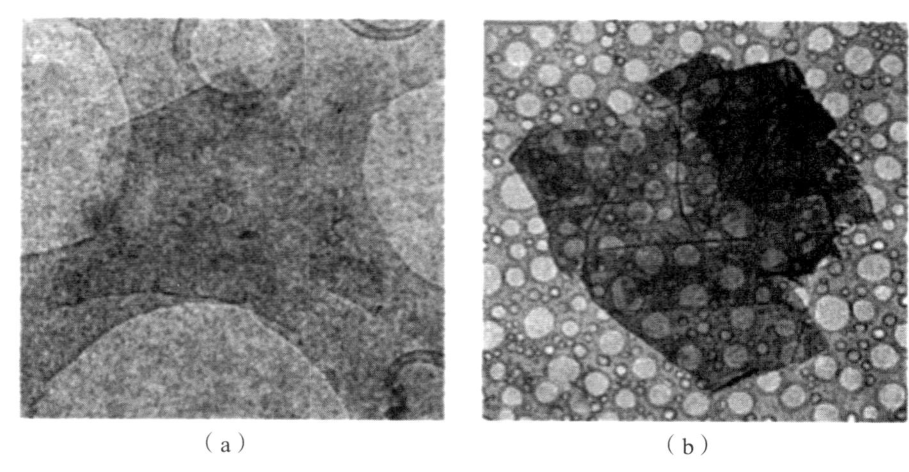

图 2.1.4　石墨烯的 TEM 图像

但是，众所周知，二维晶体在热学上具有不稳性，发散的热学波动起伏破坏了长程有序结构，并且导致石墨烯在较低温度下即发生晶体结构的融解。透射电镜观察及电子衍射分析也表明单层石墨烯并不是完全平整的，而是呈现出本征的微观的不平整，在平面方向发生角度弯曲。扫描隧道显微镜观察表明纳米级别的褶皱出现在单层石墨烯表面及边缘。这种褶皱起伏表现在垂直方向发生大的变化，而在侧边的变化超过纳米级。这种三维方向的起伏变化可以导致静电的产生，从而使得石墨烯在宏观易于聚集，很难以单片层存在。

为了比较各种维度石墨烯 TEM 图像的区别，图 2.1.5 展示了 3 维（3D）、2 维（2D）、1 维（1D）、0 维（0D）石墨烯的 TEM 图像。

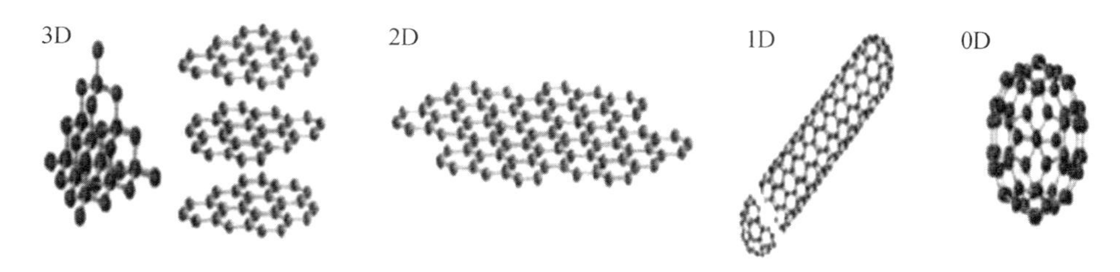

图 2.1.5　几种维度的石墨烯的 TEM 图像

2.1.3　多层石墨烯的晶体结构和电子结构

对多层石墨烯的晶体结构和电子结构，文献[3]在密度泛函理论框架下，在广义梯度近似下，对由六边形（L_6）、四边形与八边形组合（$L_{4\text{-}8}$）、三边形与十二边形组合（$L_{3\text{-}12}$）和四边形-六边形-十二边形组合（$L_{4\text{-}6\text{-}12}$）这 4 种基本构形构成的晶体结构和电子性质进行计算，求出单层结构特性以及在晶体中的相互分布、电子态密度、能带结构。得到的原胞、键长、平移矢量见图 2.1.6，电子态密度见图 2.1.7，能带结构见图 2.1.8。

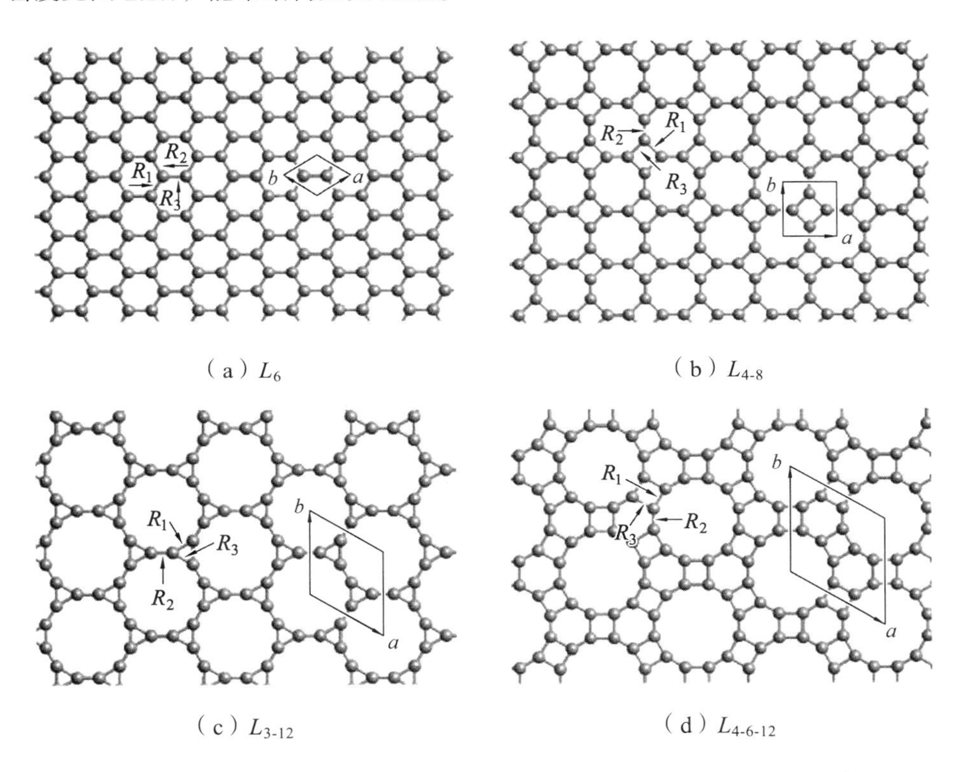

图 2.1.6　多层石墨烯晶体的原胞、键长、平移矢量[3]

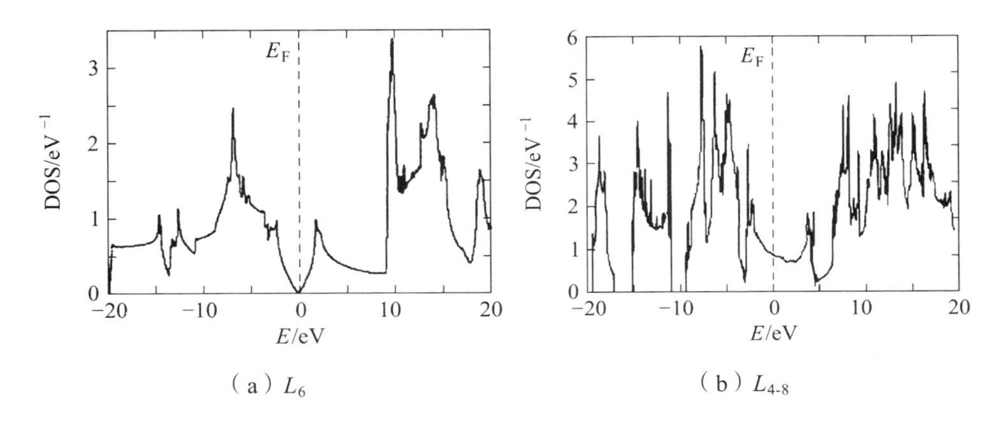

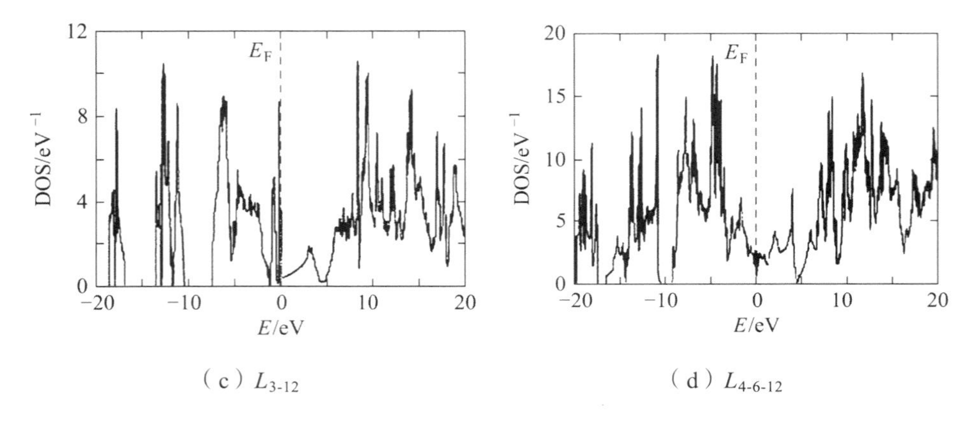

图 2.1.7 多层石墨烯晶体的电子态密度[3]

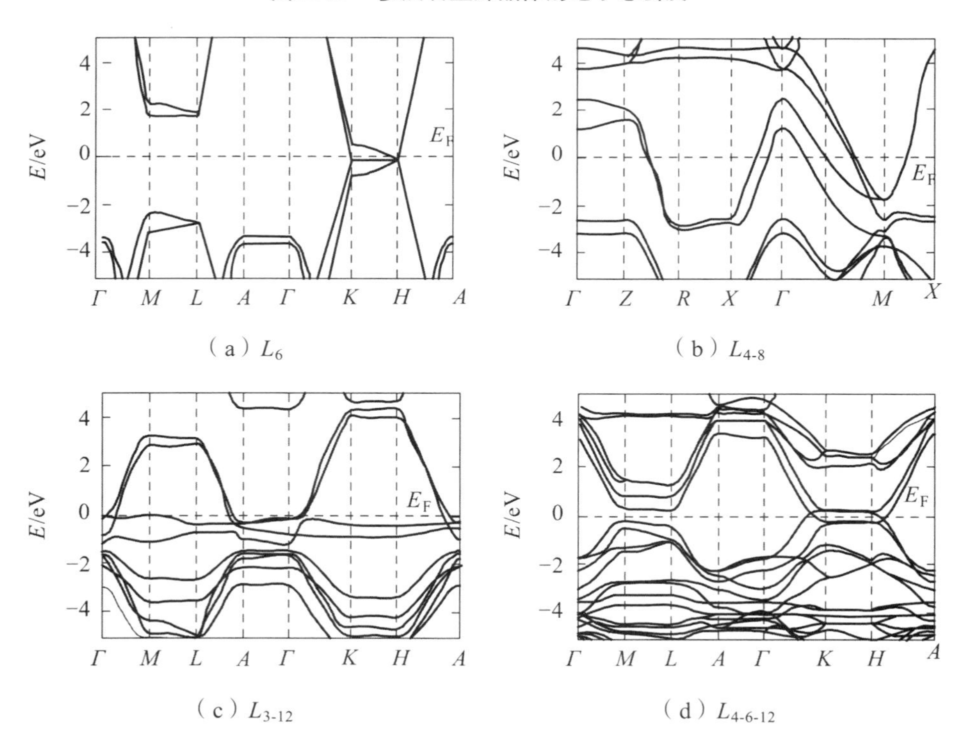

图 2.1.8 多层石墨烯晶体的能带结构[3]

结果表明：多层石墨烯晶体具有金属导电性。图 2.1.9 还给出相应于能量极小时，多层石墨烯晶体近邻两层间的相对移动情况。计算表明：上述 4 种情况的层间每个原子的结合能分别为−0.046，−0.042，−0.033，−0.038 eV。

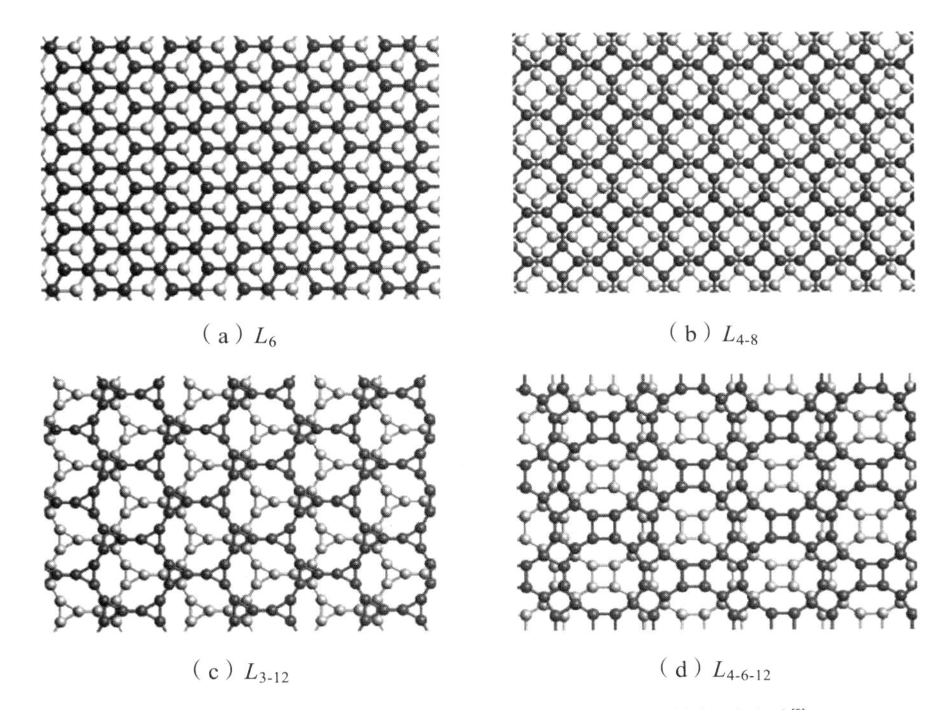

（a）L_6 （b）$L_{4\text{-}8}$

（c）$L_{3\text{-}12}$ （d）$L_{4\text{-}6\text{-}12}$

图 2.1.9 能量极小时多层石墨烯晶体近邻两层间的相对移动[3]

2.2 石墨烯的晶体结合

晶体结合的形式和强弱，直接影响晶体的稳定性以及力学、热学、电学等各种性质，而晶体结合的强弱可用原子相互作用能具体计算。本节将论述石墨烯的原子相互作用能和温度对石墨烯原子相互作用能的影响。

2.2.1 石墨烯的原子相互作用能

按照文献[4]，石墨烯中一个原子的相互作用能可写为：

$$\phi_0(d) = -|V_2|\left[1 - S + \beta_2\left(\frac{V_1}{V_2}\right)^2\right] \quad (2.2.1)$$

其中，$V_2 = \eta_2 \hbar^2 / m_0 d^2$ 为共价能；系数 η_2 对 sp^2 轨道为 $\eta_2 = -3.26$，对 sp^3 轨道为 $\eta_2 = -3.22$；d 为键长；$V_1 = (\varepsilon_s - \varepsilon_p)/4$ 为金属化能；ε_s 和 ε_p 分别为 s 和 p 态的

能量；S 为交换积分参量；由平衡时 $\phi(d)$ 极小的条件求得

$$S=\frac{2}{3}\left[1-\beta_2\left(\frac{V_1}{V_2}\right)^2\right] \tag{2.2.2}$$

将式（2.2.2）代入式（2.2.1），得到：

$$\phi_0(d)=-|V_2|\left[1+5\beta_2\left(\frac{V_1}{V_2}\right)^2\right] \tag{2.2.3}$$

式中，$\beta_2=2/3$ 是二维晶体的结构参量。研究表明，石墨烯中还有短程相互作用能：$\Delta E_{\text{rep}}(d)=-R/d^{12}$，式中 $R=0.154\times10^4\left(\hbar^2/2m\right)a_0^{10}$，$a_0$ 为玻尔半径[4]。考虑短程作用后，相互作用能为：

$$\phi(d)=-|V_2|\left[1-S+\frac{R}{|V_2|d^{12}}+\beta_2\left(\frac{V_1}{V_2}\right)^2\right] \tag{2.2.4}$$

由平衡时 $\phi(d)$ 极小，求得交换能参量 S，代入（2.2.4）式，得到考虑短程相互作用后，石墨烯中一个原子的平均相互作用能为[5]：

$$\phi(d)=-V_2\left[1+\frac{9R}{V_2d^{12}}+5\beta_2\left(\frac{V_1}{V_2}\right)^2\right] \tag{2.2.5}$$

文献[4]给出：$d_0=1.42\times10^{-10}m$，$|V_2|=12.32eV$，$V_1=2.08eV$。由式（2.2.5）求得平衡时石墨烯一个原子上的平均相互作用能为 $\bar{\varphi}(d_0)=-13.5eV$。

文献[4]表明：除石墨烯外，金刚石、硅、锗具有相同二维结构时，原子相互作用势也具有（2.2.5）式所示的形式，它们的值见表 2.2.1。.

表 2.2.1　石墨烯等的有关数据

	石墨烯	金刚石	硅	锗
$d/10^{-10}$ m	1.42	1.54	2.25	2.35
V_2/eV	12.32	10.35	4.91	4.44
V_1/eV	2.08	2.08	1.80	1.80
$\lvert\bar{\varphi}\rvert$ /eV	13.5	15.9	7.1	13.6

2.2.2　石墨烯的结合能

石墨烯的结合能是指把自由的碳原子结合为石墨烯晶体所释放的能量，或把石墨烯晶体拆散为自由的碳原子所需的能量。原子的动能与原子间相互作用势能之和的绝对值就等于结合能。在绝对零度的温度时，原子只有零点振动能，原子的动能远小于原子间相互作用势能的绝对值，因此，绝对零度的温度时，石墨烯的结合能近似等于原子间相互作用势能的绝对值。由于石墨烯中一个原子的平均相互作用能由（2.2.5）式表示，由此得到由 N 个碳原子构成的石墨烯的结合能为

$$U(d)=NV_2\left[1+\frac{9R}{V_2d^{12}}+5\beta_2\left(\frac{V_1}{V_2}\right)^2\right] \tag{2.2.6}$$

由压缩系数 K_T 的定义和弹性模量 $B=1/K_T$，可得到（对三维晶体）：$B=-V(\frac{\partial p}{\partial V})_T$。再由功能原理，绝热近似下，晶体对外做的功等于内能（在晶体内粒子的各种能量中，忽略小量时，它近似等于晶体的结合能）的减少，即 $-\mathrm{d}U=p\mathrm{d}V$，求得 $p=-\partial U/\partial V$，代入得到弹性模量与石墨烯的结合能的关系为

$$B=(\frac{\partial^2U}{\partial V^2})_{V_0}V_0 \tag{2.2.7}$$

这里 V_0 是指绝对零度的温度时晶体的体积。

对于石墨烯这类二维晶体，相应的计算公式为

$$B=(\frac{\partial^2U}{\partial S^2})_{S_0}S_0 \tag{2.2.8}$$

这里 S_0 是指温度为绝对零度时，晶体的面积。由石墨烯的键长 d_0，得到原胞面积 Ω，进而得到晶体的面积

$$S_0=\frac{N}{2}\sqrt{3}d_0^2 \tag{2.2.9}$$

将式（2.2.6）、（2.2.9）代入式（2.2.8），得到绝对零度的温度时的石墨烯的弹性模量。

2.2.3 温度对石墨烯原子相互作用能的影响

由式（2.2.5）得到

$$\phi(d)=-\left[\frac{B}{d^2}+\frac{9R}{d^{12}}+5\beta_2V_1^2B^{-1}d^2\right] \tag{2.2.10}$$

这里，$\beta=2/3$，由于 $B=\eta_2\hbar^2/m_0$、$R=10.08\ \mathrm{eV}\times(10^{-10}\ \mathrm{m})^{12}$、$V_1=2.08\ \mathrm{eV}$ 为常

数，而键长 d 受温度的影响。简谐近似下，$d = d_0 = 1.42\times10^{-10}$ m；非简谐情况下，$d = d_0(1+\alpha_1 T)$，这里 α_l 为石墨烯的线膨胀系数。文献[6]用实验测出在常温情况下石墨烯的线膨胀系数为负值，且随温度变化不太大，数值为 -7×10^{-6} K^{-1}。这里为讨论简便，取 α_1 为常数 $\alpha_1 = -7\times10^{-6} K^{-1}$。将这些数据代入式（2.2.10），得到常温情况下石墨烯原子相互作用能随温度的变化如图 2.2.1。图中，线 0 是简谐近似的结果，线 1 是非简谐情况的结果。

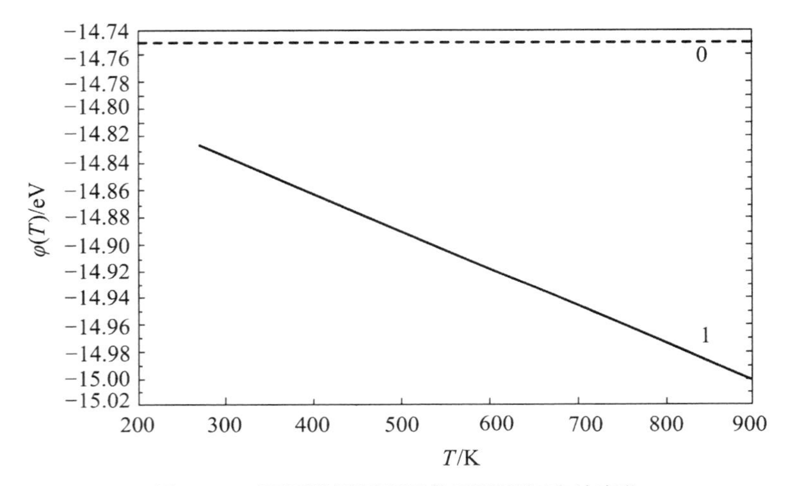

图 2.2.1　石墨烯原子相互作用能随温度的变化

由图 2.2.1 看出：简谐近似下，石墨烯原子相互作用能为常量；考虑到原子振动的非简谐效应（即原子振动的非简谐项产生的影响）后，常温情况下相互作用能的绝对值随温度升高而增大，意味着，石墨烯变得更稳定。其原因在于：在温度不太高（小于 900 K）时，石墨烯有负热膨胀现象，温度升高，键长 d 变小，石墨烯原子相互作用能的值变大，因而石墨烯变得更稳定。

应指出：如果不是常温情况，而是温度较高（大于 900 K）时，这时石墨烯为正热膨胀现象。温度升高，键长 d 变大，石墨烯原子相互作用能的值变小，意味着，石墨烯变得不稳定。

2.3　石墨烯与吸附原子的结合

石墨烯材料的性质可通过掺杂或吸附其他原子等来改变，石墨烯吸附原子与石墨烯碳原子的键能大小和性质以及电荷分布对材料的性质将产生重要影响。吸附的影响取决于吸附原子的性质、吸附原子的浓度、吸附原子和石墨烯中电子的状态和态密度情况。石墨烯与吸附原子的结合强弱由键能的大小决定。本节将在建立石墨烯吸附模型的基础上，论述吸附引起石墨烯态密度的变化、吸附原子性质对石墨烯结合强弱的影响和吸附原子覆盖度随温度的变化规律。

2.3.1 石墨烯的吸附模型

由 N 个碳原子构成的二维六角结构上，随机地吸附有其他原子。石墨烯上吸附原子的几种情况如图 2.3.1 所示。

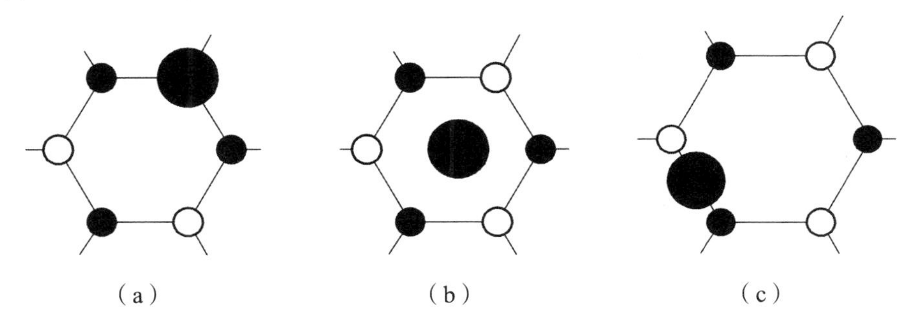

图 2.3.1 石墨烯吸附模型

除石墨烯碳原子间有相互作用外，吸附原子与石墨烯碳原子之间也有相互作用。设石墨烯碳原子相互作用能为 $\varphi(d)$ ，而石墨烯与吸附原子相互作用能 $\varphi(r)$ ，吸附原子与基底相互作用引起石墨烯电子态密度发生改变，进而引起吸附能的改变。

不考虑吸附原子影响時，石墨烯电子系统的哈密顿为

$$H = \sum_{Ka} \varepsilon_K C^{+}_{Ka} C_{K\sigma} \tag{2.3.1}$$

考虑吸附原子影响后，电子系统的哈密顿为[7]

$$\begin{aligned} H = &\sum_{k\sigma} \varepsilon_k C^{+}_{k\sigma} C_{ka} + \varepsilon_{\mathrm{a}} \sum_{\sigma} a^{+}_{\sigma} a_{\mathrm{a}} + U a^{+}_{\uparrow} a_{\uparrow} a^{+}_{\downarrow} a_{\downarrow} \\ &+ N^{-1/2} \sum_{k\sigma} \left(V_{k\sigma} C^{+}_{k\sigma} a_{\sigma} + V_{k\sigma} C_{k\sigma} a^{+}_{\sigma} \right) \end{aligned} \tag{2.3.2}$$

式中，ε_k 为石墨烯碳原子中电子能量；$C^{+}_{k\sigma}$ 和 $C_{k\sigma}$ 是处于波矢为 k、自旋为 σ 的

电子的产生和消失算符；ε_σ 为吸附原子电子的能量；a_σ^+ 和 a_σ,U 为处于态 $|a\sigma\rangle$ 的产生、消失算符；U 为吸附原子中处于自旋相反的电子库仑排斥能；$V_{k\sigma}$ 为态 $|k\sigma\rangle$ 和 $|a\sigma\rangle$ 的杂化能矩阵元。式（2.3.2）表示：考虑吸附后，吸附系统的电子哈密顿为石墨烯能带电子能量、吸附原子局域能、吸附原子内部库仑排斥能与杂化能之和。

2.3.2 吸附引起的石墨烯态密度的改变

按照文献[8]，可得到吸附原子格林函数为 G_a

$$G_a = -\frac{1}{\varepsilon - \varepsilon_a - V^2 N^{-1} \sum_K \left[(\varepsilon - \varepsilon_{K1})^{-1} + (\varepsilon - \varepsilon_{K2})^{-1} \right]} \tag{2.3.3}$$

这里，V 是吸附原子与石墨烯相互作用能的平均值。利用格林函数的理论，可求得：不考虑 V 前，石墨烯电子态密度 $\rho_{sys}^0(\varepsilon)$ 为：

$$\rho_{sys}^0(\varepsilon) = n\delta(\varepsilon - \varepsilon_a) + \rho_g(\varepsilon) \tag{2.3.4}$$

这里，当吸附原子能级未被电子占据时，$n=0$，被占据时，$n=1$；$\rho_g(\varepsilon)$ 是未受吸附影响时石墨烯的态密度，由下式决定：

$$\rho_g(\varepsilon) = \begin{cases} 0 & |\varepsilon| > D/2 \\ \dfrac{\rho_m \Delta}{2|\varepsilon|} & \Delta/2 < |\varepsilon| < D/2 \\ \dfrac{2\rho_m |\varepsilon|}{\Delta} & |\varepsilon| < \Delta/2 \end{cases} \tag{2.3.5}$$

式中，$\mathrm{D} = 3\Delta$，Δ 为能隙宽度，$\rho_m = 4/\Delta(1+2\ln 3)$。

考虑到吸附后，石墨烯的态密度 $\rho_{sys}(\varepsilon)$ 为：

$$\rho_{sys}(\varepsilon) = \rho_a(\varepsilon) + \tilde{\rho}_g(\varepsilon)$$

$\rho_a(\varepsilon)$ 为吸附原子的态密度，$\tilde{\rho}_g(\varepsilon)$ 为由于吸附引起的石墨烯一个原子的局域态密度，与吸附原子准能级移动函数 $\Lambda(\varepsilon)$、准能级半宽度 $\Gamma(\varepsilon)$、吸附原子能级 ε_a 的关系为：

$$\rho_a(\varepsilon)=\frac{1}{\pi}\frac{\Gamma(\varepsilon)}{\left[\varepsilon-\varepsilon_a-\Lambda(\varepsilon)\right]^2+\left[\Gamma(\varepsilon)\right]^2}$$

$$2\tilde{\rho}_g(\varepsilon)=\rho_g(\varepsilon)-\rho_a(\varepsilon)A(\varepsilon)$$

$$A(\varepsilon)=\left[\frac{\mathrm{d}\Lambda(\varepsilon)}{\mathrm{d}\varepsilon}+\frac{\varepsilon-\varepsilon_a-\Lambda(\varepsilon)}{\Gamma(\varepsilon)}\frac{\mathrm{d}\Gamma(\varepsilon)}{\mathrm{d}\varepsilon}\right] \tag{2.3.6}$$

由式（2.3.4）~（2.3.6）求得吸附引起的石墨烯态密度的改变量为

$$\begin{aligned}\delta\rho_{sys}(\varepsilon)&=\rho_{sys}(\varepsilon)-\rho_{sys}^0(\varepsilon)\\&=-\frac{1+2\ln 3}{2}\bar{\rho}_a(\varepsilon)A(\varepsilon)\rho_m\end{aligned} \tag{2.3.7}$$

$$\rho_a(\varepsilon)=\frac{1}{\pi}\frac{\pi\gamma.f(x)}{\left[x-\eta_a-\gamma\Lambda(x)\right]^2+\left[\pi\gamma.f(x)\right]^2}$$

这里：$x=2\varepsilon/\Delta$，$\gamma=2\rho_m V^2/\Delta$，$\eta_a=2\varepsilon_a/\Delta$，$\lambda(x)=\Lambda(x)/\rho_m V^2$，$f(x)=\rho_g(x)/\rho_m$。

由式（2.3.7）作出吸附引起的石墨烯态密度的改变量 $\delta\rho_{sys}$ 随电子能量 ε 的变化，如图 2.3.2（a）所示。图中，$\delta f=\delta\rho_{sys}/\rho_m$，$x=2\varepsilon/\Delta$，而吸附原子态密度 $\rho_a(\varepsilon)$ 随电子能量 ε 的变化如图 2.3.2（b）所示，图中的 $\bar{\rho}_a=\rho_a(\varepsilon)/\rho_m$。

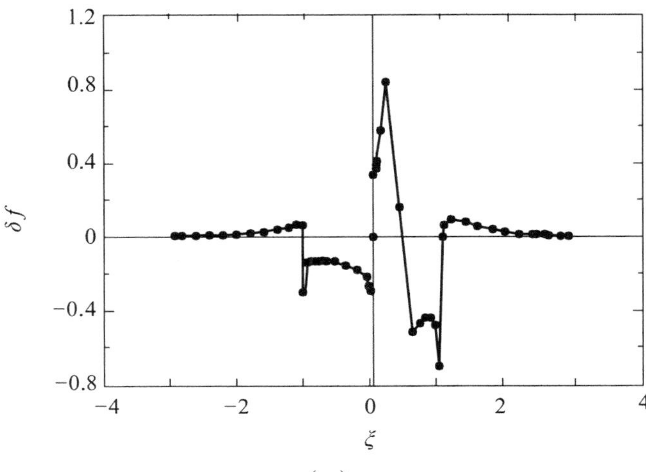

（a）

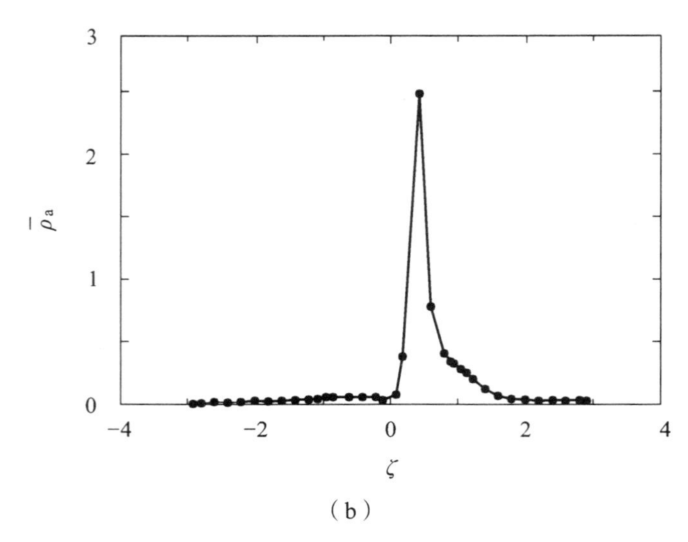

（b）

图 2.3.2 吸附引起石墨烯态密度改变量（a）和吸附原子态密度（b）随电子能量的变化[8]

由图 2.3.2.看出：当 $\varepsilon=\pm\dfrac{\Delta}{2}$ 时，$\delta\rho_{sys}$ 发生尖锐极大，几乎趋于无穷大。同样，$\varepsilon=\pm\dfrac{3\Delta}{2}$ 处，$\delta\rho_{sys}$ 趋于零；而吸附原子态密度 $\rho_a(\varepsilon)$ 在 $0<\varepsilon<\dfrac{\Delta}{2}$ 的范围内发生尖锐极大。

2.3.3 吸附原子性质对石墨烯吸附系统结合强弱的影响

吸附原子与石墨烯结合的强弱，影响到材料的性质及其性能的稳定性，而结合强弱由吸附能 W_b（或称键能）决定。键能的计算见式（2.3.9），这里列出石墨烯上吸附碱金属原子的键能 W_b 以及其中的键长 a、吸附原子能级 ε_a 、$e^2/4a$ 、键能的离子分量 W_i 的计算结果，其数据见表 2.3.1。

表 2.3.1 石墨烯碱金属吸附系统的键能[8]

元素	Li	Na	K	R_b	Cs
a	3.491	4.225	5.225	5.585	6.045
ε_a / eV	3.02	2.46	2.55	2.60	2.70
$e^2/4a$	3.30	2.50	1.78	1.67	1.56
W_i / eV	−2.62	−2.07	−1.64	−1.54	−1.47
W_b / eV	1.21	0.55	0.99	1.02	1.04

由表 2.3.1.可看出：吸附原子与石墨烯的键能 W_b 除与石墨烯与吸附原子相

互作用能外，还与吸附键长度 a、吸附原子所处能级 ε_a、石墨烯电子的费米能、温度 T 等有关，其中相互作用能和吸附原子能级 ε_a 起着主要作用。

对石墨烯上吸附其他原子的键能 W_b，由于吸附原子与石墨烯原子的相互作用能的具体形式不同，因而其键能值也不同。表 2.3.2 至表 2.3.5 列出石墨烯吸附过渡金属原子和稀土原子情况的有关数据，供读者计算参考。其中，ε_s 为 s 壳层电子的能量，V_s 为此时吸附原子与石墨烯相互作用能，$-E_{ion}$ 为吸附能（具体见文[9]）。显然，吸附原子性质不同，石墨烯吸附系统的结合强弱就不同。

表 2.3.2 3d-吸附原子的吸附能参量

参量	Sc	Ti	V	Cr	Mn	Fe	Co	Ni	Cu
ε_s / eV	0.77	0.76	1.12	1.17	0.45	0.07	0.13	0.37	0.19
V_s / eV	1.89	2.18	2.50	2.60	2.53	2.63	2.65	2.68	2.57
$-E_{iom}$ / eV	1.09	1.28	1.40	1.43	1.28	1.10	1.05	1.15	1.05

表 2.3.3 4d-吸附原子的吸附能参量

	Y	Zr	Nb	Mo	Tc	Ru	Rh	Pd	Ag
ε_s / eV	0.88	0.73	0.83	0.59	0.48	0.43	0.28	-0.60	0.03
V_s / eV	1.63	1.93	2.20	2.30	2.38	2.43	2.36	2.36	2.22
$-E_{iom}$ / eV	1.30	1.27	1.29	1.19	1.15	1.18	1.04	0.51	0.96

表 2.3.4 5d-吸附原子的吸附能参量

	Lu	Hf	Ta	W	Re	Os	Ir	Pt	Au
ε_s / eV	1.46	0.57	−0.31	−0.32	−0.14	−0.97	−1.29	−1.26	−1.62
V_s / eV	1.55	1.94	2.18	2.28	2.36	2.38	2.38	2.32	2.22
$-E_{iom}$ / eV	1.74	1.14	0.69	0.72	0.79	0.34	0.12	0.19	0.42

表 2.3.5 4f-吸附原子的吸附能参量

参量	Ce	Pr	Nd	Pm	Sm	Eu	Gd	Tb	Dy	Ho	Er	Tm
ε_s / eV	1.55	1.62	1.57	1.52	1.47	1.21	0.97	1.28	1.20	1.14	1.05	0.99
V_s / eV	1.61	1.61	1.61	1.62	1.64	1.37	1.65	1.68	1.68	1.69	1.69	1.70
$-E_{iom}$ / eV	1.47	1.48	1.48	1.47	1.46	1.39	1.34	1.35	1.54	1.19	1.12	1.34

2.3.4 吸附原子覆盖度随温度的变化

石墨烯吸附原子的行为是随机的，吸附原子覆盖度 $\theta = N_a / N$ 随温度的变化可用统计物理理论求得。设石墨烯吸附一个原子所需能量为 u，可求得

$$\theta(T)=\mathrm{e}^{-u/k_{\mathrm{B}}T} \tag{2.3.8}$$

石墨烯吸附一个原子并与最近的石墨烯碳原子形成稳定的吸附系统，所需的能量 u 可近似认为等于石墨烯吸附原子所形成的键的键能 W，即 $u=W$。文献[8]应用 Davydov 模型，通过吸附引起石墨烯系统态密度改变的分析，得到吸附原子与石墨烯的键能 W 的解析式，结果是：

$$W=W_{\mathrm{m}}+W_{\mathrm{i}} \tag{2.3.9}$$

其中 W_{m} 为键能的金属分量，而 W_{i} 为键能的电离分量，分别为：

$$W_{\mathrm{m}}=-\varepsilon_{\mathrm{a}}+(1+2\ln 3)\rho_{\mathrm{m}}V^{2}\{\frac{\varepsilon_{\mathrm{a}}}{\varDelta}[\ln\frac{\varDelta+2\varepsilon_{\mathrm{a}}}{2\varepsilon_{\mathrm{a}}}-\frac{\varDelta}{2+2\varepsilon_{\mathrm{a}}}-\frac{4\varDelta+2\varepsilon_{\mathrm{a}}}{3(\varDelta+2\varepsilon_{\mathrm{a}})(3+2\varepsilon_{\mathrm{a}}/\Delta)}]$$
$$-(1+\frac{4\varepsilon_{\mathrm{a}}}{\varDelta}\ln\left|\frac{2\varepsilon_{\mathrm{a}}}{\varDelta+2\varepsilon_{\mathrm{a}}}\right|)\}$$

$$W_{\mathrm{i}}=-\frac{1}{4\pi\varepsilon_{0}}\frac{Z^{2}e^{2}}{4a} \tag{2.3.10}$$

式中，$\varDelta/2$ 为“赝能隙”半宽度，按文献[7]，$\varDelta=4.76\ \mathrm{eV}$；$\varepsilon_{\mathrm{a}}$ 为吸附原子能级，$\varepsilon_{\mathrm{a}}=\varphi_{\mathrm{g}}-(1/4\pi\varepsilon_{0})e^{2}/4a$，这里 φ_{g} 是石墨烯碳原子的逸出功，按文献[7] $\varphi_{\mathrm{g}}=5.11\ \mathrm{eV}$；$a$ 为吸附键的长度，近似等于吸附原子半径 r_{a} 与碳原子半径 r_{C} 之和，即 $a=r_{\mathrm{a}}+r_{\mathrm{C}}$；$Z$ 为吸附原子未被吸附前具有的电荷；$\rho_{\mathrm{m}}=4/(1+2\ln 3)\varDelta$；$V$ 为石墨烯 s 轨道与吸附原子 p 轨道的 σ 键的相互作用能，对吸附 W 原子情况：$V=\eta_{\mathrm{sp\sigma}}r_{\mathrm{a}}^{3/2}\hbar^{2}/m(r_{\mathrm{a}}+r_{\mathrm{C}})^{7/2}$，系数 $\eta_{\mathrm{sp\sigma}}=2.95$；$\varepsilon_{0}$ 为真空介电常数。

对石墨烯吸附 W 原子情况进行计算，由式（2.3.8）得到的石墨烯吸附 W 原子的吸附原子覆盖度随温度的变化如图 2.3.3 所示。

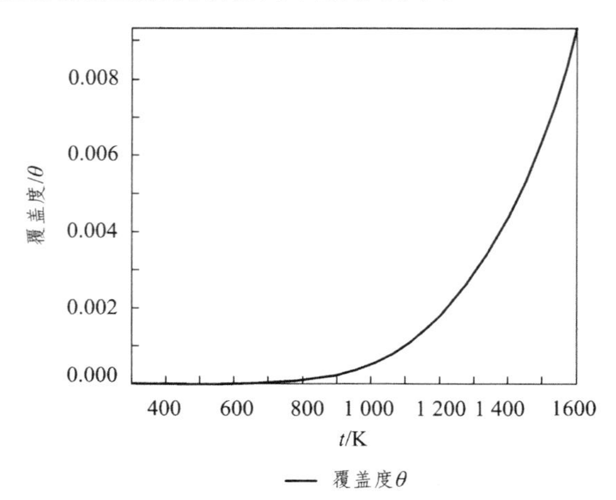

图 2.3.3 石墨烯吸附 W 原子的覆盖度随温度的变化

图 2.3.3 表明：温度较低时，吸附原子覆盖度很小，随温度的变化也很小；当温度较高时（约大于 1100 °C），吸附原子覆盖度及其变化率才较大。

2.4 石墨烯与吸附原子的键能随温度的变化

吸附原子的键能的大小既体现了石墨烯和吸附原子能力的强弱，又反映了系统的稳定性。本节将论述石墨烯和吸附原子的键能随温度和吸附原子性质的变化规律，探讨非简谐振动对它们的影响。

2.4.1 石墨烯与吸附原子之间的相互作用能

我们研究的是在面积为 $L \times L$ 的平面状上，形成由 N 个碳原子构成的六角结构的石墨烯上，吸附有 N_a 个其他金属原子（如钨等）并随机地吸附在石墨烯碳原子的上方，$\theta = N_a / N$ 称为吸附原子的覆盖度，所研究的单层石墨烯吸附系统，如图 2.4.1 所示。

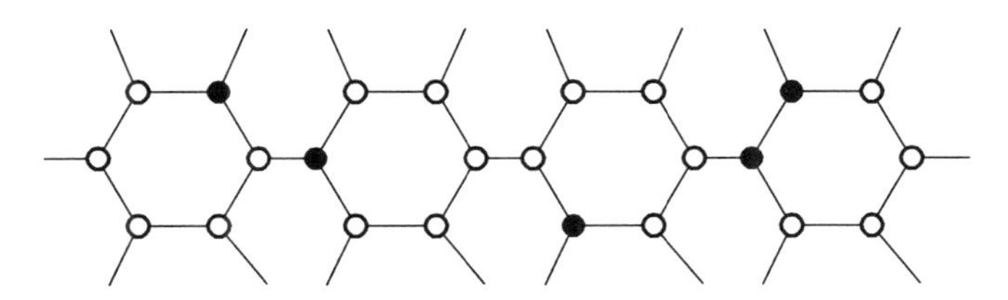

图 2.4.1 石墨烯吸附系统俯面

石墨烯与吸附原子之间以及石墨烯碳原子之间都有相互作用。考虑到短程相互作用后，石墨烯碳原子间一个原子的平均相互作用能与键长 d 的关系为[5]

$$\phi = -V_2[1 + \frac{9R}{V_2 d^{12}} + 5\beta_2(\frac{V_1}{V_2})^2] \tag{2.4.1}$$

这里，V_2 为共价能，它与键长 d 的关系为：$V_2 = 3.26\frac{\hbar^2}{md^2} = \frac{B}{d^2}$；$m$ 为自由电子的质量；V_1 为金属化能；$R = 0.154 \times 10^4 (\hbar^2/2m)a_0^{10}$；$r$ 为玻尔半径；$\beta_2 = 2/3$。

石墨烯与吸附原子间有相互作用，相互作用能与吸附原子有关：对吸附原子为 Cu、Ni、W 这类过渡金属原子情况，它们与石墨烯碳原子的结合是通过石墨烯 s 轨道与过渡金属原子的 p 轨道形成 σ 键，$T = 0\,\mathrm{K}$ 时相互作用能为[9]：

$$V_0 = \eta_{sp\sigma} r_a^{3/2} \hbar^2 / m(r_a + r_C)^{7/2} \quad (2.4.2)$$

其中，$\eta_{sp\sigma}$ 为系数：$\eta_{sp\sigma} = 2.95$，r_a 和 r_C 分别是过渡金属原子和石墨烯碳原子的半径。

对吸附原子为碱金属原子情况，相互作用能为[7]

$$V_0(r) = \eta \frac{\hbar^2}{m(r_a + r_C)^2} = \eta \frac{\hbar^2}{ml^2} \quad (2.4.3)$$

其中，η 为系数，$\eta = 1.3483$。

对吸附半导体（如 Si）原子情况，相互作用能为[6]：

$$V(r) \approx \frac{H_{ij}}{r^\eta} + \frac{Z_i Z_j}{r} e^{-r/\lambda} - \frac{W_{ij}}{r^6} \quad (2.4.4)$$

对 Si 情况，H_{ij} 等参数值为：$\eta = 9$；$H_{ij} = 447.0925\ \text{eV} \times (10^{-10}\ \text{m})^\eta$；$D_{ij} = 1.0818\, e^2 (10^{-10}\ \text{m})^\eta$；$W_{ij} = 61.4694\ \text{eV}(10^{-10}\ \text{m})^6$；$\xi = 3.0 \times 10^{-10}$ m；$\lambda = 5.0 \times 10^{-10}$ m。

2.4.2 吸附原子性质对石墨烯与吸附原子键能的影响

文献[8]应用 Davydov 模型，通过附引起石墨烯系统态密度改变的分析，得到吸附原子与石墨烯的键能 W，它可写为键能的金属分量 W_m 与键能的电离分量 W_i 之和，即

$$W = W_m + W_i \quad (2.4.5)$$

其中 $T = 0$ K 时的金属分量 W_{m0} 和 W_i 的具体表示式见式（2.3.10）。

影响键能的因素有温度、吸附原子的性质、吸附原子的位置、浓度等，但最重要的是温度和吸附原子的性质。

现以石墨烯吸附碱金属原子和吸附 Cu、Ni 等过渡金属原子的系统为例，研究吸附原子性质对吸附能的影响。

2.4.2.1 碱金属–石墨烯系统的吸附键能

文献[11]给出碱金属的离子电荷 Z=1，为体心立方结构，晶格常数 a_0 的值，见表 2.4.1。由 $r_0 = \sqrt{3} a_0 / 4$，求得原子半径 r_0，而碳原子半径 $r_C = 0.77 \times 10^{-10}$ m，求得键长 $l = r_0 + r_C$，进而求得 V_0。再由 $\varepsilon_a = -(1/4\pi\varepsilon_0) e^2 / 4a$，$\phi_g = 5.11$ eV，得到 ε_a。又 $\Delta = 4.76$ eV，将这些数据代入式（2.4.3），求得石墨烯吸附碱金属吸附系统的键能的值 W，结果见表 2.4.1。为了比较，表中还列出 3 维（3D）情况的键

能的值 W（3D）。

表 2.4.1 碱金属-石墨烯吸附系统的键能

元素	Li	Na	K	Re	Cs
$a_0/10^{-10}$ m	3.491	4.285	5.225	5.585	6.045
$r_0/10^{-10}$ m	1.512	1.829	2.262	2.418	2.617
V_0/eV	1.98	1.56	1.10	1.02	0.94
ε_a /eV	3.534	3.726	3.924	3.982	4.048
W_i/eV	−1.576	−1.384	−1.186	−1.128	−1.062
W_{m0}/eV	−2.219	−2.916	−3.471	−3.608	−3.752
W/eV/(2D)	−3.795	−4.300	−4.657	−4.736	−4.814
W/eV/(3D)	1.63	1.113	0.934	0.852	0.804

由表 2.4.1 看出：吸附在石墨烯上的碱金属原子与石墨烯的键能 W 与元素有关，但总的趋势是：随着电子壳层数的增加，键能是按照 Li→Na→K→Ru→Cs→Fr 的顺序减小。还看出：它与 3 维（3D）情况的键能相比，随元素的变化趋势相同，但对同种元素而言，其值要比 3 维（3D）情况的键能稍大（大 20%左右）。

2.4.2.2 过渡金属原子–石墨烯的吸附键能

文献[11]给出几种过渡金属的晶格能常数 a_0，其中，Ni、Cu，W 等为面心立方结构，而 Fe、Co 等为体心立方，求得的原子半径 r_0 和键长 l，以及由此计算得到的 V_0 和键能 W 的值见表 2.4.2。

表 2.4.2 过渡金属–石墨烯系统的键能

元素	Cu	Fe	Co	Ni	W
$a_0/10^{-10}$ m	3.61	2.87	2.51	3.52	3.16
$r_0/10^{-10}$ m	1.276	1.243	1.255	1.245	1.368
V_0/eV	2.650	2.698	2.681	2.696	3.522
ε_a /eV	3.352	3.323	3.334	3.325	3.428
W_i/eV	−7.031	−7.148	−7.105	−7.142	−6.728
W_{m0}/eV	−1.084	−0.987	−1.023	−0.992	−1.338
W/eV/(2D)	−8.114	−8.135	−8.127	−8.134	−8.066
W/eV/(3D)	3.49	4.28	4.39	4.44	8.90

由表 2.4.1 和 2.4.2 的数据作出吸附原子-石墨烯吸附系统的键能 W 随元素的

变化曲线，如图 2.4.2 所示（黑圆点连线）。为了比较，图中还给出三维（3D）晶体中原子间的键能（空心圆圈连线）。

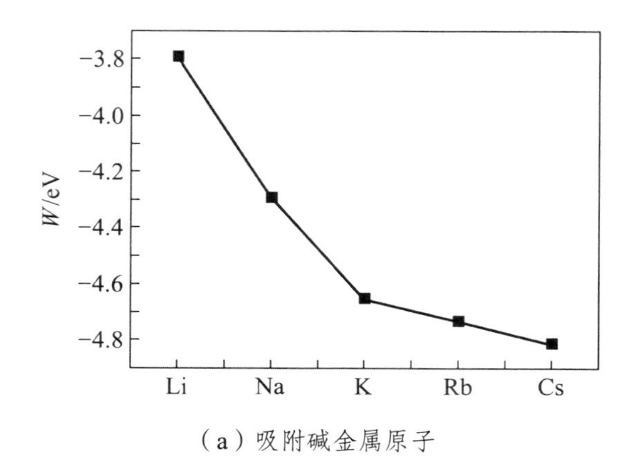

（a）吸附碱金属原子

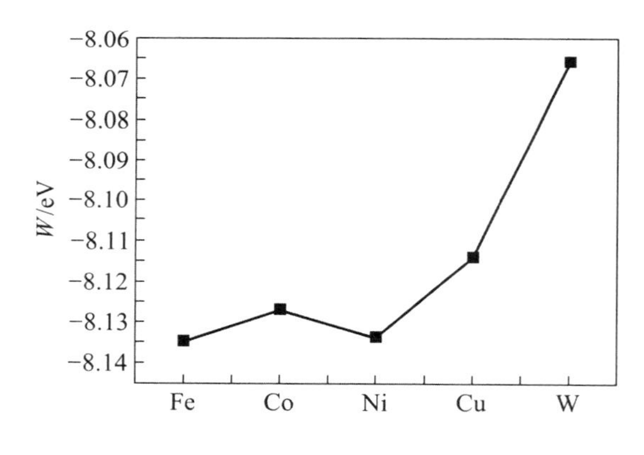

（b）吸附过渡金属原子

图 2.4.2　键能随吸附原子元素的变化

由表 2.4.2 和图 2.4.2 看出：键能与吸附原子元素有关。总的变化趋势是：吸附碱金属原子时，键能 W 随着电子壳层数的增加而减小；而吸附过渡金属原子时，键能 W 随着电子壳层数的增加而增大。原因在于：石墨烯吸附碱金属原子时，属电子壳层数多的吸附原子，与石墨烯碳原子间距离较大，原子相互作用较弱，因而键能减小。石墨烯吸附过渡金属原子时，由于过渡金属原子的外层电子分布与碱金属原子情况不同，键能 W 随着电子壳层数的增多而增大。还看出，总体变化趋势与三维碱金属或三维过渡金属晶体中的键能 W 随着电子壳层数的变化情况类似。

2.4.3 温度对吸附键能的影响

由于吸附原子与石墨烯的键长与温度有关，而相互作用能 V 又与键长有关，因此，温度对吸附键能有重要的影响，具体影响情况与吸附原子有关。

由式（2.4.4）看到，吸附键能 $W \propto V^2$。对吸附碱金属原子情况：$V \propto 1/l^2$；对吸附铜（Cu）、镍（Ni）、钨（W）等过渡金属原子情况：$V \propto 1/l^{7/2}$。设 $T = 0\ \text{K}$ 时，键长 $l = l_0 = r_0 + r_C$，r_0 是吸附原子的半径；$r_C = 0.77 \times 10^{-10}\ \text{m}$ 是石墨烯碳原子半径，键能 $W(0) = W_{m0} + W_i$。温度为 T 时，键长 $l = l_0(1 + \alpha_0 T)$，由式（2.4.3）得到温度为 T 时的键能。结果为：

$$W(T) = (W_i - \varepsilon_a) + \frac{W(0) - W_i + \varepsilon_a}{(1 + \alpha_0 T)^4} \tag{2.4.6}$$

表 2.4.3 给出常用的元素的热膨胀系数[12]。

表 2.4.3 常用元素的热膨胀系数（$T = 300\ \text{K}$）

元素	Li	Na	K	Ru	Cs	Cu	W	Ni
$\alpha_l / 10^{-6}\ \text{K}^{-1}$	58	71	83	85.5	0.97	16.7	4.4	16.6

分别将 Cu 的线膨胀系数 $\alpha_l = (16.7 + 3.6 \times 10^{-3}\ T) \times 10^{-6}\ \text{K}^{-1}$ 和 Li 的线膨胀系数[当 273~453 K 时，$\alpha_l = 58 \times 10^{-6} \text{K}^{-1}$，而当 453~503 K 时，$\alpha_l = 180 \times 10^{-6} \text{K}^{-1}$]以及表 2.4.1、2.4.2 的有关数据代入式（2.4.6），得到石墨烯吸附 Li、Cu 原子系统的键能随温度的变化，如图 2.4.3 所示。

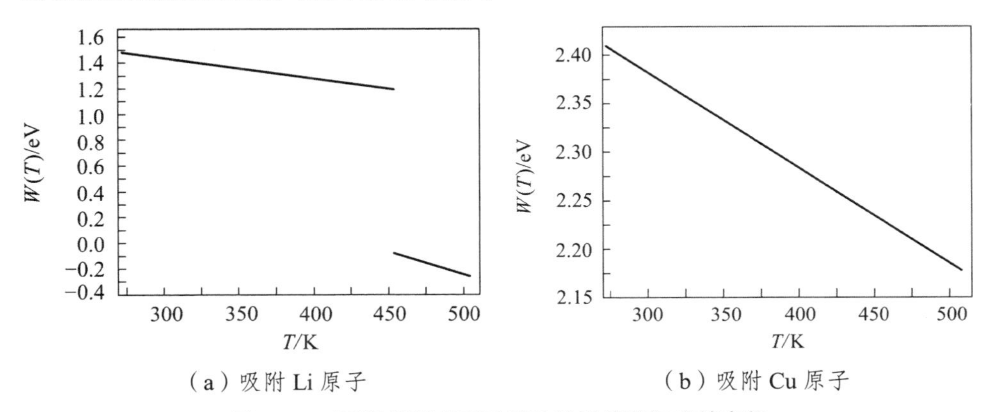

图 2.4.3 石墨烯吸附原子系统的键能随温度的变化

由图 2.4.3 看出：石墨烯吸附原子系统的键能随温度的变化有如下变化规律：单层石墨烯无论是吸附碱金属原子还是吸附过渡金属原子，键能总随着温度的升高而减小。当吸附碱金属原子时，在某一温度附近有突变（原因是热膨胀系数有突变），而吸附过渡金属原子，键能随着温度的升高而连续变化。键能总随着温度的升高而减小的原因是：温度的升高使键长增大，使吸附原子与石墨烯原子相互作用能减小。

参考文献

[1] Van den BRINK J. Graphene: from strength to strength[J]. Nature Nano technology, 2007, 2(4): 199-201.

[2] OHTA T, BOSTWICK A, SEYLLER T. Controlling the electronic structure of bilayer graphene[J]. Science, 2006,313: 951-954.

[3] BELEKOV Y A, KOCHENGIN A Y. 由 L_6、L_{4-8}、L_{3-12}、L_{4-6-12} 类石墨烯组成的晶体的结构和电子性质[J]. 固体物理, 2015, 57(10)：2071-2078.（俄文文献）

[4] DAVYDOV S Y. 石墨烯和硅的弹性特征[J]. 固体物理, 2010, 52(1)：172-184.（俄文文献）

[5] DAVYDOV S Y. Energy of substitution of atams in the epitaxia graphene-buffer Layer-SiC substrate system[J]. Physics of the solid Stat, 2012, 54(4): 875-882.

[6] HAN W, WANG W H, PI K, et al. Electron-hole asymmetry of spin injection and transport in single-layer graphene[J]. Physical Review Letters, 2009, 102(13).

[7] DAVYDOV S Y. 石墨烯上的吸附模型[J]. 固体物理, 2011, 53(3):608-616.（俄文文献）

[8] DAVYDOV S Y. 吸附原子与单层石墨烯的键能[J]. Phys Solid State, 2011, 53(12)：2414-2423.（俄文文献）

[9] DAVYDOV S Y. 在单层石墨烯过渡金属和稀土金属原子：电荷转移和吸附能的估计[J]. 固体物理, 2013, 55(7): 1433-1440.（俄文文献）

[10] VASHISHTA P, KALIA R K, NAKANO A. Interaction potential for silicon carbide: a molecular dynamics study of elastic constants and vibrational density of states for crystalline and amorphous silicon carbide[J]. Journal of Applied Physics, 2007, 101: 103515.

[11] KITTLE C. Introduction to solid state physics[M]. 杨顺华，译. 北京：科学出版社, 1979: 45.

[12] 马庆方，方荣生，项立成，等. 实用热物理性质手册[M]. 北京：冶金出版社, 1986: 40-81.

3 非简谐效应理论及其在晶体热学性质上的应用

热力学性质是材料最基本、也是应用最广的性质之一。热现象的本质来源于组成物质的原子运动，它既包括原子实（离子）在平衡位置附近的振动，也包含原子中电子的运动。此外，物质中的杂质、缺陷也可能运动。材料的热力学和电学性质就是各种粒子运动的总效果。温度不太高时，原子振动的非简谐性可以忽略，而温度较高或要研究材料热力学性质或与它密切相关的电学、光学等其他性质随温度变化的规律时，都必须考虑原子振动的非简谐效应，应该用非简谐效应理论处理。本章将论述非简谐效应理论的有关概念、观点、基本方法，在此基础上，论述它在研究晶体热学性质和光学性质等方面的某些应用。

3.1 非简谐效应理论的有关概念和基本方法

本节将论述非简谐效应理论的有关概念、观点、基本方法。

3.1.1 简谐近似与非简谐效应的概念

一个物体在某一位置来回往复的运动叫振动。如果物体对平衡位置的位移（或角位移）是按余弦函数的规律变化，这种运动叫简谐运动。从受力角度讲，物体受的是回复力，即力的大小与位移 δ 成正比，方向总指向平衡位置，即

$$f = -\varepsilon_0 \delta \tag{3.1.1}$$

这里，ε_0 称为力常数（或称简谐系数），则物体的运动为简谐运动。做简谐运动的物体的势能 φ 与位移的平方成正比：

$$\varphi = \varphi_0 + \frac{1}{2}\varepsilon_0 \delta^2 \tag{3.1.2}$$

势能 φ 随位移 δ 的变化曲线对平衡位置（$\delta = 0$）为对称，如图 3.1.1 中的虚线。

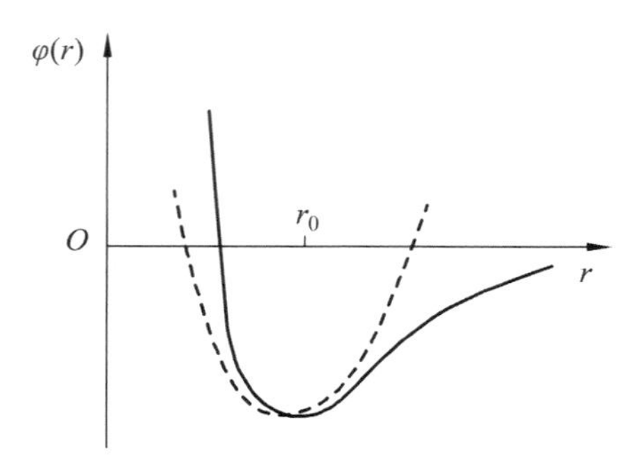

图 3.1.1 作简谐运动的质点的势能曲线

当物体偏离平衡的位移不太大时，可将势能φ随位移δ的关系展开为级数形式：

$$\varphi(\delta)=\varphi(0)+\frac{1}{2}\varepsilon_0\delta^2+\varepsilon_1\delta^3+\varepsilon_2\delta^4+\ldots \tag{3.1.3}$$

（3.1.3）式中的前两项为简谐项，后面的各项分别称为第一、第二、……非简谐项，系数ε_1，ε_2…分别称为第一、第二、……非简谐系数。当（3.1.3）式只取至前 2 项，称为简谐近似。物体的实际运动为非简谐振动，非简谐项对物体性质的影响叫非简谐效应，效应的大小由非简谐系数ε_1，ε_2…来体现，它取决于材料结构和原子相互作用的具体形式。

3.1.2 描述非简谐效应的特征量

描述晶体热力学性质的非简谐效应，可采用经典描述、量子描述和半经典半量子描述。

3.1.2.1 经典描述

经典描述认为晶体中的原子各自在平衡位置作非简谐振动，原子振动能量是连续的。由于振动频率ω取决于原子的质量和原子间相互作用力情况，而原子间相互作用力又随原子间的距离而变，因而振动频率ω不为常量，而与原子间的距离有关，对三维情况也就是与晶体的体积V有关。同样，对二维晶体也就是与晶体的面积A有关，对一维晶体也就是与长度L有关，即对三维情况，$\mathrm{d}\omega/\mathrm{d}V\neq0$；对二维晶体，$\mathrm{d}\omega/\mathrm{d}A\neq0$；对一维晶体，$\mathrm{d}\omega/\mathrm{d}L\neq0$。原子振动频率$\omega$随体积$V$或面积$A$或长度$L$的变化程度就反映了振动非简谐效应的大小。描述原子振动频率对体积、或面积、或长度的变化程度的量称为格林乃森参量，记为γ_G，它描述了非简谐效应的大小。对三维、二维、一维晶体，其格林乃森参量分别记为γ_{G3}、γ_{G2}、γ_{G1}，定义为：

$$\gamma_{G3}=-\frac{\partial\ln\omega}{\partial\ln V}、\gamma_{G2}=-\frac{\partial\ln\omega}{\partial\ln \mathrm{A}}、\gamma_{G1}=-\frac{\partial\ln\omega}{\partial\ln L} \tag{3.1.4}$$

三者关系为

$$\gamma_{G3}=2\gamma_{G2}=3\gamma_{G1} \tag{3.1.5}$$

它与温度 T，简谐系数，第一、第二…非简谐系数的关系由下式决定[1]：

$$\gamma_G(T)=-\frac{\varepsilon_1 r_0}{6\varepsilon_0}\left\{1-\frac{3\varepsilon_1 k_B T}{r_0\varepsilon_0^2}\left[1+\frac{3\varepsilon_2 k_B T}{\varepsilon_0^2}+\left(\frac{3\varepsilon_2 k_B T}{\varepsilon_0^2}\right)^2\right]\right\} \tag{3.1.6}$$

式中，r_0为平衡时原子间距离；ε_0、ε_1、ε_2分别称为简谐系数和第一、第二非简谐系数；k_B为玻尔兹曼常数。（3.1.6）式表明，简谐近似的格林乃森参量为零。非简谐情况下γ_G不为零，大小与温度有关：温度越高，γ_G值越大，热力学非简谐效应越显著。

3.1.2.2　量子描述

量子描述认为晶体中原子各自在平衡位置作非简谐振动，原子振动能量是量子化的。对由（3.1.3）式描述的非简谐振动，第 i 种振动的能量ε_i，可采用微扰法得到：

$$\varepsilon_i=(n_i+\frac{1}{2})\hbar\omega_i-\frac{\hbar^2}{2M}(\frac{15\varepsilon_1^2}{2\varepsilon_0^2}-\frac{3\varepsilon_2}{\varepsilon_0})(n_i+\frac{1}{2})^2 \tag{3.1.7}$$

对三维情况，这里$i=1,2,3,\cdots,3N$，N 为晶体中原子数；对二维情况，$i=1,2,3,\cdots,2N$；对一维情况，$i=1,2,3,\cdots,N$。ω_i是第 i 种振动的频率；n_i为量子数：$n_i=0,1,2,\cdots,\infty$；$\hbar$为普朗克常数。

为了简化问题的处理，可将晶体这种彼此有相互作用的原子体系，通过数学变换，转化为许多彼此独立的谐振子体系，频率为ω_i的振子的振动能量为：

$$\varepsilon_i=\left(n_i+\frac{1}{2}\right)\hbar\omega_i \quad (n_i=0,1,2,\cdots,\infty) \tag{3.1.8}$$

第 i 种振动的能量量子$\hbar\omega_i$称为相应于第 i 种格波的声子。引入“声子”这种准粒子概念后，晶体这种彼此有相互作用的原子体系就可以简化为由大量的声子组成的粒子体系来处理。

原子做简谐振动时，声子间无相互作用。原子作非简谐振动时，非简谐项的存在，使得各原子的振动不再独立，彼此之间要发生相互作用，即声子间要相互交换能量。如果开始只有某一频率的声子，由于这种相互作用，这种频率的声子将转换为另一种频率的声子，也就是说：非简谐项将使晶体中的声子产生或湮灭，这已被图 3.1.2 的演示实验证实[2]。

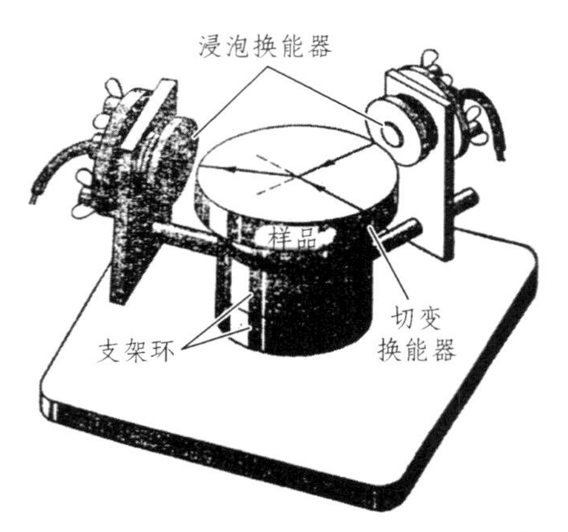

图 3.1.2 三声子相互作用的超声实验[2]

声子产生或湮灭后，经过一定时后才会达到新的平衡，这种由非平衡达到平衡所需的时间叫弛豫时间，记为τ，弛豫时间描述了非简谐效应的强弱。

3.1.2.3 半经典半量子描述

半经典半量子描述认为晶体中原子各自在平衡位置作非简谐振动，晶体这种彼此有相互作用的各自在平衡位置作非简谐振动的原子体系，可视为许多彼此独立的谐振子体系，但它们的振动频率不是常数，而与温度有关，谐振子的能量E写为类似于量子化的形式，即写为如下形式：$\mathrm{E}=\left(n+\frac{1}{2}\right)\hbar\omega(T)$，$n=0,1,2,\cdots,\infty$，振动频率$\omega$与温度$T$的关系为[1]：

$$\omega=\omega(0)\left[1+\left(\frac{15\varepsilon_1^2}{2\varepsilon_0^3}-\frac{3\varepsilon_2}{\varepsilon_0^2}\right)k_{\mathrm{B}}T\right] \tag{3.1.9}$$

振动频率随温度升高而增大，其变化率$\delta_\omega=-(\partial\ln\omega/\partial\ln T)_V$为：

$$\delta_\omega(T)=-1+[1-(\frac{15\varepsilon_1^2}{2\varepsilon_0^3}-\frac{3\varepsilon_2}{\varepsilon_0^2})k_{\mathrm{B}}T]^{-1} \tag{3.1.10}$$

晶体热力学性质非简谐效应的上述三种描述中，用经典描述、量子描述较多。

3.1.3 非简谐效应理论的基本观点和基本方程

3.1.3.1 基本观点

为了研究固体材料的性质随温度等的变化规律，我们基于如下一些观点：

（1）晶体是由大量的原子组成，原子中又含有离子、电子等，它们都是微观粒子，其行为是随机的。粒子之间有相互作用，固体材料的性质就是这些微观粒子运动的总效果。

（2）晶体中的原子总是在平衡位置附近作振动，而且是做非简谐振动，简谐近似只是一种理想化的近似情况。晶体的热力学性质是晶体中所有做非简谐振动的原子以及其中的电子的热运动的统计平均效果。晶体的宏观热力学性质是相应微观量的统计平均值。

（3）研究晶体中的原子、电子等微观粒子的运动，严格讲，应该用量子理论处理，但在温度不太低情况下，可以用经典理论来研究。

（4）晶体中的原子、电子等微观粒子的运动规律是量子力学和统计物理、固体物理中描述的规律，因此，研究固体材料的性质随温度等的变化规律的基本方法是固体物理和统计物理理论的方法，即建立合理的物理模型，采用严格的数学和物理论证的方法，最后将理论结果与实验、实践相比较。

（5）简谐近似来处理问题，其结果只能描述大体情况。原子振动的非简谐项是客观存在，是造成简谐近似这种理想化处理所得结果与实际晶体热力学性质不一致，甚至错误的内在原因。要较正确的研究材料热力学性质或其他性质随温度变化的规律，必须考虑原子振动的非简谐效应。

3.1.3.2 基本方程

在简谐近似下，描述粒子运动的方程为二阶线性齐次方程，而非简谐情况下为非线性方程，其经典和量子力学形式可分别写为：

$$\frac{\mathrm{d}^2 x}{\mathrm{d}t^2}+\omega^2 x+\frac{3\varepsilon_1}{m}x^2+\frac{4\varepsilon_2}{m}x^3+\cdots=0 \tag{3.1.11}$$

$$[-\frac{\hbar^2}{2m}\frac{d^2}{dx^2}+\frac{1}{2}m\omega^2 x^2+\varepsilon_1 x^3+\varepsilon_2 x^4+\cdots]\psi(x)=E\psi(x) \tag{3.1.12}$$

这里，$\omega=(\varepsilon_0/m)^{1/2}$ 为粒子振动的角频率。

3.1.4 非简谐效应理论研究问题的方法

用非简谐效应理论研究问题最基本的方法是采用晶格动力学方法，具体是：首先根据研究对象，建立物理模型（宏观和微观物理模型），求出描述系统非简谐效应的特征量（如格林乃森参量），然后应用量子力学和固体物理和统计物理理论，求出系统的自由能、状态方程、熵、焓等热力学函数，尤其是求出系统的特性函数，再进而求出描述系统非简谐效应的热力学量。最后研究热力学量随温度变化的规律，并与实验或其他文献的结果相比较。

应用非简谐效应理论来研究问题，关键是要建立合理完善的物理模型。建立宏观物理模型，应叙述清楚研究对象以及坐标系选取。在建立微观物理模型时，应考虑到原子的非简谐振动和边界条界等。微观上，不仅要论述微观结构，还要给出原子相互作用势、电子体系哈密顿等。根据微观结构和原子相互作用势，求出简谐系数和非简谐系数，进而求出描述非简谐效应的特征量（格林乃森参量、弛豫时间等）。

通常的固体是处于等温等体积和总原子数 N 不变的情况，其系统的特性函数是自由能 $F(N,V,T)$，它是温度 $T=0\,\mathrm{K}$ 时晶格的结合能 $U(V)$ 与热振动能 $\bar{E}(T)$ 之和。求出它后，可由热力学公式求出状态方程为：

$$p=-\frac{\mathrm{d}U}{\mathrm{d}V}+\gamma_{\mathrm{G}}\frac{\bar{E}(T)}{V} \tag{3.1.13}$$

最能体现非简谐效应的物理量是热膨胀现象。描述它的量是热膨胀系数。用得较多的是体积热膨胀系数 α_V 和面膨胀系数 α_A、线膨胀系数 α_l，三者关系为 $\alpha_V=3\alpha_l$， $\alpha_A=2\alpha_l$。

α_V 与格林乃森参量 γ_G、定容热容量 C_V、晶体弹性模量 K_0、体积 V 的关系为：

$$\alpha_V=\frac{\gamma_{\mathrm{G}}C_V}{K_0V} \tag{3.1.14}$$

该式被称为格林乃森定律，表明热膨胀系数与定容热容量成正比。

3.2 三维晶体的物理模型和声子谱

本节将论述三维晶体的物理模型、声子谱以及德拜温度和格林乃森参量等与简谐系数和非简谐系数的关系。

3.2.1 三维晶体的物理模型

对于一个由 N 个原子构成的三维晶体，由于原子间的相互作用，每个原子都在平衡位置附近作振动。在研究热力学性质时，对宏观晶体我们忽略表面与内部原子的区别。对由 N 个原子构成的三维晶体，历史上最具代表性的物理模型是爱因斯坦模型和德拜模型。

爱因斯坦模型认为：由 N 个原子构成的晶体，可视为许多无相互作用的具有相同频率的量子谐振子体系。各振子的频率不仅相同且为常量 ω_{E}，该频率称为爱因斯坦频率，由 $\hbar\omega_{\mathrm{E}} = k_{\mathrm{B}}\theta_{\mathrm{E}}$ 决定的温度 θ_{E} 称为爱因斯坦温度。每个振子的能量是量子化的，即 $\varepsilon = (n+\frac{1}{2})\hbar\omega_{\mathrm{E}}$，$n = 0,1,2,\cdots,\infty$。这种物理模型下，对于由 N 个原子构成的三维晶体的晶格振动模式密度 $g(\omega)$ 可写为：

$$g(\omega) = 3N\delta(\omega - \omega_{\mathrm{E}}) \tag{3.2.1}$$

德拜模型认为：由 N 个原子构成的晶体并不是谐振子体系，而是具有各向同性的连续介质，它充满弹性波；波的频率 ω 与波矢 q 成正比关系，且频率有一最大频率 ω_{D}，该频率称为德拜频率，波的频率大于德拜频率的格波不存在。由 $\hbar\omega_D = k_B\theta_D$ 决定的温度 θ_{D} 称为德拜温度，与爱因斯坦温度 θ_{E} 关系为：$\theta_{\mathrm{E}} = 3\theta_{\mathrm{D}}/5$。对 N 个原子构成的三维晶体，$g(\omega)$ 为：

$$g(\omega) = \frac{9N}{\omega_D^{\ 3}}\omega^2 \quad (\omega \leqslant \omega_{\mathrm{D}}) \tag{3.2.2}$$

设晶体中最近邻原子间距离为 r，一个原子受到的平均相互作用能 $\phi(r) = (1/N)\sum\limits_{ij} V(r_{ij})$，平衡时最近邻原子间距离为 r_0，由 $\mathrm{d}\phi(r)/\mathrm{d}r = 0$ 的条件求得。不考虑原子非简谐振动时，令对平衡位置的位移为 $\delta = r - r_0$，原子受到的平均相互作用能可写为：

$$\phi(r) \approx \phi(r_0) + \frac{1}{2}\varepsilon_0\delta^2 \tag{3.2.3}$$

简谐近似下，频率 $\omega = (\varepsilon_0/M)^{1/2}$ 为常量，德拜温度 $\theta_{\mathrm{D0}} = \hbar^{-1}(\varepsilon_0/M)^{1/2}$ 也为常数。

实际上，原子是在作非简谐振动，一个原子受到的平均相互作用能应写为：

$$\phi(r) = \phi(r_0) + \frac{1}{2}\varepsilon_0\delta^2 + \varepsilon_1\delta^3 + \varepsilon_2\delta^3 + \cdots \tag{3.2.4}$$

简谐系数ε_0、第一，第二……非简谐系数ε_1，ε_2…与原子受到的平均相互作用能的关系分别为：

$$\varepsilon_0 = (\frac{d^2\phi}{dr^2})_{r_0}, \quad \varepsilon_1 = \frac{1}{6}(\frac{d^3\phi}{dr^3})_{r_0}, \quad \varepsilon_2 = \frac{1}{24}(\frac{d^4\phi}{dr^4})_{r_0} \tag{3.2.5}$$

研究晶体热力学性质时应采用原子非简谐振动模型。

研究晶体热力学性质时，为了简化问题，采用粒子观点处理，引入声子的概念后，就可将由N个原子构成的三维晶体这种具$3N$个振子的振动体系，视为由数目可变的$3N$种声子构成的声子体系，就大大简化了问题的处理。用粒子观点研究晶体热力学性质，应首先知道声子谱。

3.2.2 三维晶体的声子谱

3.2.2.1 声子的概念和性质

所谓声子，就是指晶体格点振动，在晶体中形成格波的量子。声子有如下普遍性质：首先，它具有能量、动量、质量。对波矢为q，第s种（$s=1,2,\cdots,3N$）格波频率为$\omega_s(q)$的声子，能量为$\varepsilon_s=\hbar\omega_s(q)$，动量为$p=\hbar q$，质量为$m_s=\hbar\omega_s(q)/c^2$，这里$c$为光速。第二，不同晶体的声子的种类不同，对由$N$个原子构成的三维晶体，声子的种类数为$3N$，而二维晶体的声子种类数为$2N$，一维晶体为$N$；第三，声子是玻色子，自旋为0，遵从玻色统计规律。能量为ε_{qs}的一个状态的平均声子占据数为：

$$n_{qs}(T) = \frac{1}{e^{\beta\hbar\omega_s(q)}-1} \tag{3.2.6}$$

这里$\beta=1/k_BT$，k_B为玻尔兹曼常数。第四，声子的总数是不固定的，可取0~∞的整数，声子不遵从粒子数守恒规律。温度为T时，由N个原子组成的晶体，总的平均声子数$n(T)$和平均热激发能$U_V(T)$分别为：

$$n(T) = \sum_{q,s} n_{qs}(T)$$

$$U_V(T) = \sum_{q,s}\left[n_{qs}(T)+\frac{1}{2}\right]\hbar\omega_s(q) \tag{3.2.7}$$

固体中原子的振动在简谐近似下，可以通过引入简正坐标，将$3N$个耦合的

微振动方程变为 $3N$ 个独立的谐振子方程。按照固体物理理论，晶体格点的振动在晶体中形成格波，对由 N 个原子组成的三维晶体，有 $3N$ 个独立的格波。第 s 种（ $s=1,2,\cdots,3N$）格波的频率 ω_s 是波矢 q 的函数，ω_s 随 q 的变化关系，称为色散关系。对应简正坐标 Q_{qs} 描述的谐振子，其能量本征值是量子化的，即

$$\varepsilon_{qs}=\left(n_{qs}+\frac{1}{2}\right)\hbar\omega_s(q) \tag{3.2.8}$$

这里 $n_{qs}=0,1,2,\cdots,\infty$ 。第五，声子是准粒子，它不能脱离晶体而单独存在。

引入声子概念的好处在于：可将研究晶体热力学性质由原子振动观点转化为格波的观点，再到声子这种准粒子观点来研究，大大简化问题的处理。在简谐近似下，声子是彼此独立的。

3.2.2.2 声子谱的概念和确定声子谱的方法

声子频率 ω_s 随波矢 q 的变化关系叫色散关系，也称为声子谱。晶体的性质除决定晶体的维数外，很大程度上取决于声子谱的具体形式。

确定声子谱的方法，一种是实验测量，另一种是建立物理模型，从理论上来确定。

实验上目前最有效和最方便的是用中子的非弹性散射方法，图 3.2.1 给出常用的三轴中子谱仪的结构示意[3]。

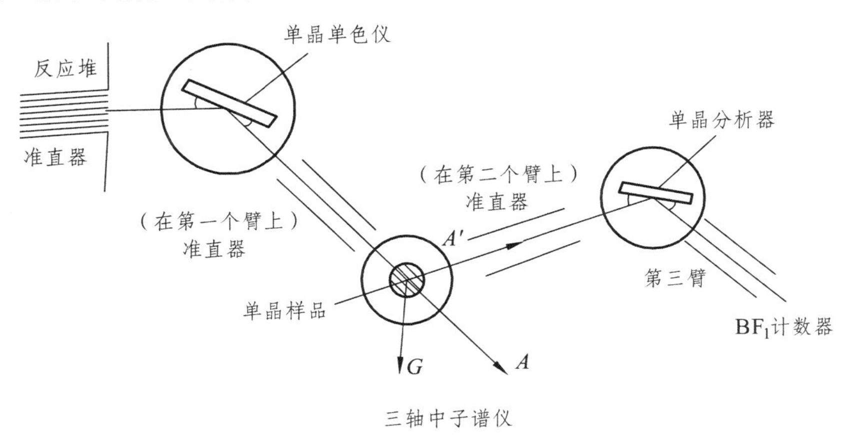

图 3.2.1 三轴中子谱仪

理论上确定声子谱，主要是要根据讨论系统的具体情况，提出物质结构的物理模型，做出某些假定来确定，其正确性由所得结果与实验符合程度来确定。

现列出几种常见晶格物理模型的声子谱。

3.2.2.3　三维晶体的声子谱

对简单三维晶体，典型的物理模型是爱因斯坦模型和德拜模型，它们的声子谱分别为：

（1）爱因斯坦晶格振动模型下的声子谱为：

$$\omega(q)=\omega_{E}\delta(\omega-\omega_{E}) \tag{3.2.9}$$

爱因斯坦模型适用于温度不太低的情况。

（2）德拜模型将固体中格点振动形成的波视为弹性波，弹性波有两支：纵波（L）和横波（T），其频率ω_{L}和ω_{T}均不是常数，而与波矢q成正比。其声子谱为：

$$\omega_{L}=v_{L}q \quad \omega_{T}=v_{T}q \tag{3.2.10}$$

其中v_{L}、v_{T}分别为纵波波速和横波波速。对三维晶体，波矢$q=\left(q_{x}^{2}+q_{y}^{2}+q_{z}^{2}\right)^{1/2}$；对二维晶体，$q=\left(q_{x}^{2}+q_{y}^{2}\right)^{1/2}$；对一维晶体，$q=q_{x}$。

3.2.3　德拜温度和格林乃森参量与简谐系数和非简谐系数的关系

实际晶体中的原子是在做非简谐振动，原子振动的简谐系数和非简谐系数不仅影响晶体热力学性质，也影响了原子振动的频率，进而影响了晶体的德拜温度和格林乃森参量。

德拜温度θ_{D}是晶体德拜模型中的一个特征温度，它表示原子都以最大频率ω_{D}振动时晶体所具有的温度，它可以理解为采用经典理论还是量子理论处理晶体热学性质的分界温度；当$T>\theta_{D}$时，可采用经典理论处理，反之可采用量子理论处理。简谐近似下，它为常数，就等于零温情况下它的值θ_{D0}，对通常的三维晶体，由$k_{B}\theta_{D0}=\hbar(\varepsilon_{0}/M)^{1/2}$决定，这里$k_{B}$和$\hbar$分别是玻尔兹曼常数和普朗克常数。考虑到原子振动的非简谐项后，它与温度有关：

$$\theta_{D}=\theta_{D0}\left[1+\left(\frac{15\varepsilon_{1}^{2}}{2\varepsilon_{0}^{3}}-\frac{2\varepsilon_{2}}{\varepsilon_{0}^{2}}\right)k_{B}T\right] \tag{3.2.11}$$

对三维晶体，格林乃森参量与简谐系数和非简谐系数的关系由（3.1.6）式表示。简谐近似下，格林乃森参量为 0；考虑到非简谐后，对通常的三维晶体，格林乃森参量为 1~3，并随温度升高而增大。

图 3.2.2 给出晶体铟的格林乃森参量随温度的变化[4]。

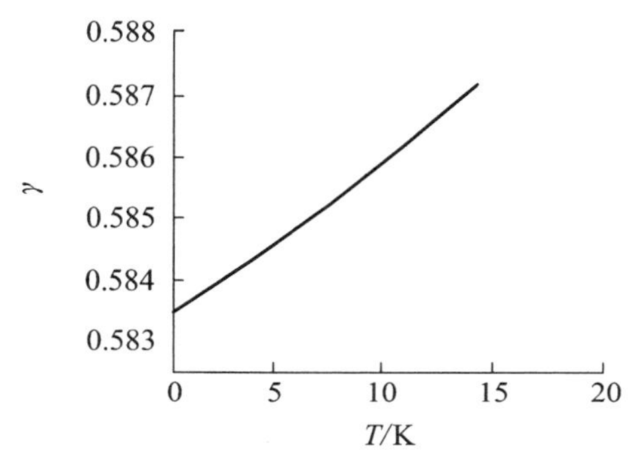

图 3.2.2 晶体铟的格林乃森参量随温度的变化

由图 3.2.2 看出：晶体铟的格林乃森参量随温度升高而几乎成线性地增大，但变化不大，数值在 0.583~0.589 间变化。如果不考虑非简谐振动项，则格林乃森参量为零。

图 3.2.3 给出晶体铟的德拜温度随温度的变化[4]。

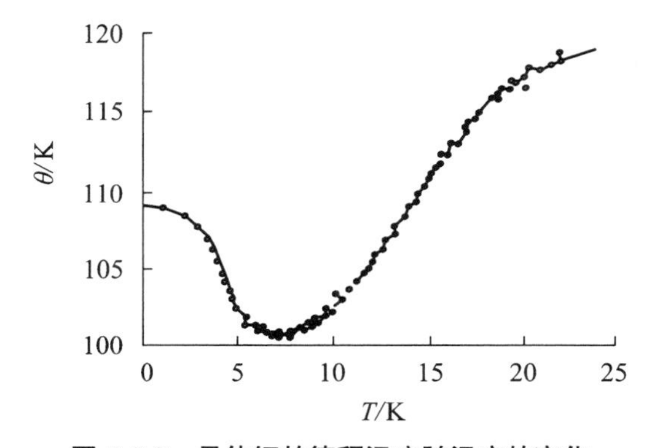

图 3.2.3 晶体铟的德拜温度随温度的变化

由图 3.2.3 看出：晶体铟的德拜温度随温度变化的总的倾向是随温度升高增大，但在 $T = 5$ K 附近取极小。

3.3 三维晶体热力学性质的非简谐效应

本节将在简要论述简谐近似下三维晶体热力学性质的基础上，论述非简谐情况下三维晶体的热容量、热膨胀、弹性模量、热传导等热力学性质随温度的变化规律，并研究原子非简谐振动对它们的影响。

3.3.1 简谐近似下三维晶体的热力学性质

对于由 N 个原子构成的三维晶体，简谐近似下，可将它视为由 $3N$ 个独立简谐振子组成。若把粒子视为经典粒子，设第 i 个自由度的简正坐标为 q_i，动量为 p_i，则哈密顿为：

$$H=\sum_{i=1}^{3N}\frac{1}{2}\left(\left|p_i\right|^2+\omega_i^2\left|q_i\right|^2\right) \tag{3.3.1}$$

将其量子化后，振动系统的总能量为：

$$E=\sum_{i=1}^{3N}\left(n_i+\frac{1}{2}\right)\hbar\omega_i \qquad n_i=0,1,2,\cdots \tag{3.3.2}$$

其中 ω_i 为第 i 个振动模式的振动频率，它与简谐系数 ε_{0i} 和原子质量 M 的关系为 $\omega_i=(\varepsilon_{0i}/M)^{1/2}$。利用统计物理理论，得到频率为 ω_i 的振动的配分函数为：

$$Z_i=\sum_{n_i=o}^{\infty}\exp\left[-\left(n_i+\frac{1}{2}\right)\hbar\omega_i/k_{\mathrm{B}}T\right] \tag{3.3.3}$$

忽略格波间的相互作用，晶体的自由能为：

$$F=U\left(\mathrm{V}\right)+\sum_i\left[\frac{1}{2}\hbar\omega_i+k_{\mathrm{B}}T\ln\left(1-\mathrm{e}^{-\hbar\omega_i/k_{\mathrm{B}}T}\right)\right] \tag{3.3.4}$$

其中，第一项 $U(V)$ 是温度 $T=0\ \mathrm{K}$ 时晶格的结合能，第二项为零点振动能，第三项为热激发态振动能。由热力学公式，求得晶体状态方程为

$$p=-\frac{\mathrm{d}U}{\mathrm{d}V}-\frac{1}{V}\sum_i\bar{E}_i\frac{\mathrm{d}\ln\omega_i}{\mathrm{d}\ln V} \tag{3.3.5}$$

其中，$\bar{E}_i$ 为频率为 ω_i 的格波的平均振动能，$-\mathrm{d}\ln\omega_i/\mathrm{d}\ln V$ 是与 ω_i 无关的常数，令 $\gamma_{\mathrm{G}}=-\mathrm{d}l\mathrm{n}\omega/\mathrm{d}\ln V$，称为格林乃森参量，它描述了振动频率 ω 随体积的变化情况。状态方程可写为（3.1.13）式，即

$$p=-\frac{\mathrm{d}U}{\mathrm{d}V}+\gamma_{\mathrm{G}}\frac{\bar{E}(T)}{V} \tag{3.3.6}$$

该式称为格林乃森方程，式（3.3.6）中的第一项叫静压强，第二项叫热压强。

利用热膨胀系数的定义，对三维晶体，体膨胀系数为（3.1.14）式，即：

$$\alpha_V = \frac{\gamma_G}{K}\frac{C_V}{V} \tag{3.3.7}$$

该式称为格林乃森定律，它描述了体膨胀系数 α_V 与体积 V 、定容热容量 C_V 、晶体体积弹性模量 K 之间的关系。简谐近似下，由于振动频率与体积无关，格林乃森参量 γ_G 为零，因而膨胀系数为零。

定容热容量 C_V 由 $C_V = \left(\frac{\partial E}{\partial T}\right)_V$ 和（3.3.4）式，假设各振动模式的频率相同，可得

$$C_V = \int_o^{\omega n} k_B \left(\frac{\hbar\omega}{k_B T}\right) \frac{\exp(\hbar\omega / k_B T)}{\left[\exp(\hbar\omega / k_B T) - 1\right]^2} g(\omega) \mathrm{d}\omega \tag{3.3.8}$$

$g(\omega)$ 称为晶格振动模式密度，它的具体形式取决于研究晶体振动时所采用的物理模型。

将爱因斯坦模型下的 $g(\omega)$ 代入（3.3.8）式，得到较低温下爱因斯坦模型下的定容热容量：

$$C_V = 3Nk_B \left(\frac{\theta_E}{T}\right)^2 \mathrm{e}^{-\theta_E / T} \tag{3.3.9}$$

将德拜模型下的 $g(\omega)$ 代入（3.3.8）式，得到较低温度下德拜模型下的 C_V 为

$$C_V = \frac{12}{5}\pi^4 N k_B \left(\frac{T}{\theta_D}\right)^3 \tag{3.3.10}$$

3.3.2 三维晶体的热膨胀、热压强、压缩系数随温度的变化

应用经典统计理论玻尔兹曼统计求平均值的公式，由（3.2.4）式可求得非简谐情况下原子的平均位移为[4]：

$$\overline{\delta} = -\frac{3\varepsilon_1 k_B T}{\varepsilon_0^2}\left[1 + \frac{3\varepsilon_2}{\varepsilon_0^2} k_B T + \left(\frac{3\varepsilon_2}{\varepsilon_0^2} k_B T\right)^2\right] \tag{3.3.11}$$

进而求得三维晶体的线膨胀系数 $\alpha_l = \frac{(1/d_0)\mathrm{d}(d_0 + \overline{\delta})}{\mathrm{d}T}$ 为：

$$\alpha_{\mathrm{I}}=-\frac{3\varepsilon_1 k_{\mathrm{B}}}{r_0\varepsilon_0^2}\left[1+\frac{6\varepsilon_2 k_{\mathrm{B}}}{\varepsilon_0^2}T+\frac{27\varepsilon_2^2 k_{\mathrm{B}}^2}{\varepsilon_0^4}T^2\right] \tag{3.3.12}$$

而体膨胀系数 $\alpha_V\approx 3\alpha_l$ 。该式表明：简谐近似下 $(\varepsilon_1=\varepsilon_2=0)$，热膨胀系数为零。由于非简谐项，热膨胀系数随温度升高而增大，即热膨胀是一种非简谐效应。

由热力学公式，可得到考虑到原子振动的非简谐项后，三维晶体的压强、弹性模量、质量密度等均随温度而变化。其中晶体的压强 p 随温度的变化为[5]

$$p=-\left(\frac{\partial U}{\partial V}\right)+3Nk_{\mathrm{B}}T\left\{\frac{1}{k_{\mathrm{B}}T}\frac{16\varepsilon_1^2}{\hbar\omega^2}\left(\frac{\hbar}{2m\omega}\right)^3-\frac{2k_{\mathrm{B}}\hbar T}{b^2-2k_{\mathrm{B}}T(b-\hbar\omega)}\right] \tag{3.3.13}$$

式中的 b 为：

$$b=\hbar\omega_0+6\varepsilon_2\left(\frac{\hbar}{2m\omega_0}\right)^2-\frac{30\varepsilon_1^2}{\hbar\omega_0}\left(\frac{\hbar}{2m\omega_0}\right)^3$$

式中的第一项称为内压强，记为 p_0 ，在数值上等于将晶体分开形成单位面积表面所需的压力，它与温度无关，取决于晶体内原子相互作用的具体形式。

由（3.3.13）式看出：简谐近似下（ $\varepsilon_1=\varepsilon_2=0$ ），压强与温度无关。非简谐效应使晶体压强随温度升高而迅速增大。

压缩系数 K_T 为弹性模量 B 的倒数，在简谐近似下为常数。考虑原子非简谐振动后，B 随温度的变化由下式决定[5]：

$$B=\frac{\sqrt{2}\varepsilon_0}{9r_0}\left\{1-\frac{18\varepsilon_1^2}{\varepsilon_0^3}(k_{\mathrm{B}}T)+\frac{54\varepsilon_1^2\varepsilon_2}{\varepsilon_0^5}(k_{\mathrm{B}}T)^2\right\}\frac{1}{(1+\alpha_l T)^2} \tag{3.3.14}$$

三维晶体的热膨胀、热压强、压缩系数随温度的变化的具体情况，与晶体结构和相互作用势有关。

我们对面心立方晶体结构，相互作用势为里纳德-金斯势的惰性元素氩晶体进行计算，得到的膨胀系数、压缩系数随温度变化的部分数据见表 3.3.1。

表 3.3.1　氩晶体的热膨胀、压缩系数随温度的变化[5]

T/K	10	20	30	40	50	60	70	80	84
α_V /$10^{-4}\,\mathrm{K}^{-1}$	7.655	8.108	8.600	9.150	9.699	10.325	10.951	11.635	11.919
K_T /$10^{-4}\,\mathrm{K}^{-1}$	2.125	2.500	2.911	3.410	3.908	3.930	3.951	4.030	4.100

氩晶体的热压强、晶格常数随温度的变化如图 3.3.1。其中线 1、2 分别为只

考虑到第一非简谐项和同时考虑到第一、二非简谐项的结果。

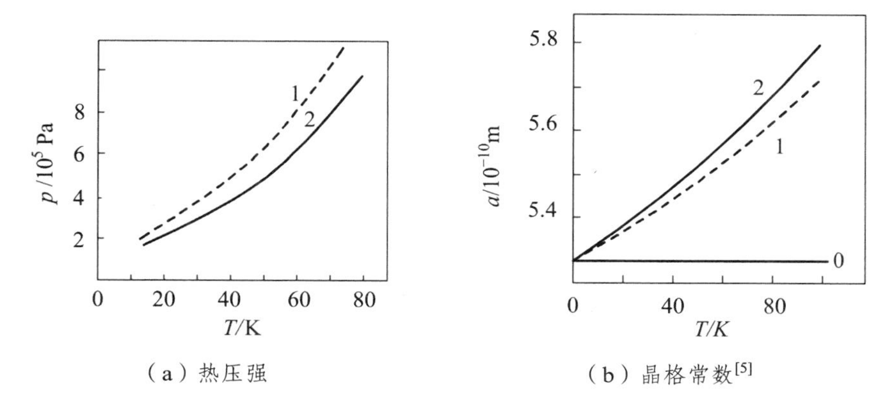

（a）热压强　　（b）晶格常数[5]

图 3.3.1　氩晶体的热压强和晶格常数随温度的变化

图 3.3.1 表明：在简谐近似下，三维晶体的热压强为 0，晶格常数为常数，显然与实际不符。考虑到非简谐效应后，晶体的热压强和晶格常数随温度升高而非线性增大。

3.3.3　三维晶体的定容热容量随温度的变化

简谐近似下，三维晶体的定容热容量为：

$$C_V = 3Nk_B(\frac{\theta_E}{T})^2 \frac{\exp(\theta_E/T)}{[\exp(\theta_E/T)-1]^2} \tag{3.3.15}$$

考虑到非简谐效应后，定容热容量要发生改变。但若采用不同的理论处理，则有不同的结果。

采用经典统计处理，认为各非简谐振子相互独立，原子振动能量是连续的，各原子的振动相互独立且各向同性，利用经典玻尔兹曼统计，求得系统的内能和定容热容量分别为：

$$U = U(V) + 3Nk_BT[1 + (\frac{15\varepsilon_1^2}{2\varepsilon_0^3} - \frac{3\varepsilon_2}{\varepsilon_0^2})k_BT]$$

$$C_V = 3Nk_B + 3Nk_B^2T(\frac{15\varepsilon_1^2}{2\varepsilon_0^3} - \frac{3\varepsilon_2}{\varepsilon_0^2}) \tag{3.3.16}$$

若采用量子理论处理，认为各非简谐振子相互独立，但遵从量子力学规律，应用量子力学定态微扰法，求得能量本征值为：

$$E_{ni}=(n_i+\frac{1}{2})\hbar\omega_i-\frac{\hbar^2}{2M}(\frac{15\varepsilon_i^2}{2\varepsilon_0^3}-\frac{3\varepsilon_2}{\varepsilon_0^2})(n_i+\frac{1}{2})^2$$

这里 $i=1,2,\cdots,3N$ ， $n_i=0,1,2,\cdots,\infty$ 。

应用统计物理公式，求得定容热容量为[5]：

$$\begin{aligned}C_V=\sum_{i=1}^{3N}\{&\frac{1}{2}k_BTu_i\frac{d\gamma_i}{dT}+\frac{(u_i/T+A/k_BT^2)[k_BTu_i(\gamma_i+1)+A]}{[\exp(u_i+A/k_BT)-1]^2}\exp(u_i+\frac{A}{k_BT})\\&+[k_BTu_i\frac{d\gamma_i}{dT}+(k_BTu_i\gamma_i-A)(\frac{u_i}{T}+\frac{A}{k_BT^2})]\exp[-(u_i+\frac{A}{k_BT^2})]\\&+\frac{k_BTu_i}{[\exp(u_i+A/k_BT)-1]}\frac{d\gamma_i}{dT}\end{aligned} \tag{3.3.17}$$

其中， $u_i=\dfrac{\hbar\omega_i}{k_BT}$ ， $A=-\dfrac{\hbar^2}{2M}(\dfrac{15\varepsilon_i^2}{2\varepsilon_0^3}-\dfrac{3\varepsilon_2}{\varepsilon_0^2})$ 。

对氩晶体，$M=1.5\times10^{-25}$ kg，采用L-J势，求得 ε_0 、ε_1 、ε_2 ，$A=-1.205\times10^{-23}$ J。进行数据计算，它的定容热容量可写为：

$$\begin{aligned}C_V=&3Nk_B(\frac{\theta_E-0.8732}{T})^2\frac{\exp[(\theta_E-0.8732)/T]}{\{\exp[(\theta_E-0.8732)/T]-1\}^2}\\&-3Nk_B(\frac{\theta_E}{T})^2\frac{0.0083+0.0039T}{\{\exp[(\theta_E-0.8732)/T]-1\}}+\\&+3Nk_B(\frac{\theta_E}{T})^2(0.021+\frac{0.8721}{T}+\frac{0.0837}{T^2})\exp[\frac{(\theta_E-0.8732)}{T}]\end{aligned} \tag{3.3.18}$$

即考虑到非简谐效应后，不仅使定容热容量表示中增加了几项，而且使爱因斯坦温度降低，由 θ_E 变为 $(\theta_E-\theta_0)$，而减少的特征温度 θ_0 值取决于原子相互作用势的具体形式。

经计算，氩晶体的定容热容量随温度的变化见表 3.3.2。

表 3.3.2　氩晶体的定容热容量随温度的变化

T/K	5	10	15	20	25	28
简谐	0.19659	0.63160	0.81125	0.88808	0.92656	0.94865
经典非简谐	1.02605	1.05200	1.07820	1.10400	1.13000	1.14560
量子非简谐	0.13792	0.74544	0.84501	0.94455	0.95245	0.95725
实验值	0.00886	0.12666	0.42750	0.93754	0.94716	0.95298

图 3.3.2 给出金属铁的定压热容量随温度的变化[6]。可看出：考虑到非简谐振动后，理论计算比简谐近似的结果更接近实验值。

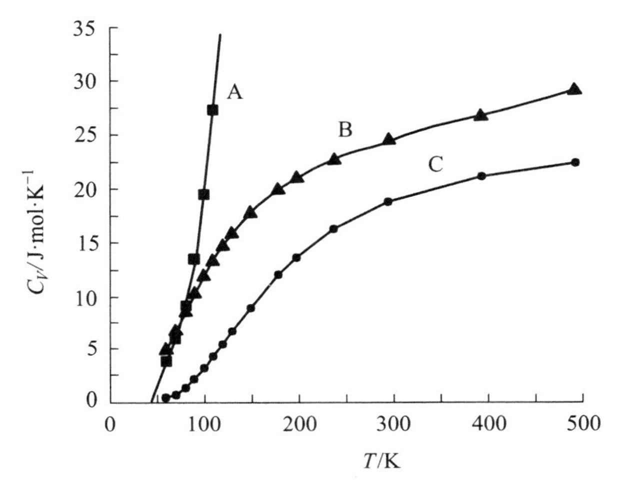

图 3.3.2 不同温度下金属铁的定压热容量随温度的变化[6]

A—简谐近似；B—实验值；C—非简谐

3.3.4 三维晶体的热导率随温度的变化

热传导是晶体中因温度不均匀而产生的一种输运现象，性能的大小由热导率 λ 描述。按照晶格振动的量子理论，非简谐效应使晶体中产生声子，声子之间产生相互作用（碰撞），正是声子之间的碰撞使声子的自由程不会无穷大。热导率与声子的平均速率 v 和平均自由程 l 以及定容比热 c_V 的关系为

$$\lambda = \frac{1}{3} c_V v l \tag{3.3.19}$$

由于能产生倒逆过程的声子波矢至少为最短倒格矢的一半，能量为：$\hbar\omega_D/2 = k_D\theta_D/2$。注意到平均自由程与声子数密度 $n(T)$成正比，而 $n(T)$为

$$n(T) = \frac{1}{e^{\hbar\omega/k_B T} - 1} \tag{3.3.20}$$

将 $l = l_0/n(T)$ 和 c_V 一起代入（3.3.19）式，求得三维晶体的热导率，其中，高温下的热导率为：

$$\lambda = \frac{\lambda_0}{T} = \frac{\sqrt{vl_0}\hbar\omega_0}{T} \tag{3.3.21}$$

低温情况的热导率为

$$\lambda \approx \frac{4}{5}\pi^4 \mathrm{N}k_B vl_0 \left(\frac{\mathrm{T}}{\theta_D}\right)^3 e^{\theta_D/2T} \tag{3.3.22}$$

简谐近似下，$\theta_D = \theta_{D0}$。考虑到原子非简谐振动项后，热导率将与非简谐系数 ε_1、ε_2 有关。

图 3.3.3 给出三维 NaF 晶体的热传导系数随温度 T 的变化[7]。

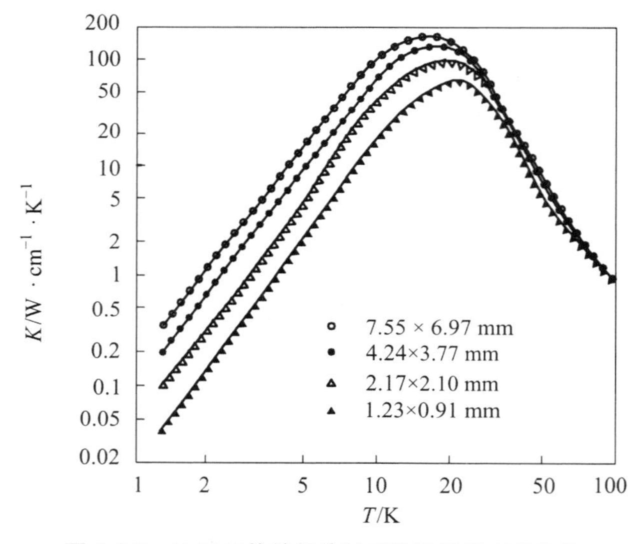

图 3.3.3　NaF 晶体的热传导系数随温度 T 的变化

图 3.3.3 表明：在简谐近似下，三维晶体的热传导系数为无穷大，即不会有热阻现象；考虑到非简谐效应后，晶体的热传导系数随温度而变，总的讲，温度较低时，随温度升高而增大；但当温度升高到一定值后，则随温度升高而减小，具体变化情况取决于原子相互作用的具体形式。

综上可得：原子振动的非简谐效应是晶体热学性质随温度而变化的最基本原因之一。凡是要定量地研究晶体热学性质随温度的变化规律，就应考虑原子振动的非简谐效应。非简谐效应的大小，除与温度有关外，还与非简谐系数 ε_1、ε_2 的大小有关。总的来说，温度越高，非简谐效应越显著。

3.4 非简谐振动对二维系统的临界点与玻意耳线的影响

二维系统的相变及其相关的性质，是低维系统的重要研究领域。本节将论述非简谐振动对二维系统的临界点与玻意耳线的影响[8,9]。为了研究含固、液、气相的二维系统的相变和某些热力学性质，1980 年 Kawamura 提出 Collins 模型系统的简化统计理论[10]。此后，不少学者用此模型开展对二维系统的热力学性质进行研究，并不断完善该模型[11-14]。我们考虑到原子作非简谐振动，对该模型进一步完善，研究了液氩的临界点与玻意耳线等热力学性质的非简谐效应。本节将在论述 Collins 二维模型系统基础上，论述系统的吉布斯函数、系统的状态方程和临界点、玻意耳温度和玻意耳线，探讨原子非简谐振动对它们的影响。

3.4.1 Collins 模型

二维晶体有正方、长方等简单晶格，但最简单的是正方格子和三角形格子。为了研究含固、液、气相的二维系统的相变和某些热力学性质，1980 年 Kawamura 提出 Collins 模型[10]。该模型认为：二维系统最简单模型，是由正方形和正三角形构成。在密堆积时，原子配置只可能是如下 4 种情况（图 3.4.1）：在无缺陷情况下，每个顶点均有原子。依据结构元排列方式和原子配置情况，将原子分为 6-原子、5_d-原子、5_β-原子和 4-原子。为体现固、液、气相的区别，引入空位的概念。表示该点没有原子。照此模型，理想固体在最紧密堆积情况下，应全由 6-原子构成，且没有空位；液体不仅是由几种原子状态（即具有三角形和正方形的混合结构）组成，而且有少量空位；气相则空位很多。固、液、气相的结构和原子配置如图 3.4.2 所示

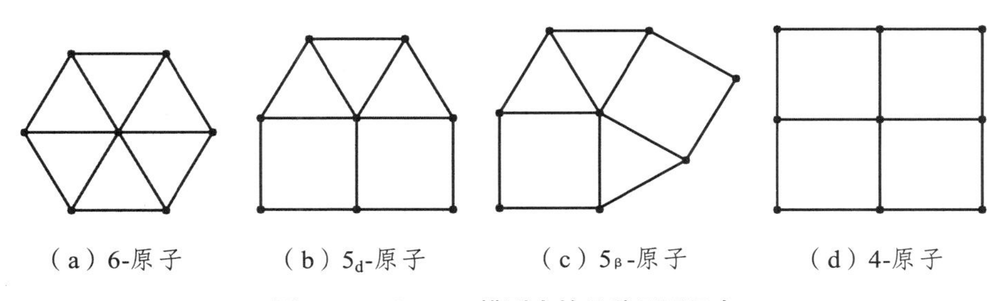

图 3.4.1 Collins 模型中的几种原子组合

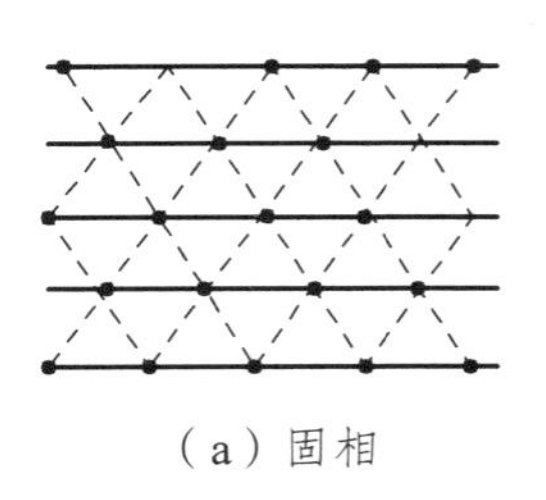
（a）固相

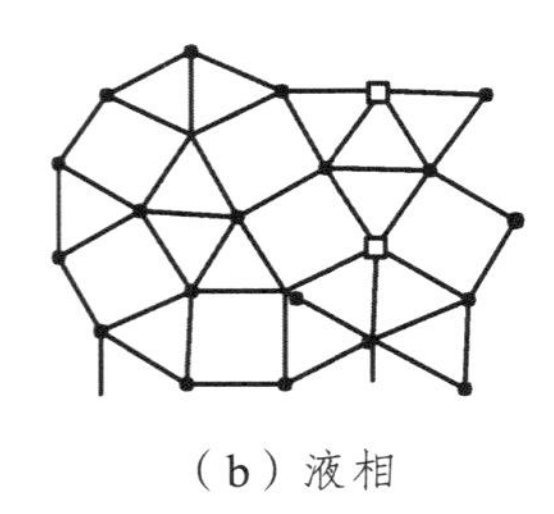
（b）液相

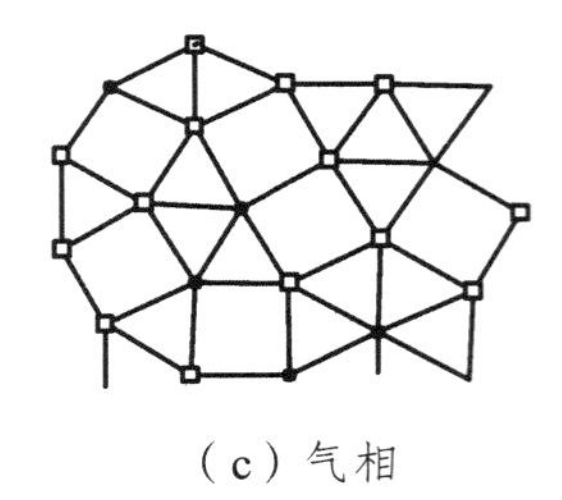
（c）气相

图 3.4.2　Collins 模型中的固、液、气相原子分布

为了描述系统的状态，引入参量 x、y、m，其定义为：

$$x=\frac{1}{N}\left(N_{5d}+N_{5\beta}\right),\quad y=\frac{N_4}{N},\quad m=\frac{N_{5d}}{N_{5d}+N_{5\beta}} \tag{3.4.1}$$

其中，N 为总原子数，N_6、N_{5d}、$N_{5\beta}$、N_4 分别是 6-原子、5d-原子、5_β-原子、4-原子的数目。为描述空位的影响，还引入参量 Z，定义为总原子数 N 与格点总数之比，它表征原子的密集程度，对应气相，Z 很小；而 $Z\approx1$，对应液相或固相。按上述定义，x 表示 N 个粒子中出现 5_d、5_β 原子的概率，y 为出现 4-原子的概率，m 为 5_d 与 5_β 两种结构的比例关系，$x=0$ 为固相，$x\approx1$ 为液相或气相。格点总数 L 与系统面积 A 有关，与总原子数 N 和状态参量 x、y 的关系为

$$L=\frac{N}{2}\left[6-\left(x+y\right)\right] \tag{3.4.2}$$

设最紧密堆积时，格点间距离为 d_0，则面积为 $A_0=\sqrt{3}Nd_0^2/2$，有空位存在时面积为

$$A=\frac{A_0}{Z}\left[1+c\left(x+2y\right)\right] \tag{3.4.3}$$

这里 $c=(2\sqrt{3}-6)/6$。

因热激发，原子会在平衡位置附近作非简谐振动，设简谐系数，第一、第二非简谐系数为 ε_0、ε_1、ε_2，它们的存在使系统热力学性质出现不同的情况。

3.4.2　二维系统的吉布斯函数

设相邻原子相互作用能最小值为 ε，压强 p，引入折合压强 $P=pA_0/N\varepsilon$ 和折合温度 $t=k_BT/\varepsilon$，可得到有空位存在且原子不动情况下，系统的吉布斯函数

G_1 为：

$$G_1 = -\frac{aNEZ}{2} + N\varepsilon tf(x,y,m) + N\varepsilon tg(Z) + \frac{N\varepsilon Pd}{Z} \tag{3.4.4}$$

这里：

$$a = 6-(x+2y), \quad d = 1+c(x+2y), \quad g(z) = \ln Z + \frac{1-Z}{2}\ln(1-Z)$$

$$f(x,y,m) = y\ln y + mx\ln(mx) + (1-m)x\ln[(1-m)x] + [1-(x+y)]\ln[1-(x+y)]$$

$$\ln[1-(x+y)] - \frac{1}{2}(4y+mx)\ln(y+mx) - (2-m)x\ln x - (x+2y)\ln(x+y) - \frac{1}{2}[6+(m-5)x-6y]\ln(1-y)$$

式（3.4.4）中的第一项为静止能的贡献，第二、三项为静止熵的贡献，最末项为 pA 项。

（1）考虑到原子平动情况的吉布斯函数：

原子平动时，原子间距离 d 将与温度等有关。令 $\alpha = d/d_0 - 1$，则系统的面积为：

$$A = \frac{A_0}{Z}[1+c(x+2y)](1+\alpha)^2 \tag{3.4.5}$$

除静止熵外，还有平动熵，此时，有空位存在且原子做平动情况下吉布斯函数为：

$$G_2 = -\frac{aN\varepsilon Z}{2} + N\varepsilon tf(x,y,m) + N\varepsilon tg(\mathrm{z}) + \frac{N\varepsilon pd(1+\alpha)^2}{z} - \frac{N\varepsilon tza}{2}\left\{\ln\left(\frac{2\pi\mu\varepsilon t}{h^2}\right)2\sqrt{3}\alpha^2 d_0^2 + \ln d\right\} \tag{3.4.6}$$

（2）原子做非简谐振动情况下的吉布斯函数：

原子在做非简谐振动情况下，设各原子振动频率相同，求得空位存在并考虑到原子做平动和振动后，系统的吉布斯函数为[8]：

$$G_3 = -\frac{aN\varepsilon z}{2} + N\varepsilon tf(x,y,z) + N\varepsilon tg(z) + \frac{N\varepsilon pd(1+\alpha)^2}{2} - \frac{N\varepsilon tza}{2}\left\{\ln\left(\frac{2\pi\mu\varepsilon t}{h^2}\right)2\sqrt{3}\alpha^2 d_0^2 + \ln d\right\} + \frac{1}{2}M(t)aZ(1-x) \tag{3.4.7}$$

这里：

$$M(t)=\frac{\left[\beta^{2}+(8\varepsilon^{2}/\hbar\omega)(\hbar/2\mu\omega)^{3}\right]}{\varepsilon t}-2\ln\left[\frac{\varepsilon t}{\beta}-\frac{2(\varepsilon t)^{2}(\beta-\hbar\omega)}{\beta^{3}}\right] \tag{3.4.8}$$

$$\beta=\hbar\omega-\left(\frac{30\varepsilon_{1}}{\hbar\omega}\right)\left(\frac{\hbar}{2\mu\omega}\right)^{3}+6\varepsilon_{2}\left(\frac{\hbar}{2\mu\omega}\right)^{2}$$

平衡态下，系统的吉布斯函数应为极小。由 $\partial G_3/\partial m=0$ 和 $\partial G_3/\partial d=0$，求得

$$\alpha=\frac{1}{2}\left[-1+\left(\frac{2txaz}{Pa}+1\right)^{1/2}\right] \tag{3.4.9}$$

$$\ln\frac{mx}{(1-m)\left[(y+mx)(1-y)^{1/2}\right]}=\frac{1}{2}\left(1+\frac{3y}{y+mx}\right) \tag{3.4.10}$$

再由 $\partial G_3/\partial x=\partial G_3/\partial y=\partial G_3/\partial Z=0$，就可以得到 x,y,z 与温度 T 和压强 P 的关系。

最后得到平衡态下，系统的吉布斯函数随温度和压强的关系式，进而讨论系统的热力学性质。

3.4.3 二维系统的状态方程和临界点

系统中原子静止时，由（3.4.4）式，令 $\partial G_1/\partial Z=0$，求得 Z 与温度 T 和压强的关系，进而求得原子不动时的状态方程为[8]：

$$P=\frac{a'}{\tilde{A}}-\frac{t}{b'}\ln\left[1-\frac{b'}{\tilde{A}}\right] \tag{3.4.11}$$

这里 $\tilde{A}=A/A_0$，$a'=-ab'/z$。

临界点的压强应满足 $\left(\partial P/\partial\tilde{A}\right)_c=\left(\partial^2/\partial\tilde{A}^2\right)_c=0$，由此求得临界点的临界温度 T_c、临界面积 $\tilde{A}_c$、$\tilde{P}_c$ 分别为：

$$T_c=-\frac{a'}{2b'},\quad \tilde{A}_c=2b',\quad p'=\frac{a'(1+2\ln 0.5)}{4b'^2} \tag{3.4.12}$$

对 1 mol 氩原子系统进行计算，求得此时临界温度为 $T_c=154\ \text{K}$。

当认为原子作平动时，由（3.4.6）式，令 $\partial G_2/\partial Z=0$，得到状态方程为

$$P=\frac{a'(1+d)^2}{\tilde{A}^2}-\frac{t}{b'(1+d)}\ln\left[1-\frac{b'(1+d)^2}{\tilde{A}}\right]+\frac{a't(1+d)^2}{\tilde{A}^2}f(T) \quad (3.4.13)$$

$$f(T)=\ln\left(\frac{2\pi\mu k_B}{h^2}\right)2\sqrt{3}a^2b'Td(T)$$

由 $\left(\partial P/\partial\tilde{A}\right)_c=(\partial^2 p/\partial\tilde{A}^2)_c=0$，求得临界温度 $T_c=252\text{ K}$。

当原子同时作平动和非简谐振动情况，由（3.4.7）式，令 $\partial G_3/\partial\tilde{A}=0$，得到状态方程

$$P=\frac{a'(1+\alpha)^2}{\tilde{A}^2}-\frac{t}{b'(1+\alpha)^2}\ln\left[1-\frac{b'(1+\alpha)^2}{\tilde{A}^{\bullet}}\right]+\frac{a'tx(1+\alpha)^2}{\tilde{A}^2}f(T)-\frac{a'(1-x)tM(t)(1+\alpha)^2}{\tilde{A}^2} \quad (3.4.14)$$

简谐近似时的临界温度为：$T_c=276\text{ K}$；同时考虑到第一、二非简谐项时，$T_c=274\text{ K}$。由此看出：非简谐项使系统的状态方程与简谐近似时不同，对 1 mol 氩二维系统，临界温度有所降低，减小了 0.8%。

3.4.4 非简谐振动对玻意耳温度和玻意耳线的影响

玻意耳温度 T_B 是指 pV/Nk_BT（对三维系统）或 pA/Nk_BT（对二维系统）维里展开式中第二维里系数 $B_2(T)=0$ 时的温度，许多实际液体（如液氮等）在 T_B 附近，粒子数密度 ρ 随温度 T 的变化是线性的。文献[15]称 $pV/Nk_BT=1$（对三维系统），或 $pA/Nk_BT=1$（对二维系统）时的 ρ-T 曲线叫玻意耳线。玻意耳温度和玻意耳线在低温技术中尤为重要，目前虽有一些文献对它进行研究，但多数是由一些半经验物态方程出发，计算出玻意耳温度与临界温度的比值 T_B/T_c，画出玻意耳线，但未从微观上讨论。这里，我们从微观上研究[9]。

3.4.4.1 原子不动的情况

当原子不动时，由（3.4.11）式，引入粒子数面密度 $\rho=N/A$，$\rho_0=N/A_0$，将状态方程改写并进行维里展开，可求得第二、三维里系数为

$$B_2(T)=\left(\frac{b'}{2}-\frac{a'\varepsilon}{k_BT}\right)\rho_0^{-1},\qquad B_3(T)=\frac{b^{12}}{3\rho_0^2}$$

令 $B_2(T)=0$，求得认为原子不动情况下的玻意耳温度 $T_B=-2a'\varepsilon/k_Bb'=615\ \mathrm{K}$，它与临界温度 T_c 的比值 $T_B/T_c=4$。

在状态方程的维里展开中，令 $P=\rho k_BT$，可得到玻意耳线的数学表示式：

$$\frac{T}{T_B}=-\frac{1}{4}\left(\frac{\rho}{\rho_c}\right)\left\{1+2\left(\frac{\rho_c}{\rho}\right)\ln\left[1-\frac{1}{2}\left(\frac{\rho}{\rho_c}\right)\right]\right\}^{-1} \tag{3.4.15}$$

这里 ρ_c 是临界情况的粒子数面密度。

3.4.4.2 原子做平动的情况

由（3.4.13）式，按粒子数面密度进行维里展开，可得原子做平动情况的第二、三维里系数为：

$$B_2(T)=\left[\frac{b'}{2}+\frac{a'\varepsilon}{k_BT}+a'f(T)\right](1+d)^2\rho_0^{-1}$$

$$B_3(T)=\frac{b'^2(1+\alpha)^4}{3\rho_0^2}$$

令 $B_2(T)=0$，求得玻意耳温度 $T_B=592\ \mathrm{K}$，与临界温度的比值 $T_B/T_c=2.349$。

由（3.4.13）式，令 $P=\rho k_BT$，得到玻意耳线为：

$$\frac{T}{T_B}=-\frac{1}{4}\left(\frac{\rho}{\rho_c}\right)\left\{1+2\left(\frac{\rho_c}{\rho}\right)\ln\left[1-\frac{1}{2}\left(\frac{\rho}{\rho_c}\right)\right]+\left(\frac{k_BT_c}{\varepsilon}\right)f(T)\right\}^{-1}Q^{-1} \tag{3.4.16}$$

式中 $Q=1.0373$，具体表示式见参考文献[9]。

3.4.4.3 原子同时做平动和振动的情况

由（3.3.14）式，将它按粒子数面密度展开，可得这种情况的第二、三维里系数为：

$$B_2(T)=\left[\frac{b'}{2}+\frac{a'\varepsilon}{k_BT}+a'xf(T)-a'(1-x)M(T)\right](1+\alpha)^2\rho_0^{-1}$$

$$B_3(T)=\frac{b'(1+\alpha)^4}{3\rho_0^2}$$

由 $B_3(T)=0$，求得玻意耳温度 T_B，结果是：简谐近似时，T_B=649.4 K；考

虑到非简谐项时，T_B=651.4 K，它与临界温度 T_c 的比值 T_B/T_c，见表 3.4.1。为了比较，表中还列出由一些半经验方程得出的结果。其中，VDW 指范德华方程；D 指底特里奇方程，HSVDW 指刚球型范德华方程。RK 指由 Realeck 和 Kwong 对范德华方程进行改进后的物态方程。

表 3.4.1 液氩的玻意耳温度与临界温度的比值 T_B/T_c

实验值	经验方程计算值				本书		
	VDW	D	HSVDW	RK	原子静止	原子做平动	原子做非简谐振动
2.72	3.377	4	2.62	2.90	4	2.349	2.378

由（3.4.14）式得到的玻意耳线的数学表示为：

$$\frac{T}{T_B}=-\frac{1}{4}\left(\frac{\rho}{\rho_c}\right)\left\{1+2\left(\frac{\rho_c}{\rho}\right)\ln\left[1-\frac{1}{2}\left(\frac{\rho}{\rho_c}\right)\right]-\frac{a'x}{2b'}\left(\frac{\rho}{\rho_c}\right)f(T)+\frac{a'(1+x)}{2b'}\left(\frac{\rho}{\rho_c}\right)M(T)\right\}^{-1}B^{-1} \tag{3.4.17}$$

式中的 B 值分别是：简谐近似时，$B=1.1378$；非简谐时，$B=1.1418$。

图 3.4.3 中曲线 1 是由底特里奇方程得到的结果，曲线 2 为同时考虑到原子平动和非简谐振动的结果；曲线 3 是原子不动时的结果。可看出：同时考虑到原子平动和非简谐振动后，玻意耳线的理论曲线与经验方程得到的曲线相近。

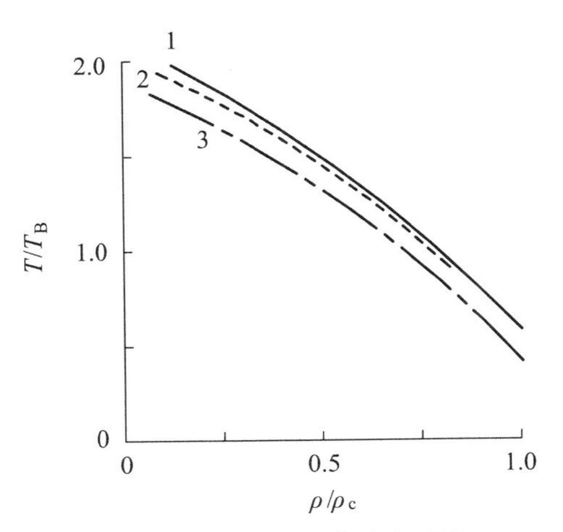

图 3.4.3 不同情况的玻意耳线

综上可知，考虑到原子相互作用和原子的平动和振动，就可利用 Collins 模型，从微观上研究低温液体的临界温度、玻意耳温度和玻意耳线；考虑到原子非简谐振动后的结果，更接近实验。要较准确的讨论系统的热力学性质，应同时考虑原子相互作用势和原子的平动和非简谐振动以及平动、振动的概率。

3.5 二维晶体热力学性质的非简谐效应

本节论述二维晶格热力学性质随温度的变化。首先论述简谐近似下二维晶体的热力学函数，在此基础上，论述二维晶格热容的几种理论，最后以 Collins 二维模型系统为例，论述非简谐振动对二维二元系统溶解限曲线和定压热膨胀系数以及等温压缩系数的影响。

3.5.1 简谐近似下二维晶体的热力学函数

对于由 N 个原子构成的面积为 S 的二维晶体，简谐近似下，哈密顿为：

$$H=\sum_{i=1}^{2N}\frac{1}{2}\left(\left|p_i\right|^2+\omega_i^2\left|q_i\right|^2\right) \tag{3.5.1}$$

将其量子化后，振动系统的总能量为：

$$E=\sum_{i=1}^{2N}\left(n_i+\frac{1}{2}\right)\hbar\omega_i \qquad n_i=0,1,2,\cdots \tag{3.5.2}$$

利用统计物理理论，忽略格波间的相互作用，晶体的自由能为

$$F=U(S)+\sum_i\left[\frac{1}{2}\hbar\omega_i+k_{\mathrm{B}}T\ln(1-\mathrm{e}^{-\hbar\omega_i/k_{\mathrm{B}}}T)\right] \tag{3.5.3}$$

第一项 $U(S)$ 是温度 $T=0\ \mathrm{K}$ 时晶格的结合能，第二项为零点振动能。当讨论随温度变化的性质时，将它们取为零。二维晶体的声子分为纵声子（L）和横声子（T），声速分别是 v_{L}、v_{T}，声子谱满足 $\omega_{\mathrm{L}}(q)=v_1 q$、$\omega_{\mathrm{T}}=v_{\mathrm{T}}q$。

对二维晶体，采用德拜晶格振动模型，晶格振动模式密度 $g(\omega)$ 为：

$$g(\omega)=\frac{4N}{{\omega_{\mathrm{D}}}^2}\omega \qquad (\omega\leqslant\omega_D) \tag{3.5.4}$$

由（3.5.3）式，求得当不考虑零点能时，纵声子（L）和横声子（T）相应的振动自由能为：

$$F_L = \frac{Sk_B T}{2\pi v_L^2}\int_0^{\omega_1} \omega \ln\left(1-e^{-\hbar\omega/k_B T}\right) d\omega$$

$$F_T = \frac{Sk_B T}{2\pi v_T^2}\int_0^{\omega_2} \omega \ln\left(1-e^{-\hbar\omega/k_B T}\right) d\omega \tag{3.5.5}$$

这里ω_1、ω_2分别是纵声学支和横声学支的最大频率，总的自由能为两者之和。

由热力学公式，求得二维晶体的状态方程为：

$$p = -\frac{dU}{dS} + \gamma_G \frac{\bar{E}(T)}{S} \tag{3.5.6}$$

$\gamma_G = -d\ln\omega / d\ln S$ 称为格林乃森参量。$\bar{E}(T)$ 为热振动能平均值，表示为：

$$\bar{E}(T) = \int_0^{\omega_D} \frac{S\hbar\omega^2 d\omega}{\pi v_p^2\left[\exp\left(\hbar\omega/k_B T\right)-1\right]} \tag{3.5.7}$$

3.5.2 简谐近似下二维晶格热容理论

3.5.2.1 二维晶格热容的经典理论

晶格热容的经典理论将晶体中的原子看成是彼此独立，且都在平衡位置附近作简谐振动的谐振子，振动的能量连续变化。按照能量均分定理，一个自由度的能量为 $k_B T$ 。对由 N 个原子构成的二维晶体，总平均能量为 $\bar{E} = 2Nk_B T$ ，求得摩尔定容热容量为：

$$C_V = \left(\frac{\partial \bar{E}}{\partial T}\right)_V = 2Nk_B = 2R \tag{3.5.8}$$

它表明：经典理论下，二维晶体定容热容量为常量。

3.5.2.2 二维晶格热容的爱因斯坦理论

1905 年爱因斯坦为了克服经典热容量理论的局限性，建立晶格热容量子理论。认为，固体中的原子均作彼此独立的、频率均为常量 ω_E（称为爱因斯坦频率）的简谐运动，振子的能量是量子化的，即 $\varepsilon_i = \left(n_i + \frac{1}{2}\right)\hbar\omega_E$ 。应用统计理论求得一个振子的平均能量为：

$$\bar{\varepsilon} = \frac{1}{2}\hbar\omega_E + \frac{\hbar\omega_E}{e^{\hbar\omega_E/k_B T}-1} \tag{3.5.9}$$

对由 N 个原子构成的二维晶体，有 $2N$ 个振子，总振动能 $\bar{E} = 2N\bar{\varepsilon}$ ，求得

定容热容量

$$C_V = \left(\frac{\partial \bar{E}}{\partial T}\right)_V = 2Nk_\mathrm{B}\left(\frac{\hbar\omega_\mathrm{E}}{k_\mathrm{B}T}\right)^2 \frac{\exp(\theta_\mathrm{E}/T)}{\left[\exp(\theta_\mathrm{E}/T)-1\right]^2} \tag{3.5.10}$$

这里 $\theta_\mathrm{E} = \hbar\omega_\mathrm{E}/k_\mathrm{B}$ 称为爱因斯坦特征温度（一般材料的 θ_E 为 100~300 K）。对 1 mol 物质，由（3.5.10）式得到定容摩尔热容为：

$$c_V = 2Rf_\mathrm{E}(\frac{\theta_\mathrm{E}}{T}) = 2R\left(\frac{\theta_\mathrm{E}}{T}\right)^2 \frac{\exp(\theta_\mathrm{E}/T)}{\left[\exp(\theta_\mathrm{E}/T)-1\right]^2} \tag{3.5.11}$$

$f_\mathrm{E}\left(\frac{\theta_\mathrm{E}}{T}\right)$称为爱因斯坦比热函数。

爱因斯坦量子热容理论模型较简单，忽略了各格波频率的差异，低温情况不适用。

3.5.2.3 二维晶格热容的德拜理论

为了克服爱因斯坦热容理论的局限性，1912 年德拜提出晶格热容的理论模型。按照该理论，对于由 N 个原子组成的面积为 S 的二维平面晶体，它的振动模式密度 $g(\omega)$ 可写为：

$$g(\omega) = \frac{S\omega}{2\pi v^2} \quad (0 < \omega \leqslant \omega_\mathrm{D}) \tag{3.5.12}$$

这里 v 为声速。对二维晶体，格波有横波（T）和纵波（L）各 1 支，设速度为 v_T 和 v_L，则平均速度 v_p 满足：

$$\frac{2}{v_\mathrm{p}^2} = \frac{1}{v_\mathrm{L}^2} + \frac{1}{v_\mathrm{T}^2} \tag{3.5.13}$$

德拜频率 ω_D 与平均速度 v_p 的关系为

$$\omega_\mathrm{D} = \left(4\pi\frac{N}{S}\right)^{1/2} v_\mathrm{p} \tag{3.5.14}$$

相应的德拜温度 $\theta_\mathrm{D} = \hbar\omega_\mathrm{D}/k_\mathrm{B}$，与爱因斯坦温度 θ_E 的关系为 $\theta_\mathrm{E} = 3\theta_\mathrm{D}/5$。应用固体物理理论，可得到德拜模型下二维晶体的定容热容量为：

$$C_V = 4Nk_\mathrm{B}\left(\frac{T}{\theta_\mathrm{D}}\right)^2 \int_0^{\theta_\mathrm{D}/T} \frac{\mathrm{e}^x x^2}{\left(\mathrm{e}^x-1\right)^2}\mathrm{d}x \tag{3.5.15}$$

其中 $x = \hbar\omega/k_\mathrm{B}T$。对1 mol 物质，上式写为

$$C_V = 4Rf_D\left(\frac{T}{\theta_{\rm D}}\right)^2 \tag{3.5.16}$$

$f_{\rm D}\left(\frac{T}{\theta_{\rm D}}\right)$称为德拜比热函数。由（3.5.16）式，可得低温$(T \ll \theta_{\rm D})$条件下，二维比热为：

$$C_V = \frac{6\xi(3)k_{\rm B}^3 S}{\pi\hbar v_{\rm p}^2}T^2 \tag{3.5.17}$$

这里$\xi(3)=\sum_{n=1}^{\infty}\frac{1}{n^3}$。该式表明：二维晶格低温热容遵从$T^2$定律。温度很高时，有$C_V = 2R$。

3.5.3 非简谐振动对二维二元系统溶解限曲线的影响[16]

对二维二元合金，采用如下的 Bernal 晶格模型[16]。该模型认为 a、b 两原子无规地分布于 Bernal 晶格上，其中一种配置如图 3.5.1 所示。

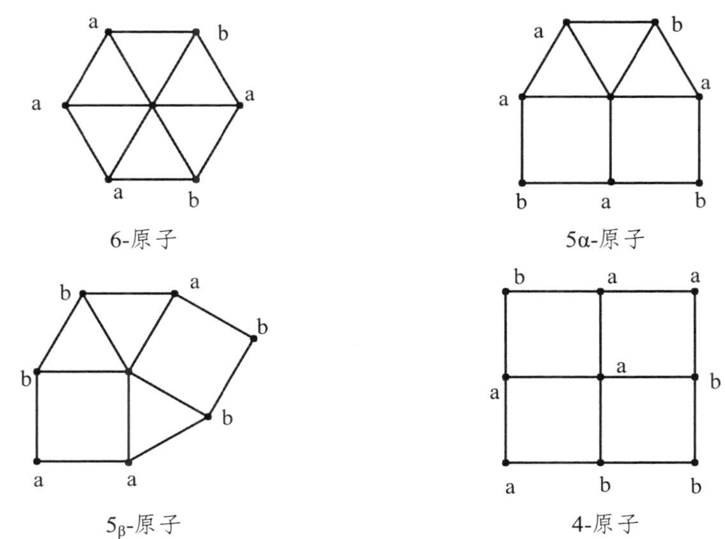

图 3.5.1 原子配置情况

设系统N个原子中，a、b 原子分别有$N_{\rm a}$、$N_{\rm b}$个，a、b 组元中第r组元的第 r-原子数分别为$N_{{\rm a}r}$、$N_{{\rm b}r}\left(r=4,5_\alpha,5_\beta,6\right)$。令$n_{{\rm a}r}=N_{{\rm a}r}/N$，$n_{{\rm b}r}=N_{{\rm b}r}/N$，则$\sum_r(n_{{\rm a}r}+N_{{\rm b}r})=1$。令参数$x$、$y$、$m$、$z$，定义为：

$$
\begin{aligned}
&x = n_{a5\alpha} + n_{\alpha5\beta} + n_{b5\alpha} + n_{b5\beta} \\
&m = (n_{a5\alpha} + n_{b5\alpha}) / x \\
&y = n_{a4} + n_{b4}, z = n_{a} = \sum_{r} n_{ar}
\end{aligned}
\tag{3.5.18}
$$

按此定义，x 表示 N 个原子中，出现 5_α、5_β 原子结构的概率。$x=0$ 对应固相；$x\neq0$，对应液相。y 表征出现 4-原子的概率；m 表示 5_α 与 5_β 两种结构的比例关系。Z 表示 a 原子占原子数的比例，若 a 组元作溶质，b 组元做溶剂，则 Z 可理解为二元合金的溶解度。

由于原子有振动，原子的非简谐振动对溶解度有影响。文献[16]应用二维系统统计理论，通过求出上述系统的自由能，由平衡时自由能极小的条件，求出溶解度 Z 随温度 T 的关系为：

$$
\frac{Z}{1-Z} = A^{x+y} \exp\left\{ \frac{1}{2k_{\mathrm{B}}T} [6-(x+2y)] [\varepsilon_{\mathrm{aa}} - \varepsilon_{\mathrm{bb}} - (1-2z)\varepsilon] \right\}
\tag{3.5.19}
$$

这里 ε 是二元合金中 a、b 两原子平均相互作用能。对 Ti-Cu 合金，$\varepsilon \approx 3.41\ \mathrm{eV}$。经计算得到溶解度 Z 随折合温度 $t = k_{\mathrm{B}}T/\varepsilon$ 的变化如表 3.5.1，而溶解限曲线见图 3.5.2。

表 3.5.1　Ti–Cu 合金溶解度 Z 随温度的变化

Z	0.02	0.04	0.06	0.08	0.10	0.20	0.30	0.40
T/K（静止）	958	1124	1242	1336	1414	1681	1834	1915
T/K（平动）	971	1139	1276	1384	1471	1807	2025	2049
T/K（振动）	953	1126	1266	1380	1511	1771	1947	1877
T/K（实验）	952	1125	1261	1378	1510	1770	1942	1842

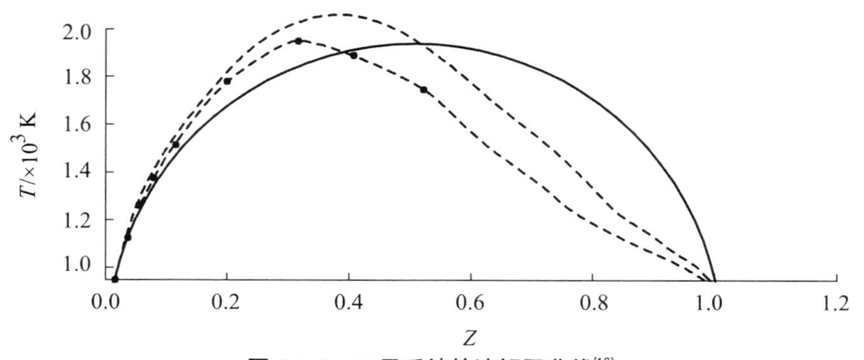

图 3.5.2　二元系统的溶解限曲线[16]

注：实线——不考虑振动；虚线——简谐近似；虚线（带黑点）——非简谐；黑点实验值。

由图 3.5.2 看出：考虑到原子振动后，溶解限曲线不再具有对称性，而且非简谐情况的曲线不对称性比简谐近似更突出，考虑到非简谐振动下的理论值更接近实验值。

3.5.4 二维晶体的定压热膨胀系数和等温压缩系数

对二维系统采用 Colins 模型，按照此模型，固、液、气相的结构如图 3.4.2.。考虑到原子非简谐振动后，可求得状态方程[见式（3.4.14）]。令压强 p 为常数，可得到系统面积 A 与温度 T 等的关系：$A=A(T,p)$，再由定压膨胀系数的定义式 $\alpha_p=(1/A)(\partial A/\partial T)_p$ 和等温压缩系数的定义式 $K_T=(1/A)(\partial A/\partial p)_T$，求得二维系统的 α_p 和 K_T。结果为[17]：当考虑到原子的非简谐振动时：

$$\alpha_p=\frac{1}{T}\left\{\frac{(A/A_0-b'')\ln(1-A_0b''/A)+(A_0/A)a''k_{\mathrm{B}}T^2[Tp(T)+p'(T)]}{2(A_0/A)(\varepsilon/k_{\mathrm{B}}T)(A/A_0-b'')a''-1+2A_0a''p(T)/A}\right\}$$

$$K_T=\frac{A}{Nk_{\mathrm{B}}T}\left\{\frac{(A_0b''/A-1)+A/A_0p(T)a''+k_{\mathrm{B}}A/A_0\varepsilon a''}{2(A_0/A)(\varepsilon/k_{\mathrm{B}}T)(A/A_0-b'')a''-1+2A_0a''p(T)/A}\right\}$$

（3.5.20）

式中：

$$a''=a'(1+\alpha),\quad b''=b'(1+\alpha)^2,\quad a'=-ab'/2,\quad b'=c(x+y)+1$$

$$p(T)=txf(T)-(1-x)tM(T),\quad t=k_{\mathrm{B}}T/\varepsilon,\quad p'(T)=\frac{\mathrm{d}p(T)}{\mathrm{d}T}$$

$$f(T)=\ln\left(\frac{2\pi\mu k_{\mathrm{B}}}{h^2}\right)2\sqrt{3}a^2b'\alpha^2(T)$$

$$M(t)=\frac{1}{3t}\left[\beta+\frac{8\varepsilon_1^2}{\hbar\omega}\left(\frac{\hbar}{2\mu\omega}\right)^3\right]-2\ln\left[\frac{\varepsilon t}{\beta}-\frac{2\varepsilon^2t^2(\beta-\hbar\omega)}{\beta^3}\right]$$

由（3.5.20）式得到对二维 Cu 晶体的定压膨胀系数 α_p 和等温压缩系数 K_T 随温度的变化，结果如图 3.5.3 所示[17]。图中的实线为同时考虑到第一、二非简谐项的结果；而虚线为只涉及第一非简谐项的结果。它表明：α_p 和 K_T 均随温度升高而增大。

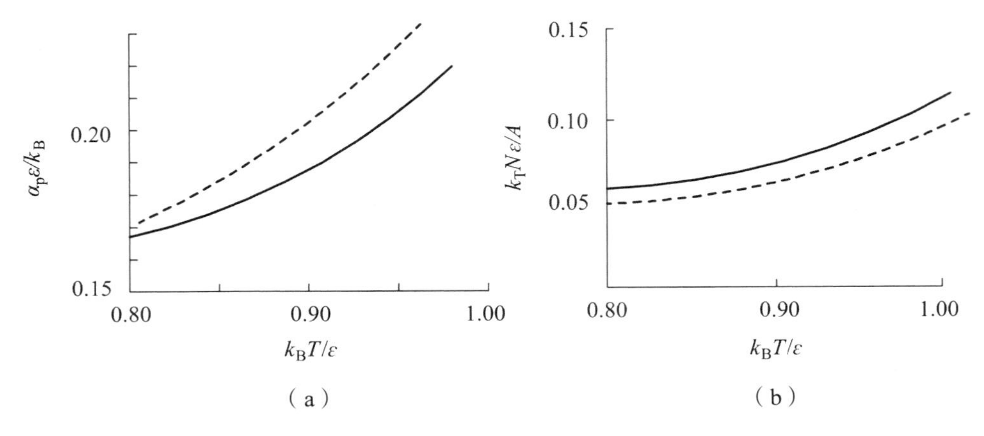

图 3.5.3 二维流体膨胀系数（a）和压缩系数（b）随温度的变化

由图 3.5.3 看出：简谐近似下，α_p 和 K_T 均为 0；考虑到非简谐项后，α_p 和 K_T 均随温度升高而非线性增大，即 α_p 和 K_T 均随温度的变化是非简谐效应的结果。还看出：温度越高，非简谐与简谐近似的结果的差越大，即非简谐效应越显著。

3.6 纳米晶热力学性质的非简谐效应

纳米晶与三维块状晶体的最大不同之处是表面效应，而且颗粒越小，表面效应越突出。它的热力学性质不仅与温度有关，而且与形状和原子数有关。本节将在论述纳米晶物理模型以及简谐系数和非简谐系数的基础上，以纳米金刚石为例，研究纳米晶的德拜温度和格林乃森参量随温度等的变化规律和纳米晶热力学性质的非简谐效应。

3.6.1 纳米晶的物理模型以及简谐系数和非简谐系数

设纳米晶为直角平行六面体型，N_b 个原子处于底面，N_s 个原子处于侧棱，$f = N_s / N_b$ 称为形状因子，立方体形、杆状、扁平状纳米晶的形状因子分别为 $f=1$，$f>1$、$f<1$（见图 3.6.1）。将总原子数 N 写为 $N = fN_b^3/\alpha$，称 α 为微结构参量。三维纳米晶的原子平均配位数 $<k_3>$ 与 N、f 的关系为[18]：

$$k_3(N,f) = \frac{<k_3>}{k(N=\infty)} = 1 - \left(\frac{\alpha}{f}\right)^{2/3} \frac{(2f+1)}{3N^{1/3}} \tag{3.6.1}$$

其中 $k(N=\infty)$ 为块状晶体的原子配位数。令 $d(N,f)$ 表示纳米晶中最邻近原子间的距离，则直角形纳米晶的体积 V 、表面积 A 分别为：

$$V = N\alpha[d(N,f)]^3, A = 6[d(N,f)]^2\alpha_s(N\alpha)^{2/3}Z_s(f) \tag{3.6.2}$$

式中，$\alpha_s = \alpha^{2/3}$ ，$Z_s(f) = \dfrac{2f+1}{3f^{2/3}}$ 为形状函数。上述模型称为 Rectangular Parallelepiped 模型（简称 RP 模型）。

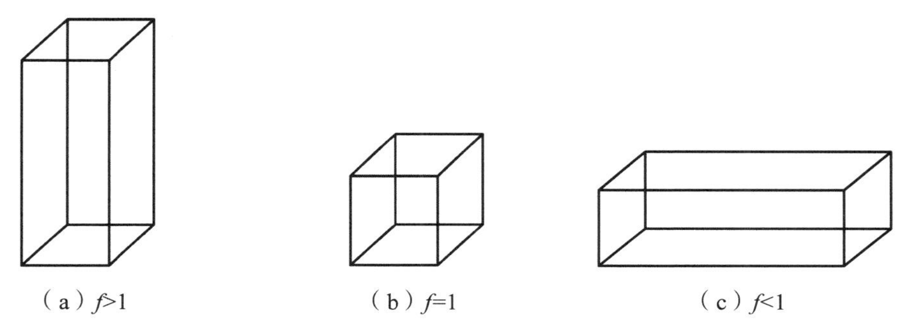

图 3.6.1　几种形状纳米晶的形状因子

对 C、Si、Ge 等以及惰性元素纳米晶，原子相互作用势可写为米-里纳德-金斯势[19]：

$$\varphi(r_{ij}) = \frac{D}{(b-a)}\left[a\left(\frac{r_0}{c+r_{ij}}\right)^b - b\left(\frac{r_0}{c+r_{ij}}\right)^a\right] \tag{3.6.3}$$

式中，D 为势阱深；a、b 为表征硬度和远程作用的参数且 $b>a$；c 为修正参量，通常取为 $c=0$；r_0 为最紧密堆积时两原子间最近的距离，近似等于平衡时近邻两原子间距离。由纳米金刚石的具体结构和式（3.6.3），可求出原子平均相互作用势 $\varphi(r)$ 。将它在平衡位置附近展开，偏离 $\xi = r - r_0$ 很小时，可求出简谐系数 ε_0 和第 1、2 非简谐系数 ε_1 、ε_2 。由纳米晶的具体结构，还求出最近邻原子间的距离 d 与总原子数 N 、形状因子 f 和温度 T 的关系，得到简谐近似下：[18]

$$d_0(N,f,T) = r_0\left\{1+\left[1+\frac{3k_B T}{4Dk_3(N,f)}\right]^{1/2}\right\}^{1/a} \tag{3.6.4}$$

而非简谐振动情况下为：

$$d(N,f,T)=r_0\left\{1+\left[1+\frac{3k_BT}{4Dk_3(N,f)}\right]^{1/2}\right\}^{1/a}\left[1+[\frac{15\varepsilon_1^3}{2\varepsilon_0}-\frac{\varepsilon_2}{\varepsilon_0^2}]k_BT\right] \quad (3.6.5)$$

3.6.2 直角六面体型纳米晶的德拜温度和格林乃森参量

与块状晶体不同，纳米晶的德拜温度θ_D、格林乃森参量γ_G及其随体积的变化率$q=-\left(\frac{\partial\ln\gamma}{\partial\ln V}\right)_T$不仅与温度$T$有关，而且与形状因子$f$和原子数$N$有关。采用晶体德拜模型，简谐近似时，它们的值$\theta_{D0}$、$\gamma_0$、$q=-\left(\frac{\partial\ln\gamma_0}{\partial\ln V}\right)_T$为[19]：

$$\theta_{D0}(N,f,T)=A_{w_0}\zeta_3\left[-1+(1+\frac{8D}{k_BA_{w_0}\zeta_3^2})^{1/2}\right]$$

$$\gamma_0(N,f,T)=\frac{(1+b)\theta_{D0}(N,f,T)}{6\left[\theta_{D0}(N,f,T)+A_{w_0}\zeta_3\right]}$$

$$q_0=\frac{\gamma_0A_{w_0}\zeta_3}{\theta_{D0}}\left[1+\frac{A_{w_0}\zeta_3}{\theta_{D0}+A_{w_0}\zeta_3}\right] \quad (3.6.6)$$

式中，A_{w_0}和ζ_3分别为：

$$A_{w_0}=\frac{5ab(b+1)\hbar^2k_3(N,f)}{144(b-a)k_Bmr_0^2}[\frac{r_0}{d_0(N,f)}]^{b+2} \qquad \varsigma=\frac{9}{k_3(N=\infty)}$$

式中：m是原子的质量。考虑到原子作非简谐振动时，纳米晶的θ、γ和q为：

$$\theta_D(N,f,T)=\left[1+\left(\frac{15\varepsilon_1^2}{2\varepsilon_0^3}-\frac{2\varepsilon_2}{\varepsilon_0^2}\right)k_BT\right]\theta_{D0}(N,f,T)$$

$$\gamma(N,f,T)=\left[1+\left(\frac{15\varepsilon_1^2}{2\varepsilon_0^3}-\frac{2\varepsilon_2}{\varepsilon_0^2}\right)k_BT\right]\gamma_0(N,f,T)$$

$$q(N,f,T)=\frac{\gamma A_W\zeta_3}{\theta_D}\left[1+\frac{A_W\zeta_3}{\theta_D+A_W\zeta_3}\right] \quad (3.6.7)$$

A_W与最近邻原子间距离$d(N,f)$的关系为：

$$A_w = \frac{5ab(b+1)\hbar^2 k_3(N,f)}{144(b-a)k_B m r_0^2}[\frac{r_0}{d(N,f)}]^{b+2}$$

3.6.3 直角六面体型纳米晶的热膨胀系数

下面采用晶体德拜模型，研究纳米晶的热膨胀系数和定容热容量以及热导率随原子数和形状的变化规律。

由式（3.6.6）、式（3.6.7），得到定压热膨胀系数 $\alpha_p = (3/d)(\partial d/\partial T)_p$，结果是[20]，简谐近似下为

$$\alpha_{p0} = \frac{3k_B}{8d_0 Dk_3(N,f)}\left[1-\frac{3k_B T}{4Dk_3(N,f)}\right]^{-1/2}\left\{1+\left[1-\frac{3k_B T}{4Dk_3(N,f)}\right]^{1/2}\right\}^{-1} \quad (3.6.8)$$

而非简谐情况下为：

$$\alpha_p \approx \left[1+\left(\frac{15\varepsilon_1^2}{2\varepsilon_0^3}-\frac{2\varepsilon_2}{\varepsilon_0^2}\right)k_B T\right]\alpha_{p0}(T) \quad (3.6.9)$$

文献[19]给出金刚石的 $a=2.21$，$b=3.79$，$D=3.68$ eV，$r_0=0.1545$ nm。由金刚石结构得到结构参量 $\alpha=1.54$。一个 C 原子的质量 $m=1.993\times10^{-26}$ kg，而 $k_3(N=\infty)=4$，计算得到 $\varepsilon_0=8.2974$ J · m^{-2}，$\varepsilon_1=-7.3606\times10^{10}$ J · m^{-3}，$\varepsilon_2=8.5327\times10^{20}$ J · m^{-4}。由式（3.6.8）、（3.6.9）得到纳米金刚石的热膨胀系数随原子数和温度的变化曲线如图 3.6.2 所示。图中的实线和虚线分别是简谐近似和非简谐振动的结果。

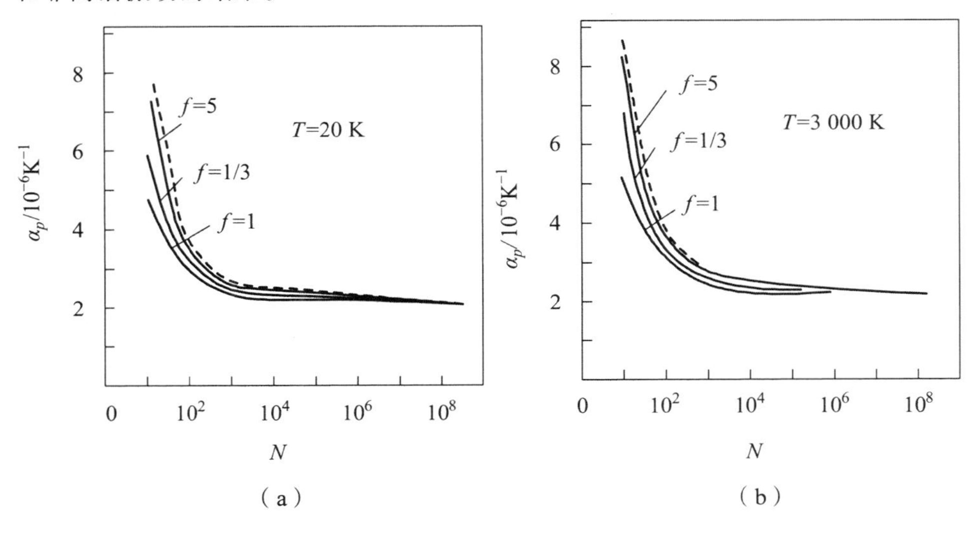

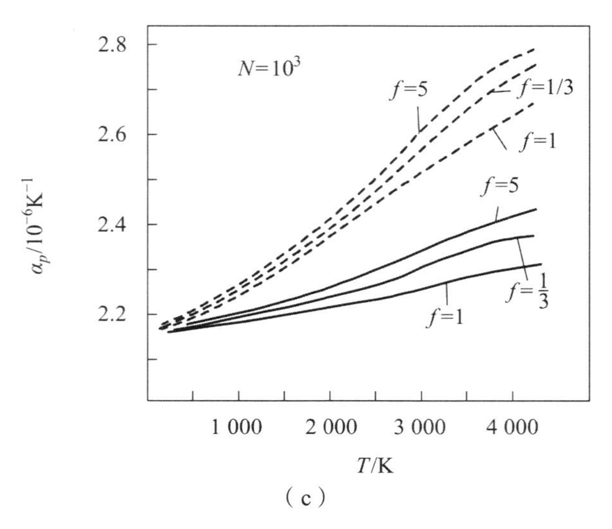

（c）

图 3.6.2　纳米金刚石热膨胀系数随原子数（a）（b）和温度（c）的变化

由图 3.6.2 看出：纳米金刚石的热膨胀系数随原子数的增大而减小，原子数较小（$N<10^3$）时，变化很快；而原子数 $N>10^3$ 后，则变化很慢。三种形状中，以立方状的值为最小，而杆状的值为最大。当原子数 $N<10^3$ 时，三种形状的值的差异较大；而 $N>10^4$ 后，形状的影响随着原子数的增多而消失。非简谐情况的热膨胀系数要大于简谐近似的值，且原子数越少，两者的差异越大，非简谐效应越显著；热膨胀系数随温度升高而增大，且变化较快。还看出，考虑非简谐振动后，其理论计算与文献[21]给出的实验值（1.5×10^{-6}~$4.8\times10^{-6}\,\mathrm{K}^{-1}$）更接近。热膨胀系数随原子数增大而减小的现象，是因为原子数少，纳米晶的线度就小，表面效应就显著，而表面的热膨胀系数要大于体内的值。

3.6.4　直角六面体型纳米晶的定容热容量以及热导率

文献[16]给出固体定容热容量与温度的关系式。简谐近似下纳米晶的定容热容量为：

$$c_0 = 3Nk_{\mathrm{B}}\left(\frac{3\theta_{\mathrm{D0}}}{5T}\right)^2 \frac{\mathrm{e}^{3\theta_{\mathrm{D0}}/5T}}{\left[\mathrm{e}^{3\theta_{\mathrm{D0}}/5T}-1\right]^2} \tag{3.6.10}$$

而非简谐情况为：

$$c = 3\mathrm{N}k_{\mathrm{B}}\left(\frac{3\theta_{\mathrm{D}}}{5T}\right)^2 \frac{\mathrm{e}^{3\theta_{\mathrm{D}}/5T}}{\left[\mathrm{e}^{3\theta_{\mathrm{D}}/5T}-1\right]^2} \tag{3.6.11}$$

热导率 K 为电子热导率 K_e 和声子热导率 K_p 之和。对纳米晶，电子的贡献因远小于声子的贡献可忽略，因此 $K=K_p$ 。按照固体理论，K_p 与热容量 c 、声子平均速率 u 和平均自由程 l 的关系为[22]

$$K_p=\frac{1}{3}cul \tag{3.6.12}$$

而声子平均速率 u、自由程 l 与德拜温度 θ_D 的关系为：

$$u=\frac{k_B\theta_D}{\hbar(6\pi^2 n)^{1/3}},\quad l=\lambda_0 e^{\theta_D/T} \tag{3.6.13}$$

其中 n 为单位体积原子数，由（3.6.2）式有：$n=\alpha^{-1}d(N,f)^{-3}$ 。λ_0 为声子平均自由程。将（3.6.13）、（3.6.11）代入（3.6.12）式，得到简谐近似的热导率为：

$$K_0(N,f,T)=\frac{9k_B^2\lambda_0}{25\hbar(6\pi^2\alpha^2)^{1/3}T^2}\frac{[\theta_{D0}(N,f,T)]^3}{[C_0(N,f,T)]^2}\frac{e^{8\theta_{D0}/5T}}{\left[e^{3\theta_{D0}/5T}-1\right]^2} \tag{3.6.14}$$

而非简谐情况的热导率为：

$$K(N,f,T)=\frac{9k_B^2\lambda_0}{25\hbar(6\pi^2\alpha^2)^{1/3}T^2}\frac{[\theta_D(N,f,T)]^3}{[C(N,f,T)]^2}\frac{e^{8\theta_D/5T}}{\left[e^{3\theta_D/5T}-1\right]^2} \tag{3.6.15}$$

图 3.6.3（a）、（b）分别给出由（3.6.10）、（3.6.11）式得到不同形状的纳米金刚石在温度为 $T=300$ K 时和原子数 $N=1000$ 时立方形纳米晶的定容热容量随温度的变化。图中的实线为简谐近似，而虚线为非简谐情况。

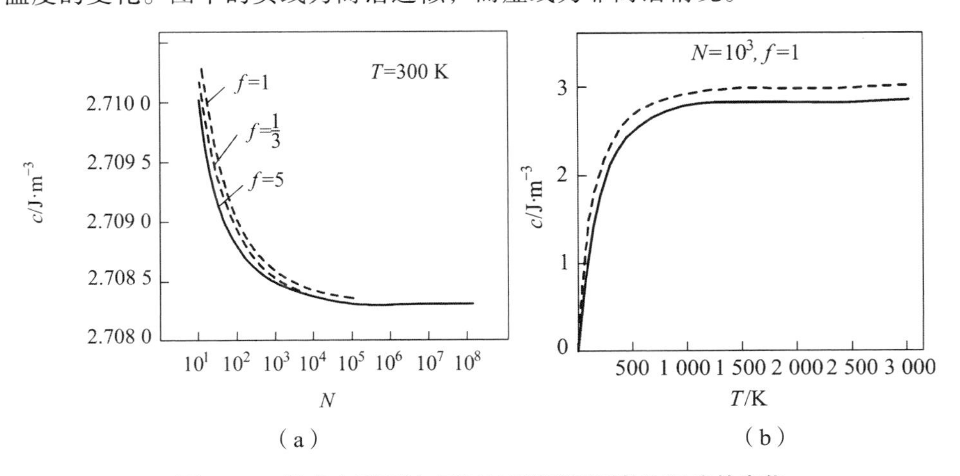

图 3.6.3 纳米金刚石的定容热容量随原子数和温度的变化

由图 3.6.3 看出：（1）非简谐情况的热容量要大于简谐近似的值，温度越高，原子数越少，两者的差异越大。（2）定容热容量随原子数的增多而减小，其中，原子数很少（少于 1000）时，变化很快，三种形状的值差异较大；而原子数较大时，情况相反。当原子数很大（$N>10^6$），形状引起的差异趋于零。（3）温度较低时，定容热容量随温度升高而增大且变化较快，温度较高时变化很小。

文献[19]给出 $\lambda_0 = 4\,\text{nm}$，将有关数据代入式（3.6.14）、（3.6.15），得到的纳米金刚石在两种不同温度下的热导率随原子数的变化如图 3.6.4（a）和（b），而图 3.6.4（c）是原子数 $N=10^3$ 时热导率随温度的变化。图中虚线为简谐近似，实线为非简谐的结果。

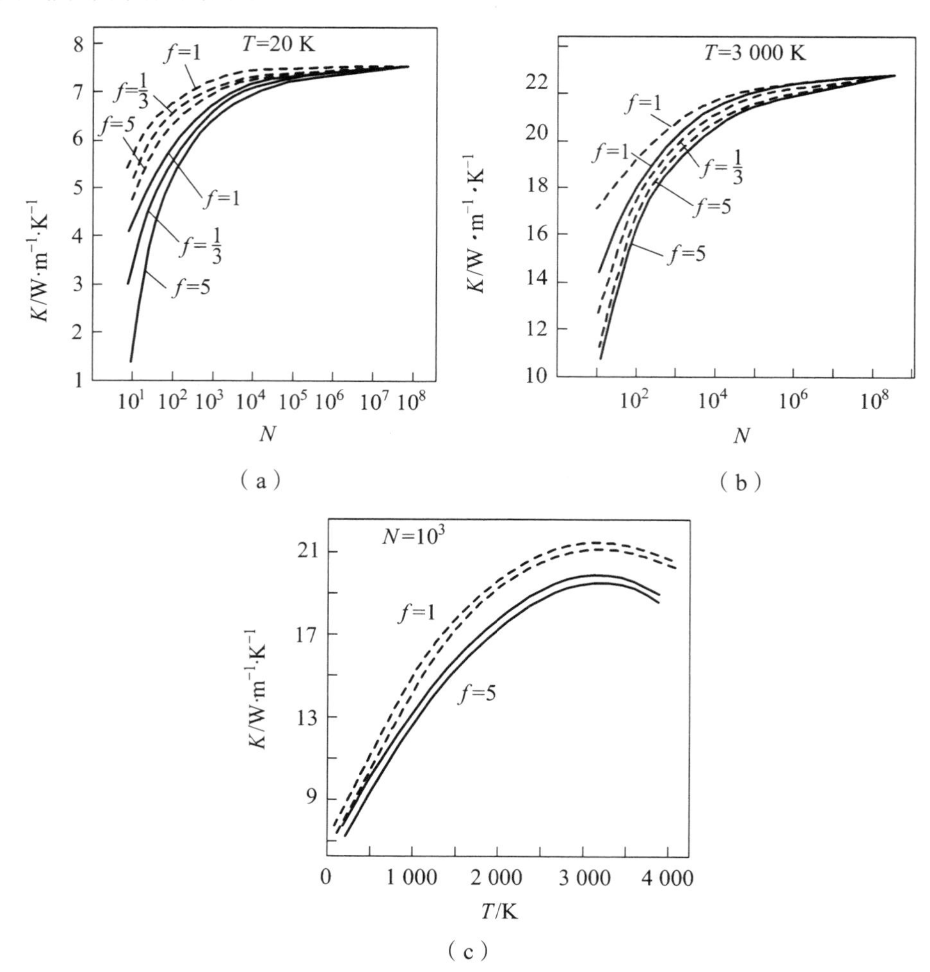

图 3.6.4　纳米金刚石热传导率随原子数和温度的变化

由图 3.6.4 看出：纳米金刚石的热导率随原子数的增大而增大，原子数较小（$N<10^5$）时变化较快，而原子数较大时则相反。当 N 很大时则趋于块体的值：相同温度和原子数情况下，纳米晶的热导率以立方状为最大，杆状为最小。三种形状纳米晶的热导率的差异随着原子数的增多而减小：温度不太高（如 $T<3000\ \text{K}$）时，纳米晶热导率随温度升高而增大；而温度高于 3000 K 时，则反而减小，但变化缓慢。例如：$N=10^3$ 的立方形纳米金刚石，温度由 20 K 变为 120 K 时，热导率每摄氏度增大 $3.32\times10^{-2}\%$；而温度由 3000 K 变为 4300 K 时，热导率每摄氏度减小 $4.46\times10^{-4}\%$。纳米晶热导率随温度的这种变化趋势与文献[23]的结果类似，数量级与文献[24]相同。（4）非简谐情况的热导率的值小于简谐近似的值，且原子数越小，温度越高，两者的差异越大。例如：对 $N=10^3$ 的纳米晶，温度 $T=20\ \text{K}$ 时，简谐和非简谐热导率的差值分别为：0.28%（立方）、0.37%（杆状）、0.38%（扁平状）；温度 $T=3000\ \text{K}$ 时，两者的差值分别为：12.19%（立方）、9.91%（杆状）。而对 $N=10^5$ 的纳米晶在 $T=3000\ \text{K}$ 时，两者的差为 8.93%（立方）、9.84%（杆状）。

上述现象出现的原因在于：晶体的传热机制是声子。简谐近似下，不考虑声子与声子之间相互作用，声子与声子之间无散射，几乎无热阻，热导率较大；而考虑了晶格的非简谐振动后，声子与声子之间发生散射产生热阻，从而导致热导率降低，因此，在相同温度、形状和原子数情况下，非简谐情况的热导率值总小于简谐近似的值。温度越高，散射现象越显著，热阻增大，导致热导率更降低，简谐和非简谐的值的差异加大。

3.6.5 直角六面体型纳米晶的表面能

文献[25]给出直角六面体型纳米晶的表面能 σ 为：

$$\sigma(N,V,T)=-\frac{K_3(N=\infty)}{12l^3\alpha_s}\left\{DU(R)+3k_B\frac{\theta}{K^*{}_3(N,f)}E(\frac{\theta}{T})\left[\frac{\theta_0}{\theta_0+A^1\xi_0}\right]\partial(\frac{T}{\theta_0})\right\} \tag{3.6.16}$$

这里

$$E(\frac{\theta}{T})=0.5+\frac{1}{e^{\theta/T}-1}$$

$$\partial(\frac{T}{\theta_0})=1-\frac{T}{\theta_0}\frac{d\ln S(T/\theta_0)}{d(T/\theta_0)}$$

对直角六面体型 Ar 纳米晶进行计算，得到它的表面能随粒子数的变化如图 3.6.5 所示。

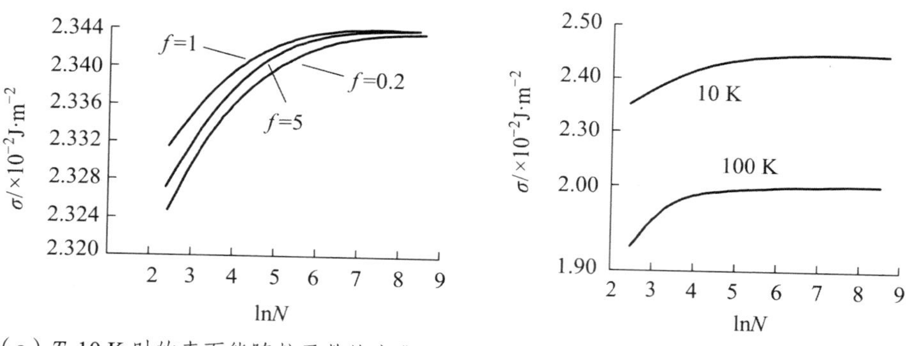

（a）T=10 K 时的表面能随粒子数的变化　（b）f=1 情况下的表面能随粒子数的变化

图 3.6.5　Ar 纳米晶的表面能随粒子数的变化

由图 3.6.5 可以看出：给定形状因子情况下，晶粒表面能随粒子数增加而增大；当粒子数 N 较少（例如 N<1000，即 ln$N$<6.9）时，表面能随粒子数增加而较快地增大；而粒子数较多时（如 N> 1000），表面能变化十分缓慢，几乎为常数。还可看出：在相同温度和相同粒子数情况下，在各种形状的纳米晶中，立方体形（即 f=1）的纳米晶其表面能要大于针状（f> 1）或扁平状（f<1）的纳米晶的相应值。

3.6.6　非简谐振动对球状纳米晶表面能的影响

对半径为 R 的球状纳米晶，表面能 σ 为表面生成能 σ_0、电子对表面能的贡献 σ_e、原子振动对表面能的贡献 σ_p 之和，即

$$\sigma=\sigma_0+\sigma_e+\sigma_p \tag{3.6.17}$$

其中，表面生成能 σ_0 是指形成单位面积表面，割断原子键所需能量，为[26]：

$$\sigma_0=\frac{k_3(N=\infty)}{2a^2}[1-(\frac{\alpha_3}{f})^{2/3}\frac{(2f+1)}{3N^{1/3}}]^2\phi(r_0) \tag{3.6.18}$$

式中：a 为晶格常数，$\phi(r_0)$ 为一个原子平均相互作用能。

电子对表面能的贡献 σ_e 为：

$$\sigma_e=-\frac{3n_s\hbar^2}{2m}[(\frac{k_F^2}{4}+\frac{x^2}{2}+\frac{x^4}{4k_F^2})\arctan\frac{k_F}{x}-\frac{5}{12}xk_F-\frac{x^3}{4k_F}-\frac{\pi}{16}k_F^2] \tag{3.6.19}$$

其中，n_s 为单位面积上的价电子数，x 是由实验确定的参数，通常取 $x = 2.5k_F$；k_F 为电子费米波矢。

原子振动对表面能的贡献 σ_p 为：

$$\sigma_p = -\frac{3}{32}k_B T K_D [1 - \ln(\frac{\hbar c K_D}{k_B T})] - \frac{k_B T K_D}{18\pi^2 R}[1 - 3\ln(\frac{\hbar c K_D}{k_B T})] \quad (3.6.20)$$

式中 K_D 为球状纳米晶的德拜波矢，与块状晶体的德拜波矢 $K_{D0} = (6\pi^2/\Omega)^{1/2}$ 的关系为：

$$K_D = K_{D0}[1 + (\frac{5\varepsilon_1^2}{\varepsilon_0^3} - \frac{3\varepsilon_2}{\varepsilon_0^2})k_B T]$$

因原子的非简谐振动，使（3.6.20）式中的球状纳米晶的半径 R 与温度有关：

$$\mathrm{R(T)} = R(1 + \frac{<\mu^2(\mathrm{T})>^{1/2}}{a}) \quad (3.6.21)$$

$$<\mu^2(T)> = [\frac{\varepsilon_0^2 - 15\varepsilon_2 k_B T - 16\varepsilon_1(\pi\varepsilon_0 k_B T)^{1/2}}{\varepsilon_0^3 - 3\varepsilon_0\varepsilon_2 k_B T - 2\varepsilon_1(\pi\varepsilon_0^3 k_B T)^{1/2}}]k_B T$$

对球形 Al 纳米晶进行计算，各参量取值为：$n_s = 1.2193\times10^{19}\ \mathrm{m}^{-2}$，$k_F = 1.7487\times10^{10}\ \mathrm{m}^{-1}$，$k_3(N=\infty) = 12$，由（3.6.17）式得到不同温度下的球状 Al 纳米晶表面能随粒子数的变化如图 3.6.6 所示。图中曲线 B、C 分别是温度为 800 K、500 K 时，考虑到原子非简谐振动项的结果，而曲线 D、E 分别是温度为 800 K、500 K 时，简谐近似的结果。

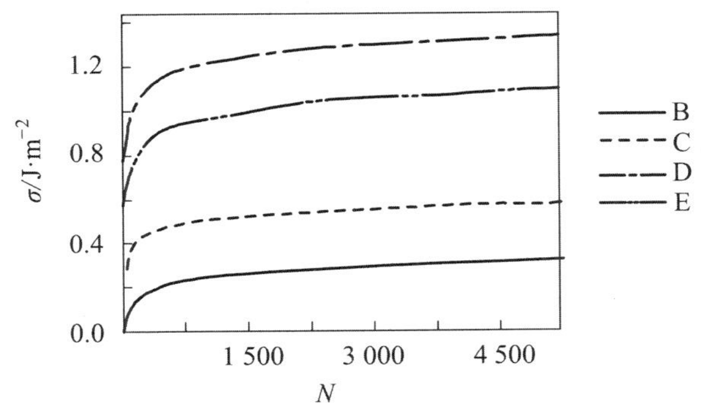

图 3.6.6 球状纳米晶表面能随粒子数的变化

由式（3.6.17）得到不同粒子数情况下球状纳米晶表面能随温度的变化如图 3.6.7 所示。图中，曲线 B、C 分别是粒子数为 $N=1000$ 和 $N=4000$ 时，简谐近似的结果；而曲线 D、E 分别为 $N=1000$ 和 $N=4000$ 时，考虑到原子非简谐振动项的结果。

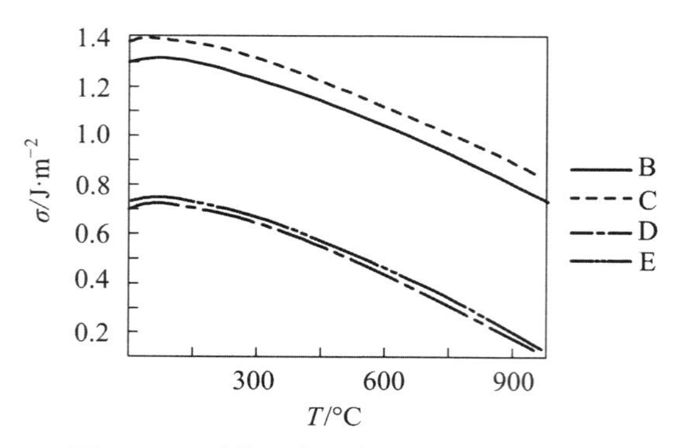

图 3.6.7 球状纳米晶表面能随温度的变化

由图 3.6.6 和图 3.6.7 看出：（1）球状 Al 纳米晶表面能随粒子数增多而增大，其中，粒子数较少（$N<500$）时变化较快，而粒子数较多（$N>500$）时，则随着粒子数增多而趋于常量，即：粒径越小，线度效应越显著。（2）纳米晶表面能随温度的升高而减小。（3）在相同温度和粒子数情况下，非简谐情况的纳米晶表面能小于简谐近似的相应值，即非简谐效应使纳米晶表面能减小，而且温度越高、粒径越小，非简谐效应越显著。

3.7 非简谐效应理论的其他应用

前面几节论述了非简谐效应理论在研究晶体热学性质上的一些应用，本节论述它在光学等方面的一些应用，着重论述强激光作用下材料的非简谐效应和光学微腔光子激子系统玻色凝聚现象中温度的影响。

3.7.1 激光辐照金属板材的物理模型

强激光、强脉冲粒子束（IPIB）等高能粒子束辐照金属表面，是金属表面改性技术的重要方面。激光辐照下金属板材的升温和升温率以及金属表面附近的温度分布等，是应用中最感兴趣的一些重要问题。为了做较深入的研究，可用前面论述的非简谐效应理论去分析探讨。

设金属板材质量密度为ρ、定容热容量为C_V、热导率为K，为矩形平板，厚度L。激光垂直板面入射，板材表面均匀受热，单位时间由单位表面面积输入的热量为F，辐照前温度为T_0，选取激光辐照方向为OZ方向。激光辐照金属板材可用图3.7.1示意。

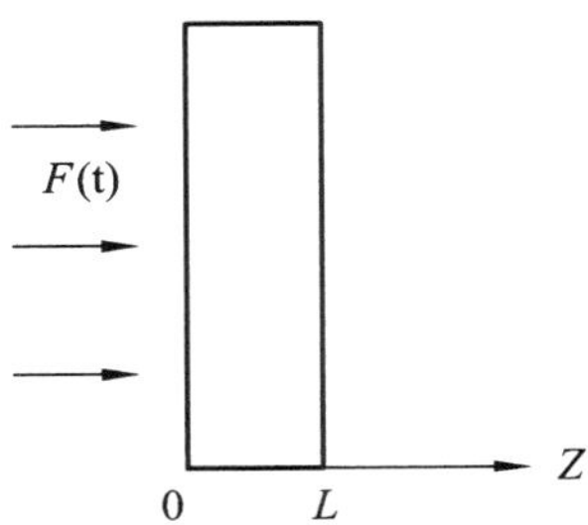

图3.7.1 激光辐照板材示意图

在激光辐照下，金属板材中的原子振动会加剧，产生大量的声子，改变电子的分布并产生热效应。由于电子-声子作用时间短（30~100 fs），因此，材料的热效应主要来源于声子和光子的作用。在激光照射下，材料中的温度T将随时间而变。设板材的厚度L远小于板材宽度、长度，则温度将满足如下热传导方程：

$$\begin{aligned}&\frac{\partial T}{\partial t}=a\frac{\partial^2 T}{\partial Z^2}\qquad(0<Z<L,t>0)\\&-k\left.\frac{\partial T}{\partial Z}\right|_{Z=0}=F(t)\\&-k\left.\frac{\partial T}{\partial Z}\right|_{Z=L}=0,T\big|_{t=0}=T_0\end{aligned}\tag{3.7.1}$$

式中：$a=k/\rho C_V$，称为热扩散率。

简谐近似下，质量密度ρ、热导率K、定容热容量C_V可视为常数。板材中的原子实际上是做非简谐振动，使它们与温度有关。其中质量密度随温度变化较大，可把K、C_V视为常数。于是热扩散率可写为

$$a(T)=\frac{K}{\rho C_V}\left(1+\alpha_V T\right)\tag{3.7.2}$$

其中体膨胀系数α_V与温度T的关系由（3.3.12）式表示，即

$$\alpha_V\left(T\right)=-\frac{9\varepsilon_1 k_{\rm B}}{r_0\varepsilon_0^2}\left[1+\frac{6\varepsilon_2 k_{\rm B}T}{\varepsilon_0^2}+\frac{27\varepsilon_2^2 k_{\rm B}^2}{\varepsilon_0^4}T^2\right]\tag{3.7.3}$$

式中：ε_0、ε_1、ε_2 分别为简谐系数和第一、二非简谐系数；r_0 为原子间最近的距离。

3.7.2　激光辐照下金属板材的温度分布和升温率

3.7.2.1　金属板材的能量吸收速率

单位时间单位面积金属表面吸收的能量称为能量吸收速率，记为 U。从微观角度看，金属板材吸收能量的过程，实际是光与金属离子相互作用，使体系由一个量子态变为另一量子态。由激光与金属离子相互作用哈密顿，求出量子跃迁速率，再由能量吸收速率的定义对温度 T 进行统计平均，引入光强分布函数 $I(\omega)$ 的概念。令 c 为光速，μ_0 为真空磁导率，q 为离子带电量，Ω 和 M 为金属板材原胞体积和原子质量，ω 为激光频率，可得能量吸收速率与温度的关系为[27]：

$$U = \frac{\mu_0 c q^2}{48\pi^2 \Omega M} I(\omega)\left[1 + \coth\left(\frac{\hbar\omega}{2k_B T}\right)\right] \tag{3.7.4}$$

（3.7.4）式表明：能量吸收速率与激光强度、材料结构、组成材料的性质以及温度等均有关。

3.7.2.2　稳定激光辐照情况

对激光稳定辐照情况，$F(t) = F_0$。将（3.7.2）式代入（3.7.1）式，在零级近似下求解，可得金属板材中温度 T 随时间 t 和位置 Z 的变化为[27]：

$$\begin{aligned} T(z,t) = T_0 + \frac{F_0 a(t)}{kL}t + \frac{F_0 L}{K}\left\{\frac{3(L-Z)^2 - L^2}{6L^2}\right. \\ \left. - \frac{2}{\pi^2}\sum_{n=1}^{\infty}\frac{(-1)^n}{n^2}\exp\left(-\frac{n^2 a(T)\pi^2}{L^2}t\right)\cos\frac{n\pi(L-Z)}{L}\right\} \end{aligned} \tag{3.7.5}$$

将（3.7.5）式对时间求导数，得到材料的温升率 $\partial T/\partial t$ 随时间和位置的变化为：

$$\frac{\mathrm{d}T}{\mathrm{d}t} = \frac{F_0 L}{KL}\left\{1 + 2\sum_{n=1}^{\infty}(-1)^n \exp\left[-\frac{a(T)n^2\pi^2}{L^2}t\right]\cos\frac{n\pi(L-Z)}{L}\right\} \tag{3.7.6}$$

其中F_0与材料的能量吸收率U的关系可这样考虑：激光辐照板材时，往往无其他能量损失，而且辐照过程中，只能透入很薄一层导体，并在表面附近厚度为δ的一薄层内发生吸收，因而$F_0 = U\delta$。将（3.7.4）式的U代入，注意到温度不太高时，$\coth(\hbar\omega/2k_B T) \approx 1$，由此得到

$$F_0 \approx \frac{M_0 c q^2}{2\pi^2 \Omega M} I(\omega)\delta \tag{3.7.7}$$

将式（3.7.7）代入式（3.7.5）和（3.7.6），就得到稳定激光辐照下金属板材温度分布和温升率与材料性质、激光强度、辐照时间、位置等的变化关系。

3.7.2.3　脉冲激光辐照情况

设激光不是持续辐照，而是矩形脉冲，即

$$F(t) = \begin{cases} F_0 & 0 < t < t_p \\ 0 & t > t_p \end{cases} \tag{3.7.8}$$

其他条件不变。t_p称为脉冲时间，则在矩形脉冲内，温度分布和温升率与（3.7.5）和（3.7.6）式相同。而脉冲辐照停止后，就为（3.7.5）和（3.7.6）式中取$F_0 = 0$的结果[28]。

3.7.3　激光辐照金属板材非简谐效应

文献[2]给出Al、Cu、Fe等金属的质量密度ρ、定容热容量C_V、热导率K、晶格常数 a 等数据，由此数据并结合晶体结构求出原胞体积Ω，其数据见表3.7.1。由原子相互作用势，求得原子振动的简谐系数和第一、二非简谐系数ε_0、ε_1、ε_2的值也列于表3.7.1。

取初温$T_0 = 300$ K、板材厚度L=5 mm、激光功率为200 W、光源为Nd.YAG激光，波长$\lambda = 1.06$ μm，而$\delta = 4.919 \times 10^{-9}$ m。将上述数据代入式（3.7.5）~（3.7.6），就可得到稳定激光辐照或脉冲激光辐照情况金属材料温度分布和温升率随辐照时间、位置的变化情况。

对Al、Fe材料进行计算，得到稳定激光辐照下板材的温度和升温率随激光辐照时间t的变化如图3.7.2所示[27]。图中黑点•是Al的实验值，而黑三角形▲是Fe的实验值[29]。图中未列出简谐近似的结果，而只是同时考虑到第一、二非简谐项的结果。

表 3.7.1 几种金属材料的有关数据

材　料	Cu	Al	Fe
$\rho/10^3\,\mathrm{kg\cdot m^{-3}}$	8.9	2.7	7.8
$C_V/\mathrm{J\cdot kg^{-1}\cdot k^{-1}}$	385	900	
$K/\bar{W}\,\mathrm{J\cdot cm^{-1}\cdot k^{-1}}$	4.01	237	
$\Omega/10^{-29}\,\mathrm{m^3}$	1.0173	1.650	
$\varepsilon_0/10^2\ \mathrm{J\cdot cm^{-2}}$	1.2767		2.36
$\varepsilon_1/10^{12}\ \mathrm{J\cdot cm^{-3}}$	−2.080		−1.768
$\varepsilon_2/10^{22}\ \mathrm{J\cdot cm^{-4}}$	9.240		1.562

由图 3.7.2 看出：① 激光辐照金属时，表面温度均随时间增长而升高，Al 要比 Fe 的升高情况更快；② 辐照时间较短（<0.55 s）时，Al 和 Fe 的升温率均随时间增长而迅速增大，但辐照时间较长时，则趋于常量；③ 考虑到非简谐项后，Al 板材的理论值与实验值符合较好，而 Fe 的值符合度稍差，但变化趋势与实验类似，而简谐近似下的结果则与实验值误差较大。

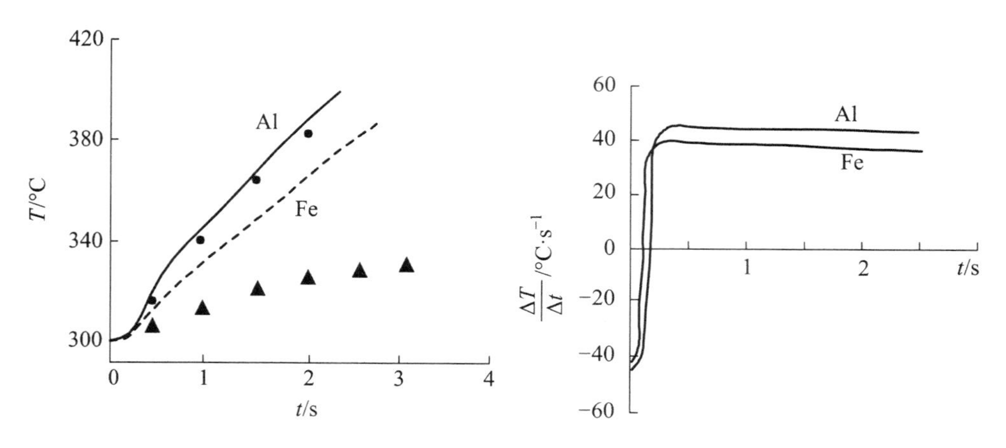

图 3.7.2 金属板材的温度和温升率随辐照时间的变化

设脉冲时间 $t_p = 100$ ns，对 Cu 材料进行计算，由（3.7.7）和（3.7.8）式，得到脉冲辐照 Cu 材料在离表面深度为 $x = 5\times10^{-6}$ m、$x = 15\times10^{-6}$ m 处的温度随辐照时间 t 的变化如图 3.7.3。其中，虚线是考虑到第一、二非简谐项的结果，实线是简谐近似的结果。

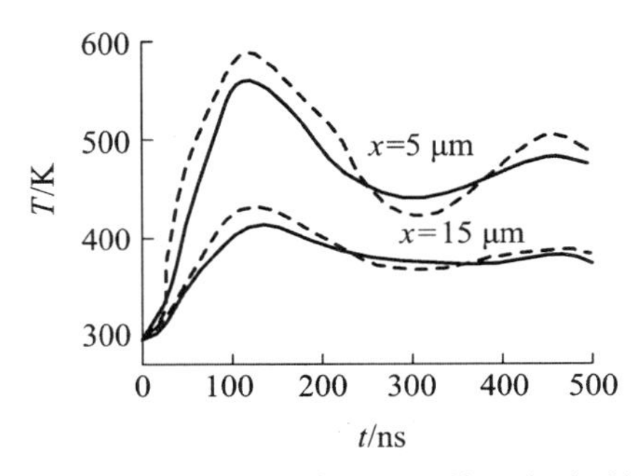

图 3.7.3 脉冲辐照下 Cu 表面附近的温度随时间的变化

由图 3.7.3 看出：辐照开始时，表面附近的温度迅速上升，直至脉冲结束，热源停止供给热量。但因热传导，使表面附近的热量通过导热向内部传热，因而内部并未停止升温。随着热源停止供热，表面附近的应力状况发生变化，产生拉伸引力波并带走一部分热量，使表面附近温度降低，之后，温度上升至最高值后开始降温。这种变化情况表面处（如 $x=5\times10^{-6}$ m 处）比内部（$x=15\times10^{-6}$ m）更明显。图中还表明：考虑到非简谐振动项后的结果（图中虚线）要比不考虑时的结果（实线），温度随时间变化更剧烈。

图 3.7.4 给出脉冲辐照下 Cu 材料的温度随位置的变化，由图看出：不同位置在不同时刻的温度不同。

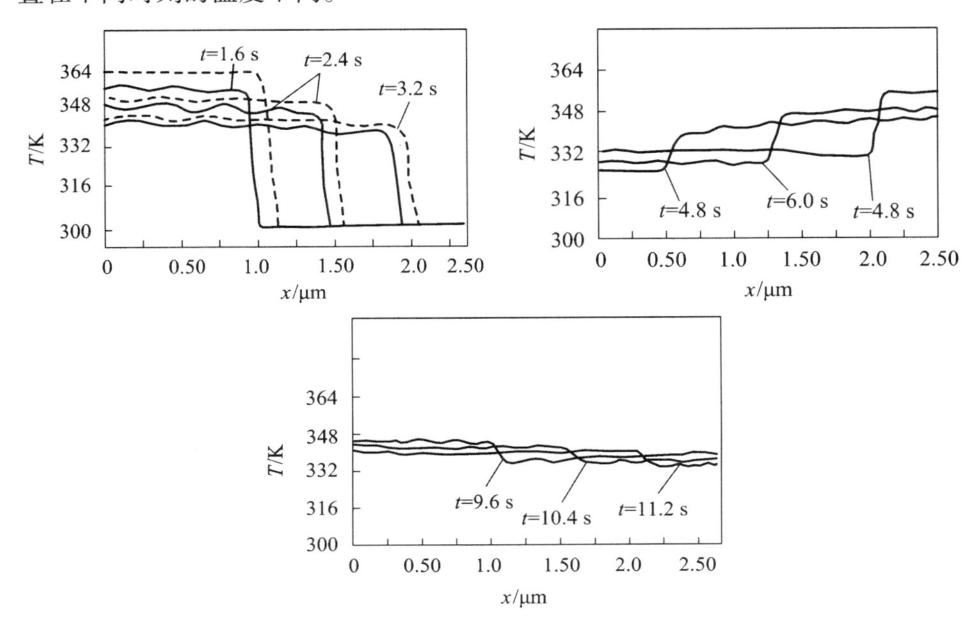

图 3.7.4 脉冲辐照下 Cu 材料的温度随位置的变化[27]

3.7.4 温度对光学微腔光子激子系统玻色凝聚的影响

自 1924 年预言玻色-爱因斯坦凝聚现象以来，如何在实验室中实现并观察该现象是一个重要问题。20 世纪 80 年代以来，激光冷却，磁光陷阱，蒸发冷却技术的突破性进展，为实现玻色凝聚创造了条件，并于 1995 年实现了碱金属蒸汽的玻色凝聚[30]。2007 年文献[31]对 GaAs 光学微腔的光子激子系统的玻色凝聚进行实验研究，表明温度低于 $T_c = 9.7\ \mathrm{K}$ 时，微腔中会发生玻色凝聚。此后不少文献对此现象的热容量等性质进行了一些研究，但未研究玻色凝聚时粒子数的变化规律和温度的影响。探讨温度等对光子激子系统玻色凝聚的影响不仅对丰富和完善微腔量子电动力学有重要的理论意义，而且对研制无感应极化声子激光器等有重要的应用价值。为此，我们于 2010 年应用非简谐振动理论对此问题进行研究[32]。

3.7.4.1 物理模型

如图 3.7.5（a）所示，样品在激光和探针的作用下形成如图中（b）和（c）所示的宽度 L 为常数和宽度 L 可变的光学微腔。取坐标系如图，在激光和探针施以力的作用下，微腔中形成垂直于 z 轴方向的量子阱，微腔中的光子和激子系统在能量极小时，光子和激子处于位相相反的玻色凝聚态，其中光子状态为 $\varphi(r)$，激子状态为 $\chi(r)$。

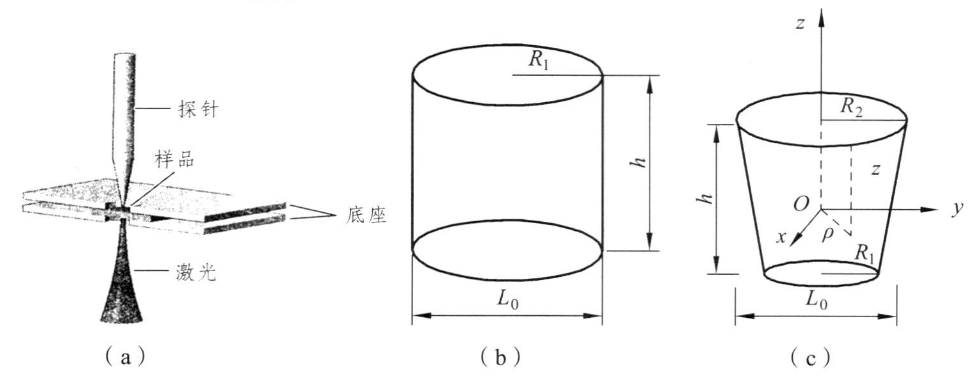

图 3.7.5 光学微腔示意图

系统哈密顿为光子哈密顿 $\hat{H}_{\mathrm{ph}}$、激子哈密顿 $\hat{H}_{\mathrm{ex}}$、激子和光子交换相互作用哈密顿 $\hat{H}_{\mathrm{in}}$、激子密度非均匀性和激子的化学势 μ 产生的附加能量 $\hat{H}_{\mu g}$ 之和，即

$$\hat{H} = \hat{H}_{\mathrm{ph}} + \hat{H}_{\mathrm{ex}} + \hat{H}_{\mathrm{in}} + \hat{H}_{\mu g} \tag{3.7.9}$$

它们分别为[32]：

$$\hat{H}_{ph}=\frac{c\hbar\pi}{L(r)}-\frac{\hbar^2}{2}\nabla_2\frac{1}{m_{ph}}\nabla_2 \qquad \hat{H}_{in}=\hbar\Omega$$

$$\hat{H}_{ex}=-\frac{\hbar^2}{2m_{ex}}\nabla^2+V(r)+E_0 \qquad \hat{H}_{\mu g}=\frac{1}{2}g|\chi|^2-\mu$$

其中：m_{ph} 是光子有效质量，它与宽度 L 的关系为 $m_{ph}=\pi\hbar/cL(r)$；$\hbar\Omega$ 是极化声子裂变能；∇_2 是垂直于 z 轴的平面内运动的梯度算符，E_0、$V(r)$ 为激子的静止能、势能；m_{ex} 为激子的有效质量；μ 为激子的化学势，平衡态下和光子相同；g 称为非均匀参量，它描述了激子非均匀性对能量的修正；修正量 ΔE_{ex} 与激子数密度 $|\chi|^2$ 成正比：$\Delta E_{ex}=(1/2)g|\chi|^2$。

由玻色凝聚时系统能量极小的条件，得到光子状态 $\phi(r)$ 和激子状态 $\chi(r)$ 满足的方程为

$$\begin{aligned}&-\frac{1}{2\pi}\frac{\varepsilon}{\alpha}\frac{\hbar^2}{m_{ex}a_0}\left[L(r)\frac{\partial^2}{\partial r^2}+\frac{dL}{dr}\frac{\partial}{\partial r}+\frac{L(r)}{r}\frac{\partial}{\partial r}\right]\phi(r)\\&+\left[\frac{\pi}{L(r)}\frac{\varepsilon}{\alpha}\frac{\hbar^2}{m_{ex}a_0}-\mu\right]\phi(r)+\frac{\hbar\Omega}{2}\chi(r)=0\\&-\frac{1}{2}\frac{\hbar^2}{m_{ex}}\left(\frac{\partial^2}{\partial r^2}+\frac{1}{r}\frac{\partial}{\partial r}\right)\chi(r)+\left[V(r)-\mu\right]\chi(r)\\&+g|\chi(r)|^2\chi(r)+\frac{\hbar\Omega}{2}\phi(r)=0\end{aligned} \tag{3.7.10}$$

式中：α 为精细结构常数，$\alpha=e^2/\hbar c=1/137$；a_0 为有效玻尔半径，$a_0=\varepsilon\hbar^2/m_{ex}e^2$；$\varepsilon$ 为材料介电函数；$r=\rho/2R_2$。

3.7.4.2 玻色凝聚时化学势的变化范围和临界温度

由（3.7.10）式可得系统产生玻色凝聚的化学势变化范围为：

$$\left[\frac{\pi\varepsilon\hbar^2}{\alpha L(r)m_{ex}a_0}-\frac{\hbar\Omega}{2}\right]<\mu<\frac{\pi\varepsilon\hbar^2}{\alpha L(r)m_{ex}a_0} \tag{3.7.11}$$

其中激子化学势 μ 与温度的关系为[2]：

$$\mu(T)=\mu(0)[1-\frac{\pi^2}{12}(\frac{k_BT}{\mu(0)})^2] \quad (3.7.12)$$

式中：$\mu(0)=\hbar^2(3\pi^2n)^{2/3}/2m_{ex}$ 为温度 $T=0\,\text{K}$ 时的化学势；n 为激子浓度。由式（3.7.11）和（3.7.12），可得到玻色凝聚温度为

$$T_c=\frac{2\sqrt{3}}{k_B\pi}\mu(0)[1-\frac{\pi\varepsilon\hbar^2}{L(r)\alpha m_{ex}a_0}+\frac{\hbar\Omega}{2}]^{1/2} \quad (3.7.13)$$

式（3.7.11）、（3.7.13）表明，玻色凝聚时化学势的变化范围和临界温度与微腔形状等有关。

对图 3.7.5（b）所示的光学微腔，$L(r)=L_0$，有

$$\left[\frac{\pi\varepsilon\hbar^2}{\alpha L_0a_0m_{ex}}-\frac{\hbar\Omega}{2}\right]<\mu<\frac{\pi\varepsilon\hbar^2}{\alpha L_0a_0m_{ex}} \quad (3.7.14)$$

$$T_c=\frac{2\sqrt{3}}{k_B\pi}\mu(0)[1-\frac{\pi\varepsilon\hbar^2}{\alpha m_{ex}a_0L_0}+\frac{\hbar\Omega}{2}]^{1/2} \quad (3.7.15)$$

对图 3.7.5（c）所示的光学微腔，$L(r)=2L_0(\Delta x+1)r$，这里 $\Delta x=(R_2-R_1)/R_1$ 是一小量，相应量为：

$$\left[\frac{\pi\varepsilon\hbar^2}{\alpha L(r)m_{ex}a_0}-\frac{\hbar\Omega}{2}\right]<\mu<\frac{\pi\varepsilon\hbar^2}{\alpha L(r)m_{ex}a_0} \quad (3.7.16)$$

$$T_c=\frac{2\sqrt{3}}{k_B\pi}\mu(0)[1-\frac{\pi\varepsilon\hbar^2}{L(r)\alpha m_{ex}a_0}+\frac{\hbar\Omega}{2}]^{1/2} \quad (3.7.17)$$

3.7.4.3 粒子数密度随位置和温度的变化

由式(3.7.10),求得系统出现玻色凝聚时,光子数密度$|\varphi|^2$和激子数密度$|\chi|^2$:

$$|\varphi(r)|^2=\left(\frac{\hbar\Omega}{2}\right)\frac{1}{g}\left\{\frac{(\hbar\Omega/2)^2}{[\pi\varepsilon\hbar^2/\alpha L(r)m_{ex}a_0-\mu]^3}-\frac{V(r)-\mu}{[\pi\varepsilon\hbar^2/\alpha L(r)m_{ex}a_0-\mu]^2}\right\}$$

$$|\chi|^2=\frac{1}{g}\{\frac{(\hbar\Omega/2)^2}{\pi\varepsilon\hbar^2/\alpha L(r)m_{ex}a_0-\mu}-V(r)+\mu\} \quad (3.7.18)$$

设探针施以垂直于 z 轴方向的为简谐力，即令 $V(r)=V_0r^2/2$。由式（3.7.18）

求得玻色凝聚时光子数密度$|\phi|^2$和激子数密度$|\chi|^2$随位置（离轴距离 r）的变化和垂直于z轴的平面内光子数N_g、激子数N_{ex}，结果如下：

对图 3.7.1（b）所示的光学微腔，$L(r)=L_0$，为：

$$|\phi(r)|^2=\frac{(\hbar\Omega)^2}{4g[\pi\varepsilon\hbar^2/\alpha m_{ex}a_0L_0-\mu(T)}\left[\frac{(\hbar\Omega)^2}{4[\pi\varepsilon\hbar^2/\alpha m_{ex}a_0L_0-\mu(T)}-\frac{1}{2}V_0r^2+\mu(T)\right]$$

$$|\chi|^2=\frac{1}{g}\{\frac{(\hbar\Omega)^2}{4[\pi\varepsilon\hbar^2/\alpha m_{ex}a_0L_0-\mu(T)]}-\frac{1}{2}V_0r^2+\mu(T)\} \tag{3.7.19}$$

$$N_g=\frac{(\hbar\Omega)^2(\alpha m_{ex}a_0L_0)^2}{2g(\pi\varepsilon\hbar^2-\alpha m_{ex}a_0L_0\mu)^2}[\frac{(\hbar\Omega)^2\alpha m_{ex}a_0L_0}{4(\pi\varepsilon\hbar^2-\alpha m_{ex}a_0L_0\mu\})}+\mu-\frac{1}{4}V_0]$$

$$N_{ex}=\frac{2}{g}[\frac{(\hbar\Omega)^2\alpha m_{ex}a_0L_0}{4(\pi\varepsilon\hbar^2-\alpha m_{ex}a_0L_0\mu)}+\mu-\frac{1}{4}V_0] \tag{3.7.20}$$

对图 3.7.1（c）所示的光学微腔，$L(r)=2L_0(\Delta x+1)r$，$\Delta x=(R_2-R_1)/R_1$，为：

$$|\varphi(r)|^2=\frac{(\hbar\Omega)^2}{4g[\pi\varepsilon\hbar^2/\alpha m_{ex}a_0L(r)-\mu]^2}\left\{\frac{(\hbar\Omega/2)^2}{[\pi\varepsilon\hbar^2/\alpha m_{ex}a_0L(r)-\mu]}-\frac{1}{2}V_0r^2+\mu\right\}$$

$$|\chi(r)|^2=\frac{1}{g}\left[\frac{(\hbar\Omega/2)^2}{\pi\varepsilon\hbar^2/\alpha m_{ex}a_0L(r)-\mu}-\frac{1}{2}V_0r^2+\mu\right] \tag{3.7.21}$$

$$N_g=\frac{(\hbar\Omega)^2}{4g}(I_1-I_2+I_3)$$

$$N_{ex}=\frac{2}{g}(\mu-\frac{1}{4}V_0)+\frac{(\hbar\Omega)^2}{4gB'}[\frac{2B'}{\mu}+\frac{\pi\varepsilon\hbar^2}{\mu^2}\ln\left|\frac{\mu B'-\pi\varepsilon\hbar^2}{\mu B'+\pi\varepsilon\hbar^2}\right| \tag{3.7.22}$$

其中：I_1、I_2、I_3的具体表示见文献[32]。

现以 GaAs 光学微腔进行计算，数据为：$m_{ex}=0.45m_0$，m_0为电子静止质量，$\varepsilon=\varepsilon_r\varepsilon_0=1.1625\times10^{-10}\ \mathrm{F\cdot m^{-1}}$。文献[33]给出激子浓度$n=2.233\times10^{20}\ \mathrm{m^{-3}}$，由此求得$T=0$ K 时激子的化学势$\mu(0)=\hbar^2(3\pi^2n)^{2/3}/2m_{ex}$，进而由式（3.7.12）求得$\mu(T)$。而$\hbar\Omega=0.01$ meV，$g=4.868\times10^{-25}$ J，$V_0=480\ \mathrm{eV\cdot cm^{-2}}$，$\Delta x$可由文献[31]的实验结果，估计出$\Delta x=0.05$，取$L_0=10$ nm。由上述数据求出$T_c=8.9$ K。

由式（3.7.11）、（3.7.12）得到微腔宽度为常数和微腔宽度可变情况下，玻色凝聚时激子化学势的变化范围，结果如图 3.7.6 所示。

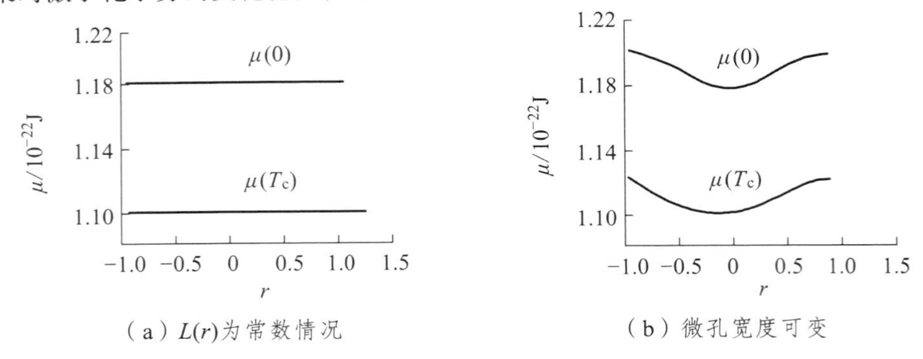

（a）$L(r)$为常数情况　　（b）微孔宽度可变

图 3.7.6　激子的化学势变化范围

由图 3.7.6 看出：微腔宽度 L 为常数时，激子化学势变化范围以及最大、最小值都与位置无关；而微腔宽度可变时，化学势的变化范围以及它的最大、最小值都与位置有关，r=0 附近的化学势为极小，表明凝聚态将局限在 r=0 的附近。

将上述数据代入式（3.7.19）和（3.7.21），可得到微腔宽度为常数和微腔宽度可变情况下，系统处于凝聚态时，光子数密度$|\varphi|^2$和激子数密度$|\chi|^2$随位置的变化，结果分别见图 3.7.7 和图 3.7.8。其中，这两图中的（a）是温度接近临界温度 T_c 时的结果，（b）是温度较低时的结果，（c）是温度更低时的结果。

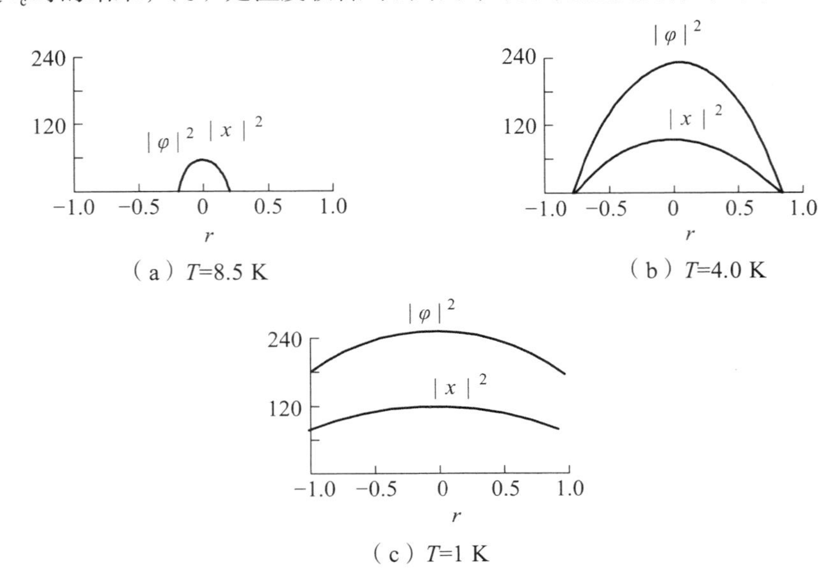

（a）T=8.5 K　　（b）T=4.0 K

（c）T=1 K

图 3.7.7　微腔宽度为常数时光子和激子的数密度随位置的变化

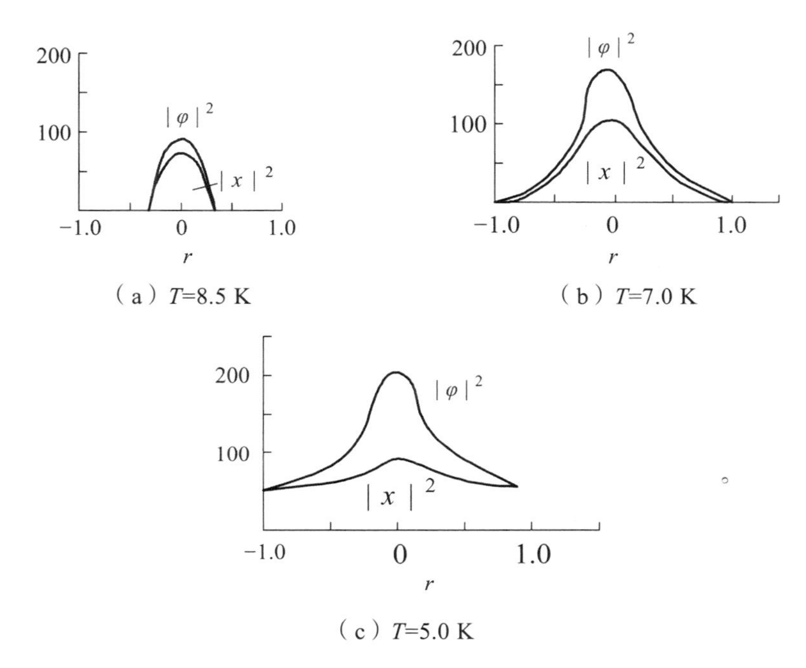

图 3.7.8 光学微腔宽度可变时光子和激子的数密度随位置的变化

由图 3.7. 8 看出：不论微腔宽度是否可变，温度接近临界温度 T_c 时，$|\varphi|^2$ 与 $|\chi|^2$ 的曲线几乎重合[见两图的（a）]，即光子和激子的数密度几乎相等，而且都很小，并分布在 r=0 附近；随着温度的降低，光子和激子的粒子数密度增大[见两图的（b），（c）]，且光子和激子的分布范围也随着温度的降低而增大。例如：$T=8.5\text{ K}$ 时，光子和激子的状态范围为 $-0.127<r<0.127$；而 $T=1\text{K}$ 时，状态范围几乎为整个微腔。

由式（3.7.20）和（3.7.22）得到简谐近似下的光子数 N_g 和激子数 N_{ef} 随温度的变化结果见图 3.7.9，其中实线是微腔宽度为常数情况，而虚线是微腔宽度可变情况。由图 3.7.9 看出：不论微腔宽度是否可变，光子数 N_g 和激子数 N_{ef} 都随温度的降低而增大，其中，光子数增加得更快，光子数多于激子数，且光子数占总粒子数的比例也随温度的降低而增大。例如：温度 $T=8.5\text{ K}$ 时，光子数占总粒子数的 51%；而温度 $T=1\text{K}$ 时，光子数占总粒子数 71%。还看出：微腔宽度为常数时的粒子数要大于光学微腔宽度可变时的相应值。

上述研究是在简谐近似下的结果，因而微腔宽度 L 与温度无关。如果考虑到 GaAs 中原子的非简谐振动项，则微腔宽度 L 与温度有关，为 $L=L(r,T)=L(r)[1+\alpha_l T]$，$\alpha_l$ 为材料的线膨胀系数。代入上式，计算表明：考虑到原子的非简谐振动项后，上述结果总的变化趋势不变，但非简谐情况的结果与简谐近似下的结果的差随着温度的升高而增大，即温度越高，非简谐效应越明显。

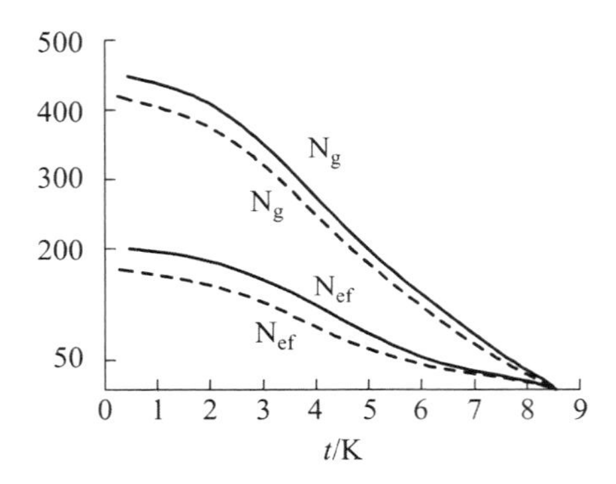

图 3.7.9　光学微腔光子数 N_g 和激子数 N_{ef} 随温度的变化

总之，系统出现玻色凝聚时，激子化学势变化范围与材料介电函数 ε 、微腔宽度等有关，而光子和激子的数密度则还与温度等有关；所研究系统的玻色凝聚温度为 8.9 K，理论与实验值接近。微腔宽度为常数时，玻色凝聚时的激子化学势变化范围及其最大、最小值都与位置无关；而微腔宽度可变时，则它们与位置有关。无论光学微腔宽度是否可变，接近临界温度 T_c 时，玻色凝聚时的光子和激子的数密度几乎相等，总粒子数很少且局限在 $r=0$ 附近；随着温度的降低，光子和激子的数密度以及总粒子数都增大，粒子存在范围也不断扩大，并且光子数所占总粒子数的比例也增大，光子数比激子数随温度的降低增加得更快。

顺便指出一点，非简谐效应理论从数学上看，其实质是描述物理现象和过程不能简单视为线性，而应该用非线性微分方程来处理。线性方程的结果只是一定条件下的近似。凡要较为合理地研究物理现象和过程，甚至是其他现象（如社会现象等），只要合理地建立数学物理模型，也可以较为定量地研究其变化规律，如大学生创业机会的变化规律等。读者若感兴趣，可参考其他文献，如文献[34][35]等。

参考文献

[1]　郑瑞伦，胡先权. 固体理论及其应用[M]. 重庆：西南师范大学出版社，1996: 267-271.

[2]　基特尔 C. 固体物理导论[M]. 北京：科学出版社，1979: 158.

[3] 朱建国, 郑文琛, 郑家贵, 等. 固体物理学[M]. 北京: 科学出版社, 2005: 77.
[4] 郑瑞伦, 胡先权. 面心立方晶格的非简谐效应[J]. 大学物理, 1994, 13(5): 15-18.
[5] 郑瑞伦. 非简谐振动对面心立方晶体结构热力学性质的影响[J]. 西南师范学院报, 1984(4): 70-80.
[6] 张翠玲, 郑瑞伦. 非简谐振动对 Fe 热容和电阻率的影响[J]. 西南师范大学学报: 自然科学版, 2004, 29(04): 613-617.
[7] 黄昆, 韩汝琦. 固体物理学[M]. 北京: 高等教育出版社, 1998: 147.
[8] ZHENG R L, HU X Q. Influence of anharmonic vibration on the solubility curve of binaralloy. commun[J]. Theor Phys. 1996, 26: 39-44.
[9] 郑瑞伦, 胡先权. 非简谐振动对液氩的临界点与玻意耳线的影响[J]. 物理学报, 1994, 43(8): 1254-1261.
[10] KAWAMURA H. A simple theory of melting and condensation in two-dimensional system[J]. Prog Theor Phys, 1980, 63: 24-41.
[11] 杜宜瑾, 陈立溁, 严祖同. 二维相变系统 Collins 模型的统计理论[J]. 物理学报, 1983, 32(1): 96.
[12] 严祖同, 杜宜瑾, 陈立溁. Couchman-Reynolds 方程的检验与体积模量及关联系数的计算[J]. 力学学报, 1984(03): 299-304.
[13] 杜宜瑾, 陈立溁, 严祖同. CH_4-Ar 系统相图的理论计算[J]. 安徽师大学报: 自然科学版, 1986(01): 19-24.
[14] 郑瑞伦. 非简谐振动对二维系统相变和热容量的影响[J]. 西南师范大学学报: 自然科学版, 1990, 15(1): 48-56.
[15] POWLES J G. The Boyle line[J]. J Phys C Solid State Phys, 1983, 16: 503. https: //doi. org/10. 1088/0022-3719/16/3/012.
[16] ZHENG R L, WU X Y, ZHAO S H. The Boyle curve of two-dimensional fluid system in the unharmonic vibration. commun[J]. Theor Phy, 1992, 18: 411-418.
[17] 郑瑞伦, 田维林. 非简谐振动对二维流体热膨胀系数, 压缩系数的影响[J]. 西南师范大学学报: 自然科学版, 1998, 23(2): 156.
[18] 程正富, 龙晓霞, 郑瑞伦. 非简谐振动对纳米金刚石表面性质的影响[J]. 物理学报, 2012, 61(10): 106501_{-1}-106501_{-7}.
[19] MAGOMEDOV M H. 在不同温度下纳米晶的热膨胀系数随线度和形状的变化[J]. 技术物理杂志, 2015, 85(6): 152-155. (俄文文献)
[20] MAGOMEDOV M H. 纳米金刚石、硅和锗的弹性随线度和形状的变化[J]. 技术物理杂志, 2014, 84(11): 80-90. (俄文文献)

[21] 邹芹，王明智，王艳辉. 纳米金刚石的性能与应用前景[J]. 金刚石与磨料磨具工程, 2003(2): 54-58.

[22] 阎守胜. 固体物理学基础[M]. 北京：北京大学出版社, 2011: 141.

[23] 李小波，唐大伟，祝捷. 纳米金刚石颗粒导热系数的分子动力学研究[J] 中国科学院研究生院学报, 2008, 25(5): 598-601.

[24] KIDALOV S V, SHAKHOV F M, VUL A Y. Thermal conductivity of sintered nanodiamonds and microdiamonds[J]. Diamond and Related Materials, 2008, 17: 844-847.

[25] 郑瑞伦，陶诒. 形状和原子数对纳米晶表面能的影响[J]. 物理学报，2006, 55(4): 1942-1946.

[26] 郑瑞伦，梁一平. 非简谐振动对纳米 Ag 微粒表面能的影响[J]. 材料研究学报, 1997, 11(1): 37-41.

[27] 郑瑞伦. 激光辐照下金属板材的温升和升温率[J]. 光子学报，1998, 27(11): 1028-1031.

[28] 郑瑞伦，刘俊. 强激光辐照下金属材料表面热力学效应[J]. 光子学报, 2002, 31(4): 480-484.

[29] 袁永华，等. 连续YAG激光辐照涂层45号钢的温升和升温率研究[J]. 强激光与粒子束, 1998, 10(3): 379-382.

[30] ANDERSON M R, MEWES M O, van DRUTEN N J, et al. Direct, nondestructive observation of a bose condensate[J]. Science, 1996, 273: 84.

[31] BALITI R, HARTWELT V, SNOKE D. Bose-Einstein condensation of microcavity polaritons in a trap[J]. Science, 2007, 316: 1007.

[32] 程正富，龙晓霞，郑瑞伦. 温度对光学微腔光子激子系统玻色凝聚的影响[J]. 物理学报, 2010, 59(12): 8377-8384.

[33] MAGOMEDOV M H. 在金刚石、硅和锗压缩时的自扩散和表面能[J]. 技术物理杂志, 2013, 83(12): 87-95. (俄文文献)

[34] 郑瑞伦，等. 大学生创业与社会适应[M]. 重庆：西南师范大学出版社, 2012.

[35] 郑瑞伦，肖前国，翟晓川，等. 大学生创业机会变化规律探讨[J]. 西南师范大学学报：自然科学版, 2013, 38(10).

4 石墨烯热力学性质的非简谐效应

石墨烯的热力学性质是石墨烯最重要、应用非常广泛的性质之一。例如：石墨烯材料制作的各类超薄型散热片和散热涂层、高蓄热材料、器件以及可调节热管理系统等的应用都涉及石墨烯高导热、高热容等性能及其变化规律。本章将论述石墨烯热力学性质随温度等的变化规律和原子非简谐振动对它们的影响。

4.1 石墨烯声子的性质

在石墨烯的热力学和电学性质中，声子的性质起着十分重要的作用，热容量、热传导、导电性等许多性质都与它有关。本节将首先论述声子的概念和普遍性质，然后论述几种晶格模型的声子谱和石墨烯的声子谱。在此基础上，应用固体物理理论，论述石墨烯的声子频率和声子的弛豫时间随温度的变化规律。

4.1.1 几种低维晶格模型的声子谱

声子频率 ω_s 随波矢 q 的变化关系叫色散关系，也称为声子谱。晶体的性质除决定晶体的维数外，很大程度上取决于声子谱的具体形式。

确定声子谱的方法，一种是实验测量，另一种是建立物理模型，从理论上来确定。实验上目前最有效和最方便的是用中子的非弹性散射方法，而理论上确定声子谱，主要是要根据讨论系统的具体情况，提出物质结构的物理模型，做出某些假定来确定，其正确性由所得结果与实验符合程度来确定。现列出几种常见晶格物理模型的声子谱。

4.1.1.1 一维简单晶格模型的声子谱

质量为 M 的 N 个原子分布在总长度为 $L = Na$ 的直线上，静止时原子间距离

为 d，每个原子在平衡位置附近作简谐振动，简谐系数为 ε_0，忽略边界效应时，ω 与 q 的关系为：

$$\omega(q)=\sqrt{\frac{4\varepsilon_0}{M}}\left|\sin qd\right| \tag{4.1.1}$$

4.1.1.2　一维等间距双原子复式晶格的声子谱

质量为 m 和 M 的两种原子，均匀地相互交错地分布在一条直线上，静止时原子间距为 a（图 4.1.1），各原子在平衡位置附近作简谐振动，力常数为 ε_0。忽略边界效应时，这种系统的声子谱有声学支 $\omega_-(q)$ 和光学支 $\omega_+(\mathrm{q})$ 两支，声子谱为：

$$\omega_{\pm}^2(q)=\frac{\varepsilon_0(m+M)}{mM}\{1\pm[1-\frac{4mM}{(m+M)^2}\sin^2 qa]^{1/2}\} \tag{4.1.2}$$

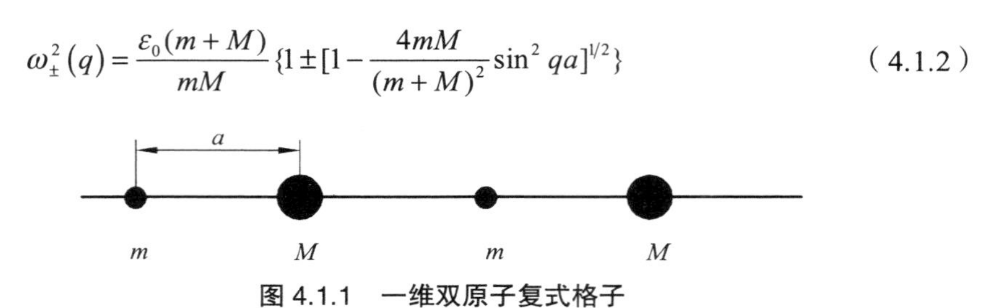

图 4.1.1　一维双原子复式格子

4.1.1.3　含双原子基元的一维复式格子的声子谱

质量为 M 的原子非均匀地分布在一直线上，静止时原子间距离分别为 d 和 $(a-d)$，相应的力常数为 G 和 K，晶格常数为 a（图 4.1.2）。忽略边界效应时，声子谱为：

$$\omega_{\pm}(q)=\left\{\frac{G+K}{M}\pm\frac{1}{M}\left(K^2+G^2+2KG\cos aq\right)^{1/2}\right\} \tag{4.1.3}$$

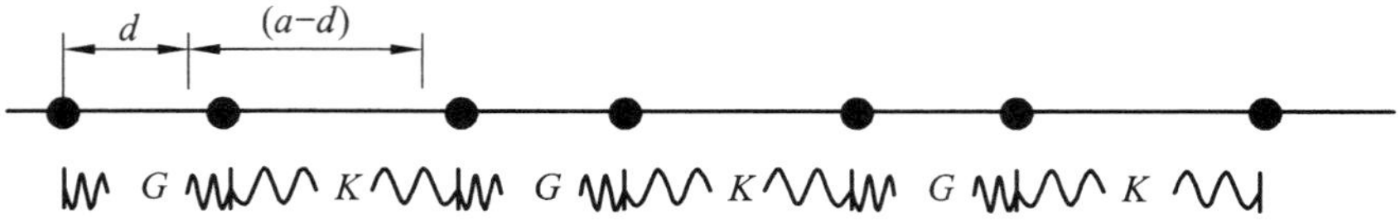

图 4.1.2　双原子基元一维复式格子

4.1.1.4　二维正方简单晶格的声子谱

质量为 M 的原子，均匀分布于边长为 a 的正方形格点上，组成二维正方简单晶格（图 4.1.3），最近邻原子间的力常数为 β，设沿 x，y 方向的波矢为 q_x 和

q_y，当只考虑最近邻原子间的相互作用和忽略边界效应情况下，声子谱为

$$\omega(q)=\left[\frac{2\beta}{M}(2-\cos q_x a-\cos q_y a)\right]^{1/2} \tag{4.1.4}$$

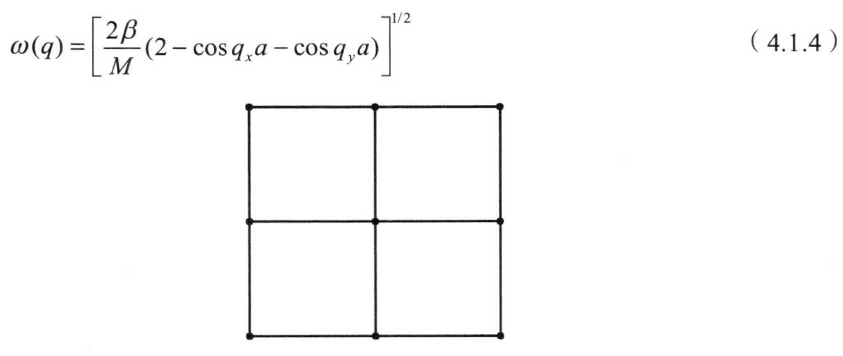

图 4.1.3　二维正方简单晶格

4.1.2　石墨烯的声子谱

文献[1]采用简正模式分解法，通过平衡分子动力学模拟，证实石墨烯的声子模有 6 支：面内光学纵波（LO）、面内光学横波（TO）、面内声学纵波（LA）、面内声学横波（TA）、面外声学横波（ZA）、面外光学横波（ZO）。其声子谱如图 4.1.4 所示：

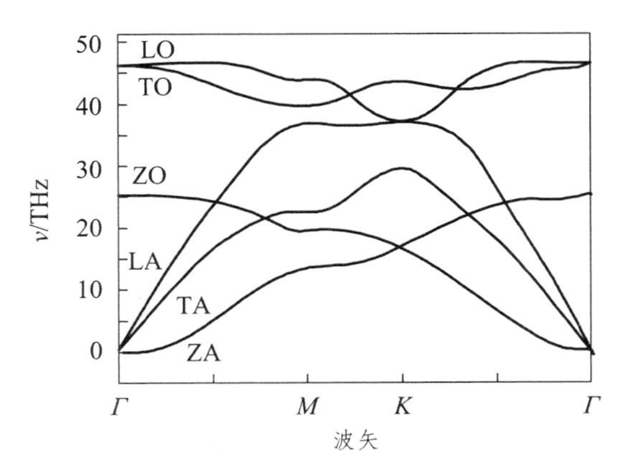

图 4.1.4　石墨烯的声子谱[1]

4.1.3　石墨烯的声子频率随温度的变化

石墨烯的声子频率随温度的变化可采用简正模式分解法求出，具体过程和结果见文献[1]。这里，我们采用固体物理理论求出。按文献[2]，石墨烯原子相

互作用势的具体形式为：

$$\phi=-V_2\left[1+\frac{9R}{V_2d^2}+5\beta_2\left(\frac{V_1}{V_2}\right)^2\right] \tag{4.1.5}$$

由此求出纵向振动的简谐系数 ε_0，第一、第二非简谐系数 ε_1、ε_2 分别为：

$$\varepsilon_0=\frac{4}{d_0^2}V_2\left[1-\frac{10}{3}\left(\frac{V_1}{V_2}\right)^2\right]$$

$$\varepsilon_1=-\frac{16}{3d_0^3}V_2\left[1-\frac{5}{3}\left(\frac{V_1}{V_2}\right)^2\right] \tag{4.1.6}$$

$$\varepsilon_2=\frac{20}{3d_0^4}V_2\left[1-\frac{1}{3}\left(\frac{V_1}{V_2}\right)^2\right]$$

横向振动的简谐系数 ε_0'，第一、第二非简谐系数 ε_1'、ε_2' 为[3]：

$$\varepsilon_0'=-\frac{2}{3d_0^2}\left(\frac{\sqrt{2}}{36}V_{\mathrm{spa}}+\frac{2}{3}V_{\mathrm{pp\sigma}}\right)\left[1-\frac{10}{3}\left(\frac{V_1}{V_2}\right)^2\right],\quad \varepsilon_1'=0$$

$$\varepsilon_2'=\frac{1}{3d_0^4}\left(\frac{\sqrt{2}}{36}V_{\mathrm{sp\sigma}}+\frac{1}{6}V_{\mathrm{pp\sigma}}\right)\left[1-\frac{10}{3}\left(\frac{V_1}{V_2}\right)^2\right] \tag{4.1.7}$$

利用声子角频率与简谐系数的关系，求得波矢 $q=0$ 和 $q=2\pi/d$ 处声子角频率的具体值，结果是：简谐近似下声子角频率为常数。

$$\omega_{\mathrm{LO}}(0)=\left[\frac{8(\varepsilon_0+8\varepsilon_0')}{3M}\right]^{1/2}$$

$$\omega_{\mathrm{TA}}(0)=\left(\frac{12\varepsilon_0'}{M}\right)^{1/2},\quad \omega_{\mathrm{TO}}(0)=\left[\frac{8(\varepsilon_0+\varepsilon_0'/2)}{3M}\right]^{1/2}$$

而考虑到非简谐振动后，利用角频率与温度的关系，得到 $q=0$ 和 $q=2\pi/d$ 处的角频率为：

$$\omega_{\mathrm{LO}}(0,T)=\left[\frac{8\left(\varepsilon_0+8\varepsilon_0'\right)}{3M}\right]^{1/2}\left[1+\left(\frac{15\varepsilon_1^2}{\varepsilon_0^3}-\frac{3\varepsilon_2}{\varepsilon_0^2}\right)k_{\mathrm{B}}T\right]$$

$$\omega_{\mathrm{TA}}(0,T)=\left(\frac{12\varepsilon_0'}{M}\right)^{1/2}\left[1+\left(\frac{15\varepsilon_1^2}{\varepsilon_0^3}-\frac{3\varepsilon_2}{\varepsilon_0^2}\right)k_{\mathrm{B}}T\right] \tag{4.1.8}$$

$$\omega_{\mathrm{TO}}(0,\ T)=\left[\frac{8\left(\varepsilon_0+\varepsilon_0'/2\right)}{3M}\right]^{1/2}\left[1+\left(\frac{15\varepsilon_1^2}{\varepsilon_0^3}-\frac{3\varepsilon_2}{\varepsilon_0^2}\right)k_{\mathrm{B}}T\right]$$

由石墨烯的数据得到$q=0$，$q=\pi/d$处的 LO、TO、TA 这三支声子谱频率随温度变化见图 4.1.5，它表明声子谱频率随温度升高而增大（注：角频率ω与频率ν关系为$\omega=2\pi\nu$）。

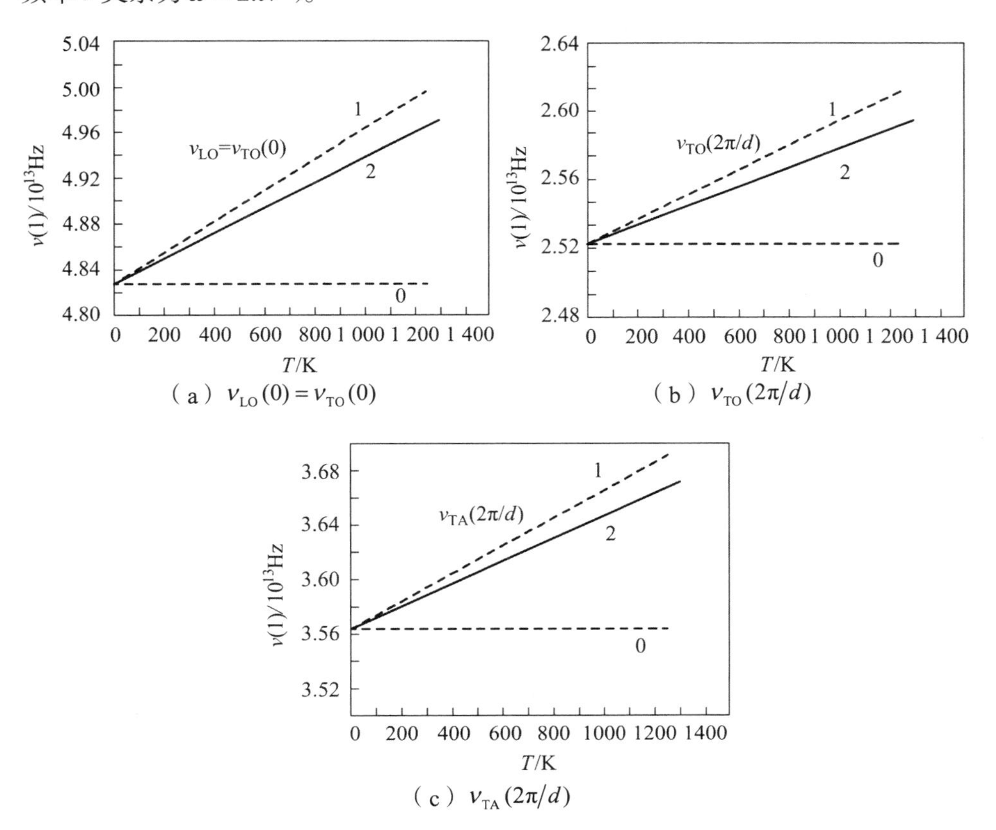

（a）$\nu_{\mathrm{LO}}(0)=\nu_{\mathrm{TO}}(0)$　（b）$\nu_{\mathrm{TO}}(2\pi/d)$　（c）$\nu_{\mathrm{TA}}(2\pi/d)$

图 4.1.5　石墨烯声子频率随温度的变化[3]

由文献[1][4]得到石墨烯的 LO、TO、LA、TA、ZA、ZO 这 6 支格波声子的频率ω_i、波速v_i以及格林乃森参量γ_i的值见表4.1.1。

表4.1.1 石墨烯各振动模的频率ω_i、波速v_i和格林乃森参量γ_i

	LA	TA	TO	LO	ZO	ZA
ω_i / 10^{14} s^{-1}	1.5296	2.2381	2.826	2.826	1.256	0.942
v_i / km·s^{-1}	21.04	14.90	21.04	21.04	3.53	2.50
γ_i	1.4	0.6	1.3	1.39	−0.1	−0.1

4.1.4 石墨烯声子的弛豫时间

晶体中不仅声子之间有碰撞（散射），而且晶体边界以及点阵缺陷的存在也有声子的几何散射，声子散射会使声子的自由运动路程（自由程）受限制，两次散射之间声子运动的时间（称为弛豫时间）不会很大。声子平均自由程l和声子弛豫时间τ对晶体的热学、电学等性质起着决定性的作用。例如，晶体的热导率K与l的关系为：

$$K=\frac{1}{3}cvl \tag{4.1.9}$$

式中，c为比热；v为声子的平均速度。

声子之间的散射使得平均自由程不会是无穷大。平均自由程与温度有关，由固体物理理论分析得到，对晶体，平均自由程l与温度的关系为[5]：

高温下$(\mathrm{T}\gg\theta_D)$，$l\propto\frac{1}{T}$；

低温下，$l\propto \mathrm{e}^{\theta_D/2T}$。

在声子的热学性质中，弛豫时间τ是最基本、最重要的物理量。文献[1]采用简正模式分解法，通过平衡分子动力学模拟，得到石墨烯弛豫时间τ与频率γ和温度的关系为：

$$\tau^{-1}=\gamma^n Tm \tag{4.1.10}$$

对声学支，$n=1.56$，对光学支较发散，m对不同声子谱值有所不同，大体为1.1~1.4。

文献[6]提出的弛豫时间一般用下式表示：

$$\tau^{-1}=\mathrm{B}\gamma^n Tm \tag{4.1.11}$$

其中B、n、m为拟合常数，由实验数据确定。

文[1]采用简正模式分解法给出声子谱的弛豫时间 τ 随波矢的变化见图 4.1.6，而声子谱的弛豫时间随温度 T 的变化见图 4.1.7，但这些结果未给出弛豫时间 τ 随温度 T 变化的解析式。

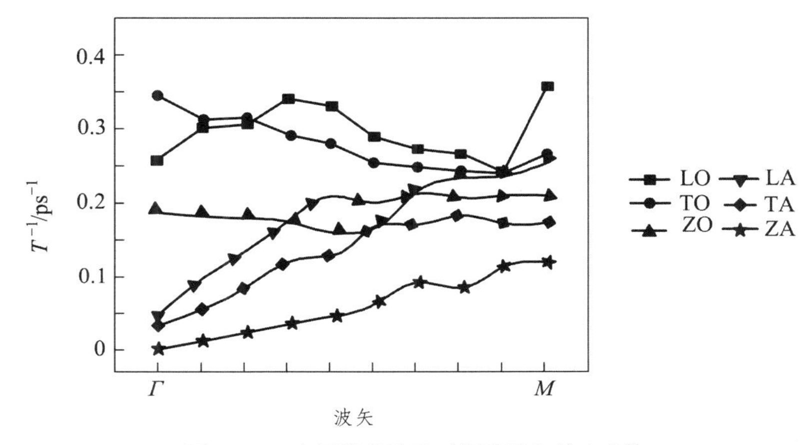

图 4.1.6 声子谱的弛豫时间随波矢的变化[1]

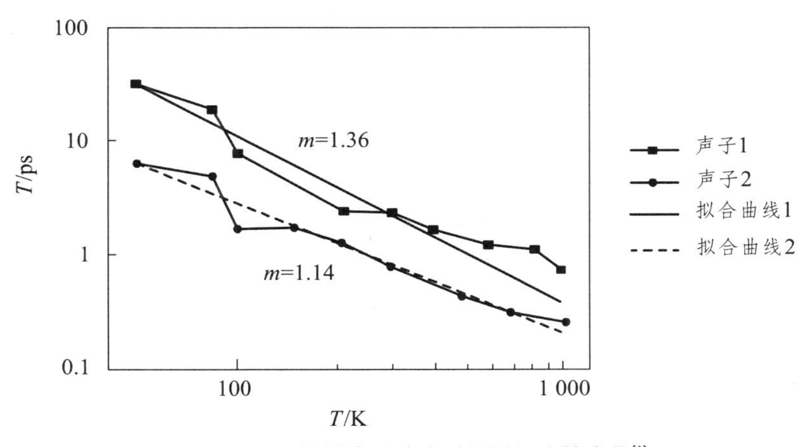

图 4.1.7 石墨烯声子弛豫时间随温度的变化[1]

为了确定石墨烯弛豫时间 τ 随温度变化的解析式，我们应用固体物理理论，从玻尔兹曼方程出发，考虑到电子—声子相互作用，在弛豫时间近似下，通过求解玻尔兹曼方程求得 τ 与 T 的变化关系式[7]。

石墨烯是二维复式格子，设单位体积声子数为 n，随波矢 q 的分布为 $n(q)$，晶格原胞面积 Ω，电子的波矢为 k，费米波矢为 k_F。令 $\gamma=\hbar^2/2m^*$，$C=-2\varepsilon_F/3$，在无磁场和温度梯度不大的情况下，声子弛豫时间 τ 可由下式决定：

$$\frac{1}{\tau}=\frac{\pi c^2}{M}\frac{\Omega}{8\pi^2\gamma k}\int_0^{q_m}\frac{q^3 n(q)}{\omega_q}\cdot\frac{q}{k^2}\mathrm{d}q \tag{4.1.12}$$

低温情况下，$n(q)$ 满足 $n^{-1}(q)\left[n(q)+1\right]=\exp\left(\hbar\omega_q/k_\mathrm{B}T\right)$，费米面的电子起主要作用，有 $\hbar\omega_q=\varepsilon_\mathrm{F}$。由二维德拜模型，可得

$$\frac{1}{\tau}\approx\frac{74\pi m^* C^2 q_\mathrm{m}}{\hbar k_\mathrm{B} M k_\mathrm{F}^3}\cdot\frac{T^5}{\theta_\mathrm{D}^7} \tag{4.1.13}$$

而非低温情况下，$n(q)\approx k_\mathrm{B}T/\hbar\omega_q$，可得

$$\frac{1}{\tau}\approx\frac{m^* C^2 q_\mathrm{m}}{6\pi\hbar k_\mathrm{B} M k_\mathrm{F}^3}\frac{T}{\theta_\mathrm{D}^2} \tag{4.1.14}$$

式中，q_m 为声子波矢的最大值，对石墨烯，$q_\mathrm{m}=\left(4\pi/\Omega\right)^{1/2}$；$\theta_\mathrm{D}$ 为德拜温度，在简谐近似下，它为常数 $\theta_\mathrm{D0}=\frac{\hbar}{k_\mathrm{B}}\left(\frac{8\varepsilon_0}{3M}\right)^{1/2}$，这里 M 为原子的质量。考虑到原子非简谐振动效应后，它与温度的关系为：

$$\theta_\mathrm{D}=\theta_\mathrm{D0}\left[1+\left(\frac{15\varepsilon_1^2}{2\varepsilon_0^3}-\frac{2\varepsilon_2}{\varepsilon_0^2}\right)k_\mathrm{B}T\right] \tag{4.1.15}$$

将石墨烯的数据代入（4.1.14）和（4.1.15）式，得到石墨烯的弛豫时间 τ 随温度变化如图 4.1.8 所示，其中的曲线 0、1、2 分别是简谐近似，只考虑到第一非简谐，同时考虑到第一、二非简谐项的结果。

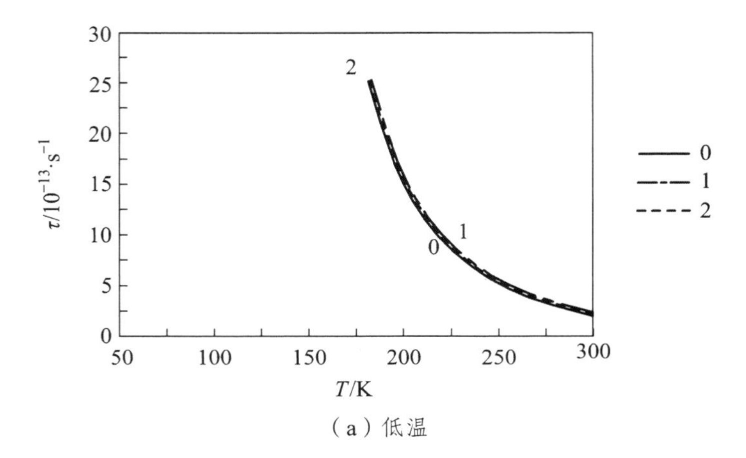

（a）低温

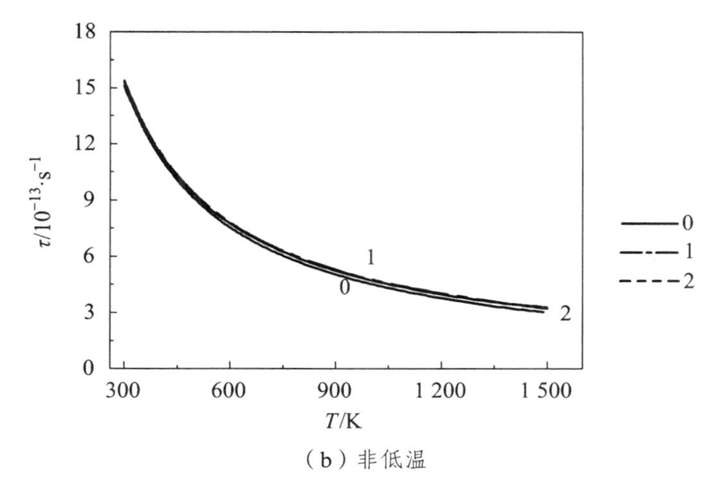

（b）非低温

图 4.1.8 石墨烯声子弛豫时间随温度为变化[7]

由图 4.1.8 看出：低温下，石墨烯声子弛豫时间随温度升高而减小，其中温度极低（T<10 K）时变化很快，而温度升高后变化减慢。而非低温情况，声子弛豫时间随温度升高而减小，几乎是反比关系，其数量级在 10^{-12} 左右。与图 4.1.7 相比较，可看出：用固体物理理论的结果与用简正模式分解法给出的结果有相同的变化趋势。

文献[1]采用简正模式分解法给出的石墨烯声子弛豫时间随频率和时间的变化如图 4.1.9。

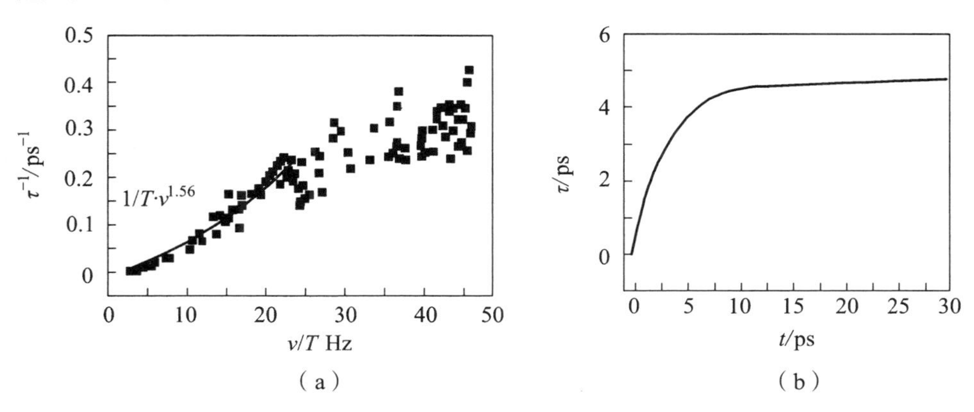

图 4.1.9 石墨烯声子弛豫时间随频率（a）和时间（b）的变化[1]

由图 4.1.9 看出：弛豫时间随频率增大而增大，几乎成正比关系；而随时间的变化是非线性关系。时间较短时（小于 10 s）变化很快，而此后几乎不随时间而变。

4.2 石墨烯的格林乃森参量和德拜温度随温度的变化

石墨烯具有独特的结构和优异的性质，应用广泛，它的许多应用，例如在可调节的管理系统等中的许多应用都与它的高热导率、负热膨胀等性质有关，国内外许多学者都从实验或理论对它进行研究，但对石墨烯的热学性质随温度的变化规律的理论研究还处于不断深入和完善之中，而对它的热学非简谐效应则研究较少。本节将论述石墨烯的原子相互作用势并求出原子振动的简谐系数、非简谐系数，然后研究石墨烯的格林乃森参量和德拜温度随温度的变化规律以及非简谐振动项的影响。

4.2.1 石墨烯的原子相互作用和简谐系数、非简谐系数

石墨烯是由碳原子组成的二维六角格子平面结构，键长为 d，其结构和原胞取法见图 4.2.1。

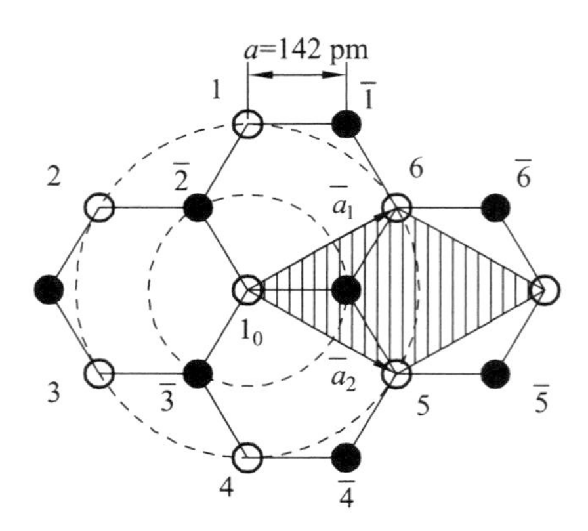

图 4.2.1 石墨烯结构和原胞取法

考虑到原子短程相互作用，可将原子相互作用能写为（4.1.5）的形式，即[2]：

$$\phi = -V_2[1+\frac{9R}{V_2 d^{12}}+5\beta_2(\frac{V_1}{V_2})^2] \tag{4.2.1}$$

V_1 为金属化能，V_2 为两原子的 sp^2 轨道 σ 键的共价能，它与键长 d 的平方成反比：$V_2 = 3.26\frac{\hbar^2}{md^2} = \frac{B}{d^2}$，这里 m 为自由电子的质量，$R = 0.154\times10^4(\hbar^2/2m)a_0^{10}$，$a_0$ 为玻尔半径。

文献 [8] 给出 $V_2 = 12.32\ \mathrm{eV}$ ， $V_1 = 2.08\ \mathrm{eV}$ ， $R = 10.08\ \mathrm{eV}\cdot(10^{-10}\ \mathrm{m})^{12}$ 。一个碳原子的质量 $M = 1.995017\times10^{-26}\ \mathrm{kg}$；平衡时键长 $d_0 = 1.42\times10^{-10}\ \mathrm{m}$，原胞面积 $\Omega = \left(\sqrt{3}/2\right)d_0^2 = 1.74625\times10^{-20}\mathrm{m}^2$ ，代入式（4.2.1）求得简谐系数 $\varepsilon_0 = 3.5388\times10^2\ \mathrm{J}\cdot\mathrm{m}^{-2}$ ，第一非简谐系数 $\varepsilon_1 = -3.49725\times10^{12}\ \mathrm{J}\cdot\mathrm{m}^{-3}$ ，第二非简谐系数 $\varepsilon_2 = 3.20140\times10^{22}\ \mathrm{J}\cdot\mathrm{m}^{-4}$ 。

4.2.2 石墨烯的德拜温度随温度的变化

德拜温度是石墨烯热学性质的一个特征量，原子非简谐振动对它有重要影响。文[9]给出简谐近似下二维六角结构的德拜温度 θ_{D0} 与简谐系数 ε_0 的关系为 $k_{\mathrm{B}}\theta_{\mathrm{D0}} = \hbar(8\varepsilon_0/3M)^{1/2}$，再利用振动频率 ω 与温度的关系式（3.1.9）式，得到德拜温度 θ_{D} 随温度 T 的关系为[10]：

$$\theta_{\mathrm{D}} = \theta_{\mathrm{D0}}\left[1+\left(\frac{15\varepsilon_1^2}{2\varepsilon_0^3}-\frac{2\varepsilon_2}{\varepsilon_0^2}\right)k_{\mathrm{B}}T\right] \tag{4.2.2}$$

由上述数据和式（4.2.2）得到石墨烯的德拜温度随温度的变化如图 4.2.2 所示。

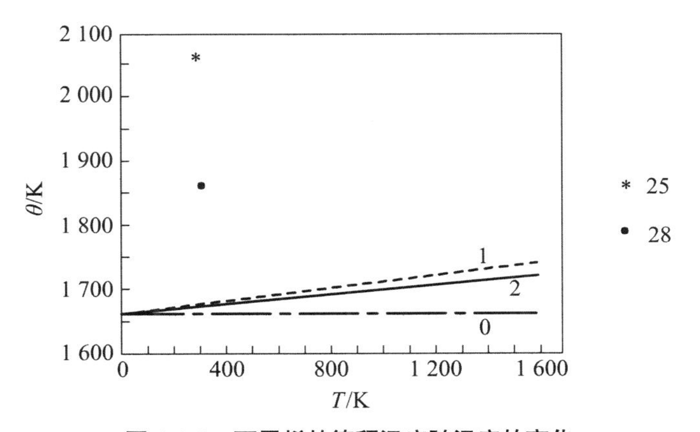

图 4.2.2 石墨烯的德拜温度随温度的变化

图中的曲线 0，1，2 分别为简谐近似，只考虑到第一非简谐项，同时考虑到第一、第二非简谐项的结果。它表明：若不考虑非简谐项，德拜温度为常数；考虑到非简谐振动项后，德拜温度随温度升高而增大，几乎成正比关系，但变化缓慢，与文[11]给出的 $T = 300\ \mathrm{K}$ 时的实验值 θ_{D} =1860 K 相比，误差为 10.75%。

4.2.3 石墨烯的格林乃森参量随温度的变化

格林乃森参量是衡量原子振动非简谐效应大小的一个重要的量。石墨烯的声子模有 6 支：面内纵声子（LA）、横声学支（TA），横光学支（TO）、纵光学支（LO）、垂直平面方向（Z 方向）的光学支（ZO）和声学支（ZA），每支都有相应的格林乃森参量。文献[4]给出石墨烯（a）、硅烯（b）、锗烯（c）、荧光粉烯（d）在布里渊区不同对称点处不同振动模式的格林乃森参数，见图 4.2.3，其中，蓝色为纵声学支（LA）、绿色为横声学支（TA）、浅蓝色为横光学支（TO）、黑色为纵光学支（LO）、紫色为垂直平面方向（Z 方向）光学支（ZO）、红色为垂直平面方向（z 方向）声学支（ZA）。

石墨烯的纵声子格林乃森参量 γ_l 随温度的变化为[13]：

$$\gamma_l(T)=-\frac{\varepsilon_1 d_0}{\varepsilon_0}\left\{1-\frac{3\varepsilon_1 k_{\mathrm{B}}T}{\mathrm{d}_0\varepsilon_0^2}\left[1+\frac{3\varepsilon_2 k_{\mathrm{B}}T}{\varepsilon_0^2}+\left(\frac{3\varepsilon_2 k_{\mathrm{B}}T}{\varepsilon_0^2}\right)^2\right]\right\} \tag{4.2.3}$$

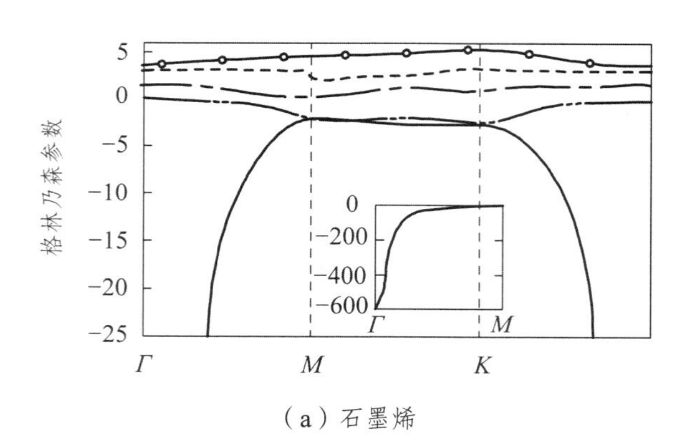

（a）石墨烯

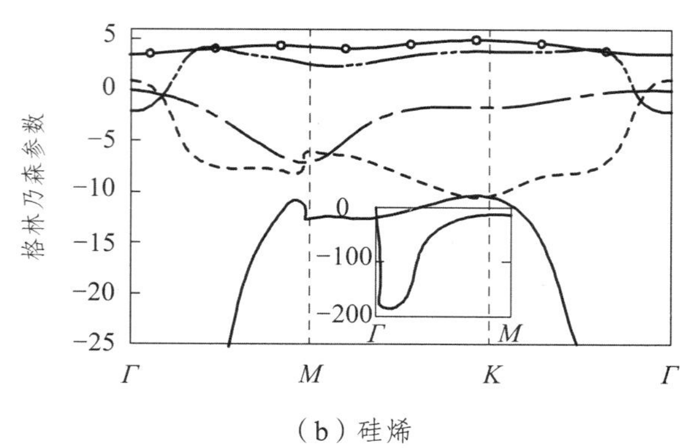

（b）硅烯

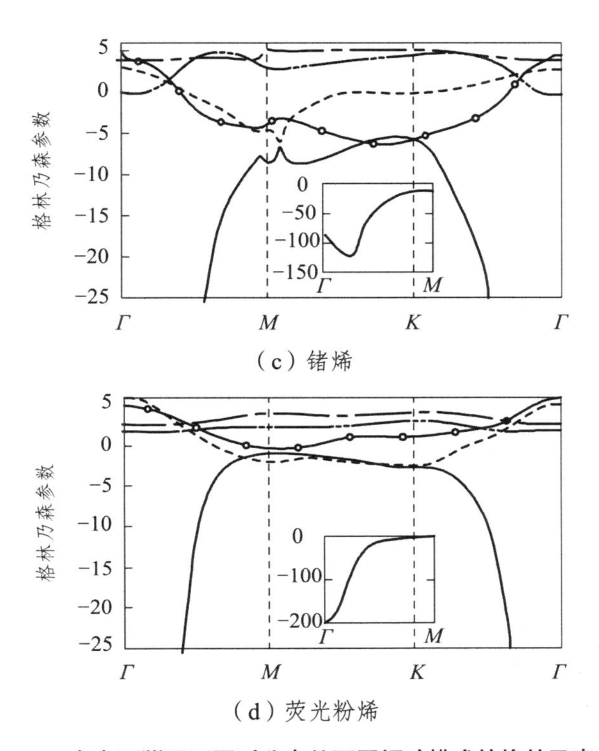

（c）锗烯

（d）荧光粉烯

图 4.2.3 在布里渊区不同对称点处不同振动模式的格林乃森参数

石墨烯的横声子的格林乃森参量 γ_τ 为[7]

$$\gamma_\tau = -\frac{\varepsilon_1' d_0}{\varepsilon_0'}\{1-\frac{3\varepsilon_1' k_B T}{d_0 \varepsilon_0'^2}[1+\frac{3\varepsilon_2' k_B T}{\varepsilon_0'^2}+(\frac{3\varepsilon_2' k_B T}{\varepsilon_0'^2})^2]\} \tag{4.2.4}$$

这里，ε_0'、ε_1'、ε_2' 分别是横向简谐系数和第一、第二非简谐系数。由式（4.2.3）得到石墨烯纵声子的格林乃森参数随温度的变化如图 4.2.4（a）所示，由式（4.2.4）得到石墨烯横声子的格林乃森参数随温度的变化如图 4.2.4（b）所示。

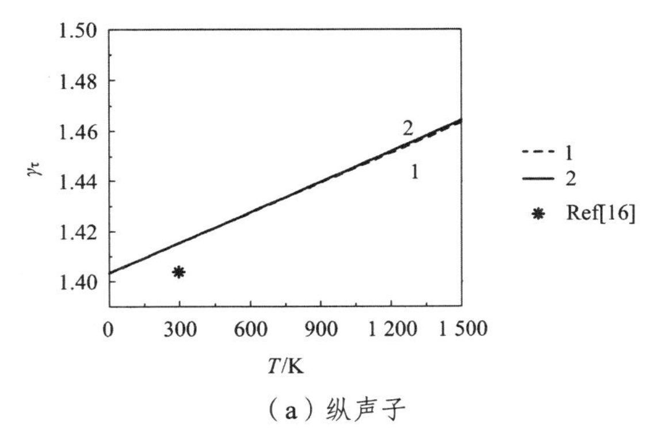

（a）纵声子

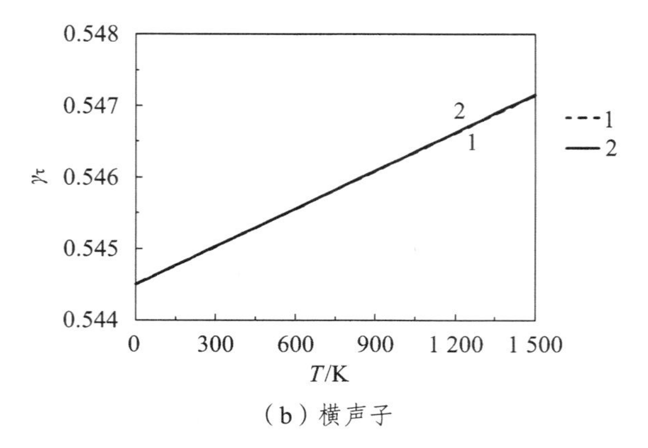

（b）横声子

图 4.2.4　石墨烯的格林乃森参数随温度的变化

由图 4.2.4 看出：石墨烯原子振动频率随体积增大而减小的变化程度随温度的升高而增大，但变化很小，即受温度的影响很小。

文献[4]给出石墨烯各振动模的频率 ω_i 、波速 v_i 以及 γ_i 的数值见表 4.1.1。

由表 4.1.1 看出：各振动模的频率 ω_i 、波速 v_i 和格林乃森参量 γ_i 不同。在几种振动模中，LA 和 TO、LO 振动模的格林乃森参量最大，且为正，而 ZO 和 ZA 振动模的格林乃森参量为负值，这表示这两种振动模的频率随体积的变化有异常情况。

4.3　石墨烯的热容量和热导率随温度的变化

热容量和热导率是重要的热学性质之一，石墨烯的许多应用（如高热能蓄热片等）都与石墨烯的高热容等性质有关。本节将应用固体物理理论，首先论述石墨烯热容量的物理模型，在此基础上论述石墨烯的热容量、热导率等随温度的变化规律以及非简谐效应。

4.3.1　石墨烯热容量的物理模型

在所涉及的温度不太高时，研究石墨烯热容量的物理模型常采用二维晶格德拜模型。按照这种模型，对于由 N 个原子组成的面积为 S 的二维平面晶体，它有 1 个最大振动频率（德拜频率 ω_D ），在角频率小于 ω_D 时的晶格振动模式密度 $g(\omega)$ 可写为：

$$g(\omega)=\frac{S\omega}{2\pi v^2} \qquad (0<\omega\leqslant\omega_D) \tag{4.3.1}$$

而角频率大于ω_D时的晶格振动模式密度$g(\omega)=0$。这里v为声速。对二维晶体，格波有横波（T）和纵波（L）各1支，设速度为v_τ和v_l，则平均速度v_p满足：

$$\frac{2}{v_p^2}=\frac{1}{v_l^2}+\frac{1}{v_\tau^2} \tag{4.3.2}$$

由此求得德拜模型下二维晶体的自由能和其他热力学量。

4.3.2 石墨烯的热容量随温度的变化

按照晶格热容德拜理论，对由N个原子组成的二维晶格，定容热容量为：

$$C_V=4Nk_B\left(\frac{T}{\theta_D}\right)^2\int_0^{\theta_D/T}\frac{e^x x^2}{(e^x-1)^2}dx \tag{4.3.3}$$

对1mol物质，可得到摩尔定容热容量为[13]：

$$C_V=4R\left(\frac{T}{\theta_D}\right)^2\int_0^{\theta_D/T}\frac{e^2 x^2}{(e^2-1)^2}dx \tag{4.3.4}$$

而定容比热为：

$$C_V'=\frac{4R}{\mu}\left(\frac{T}{\theta_D}\right)^2\int_0^{\theta_D/T}\frac{e^2 x^2}{(e^2-1)^2}dx \tag{4.3.5}$$

式中：μ为摩尔质量，θ_D为德拜温度，它与温度T的关系由（3.4.2）式表示。

将石墨烯的数据代入（4.3.5）式，得到石墨烯的摩尔定容量随温度的变化如图4.3.1（a）所示，图中的线0，1，2分别是简谐近似，只考虑到第一非简谐项，同时考虑到第一、第二非简谐项的结果。为了说明非简谐效应，图4.3.1（b）给出同时计及第一、第二非简谐的热容量C_{Va}与简谐近似的热容量C_{VO}的差随温度的变化，图4.3.1（c）给出同时计及第一、第二非简谐的热容量C_{Va}与只计及第一非简谐的C_{V1}的差$\Delta C_{V1}=C_{Va}-C_{V1}$随温度的变化。可以看出：（1）石墨烯的摩尔定容热容随温度升高而非线性增大，其中温度较低（如$T<800$ K）时增大较快，遵从$C_V\sim T^2$规律；而温度很高（如$T>1600$ K）时则趋于常数；（2）考虑到原子非简谐振动后，摩尔热容量的值有所减小，减小的情况随温度升高而增大，非简谐项对定容热容量的影响为1.2%~1.4%。

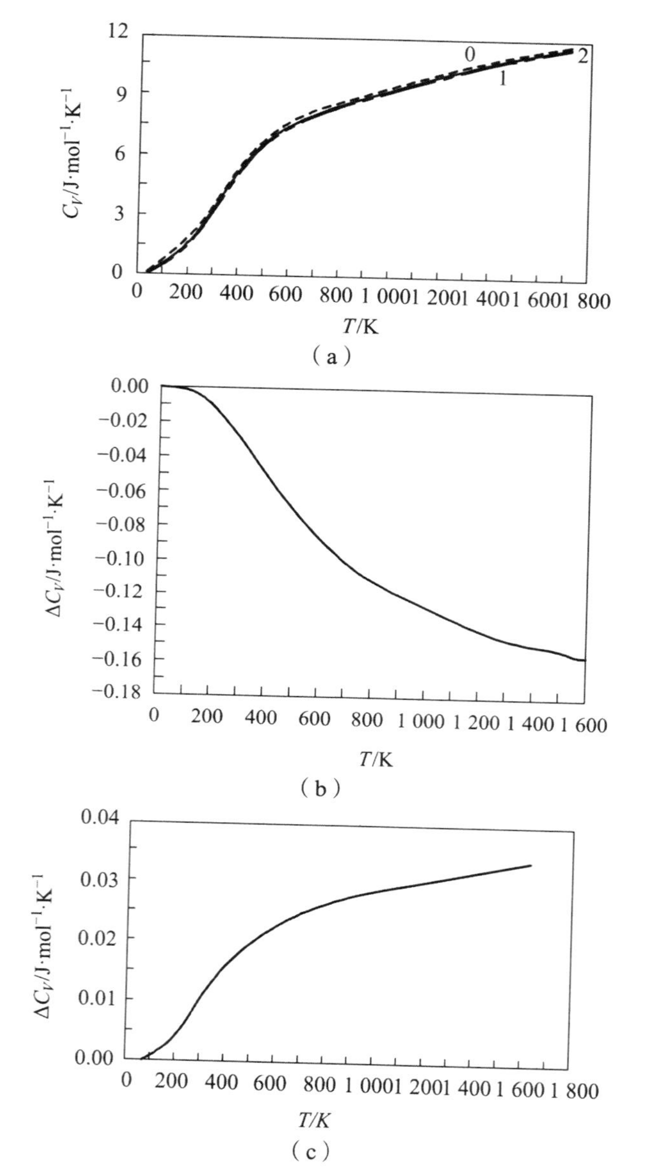

图 4.3.1　石墨烯的摩尔热容量随温度的变化[14]

4.3.3　石墨烯的热导率随温度的变化

石墨烯是一种具有超高热传导性能的优越材料，在热声子器件等领域应用广泛，目前已有许多文献已对石墨烯的导热性能进行实验和理论研究。文献[14]

采用非接触的光学技术，从实验上测得其热导率为（4.84 ± 0.44）$\times10^3$~$(5.3\pm0.48)\times10^3\,\mathrm{W\cdot m^{-1}\cdot K^{-1}}$。为了从理论上说明，文献[15]采用第一性原理，计算得到它的热导率在 2000~6000 $\mathrm{W\cdot m^{-1}\cdot K^{-1}}$。文献[16]用非平衡动力学模拟，用 Brenner 势来计算，得到的热导率比实验值小（小于 $<0.4\times10^3\,\mathrm{W\cdot m^{-1}\cdot K^{-1}}$）。对热导率的影响因素，文献[17]证实石墨烯热传导具有各向同性的性质，文献[18]通过对石墨烯施以一固定的热流，在非平衡态下研究晶界对热传导的影响，结果表明在晶界存在的地方，温度有跳跃。这些研究未给出石墨烯热传导随温度变化的规律。

为了较深入研究热传导率 K 随温度的变化规律，我们依据热导率 K 与声子平均自由程 l、定容比热 C'_V、声子平均速度 v 的关系式[13]：

$$K=\frac{1}{3}C'_V l v \tag{4.3.6}$$

其中声子平均自由程 l 由下式决定

$$l=l_0\mathrm{e}^{\theta_\mathrm{D}/\eta T} \tag{4.3.7}$$

这里，η 是与物质有关的参数，取 2~3，l_0 待定。v 由 $v^{-2}=\frac{1}{2}\left(v_l^{-2}+v_\tau^{-2}\right)$ 求得，比热由（4.3.5）式求得。

将石墨烯的有关数据代入式（4.3.5）和式（4.3.7）后，再一起代入式（4.3.6），得到石墨烯的热导率随温度的变化，见图 4.3.2（a），图中的曲线 0，1，2 分别为简谐近似，只计及第一非简谐，同时计及第一、二非简谐项的结果。为了说明非简谐效应的大小，图 4.3.2（b）给出同时计及第一、二非简谐系数时的热导率 K_va 与简谐近似时的热导率 K_v0 的差 $\Delta K_\mathrm{o}=K_\mathrm{va}-K_\mathrm{vo}$ 随温度的变化；图 4.3.2（c）给出同时计及第一、二非简谐系数的 K_va 与只计及第一非简谐系数的热导率 K_v1 的差 $\Delta K_1=K_\mathrm{va}-K_\mathrm{v1}$ 随温度的变化。为了比较，图中还给出文[14]的实验值和文[16]的计算值。

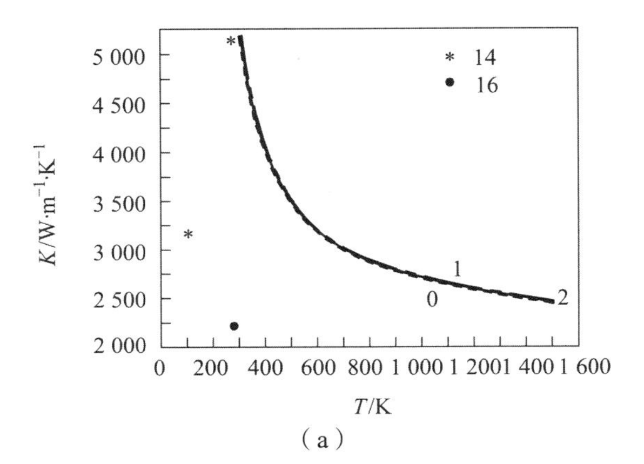

（a）

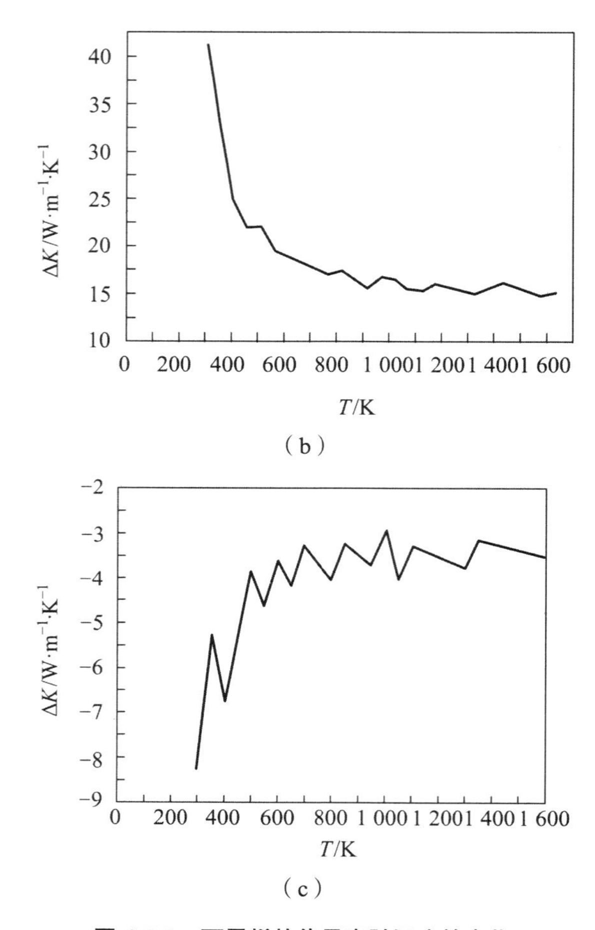

图 4.3.2 石墨烯热传导率随温度的变化

图 4.3.2 表明：① 石墨烯具有较大的热导率，并随温度升高而非线性减小，其中温度较低 (< 1000 K) 变化较快，而较高 (T > 1000 K) 时变化较慢；② 考虑非简谐振动后，热导率要比简谐近似的值增大，温度越高，非简谐效应越显著。

4.4 石墨烯的负热膨胀现象

石墨烯具有独特的结构和优异的性质，其中一个独特性质就是低温下具有负热膨胀等性质。国内外许多学者都从实验或理论上对它进行了研究，但对石墨烯的热热膨胀系数随温度的变化规律的理论研究还处于不断深入和完善之中。本节将论述石墨烯的负热膨胀现象的发现过程和研究状况，在此基础上，应用固体物理理论和方法，分别探讨非低温石墨烯热膨胀系数随温度的变化规律和低温热膨胀系数随温度的变化规律以及非简谐效应。

4.4.1 石墨烯负热膨胀现象的发现

热膨胀现象是重要而且是典型的非简谐现象，石墨烯负热膨胀引起人们极大关注。2009 年文献[19]中用实验测出在 $T = 300\ \mathrm{K}$ 温度时，石墨烯热膨胀系数为 $-7\times10^{-6}\ \mathrm{K}^{-1}$，温度在 900 K 时，变为正值。温度高于 1000 K 时，可达到 $5\times10^{-6}\ \mathrm{K}^{-1}$。为了解释这一现象，文[20]在简谐近似下，用密度泛函理论，在 0~2250 K 内膨胀系数总为负值；文[21]用蒙特卡罗方法，发现在 300 K 温度时，线膨胀系数等于 $-(4.8\pm1.0)\times10^{-6}\mathrm{K}$；文[22]采用非平衡格林函数法，得到 T=300 K 温度时，线胀系数为 $-6\times10^{-6}\ \mathrm{K}^{-1}$；文[23]基于第一性原理的分子动力学，求出石墨烯线膨胀系数为 $-6.5\times10^{-6}\ \mathrm{K}^{-1}$，文[8]采用哈里森键联轨道法，在简谐近似和忽略短程作用情况下，得到的线膨胀系数为 $-5.41\times10^{-6}\mathrm{K}^{-1}$，不仅误差大，而且总为负值，这些研究反映不出热膨胀系数随温度变化的规律。

4.4.2 非低温石墨烯热膨胀系数随温度的变化

非低温情况下，可采用经典统计物理理论方法，由玻尔兹曼统计，求出原子的平均位移 $\bar{\xi}$ [即式（3.1.20）中的 $\bar{\delta}$]，利用线膨胀系数的计算公式 $\alpha_l = (1/d_0)\mathrm{d}\bar{\xi}/\mathrm{d}T$，求得温度不太低时的线膨胀系数为[13]：

$$\alpha_l = \frac{1}{d_0}\left[\frac{3\varepsilon_1 k_\mathrm{B}}{\varepsilon_0^2 - 3\varepsilon_2 k_\mathrm{B} T} - \frac{9\varepsilon_1\varepsilon_2 k_\mathrm{B}^2 T}{\left(\varepsilon_0^2 - 3\varepsilon_2 k_\mathrm{B} T\right)^2}\right] \tag{4.4.1}$$

将石墨烯的有关数据代入（4.4.1）式，得到非低温温度（室温以上）情况下，石墨烯的热膨胀系数随温度的变化见表 4.4.1，表中的（0),（1),（2）分别为简谐近似，只考虑到第一非简谐项和同时考虑到第一、非简谐项的结果。

表 4.4.1 非低温下石墨烯热膨胀系数 $\alpha(10^{-6}\,\mathrm{K}^{-1})$ 随温度的变化[13]

T/K	300	600	1000	1100	1200	1300
（0）	0	0	0	0	0	0
（1）	−7.06	−7.06	−7.063	−7.063	−7.063	−7.063
（2）	−6.64	−4.11	−1.000	−0.017	1.063	2.255

续表

T/K	300	600	1000	1100	1200	1300
文[21]	−4.8					
文[22]	−6					
文[23]	−6.5					
文[8]	−5.41					
实验[19]	−7					

由式（4.4.1）得到非低温（高于室温）、但又不太高（低于1500 K）时的线膨胀系数随温度的变化[12]相应的变化曲线，见图 4.4.1。图中的虚线是只计及第一非简谐项的结果，实线是同时计及第一、二非简谐项的结果（附注：图中文献编号见文[12]）。

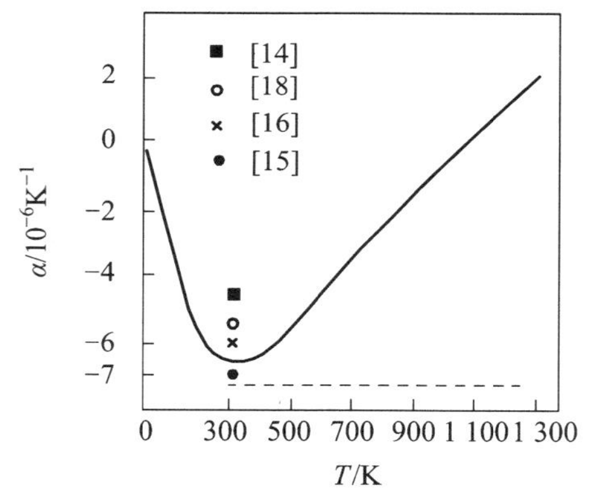

图 4.4.1 非低温时的线膨胀系数随温度的变化[12]

可看出：① 石墨烯的热膨胀系数在很大的温度范围内为负值.温度高于 1132 K 时，将由负变为正，与文献[19]的实验的结论基本一致；② 由于考虑到短程相互作用，并同时考虑到第一、二非简谐振动项，和其他文献相比，不仅在温度 $T=300\ \mathrm{K}$ 时较接近实验值，而且还给出了随温度的变化情况；③ 若不考虑非简谐效应 $(\varepsilon_1=\varepsilon_2=0)$，则热膨胀系数为零；若只考虑到第一非简谐项 $(\varepsilon_2=0)$，则热膨胀系数总为负值，与文献[20]的实验结果不符。只有同时考虑到第一、二非简谐项，才能使结果与实验结果较接近。

4.4.3 石墨烯低温热膨胀系数随温度的变化

温度较低时，式（4.4.1）已不适用，应从微观角度由热力学理论推导。较低温度（室温以下）时，石墨烯晶格振动有 LA、TA、LO、TO、ZO、ZA 模，由于各振动模因其声子谱不一样，它们对热膨胀系数的贡献不一样。

对 LA、TA、LO、TO、ZO 模，声子谱为$\omega = v_i q$，晶格振动模式密度为：

$$g_i(\omega) = \begin{cases} \dfrac{A}{2\pi v_i^2}\omega & \omega \leqslant \omega_i \\ 0 & \omega \geqslant \omega_i \end{cases} \tag{4.4.2}$$

令$x = \hbar\omega/k_B T$，$x_i = \hbar\omega_i/k_B T$，求得相应振动模的晶格振动自由能的公式：

$$F_i = \frac{A\omega_i^2}{4\pi v_i^2} k_B T \left(\frac{k_B T}{\hbar}\right)^2 \int_0^{x_i} x \ln(1 - e^{-x}) dx \tag{4.4.3}$$

对 ZA 模，声子谱为$\omega = cq^2$，晶格振动模式密度为

$$g_c(\omega) = \begin{cases} \dfrac{A}{4\pi c} & \omega < \omega_i \\ 0 & \omega > \omega_i \end{cases} \tag{4.4.4}$$

求得 ZA 模的晶格振动自由能为：

$$F_c = \frac{A}{4\pi c} k_B T \left(\frac{k_B T}{\hbar}\right) \int_0^{x_i} \ln(1 - e^{-x}) dx \tag{4.4.5}$$

利用定压膨胀系数α_P与等温压缩系数K_T的关系和热力学公式，可得到：

$$\alpha_p = -k_T \left(\frac{\partial^2 F}{\partial A \partial T}\right) \tag{4.4.6}$$

k_T与弹性模量 B 的关系为$k_T = 1/B$。文[3]的研究表明：对石墨烯，弹性模量随温度变化甚微（在 0~600 K 只减小 0.45%），因此$B \approx B_0$（为$T = 0$ K 时的弹性模量），$k_T \approx 1/B_0$，而频率ω与面积 A 有关，由格林乃森参量γ的定义式$\gamma = -d\ln\omega/d\ln A$，将式（4.4.2）、（4.4.4）代入式（4.4.6），求得对 LA、TA、TO、LO、ZO 模，声子对膨胀系数的贡献为[7]：

$$\alpha_{pi} = -\frac{1}{B_0}\frac{k_B\gamma_i}{2\pi}\left(\frac{\omega_i}{v_i}\right)^2\left\{\frac{8}{x_i^2}[1-(1+x_i)e^{-x_i}] - 4\ln(1-e^{-x_i}) + \frac{x_i}{e^{x_i}-1}\right\} \tag{4.4.7}$$

其中，γ_i为第 i 支振动模的格林乃森参量，v_i为的平均声速，ω_i支的振动频率。在上述 6 支振动模中，只有平面纵声学支（LA）的格林乃森参量随温度变化较大，而其余各支的γ_i可视为常量。其中，γ_{LA}随温度的变化见（4.2.3）式，而它

在 $T=0\,\mathrm{K}$ 时的值 $\gamma_{\mathrm{LA}}(0)$ 以及其他各支的 γ_i 、 ω_i 和 v_i 的值见表 4.2.1。

ZA 模，声子对石墨烯热膨胀系数的贡献为：

$$\alpha_{\mathrm{ZA}}=-\frac{1}{B_0}\frac{\gamma_{\mathrm{c}}}{4\pi c}-\frac{k_{\mathrm{B}}^2}{\hbar}\sum_{n=1}^{\infty}\frac{1}{n}\left(Tx_{\mathrm{c}}+nTx_{\mathrm{c}}^2\right)\mathrm{e}^{-nxc} \tag{4.4.8}$$

这里 $x_{\mathrm{c}}=\hbar\omega_{\mathrm{c}}/k_{\mathrm{B}}T$ ， ω_{c} 为 ZA 模的振动频率。由表 4.1.1 的数据和文献[1]给出的声子谱曲线，可求得 $c=6.6348\times10^{-8}\,\mathrm{m^2\cdot s^{-1}}$，将这些数据代入式（4.4.7）和式（4.4.8），得到较低温度下各振动模的声子对石墨烯热膨胀系数随温度的变化如表 4.4.2 所示。表中 $\alpha_{\mathrm{LA(1)}}$ 、 $\alpha_{\mathrm{LA(2)}}$ 分别是只考虑到第一非简谐，同时考虑到第一、第二非简谐时，声学波纵声子（LA）对热膨胀系数的贡献。

表 4.4.2 各振动模的热膨胀系数 $\alpha(10^{-6}\,\mathrm{K}^{-1})$ 随温度的变化

T/K	50	100	150	200	250	270	300
$\alpha_{\mathrm{LA}}(1)$	−0.00584	−0.02345	−0.05448	−0.10344	−0.17177	−0.20388	−0.25619
$\alpha_{\mathrm{LA}}(2)$	−0.00584	−0.02345	−0.05448	−0.10345	−0.17178	−0.20388	−0.25620
α_{TA}	−0.00497	−0.01989	−0.04488	−0.08119	−0.13172	−0.15648	−0.19866
α_{TO}	−0.00540	−0.02162	−0.04865	−0.08682	−0.13768	−0.16217	−0.20389
α_{LO}	−0.01152	−0.04608	−0.10372	−0.18510	−0.29354	−0.34575	−0.43468
α_{ZO}	−0.01477	−0.05966	−0.14305	−0.27460	−0.44733	−0.52464	−0.64646
α_{ZA}	−0.00049	−0.03494	−0.02741	−0.07336	−1.30330	−1.54230	−1.90215

文献[24]给出低温条件下石墨烯各键的模式下热膨胀系数随温度的变化如图 4.4.2 所示，其中（a）为 1 个键的模式；（b）为 2 个键的模式；（c）为 3 个键的模式；（d）为撕裂键的模式；（e）为 3 个键的模式；（f）为纵声子模式。

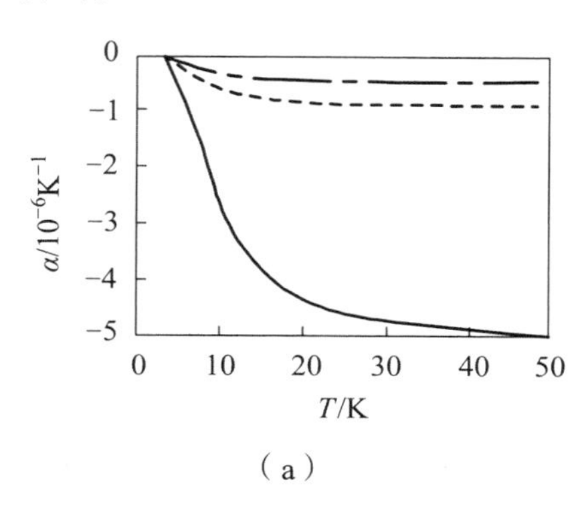

（a）

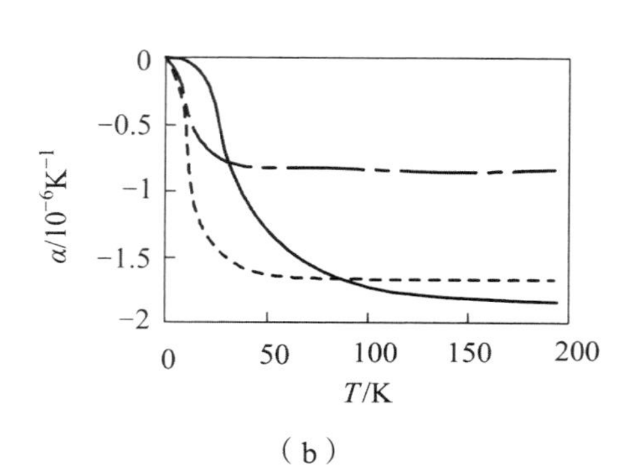

（b）

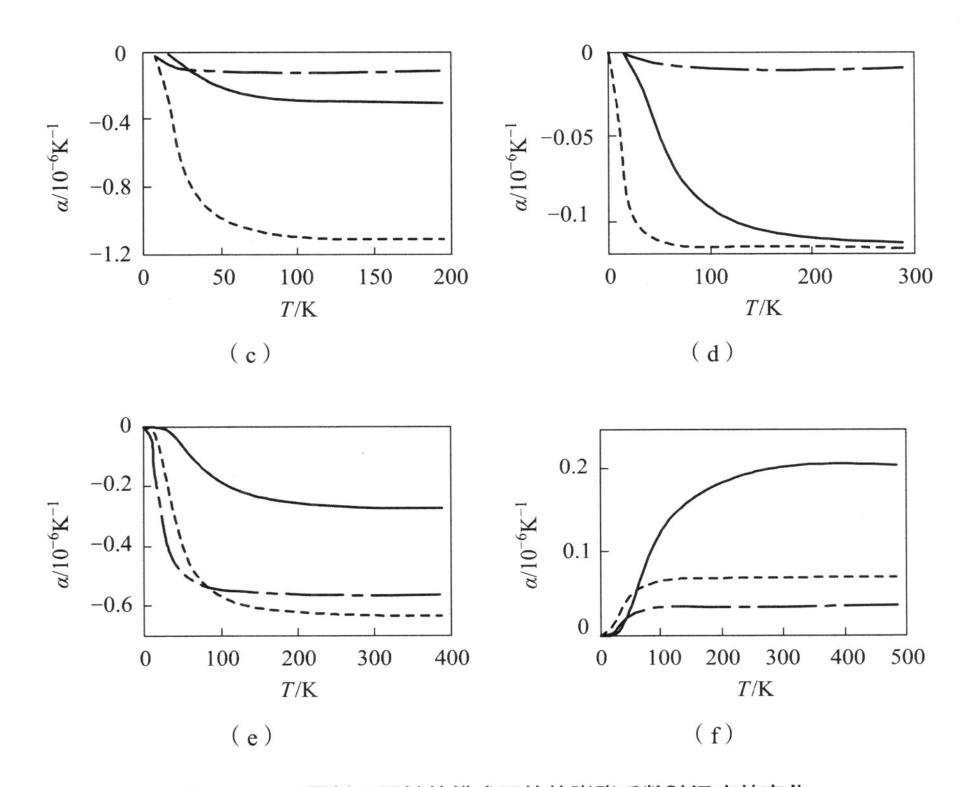

图 4.4.2 石墨烯不同键的模式下的热膨胀系数随温度的变化

由式（4.4.7）和式（4.4.8）得到低温下石墨烯各振动模的热膨胀系数随温度的变化如图 4.4.3 所示[7]。

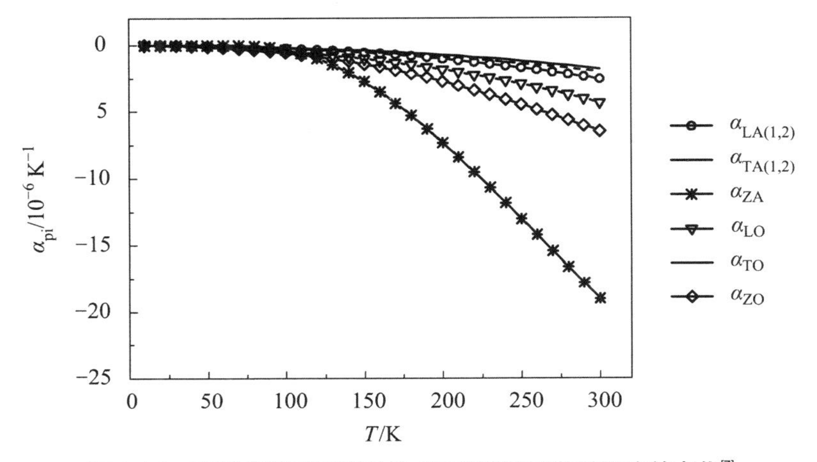

图 4.4.3 石墨烯的不同振动模式下热膨胀系数随温度的变化[7]

较低温度下的热膨胀系数 α_p 为各振动模贡献的热膨胀系数 α_{pi} 之和，即

$$\alpha_p = \sum_{i=1}^{6} \alpha_{pi} + \alpha_{pZA} \tag{4.4.9}$$

由表 4.4.2，可得到较低温度下石墨烯热膨胀系数 α_p 随温度的变化，见表 4.4.3。表中的 $\alpha_{p(1)}$、$\alpha_{P(2)}$ 分别是只考虑到第一非简谐项和同时考虑到第一、二非简谐项的结果。为了比较，表中还给出文献[14]采用密度泛函理论，基于第一性原理的计算结果，文献[26]采用价力场方法的计算结果，（文献[22]用非平衡格林函数法（NEGF）计算结果，这里的编号[26][22]见文献[4]）文献[34]用喇曼光谱实验测量的结果。

表 4.4.3　石墨烯的低温热膨胀系数 $\alpha(10^{-6}\,K^{-1})$ 随温度的变化

T/K	50	100	150	200	250	270	300
$\alpha_p(0)$	0	0	0	0	0	0	0
$\alpha_p(1)$	−0.04300	−0.20560	−42216	−0.80455	−2.48533	−2.93520	−3.64207
$\alpha_p(2)$	−0.04300	−0.20560	−0.42217	−0.80456	−2.48634	−2.93521	−3.64209
文[4]						−3.9	
文[22]						−2.8	
文[26]						−2.9	
文[34]							−8.0 ± 0.7

由式（4.4.9）得到室温下石墨烯热膨胀系数 α_p 随温度的变化[7]，见图 4.4.4。图中，线 0、1 和线 2 分别是简谐近似、只考虑到第一非简谐项和同时考虑到第一、第二非简谐项的结果。

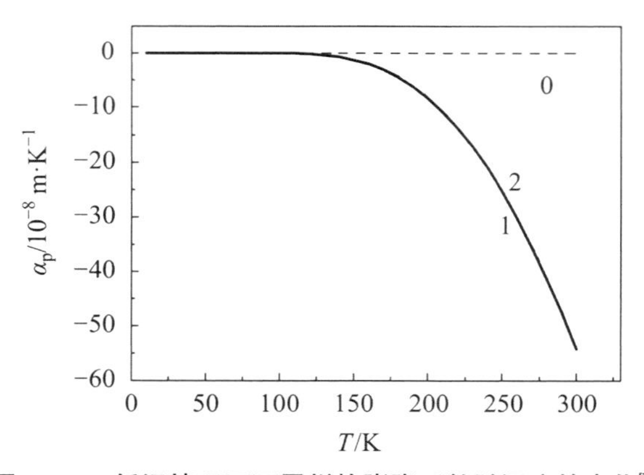

图 4.4.4　低温情况下石墨烯热膨胀系数随温度的变化[7]

由图 4.4.4 看出：① 绝对零度的温度时，热膨胀系数为零，这与热力学第三定律相符合；而温度很低时，热膨胀系数为负值。② 若不考虑非简谐效应，则热膨胀系数为 0，键长为常量。考虑到非简谐项后，热膨胀系数为负值，并随着温度的升高其绝对值单调增大，键长随温度升高而减小，但变化很缓慢。出现负热膨胀现象的原因在于：石墨烯为准二维结构，在温度较低的某些温度范围内升高温度时，平面外横向声学模式起重要作用，垂直平面层方向的原子间距离因横向声振动导致平均距离减小，出现膜效应，结果热膨胀系数为负值。③ 石墨烯各振动模对热膨胀系数的贡献不同。在几种振动模中，以 ZA 和 ZO 振动模对线膨胀系数的贡献较大。④ 在低温范围，本书的结果与文献[16]和文献[22][26]的结果相近。与文献[26]的误差仅 1.2%。

4.5　石墨烯力学性质的非简谐效应

石墨烯具有优良的力学性质。首先，它具有极高的抗压能力和抗拉能力，文[24]采用第一性原理计算方法，预测出石墨烯理想强度为 110~120 GPa，是目前力学强度最高的强度。2008 年哥伦比亚大学的 Lee 等人用硅基板外延得多孔二氧化硅，并利用 AFM 测量位于纳米孔洞上方的石墨烯片，测得其本征强度和模量分别为 125 GPa 和 1100 GPa，强度比世界上最好的钢铁还高 100 倍，并与理论预测结果一致，进一步证实，石墨烯是目前世界上人类已知的最牢固的材料[25]。石墨烯除了强度很高外，另一个突出优良性能是具有很好的弹性。描述弹性性能的是材料的弹性能、力常数、杨氏模量、剪切模量、弹性模量等物理量。除了实验测定这些量外，在理论上要研究它的变化规律，必须要建立物理模型，由弹性能的具体形式和具体的微观物质结构、求出力常数等相关量。本节将论述在 Keating 形变势模型、Davydov 模型、Davydov 石墨烯形变势模型和点缺陷型弹性模型这几种模型下，石墨烯的力学性质，探讨非简谐振动对弹性模量等的影响。

4.5.1　Keating 形变势下的弹性模量

弹性在工程应用上尤其广泛：强度、刚度、应力集中、波的传播、振动、热应力等，航天、航空、机械、土木、化工等都涉及弹性性质。为了研究石墨烯的弹性，1965 年 P. N. Keating 提出弹性模型，按此模型，石墨烯的弹性能 W

可视为中心势 W_C 和非中心相互作用势 W_{NC} 之和[27]：

$$W_C \approx \frac{\alpha}{d^2}\sum_{i=1}^{3}\left(\vec{R}_{0i}^2-\vec{r}_{0i}^2\right)^2$$

$$W_{NC} = \frac{\beta}{d^2}\sum_{i,j\gg i}^{3}\left(\vec{R}_{0i}\cdot\vec{R}_{0j}-\vec{r}_{0i}\cdot\vec{r}_{0j}\right)^2 \tag{4.5.1}$$

这里$\vec{r}_{0i}$是第i个原子的平衡位置，$\vec{R}_{0i}=\vec{r}_{0i}+\delta\vec{r}_{0i}$是存在形变$\delta\vec{r}_{0i}\approx du_{0i}\vec{e}_x+d\gamma_{0i}\cdot\vec{e}_y$时第$i$个原子的位置。$u_{0i}$和$\gamma_{0i}$分别是沿$x$和$y$轴的位移。$\alpha$和$\beta$分别是中心和非中心相互作用常数。非形变时键之间的夹角为$2\pi/3$，有$\vec{r}_{0i}\cdot\vec{r}_{0j}=-d^2/2$。

将（4.5.1）按u_{0i}和γ_{0i}展开到二级，并考虑到：

$$u_{01}=u'-\frac{\sqrt{3}}{2}de_{xx}+\frac{1}{4}de_{xy}，\quad u_{02}=u'+\frac{\sqrt{3}}{2}de_{xx}+\frac{1}{4}de_{xy}，\quad u_{03}=u'-\frac{1}{2}de_{xy}$$

$$v_{01}=\gamma'-\frac{\sqrt{3}}{4}de_{yx}+\frac{1}{2}de_{yy}，\quad v_{02}=\gamma'+\frac{\sqrt{3}}{4}de_{yx}+\frac{1}{2}de_{yy}，\quad v_{03}=\gamma'-de_{yy} \tag{4.5.2}$$

求得 W_C和 W_{NC}随内位移u'、γ'和形变张量元$e_{xx}=\partial u/\partial x$，$e_{yy}=\partial v/\partial y$，$e_{xy}=e_{yx}=\partial u/\partial y+\partial v/\partial x$的变化关系式。

平衡态下，弹性能极小，由极小的条件$\partial W/\partial u'=\partial W/\partial v'=0$，求得内位移$u'$、$v'$满足

$$\frac{u'}{d}=\xi e_{xx}，\quad \frac{v'}{d}=-\xi\left(e_{xx}-e_{yy}\right) \tag{4.5.3}$$

这里，ξ是克黎曼内位移参量，将式（4.5.3）和u_{0i}、v_{0i}代入式（4.5.1），得到 W_C、W_{NC}以及弹性能 W作为e_{xx}、e_{yy}、e_{xy}和$\alpha\cdot\beta$的函数形式

$$W=W\left(e_{xx},\ e_{yy},\ e_{xy},\ \alpha,\ \beta\right) \tag{4.5.4}$$

另一方面，文献[28]又将二维六角结构的弹性能密度$w=W/S$写为如下形式：令$\xi=x+iy$，$\eta=x-iy$为复数坐标，有

$$w=2\lambda_{\xi\eta\xi\eta}\left(e_{xx}+e_{yy}\right)^2+\lambda_{\xi\xi\eta\eta}[\left(e_{xx}-e_{yy}\right)^2+e_{xy}^2] \tag{4.5.5}$$

将（4.5.4）式与我们求得的$W(e_{xx},e_{yy},e_{xyj}d,\beta)=wS$相比较，可得到

$$\lambda_1 = \frac{1}{2\sqrt{3}}(4\alpha + \beta), \quad \lambda_2 = \frac{3\sqrt{3}\alpha\beta}{(4\alpha + \beta)} \tag{4.5.6}$$

利用立方晶体通常的记号，求得弹性常数 $C_{11} = \lambda_{xxxx}$， $C_{12} = \lambda_{xxyy}$， $C_{44} = \lambda_{xyxy}$，将复数坐标转变为笛卡尔坐标（x，y），可得到弹性常数为：

$$C_{11} = \frac{1}{\sqrt{3}}\left(4\alpha + \beta + \frac{18\alpha\beta}{4\alpha + \beta}\right)$$

$$C_{12} = \frac{1}{\sqrt{3}}\left(4\alpha + \beta - \frac{18\alpha\beta}{4\alpha + \beta}\right)$$

$$C_{44} = \frac{18}{\sqrt{3}}\frac{\alpha\beta}{4\alpha + \beta} \tag{4.5.7}$$

由杨氏模量 E 和泊松系数 σ 与力常数的关系式：

$$E = 9\frac{C_{11}C_{44}}{3C_{11} + C_{44}}, \quad \sigma = \frac{1}{2}\frac{3C_{11} - 2C_{44}}{3C_{11} + C_{44}} \tag{4.5.8}$$

将式（4.5.7）代入式（4.5.8），就得到 E 和 σ 的具体表示式，而弹性模量 B 和力常数的关系为：

$$B = \frac{1}{3}(C_{11} + 2C_{12}) \tag{4.5.9}$$

克金模型的特点是弹性模量 B=C_{11}，即既含中心相互作用常数 α，也含非中心相互作用力常数 β。

文[27]取值为：$\beta / \alpha = 0.22$，求得 $C_{11} = 2.98d$ 、$C_{12} = 1\,89d$ 、$C_{44} = 0.54d$。

力常数之间满足 $C_{11} > C_{12} > C_{44}$。石墨烯的这种变化特点与 C、Si 和 Ge 三维晶体的关系 $C_{11} > C_{44}C_{12}$ 不同。将这些数据代入式（4.5.8）和（4.5.9），求得石墨烯的杨氏模量 E、泊松系数 σ 和弹性模量 B 分别为：$E = 1.5d$ 、$\sigma = 0.41$ 、$B = 2.253d$。剪切模量 D 与杨氏模量 E 之比 $D/E = 0.35$，而文[29]的值为 0.43。

Keating 形变势模型的不足是未考虑到最近邻格点非中心相互作用的非简谐性。

4.5.2 Davydov 模型下单层石墨烯的弹性

2011 年 Davydov S Yu 在文[30]中，在克金模型的基础上，考虑到最近邻格点非中心相互作用的非简谐系数，求出了单层石墨烯的第三级彼此独立的弹性常数 C_{ijk} 的解析表示式，在此基础上研究了弹性。该模型认为：石墨烯的弹性能

W 除中心相互作用势 W_{C} 和非中心相互作用势 W_{NC} 外，还有非简谐弹性能 W_{C}'，即 $W = W_C + W_{NC} + W_C'$，其中：

$$W_{\mathrm{C}}' = \frac{\gamma}{d^4}\sum_{i-1}^{3}\left(\vec{R}_{0i} - \vec{r}_{0i}\right)^3 \tag{4.5.10}$$

这里 γ 是最近邻格点中心相互作用的非简谐力常数。

设 $\vec{R}_{0i} = \vec{r}_{0i} + \delta\vec{r}_{0i}$，形变 $\delta\vec{r}_{0i} = u_{0i}\vec{e}_x + v_{0i}\vec{e}_y$，$u_{0i}$ 和 γ_{0i} 是第 i 个格点沿 x、y 方向的位移（i=0, 1, 2，具体编号见图 4.5.1），

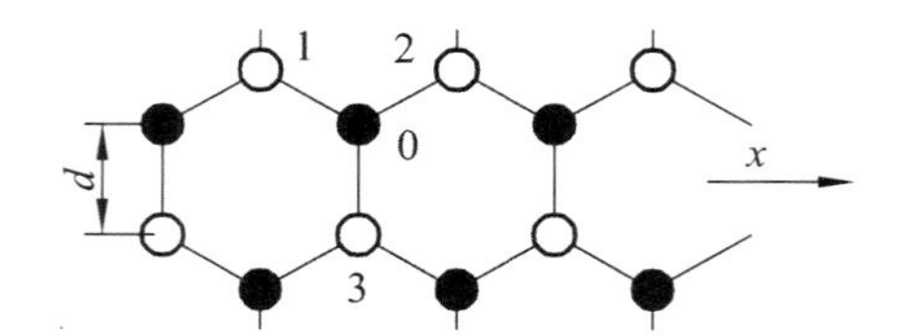

图 4.5.1　石墨烯的结构示意图

将（4.5.2）式代入（4.5.10）式，可得

$$\begin{aligned}\frac{W_{\mathrm{C}}'}{2\gamma d^2} = &\left[(1.5-\xi)^3 + 4\xi^3\right]e_{xx}^3 + \left[(0.54+\xi)^3 + 4(1-\xi)^3\right]e_{yy}^3 \\ &+3\left[(1.5-\xi)(0.5+\xi)^2 + 4\xi(1-\xi)^2\right]e_{xx}e_{yy}^2 + 3\left[(1.5-\xi)^2(0.5+\xi)\right. \\ &\left.+4\xi^2(1-\xi)\right]e_{xx}^2 e_{yy} + 9(1-0.5)^2\left[(1.5-\xi)e_{xx} + (0.5+\xi)e_{yy}\right]e_{xy}^2\end{aligned} \tag{4.5.11}$$

其中的 ξ 为黎曼内位移参量：

$$\xi = \frac{2\alpha - \beta}{4\alpha + \beta} \tag{4.5.12}$$

其中 α、β 是简谐近似下的中心和非中心相互作用参量。引入能量密度 $w = W/S$，将式（4.5.11）和（4.5.1）一起代入 $W = W_{\mathrm{C}} + W_{\mathrm{NC}} + W_{\mathrm{C}}'$，并与文献[31]的（4）式比较，求得三级弹性常数 C_{111}、C_{222}、C_{112} 与 ξ 和 γ 关系为：

$$C_{111} = \frac{16\gamma}{\sqrt{3}}\left[(1.5-\xi)^3 + 4\xi^3\right]$$

$$C_{222} = \frac{16\gamma}{\sqrt{3}}\left[(0.5+\xi)^3 + 4(1-\xi)^3\right]$$

$$C_{112}=\frac{16\gamma}{3\sqrt{3}}\left[(1.5-\xi)^2(0.5+\xi)+4\xi^2(1-\xi)\right] \quad (4.5.13)$$

该式表明：考虑非简谐后，石墨烯形变具有各向异性性质，且各向异性的程度$(|C_{111}|-|C_{222}|)$与$\left[\xi^3-(1-\xi)^3\right]$成正比，当$\xi>0.5$时，$|C_{111}|>|C_{222}|$。

将 Keating 模型中的α、β数据代入（4.5.12）、（4.5.13）式后，求得$C_{111}=20.3\gamma$、$C_{222}=20.36\gamma$、$C_{112}=4.05\gamma$，这里γ以 GPa 为单位测量。结果表明：$|C_{111}|<|C_{222}|$，即沿x方向的形变小于y方向的形变。此外，本书结果是$C_{111}:C_{222}:C_{112}=1:1.07:0.20$，与文献[12]的结果 1：0.88：0.29 有一定的差异。

现讨论 Davydov 模型下单层石墨烯的弹性常数与压强的关系。在简谐近似下，力常数受压强影响很小。考虑到非简谐振动效应后，由于三级弹性常数的出现，弹性常数发生改变，由C_{11}、C_{12}、C_{22}变为$\bar{C}_{11}$、$\bar{C}_{12}$和$\bar{C}_{22}$，与压强的关系为：

$$\bar{C}_{11}=C_{11}-(C_{111}+C_{112})\frac{1-\sigma}{E}p$$

$$\bar{C}_{22}=C_{11}-C_{222}\frac{1-\sigma}{E}p$$

$$\bar{C}_{12}=C_{12}-C_{112}\frac{1-\sigma}{E}p \quad (4.5.14)$$

$p=0$时，C_{11}=C_{22}，为各向同性形变。$P\neq0$时，沿x,y方向的形变不同，而且与压强p成正比，表示形变的各向异性随压强增大而增大。可以求得：$\bar{C}_{11}=-2.47\times10^{-2}p\gamma$，$\bar{C}_{22}=-1.28\times10^{-2}p\gamma$，$\bar{C}_{12}=-0.24\times10^{-2}p\gamma$，这里$\gamma,\bar{C}_{ij}$，$p$以 GPa 为单位。

Keating 弹性模型以及经 Davydov 修正后的形变三级模型，得到的石墨烯的弹性性质参量其误差都较大。实验测的杨氏模量为[3] $E=(342\pm40)\ \mathrm{N\cdot m^{-1}}$，照此模型的理论计算值为 389 $\mathrm{N\cdot m^{-1}}$，这反映了模型的局限性。

4.5.3 Davydov 石墨烯形变势模型下的弹性

为了克服 Keating 弹性模型的不足，2013 年 Davydov 在分析金刚石弹性模型式基础上，提出单层石墨烯的形变势模型，将弹性能写为[32]

$$W=3E_{\mathrm{b}}+E_{\mathrm{b}}\sum_{i=1}^{3}F(R_i)\sum_{i,j<i}^{3}f(\vec{R}_i.\vec{R}_j) \quad (4.5.15)$$

$$F\left(\vec{R}_i\right)=\exp\left[-\frac{2\gamma\left(R_i^2-d^2\right)}{d^2}\right]-2\exp\left[-\frac{\gamma\left(R_i^2-d^2\right)}{d^2}\right]$$

$$f\left(\vec{R}_i.\vec{R}_j\right)=\frac{1}{3}\exp\left[-\frac{\eta\left(R_iR_j\cos\theta_{ij}+d^2/2\right)}{d^2}\right]$$

这里E_b是未形变时石墨烯一个键的键能，$\vec{R}_i$和$\vec{\gamma}_i$分别是形变和未形变时，离原子 0 最近邻的第 i 个原子的位置矢量，$R_i=\left|\vec{R}_i\right|, \vec{r}_i=x_i\vec{e}_x+y_i\vec{e}_y$，$d=\left|\vec{r}_i\right|=1.42\times10^{-10}\,\text{m}$，$\gamma$和$\eta$为形变参量，$\theta_{ij}$是两键夹角。

平衡时，$F\left(R_i\right)$，$f\left(\vec{R}_i.\vec{R}_j\right)$满足条件$\partial F/\partial R_i=0$、$\partial f/\partial R_i=\partial f/\partial\theta_{ij}=0$、$\sum\limits_{i,j}f\left(\vec{r}_i,\vec{r}_j\right)=1$，令$\vec{R}_i=\vec{r}_i+\delta\vec{r}_i$，$\delta\vec{r}_i=u_ie_x+v_i\vec{e}_y$，那么$R_i^2-r_i^2=2\vec{\gamma}_i\cdot\delta r_i+2\left|\delta\vec{\gamma}_i\right|^2$

将$F(R_i)$和$f(\vec{R}_i\cdot\vec{R}_j)$展开，保留到二次项，可求得

$$\frac{W}{E_b}=\frac{4\gamma^2}{d^4}\sum_{i=1}^{3}\left(\vec{r}_i\cdot\delta\vec{r}_j\right)^2+\frac{\eta}{3d^4}\sum_{i,j\leqslant i}^{3}\left(\vec{r}_i\cdot\delta\vec{r}_i+\vec{r}_j\cdot\delta\vec{r}_j\right)^2 \tag{4.5.16}$$

式中$i,j=0,1,2,3$。由图 4.5.1 可得到原子的坐标分别为$d\left(0,0\right)$、$d\left(-\frac{\sqrt{3}}{2},\frac{1}{2}\right)$、$d\left(\frac{\sqrt{3}}{2},\frac{1}{2}\right)$和$d\left(0,-1\right)$，由此有

$$\vec{r}_1\cdot\delta\vec{r}_1=d\left(-\frac{\sqrt{3}}{2}u_1+\frac{1}{2}v_1\right),\quad \vec{r}_2\cdot\delta\vec{r}_2=d\left(\frac{\sqrt{3}}{2}u_2+\frac{1}{2}v_2\right),\quad \vec{r}_3\cdot\delta\vec{r}_3=-dv_3 \tag{4.5.17}$$

$$\vec{r}_1\cdot\delta\vec{r}_2+\vec{r}_2.\delta\vec{r}_1=d\left(-\frac{\sqrt{3}}{2}u_2+\frac{1}{2}v_2+\frac{\sqrt{3}}{2}u_1+\frac{1}{2}v_1\right)$$

$$\vec{r}_1\cdot\delta\vec{r}_3+\vec{r}_3\cdot\delta\vec{r}_1=d\left(-\frac{\sqrt{3}}{2}u_3+\frac{1}{2}v_3-v_1\right)$$

$$\vec{r}_2\cdot\delta\vec{r}_3+\vec{r}_3\cdot\delta\vec{r}_2=\delta\left(\frac{\sqrt{3}}{2}u_3+\frac{1}{2}v_3-v_2\right) \tag{4.5.18}$$

类似地，有

$$u_i = u' + e_{xx}x_i + \frac{1}{2}e_{xy}v_i\ ,\quad v_i = v' + \frac{1}{2}e_{xx}x_i + e_{yy}v_i \tag{4.5.19}$$

这里 e_{xx}、e_{yy}、e_{xy} 是形变张量元，将式（4.5.17）至式（4.5.19）代入式（4.5.15），并注意到平衡态下，弹性能极小，由平衡态下，$\partial W/\partial u' = \partial W/\partial v' = 0$ 的条件得到：

$$\frac{u'}{d} = -\xi e_{xy},\ \frac{v'}{d} = -\xi\left(e_{xx} - e_{yy}\right) \tag{4.5.20}$$

这里 ξ 为黎曼参量：

$$\xi = \frac{6\gamma^2 - \eta}{12\gamma^2 + \eta} \tag{4.5.21}$$

将式（4.5.21）与克金模型中的参量 $\xi = (2d-\beta)/(4d+\beta)$ 相比较，可得该模型下的参量 γ、η 与克金模型中的中心、非中心相互作用常数 α、β 的关系为 $\gamma^2 = \alpha d^3/3E_{\mathrm{b}}$，$\eta = \beta d^3$，这里力常数以 Pa 为单位。采用克金模型的相应程序，可得到力常数为：

$$\begin{aligned}
C_{11} &= \frac{E_{\mathrm{b}}}{\sqrt{3}d^3}\left(12\gamma^2 + \eta + \frac{54\gamma^2\eta}{12\gamma^2+\eta}\right)\\
C_{12} &= \frac{E_{\mathrm{b}}}{\sqrt{3}d^3}\left(12\gamma^2 + \eta - \frac{54\gamma^2\eta}{12\gamma^2+\eta}\right)\\
C_{44} &= \frac{E_{\mathrm{b}}}{\sqrt{3}d^2}\left(\frac{54\gamma^2\eta}{12\gamma^2+\eta}\right)
\end{aligned} \tag{4.5.22}$$

由杨氏模量 E、泊松系数 σ 和弹性模量 B 与力常数的关系式（4.5.8）、（4.5.9）式，得到 E、σ、B。利用文[31]的 α、β 值，求得 $\gamma = 0.5, \eta = 0.74$，而 E_b 由文[5]给出 $E_{\mathrm{b}} = 5.1\ \mathrm{eV}$。将这些数据和 $d = d_0(1+\alpha_l T)$，这里 α_l 为线膨胀系数。代入（4.5.16）式，得到力常数 C_{11}、C_{12}、C_{44} 随温度的变化。其中，简谐近似下，为常数：$\mathrm{C}_{11} = 353\cdot72\mathrm{N}\cdot\mathrm{m}^{-1}$、$C_{12} = 58.97\mathrm{N}\cdot\mathrm{m}^{-1}$，$C_{44} = 147.38\mathrm{N}\cdot\mathrm{m}^{-1}$。考虑到原子振动非简谐效应后，它们均随温度变化，几乎成线性关系，其数据见表 4.5.1，而变化曲线见图 4.5.2。图中的曲线 0，1，2 分别对应简谐近似，只考虑到第一非简谐项，同时考虑到第一、第二非简谐项的结果（图中文献编号见文[3]）。

表 4.5.1 石墨烯的力常数 C_{ij} 随温度的变化[3]

T/K	0	300	600	1000	1100	1200	1300
$C_{11}/\mathrm{N\cdot m^{-1}}$	353.72	355.96	358.21	361.25	362.03	362.78	363.55
$C_{12}/\mathrm{N\cdot m^{-1}}$	58.97	59.34	59.72	60.22	60.35	60.48	60.61
$C_{44}/\mathrm{N\cdot m^{-1}}$	147.38	148.31	149.25	150.52	150.83	151.15	151.48

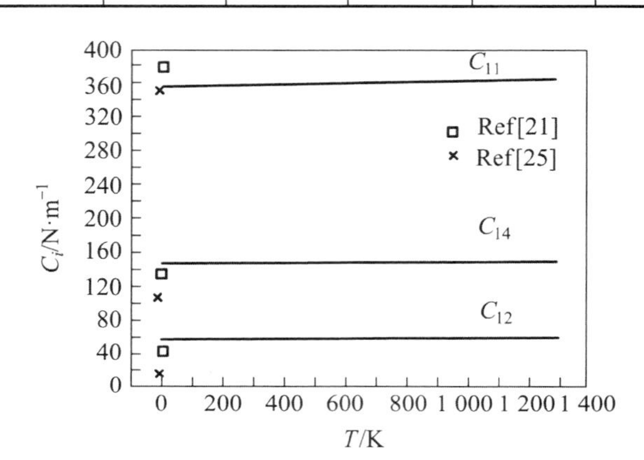

图 4.5.2 石墨烯的力常数随温度的变化

将 C_{11}、C_{12}、C_{44} 的数据代入式（4.5.8）和（4.5.9），得到石墨烯的杨氏模量 E、泊松系数 σ、扭曲模量 D、弹性模量 B 随温度的变化，简谐近似下，它们均为常量：$E = 394.69\ \mathrm{N\cdot m^{-1}}$，$D = 0.3899\ \mathrm{N\cdot nm}$，$\sigma = 0.3390$，$B = 408.64\ \mathrm{N\cdot m^{-1}}$。考虑到原子振动的非简谐效应后，它们均随温度而变化，其部分数据见表 4.5.2。表中的本书①指只考虑到第一非简谐振动项，本书②指同时考虑到第一、二非简谐振动项。

表 4.5.2 石墨烯的 E、σ、D 和 B

T/K		0	300	600	1000	1100	1200	1300
$E/\mathrm{N\cdot m^{-1}}$	本书①	344.69	396.86	399.00	401.96	402.69	403.43	404.16
	本书②	394.69	396.74	398.80	401.56	402.25	402.96	403.64
$D/\mathrm{nN\cdot nm}$	本书①	0.3899	0.3916	0.3932	0.3955	0.3960	0.3966	0.3971
	本书②	0.3899	0.3915	0.3930	0.3951	0.3957	0.3963	0.3967
σ	本书①	0.3390	0.3374	0.3358	0.3337	0.3331	0.3326	0.3320
	本书②	0.3390	0.3375	0.3360	0.3339	0.3334	0.3329	0.3323
$B/\mathrm{N\cdot m^{-1}}$	本书①	408.64	406.79	405.00	402.56	402.00	401.35	400.95
	本书②	408.64	407.72	406.87	405.73	405.44	405.16	404.83

由表的数据作出描述石墨烯弹性的几个物理量随温度的变化曲线，如图 4.5.3 所示。图中曲线 0，1，2 分别对应简谐近似，只考虑到第一非简谐和同时考虑到第一、二非简谐项的结果。为了比较，图中还标出文献[25]的实验结果和文[21][26][27][28]分别用准经典近似、用第一性原理、在布林列尔 L. Bwingler 势框架下数值计算的结果。（这里文献[25][21][26][27][28]见文[3]的参考文献）

杨氏模量和扭曲模量随温度的变化如图 4.5.3，图中虚线是简谐近似（线 0）和只考虑到第一非简谐项（线 1）的结果，实线是同时考虑到第一、第二非简谐项（线 2）的结果。

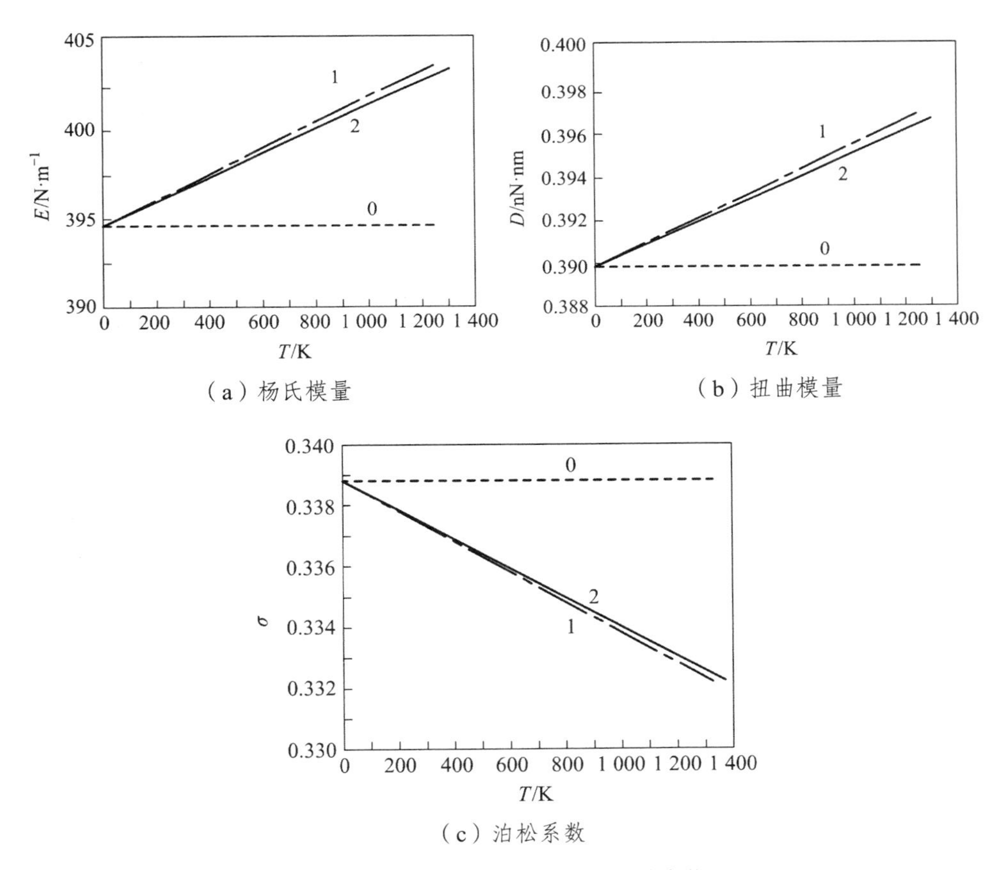

（a）杨氏模量

（b）扭曲模量

（c）泊松系数

图 4.5.3 石墨烯的弹性随温度的变化

由图 4.5.3 看出：① 简谐近似下，描述石墨烯弹性的几个物理均为常数，考虑到原子非简谐振动后，它们均随温度升高而变化，其中，杨氏模量 E、扭曲模量 D 随温度升高而增大，而泊松系数和弹性模量随温度升高而减小。但变化较缓慢，温度每升高 300 K，D 和 E 增大分别为 0.50%和 0.53%，而 σ 和 B 分别减小 0.4%和 0.3%。②同时考虑到第一、二非简谐项后的 E 和 D 的值小于只考虑到第一非简谐项时的值。而且，温度越高，非简谐效应越显著，非简谐效应对杨氏模量、扭曲模量、泊松系数和弹性模量的影响，在 0~1300 K 的温度范围内，分别达到 2.27%、1.74%、1.98%和 0.93%。

4.5.4 点缺陷型下石墨烯的弹性模型

石墨烯在有缺陷的情况下，其弹性要发生改变，2014 年，Kolesikova 等在文[33]中，提出了带缺陷的弹性模型。

4.5.4.1 零维缺陷

零维缺陷，亦称点缺陷，如填隙原子、替代原子、杂质原子等。它的缺陷和弹性模型如图 4.5.4 所示。

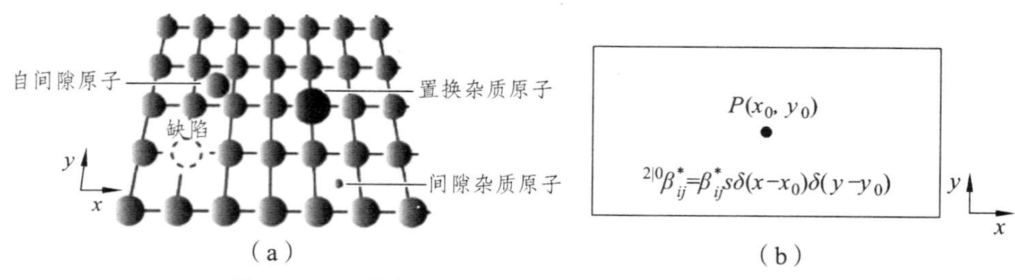

图 4.5.4 石墨烯的零维缺陷（a）和弹性模型（b）

如图 4.5.4，二维晶体中位置为 $r_0=(x_0,y_0)$ 的点缺陷的第 i、$j=x$、y 分量的本征形变张量 $\beta_{\mathrm{ij}}^*(2,0)$ 写为：

$$\beta_{ij}^*(2,0)=-b_j l_i\delta(r-r_0),\qquad i,j=x,y$$

其中 b_j 是形变的比尔格尔萨矢量的第 j 个分量，l_i 是缺陷引起的形变区域的线度，$b_j l_i\approx\Delta s/2,\Delta s$ 可理解为形变区域的面积。对薄膜中的点缺陷，可写为：

$$\rho_{ij}^*(2,0)=\beta_{ij0}\delta(r-r_0),\qquad i,j=x,y \tag{4.5.23}$$

β_{ij0} 为不考虑介质中它占有的位置的小面积时的形变张量分量。

4.5.4.2 一维缺陷

一维缺陷，亦称线缺陷，如位错等，它的缺陷和弹性模型如图 4.5.5 所示。

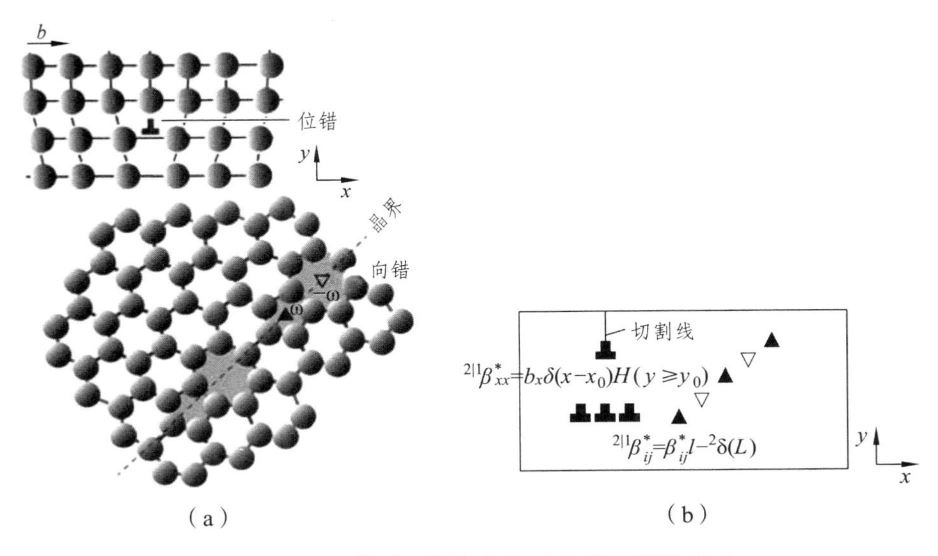

图 4.5.5 石墨烯的一维缺陷（a）和弹性模型（b）

如图 4.5.5，二维晶体中位置为 r_0 处本征形变张量的第 i， j 分量可写为：

$$\beta^*_{ij}(2,1)=\beta^*_{ij0}l^2\delta(x-x_0)H(y_1<y<y_2) \tag{4.5.24}$$

$H(y_1<y<y_2)$ 为赫维斯函数：

$$H=\begin{cases}1 & (y_1<y<y_2)\\ 0 & (y<y_1,y>y_2)\end{cases}$$

它类似于三维晶体中的夫仑克尔缺陷。

4.5.4.3 二维缺陷

二维缺陷也称面缺陷，如包裹面等，它的缺陷和弹性模型如图 4.5.6 所示。

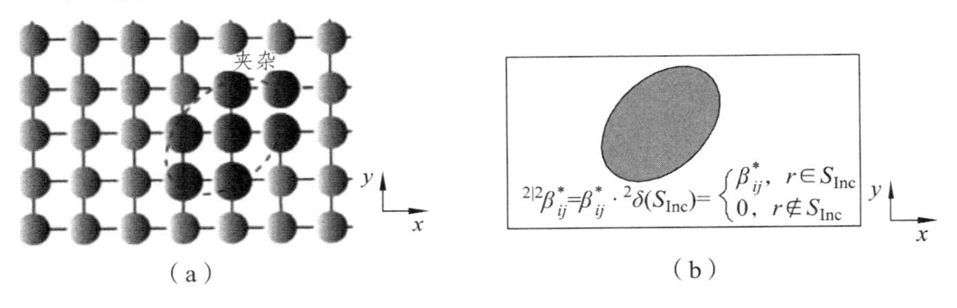

图 4.5.6 石墨烯的二维缺陷（a）和弹性模型（b）

如图 4.5.6，二维晶体的位置为 r_0 的二维缺陷的本征形变张量的第 i 、j 分量为

$$\beta_{ij}^{*}(2,2)=\beta_{ij0}^{*}\delta(\sin)\delta(r-r_0) \tag{4.5.25}$$

$$\delta(Sin)=\begin{cases}1 & r\in\sin\\ o & r\neq\sin\end{cases}$$

Sin 指缺陷造成的形变范围。

当石墨烯中有缺陷时，导致晶体产生应变。格点间的相对位移 u 的空间分布称为位移场（或称弹性场）。场的性质由应力张量 σ_{ij} 决定。要知道带缺陷的石墨烯的弹性，就应确定缺陷引起的弹性场，这个场用位移矢量 $u(r)$ 和形变张量 σ_{ij} 完全描述。这里利用本征形变与格林函数的关系计算，详细计算过程见文献[33]。

按照文献[33]，晶体缺陷造成的弹性场的总位移 u 的第 i 个分量 u_i 与本征形变 $\beta_{ij}^{*}(2,m)$ 、格林函数 G 、弹性模量 C_{ijkn} 有如下关系：

$$u_i(r,t)=-\int_s C_{jlkn}(2,m)\varepsilon_{kn}^{*}G_{ijl}(|r|-|r'|\mathrm{d}s' \tag{4.5.26}$$

其中：

$$G_{ij}(r-r')=\frac{1}{8\pi(1-\nu)G}\left\{\frac{(x_i-x_i^2)(x_j-x_j^1)}{r^2}-(3-4\nu)\delta_{ij}l_{nr}\right\}$$

$$G_{jlkn}=\frac{2G\nu}{1-2\nu}\delta_{il}\delta_{kn}+G(\delta_{lk}\delta_{jn}+\delta_{ln}\delta_{jk})$$

$$r^2=(x-x')^2+(y-y)^2$$

式中：G 为剪切模量，ν 为泊松系数，而本征形变张量 $\beta_{ij}^{*}(2,m)$ 与本征应变 ε_{kn}^{*} 成正比。

对平面情况，在格林函数和胡克定律中，杨氏模量 E 应该用 $E(1+2\nu)/(1+\nu)^2$ 代替；泊松系数 ν 应换为 $\nu/(1+\nu)$ ，因为剪切模量 $G=E/2(1+\nu)$ ，在由三维变为二维时，杨氏模量的单位应将 Nm^{-2} 换为 Nm^{-1} 。

应用式（4.5.26），求得如下几种情况的本征形变张量 $\beta_{ij}^{*}(2,m)$ 、位移矢量 $u(r)$ 以及应力张量。

1. 薄膜中的无限小的形变

$$\beta_{Xx}^{*}=(2,0)=b_x l\delta_x\delta_y\text{，}\quad u_{X(x,y)}=\frac{b_x lx}{4\pi r^4}\left[-y^2(\nu-1)+x^2(3+\nu)\right]$$

$$u_y=\frac{b_x ly}{4\pi r^4}\left[y^2(\nu-1)+x^2(1+3\nu)\right] \tag{4.5.27}$$

$$\sigma_{xx}=-\frac{G(1+\nu)b_x l}{2\pi r^6}\left(3x^4-6x^2y^2-y^4\right)$$

$$\sigma_{xy}=-\frac{G(1+\nu)b_x l}{\pi r^6}xy\left(3x^2-y^2\right)$$

$$\sigma_{yy}=\frac{G(1+\nu)b_x l}{2\pi r^6}\left(x^4-6x^2y^2+y^4\right) \tag{4.5.28}$$

形变后的缺陷位移 u' 和应力张量 σ_{ij}^* 为：

$$u_x^1=\frac{(1+\nu)\varepsilon s}{2\pi}\cdot\frac{x}{r^2}$$

$$u_y^1=\frac{(1+\nu)\varepsilon s}{2\pi}\cdot\frac{y}{\delta^2} \tag{4.5.29}$$

$$\sigma'_{xx}=\frac{G(1+\nu)\varepsilon s}{\pi}\cdot\frac{\left(x^2-y^2\right)}{r^4}$$

$$\sigma'_{xy}=-\frac{2G(1+\nu)\varepsilon s}{\pi}\cdot\frac{xy}{r^2}$$

$$\sigma'_{y}=\frac{G(1+\nu)\varepsilon s}{\pi}\cdot\frac{xy}{r^4} \tag{4.5.30}$$

2. 在薄膜中的弹性场

设薄膜中的本征畸变为：

$$\beta_{xx}^*=b_x H\delta(x) \tag{4.5.31}$$

这里 H 满足：$y\geqslant 0$ 时，$H=1$；$y<0$ 时，$H=0$。

决定沿 Y 轴的无限小畸变后，可得到这种形变为：

$$u_i''=\int_0^\infty u_i^r\left(x,y-y_o\right)\rho\mathrm{d}x\mathrm{d}y$$

$$\sigma_{ij}''=\int_0^\infty \sigma'_{ij}\left(x,y-y_0\right)\rho\mathrm{d}y \tag{4.5.32}$$

令 $b_x l\rho=b_{x0}$，由（4.5.32）式得到：

$$u_X''=\frac{b_{x0}}{4\pi}\left[2\arctan\left(\frac{y}{x}\right)+\frac{(1+\nu)xy}{r^2}\right]$$

$$u_y''=\frac{-b_{x0}}{4\pi}\left[(1+\nu)\ln r+\frac{(1+\nu)xy}{r^2}\right] \tag{4.5.33}$$

$$\sigma_{xx}^{11}=-\frac{G(1+\nu)b_{x0}}{2\pi}\left(\frac{y}{r^2}+2\frac{x^2y}{r^4}\right)$$

$$\sigma_{xy}^{11}=\frac{G(1+\nu)b_{x0}}{2\pi}\left(\frac{x}{r^2}-\frac{2xy^2}{r^4}\right)$$

$$\sigma_{yy}^{11}=-\frac{G(1+\nu)b_{x0}}{2\pi}\left(\frac{y}{r^2}-\frac{2x^2y}{r^4}\right) \tag{4.5.34}$$

3. 薄膜中的畸变

在二维介质中的三维缺陷如图 4.5.6（b）所示，它的畸变可写为

$$\beta_{xx}^{\bullet}=\beta_{yy}^{\bullet}=\varepsilon\delta(\sin)=\begin{cases}\varepsilon & R\in\sin \\ 0 & R\neq\sin\end{cases} \tag{4.5.35}$$

用$\nu/(1+\nu)$代替ν，有

$$\sigma_{xx}=G(1+\nu)\varepsilon a^2\left[-\frac{(x^2-y^2)}{r^4}\right] \quad (r>a)$$

$$\sigma_{XX}=2G(1+\nu)\varepsilon \quad (r<a)$$

$$\sigma_{xy}=-\frac{2G(1+\nu)\varepsilon a^2}{r^4}xy \quad (r>a)$$

$$\sigma_{xy}=0 \quad (r<a)$$

$$\sigma_{yy}=G(1+\nu)\varepsilon a^2\frac{(x^2-y^2)}{r^4} \quad (r>a)$$

$$\sigma_{yy}=2G(1+\nu)\varepsilon \quad (r<a) \tag{4.5.36}$$

由上可见，石墨烯在有缺陷的情况下，其弹性要发生改变，其复杂性比理想情况大得多，有兴趣的读者可进行深入讨论。

参考文献

[1] 叶振强，曹炳阳，过增元. 石墨烯的声子热学性质研究[J]. 物理学报，2014，63(15): 154704_{-1}-154704_{-7}.

[2] DAVYDOV S Y. Energy of substitution of atoms in the epitaxial graphene-buffer Layer-SiC substrate system[J]. Physics of the solid Stat, 2012, 54(4): 875-882.

[3] 程正富，郑瑞伦. 非简谐振动对石墨烯杨氏模量与声子频率的影响[J]. 物理学报，2016, 65: 104701.

[4] GE X J, YAO K L, LU J J Comparative study of phoNon spectrun and thermal expansion of graphene silicene, grermanene and blue phosphorene[J]. Physical Review B, 2016, 94(16): 165433_{-1} -165433_{-8}.

[5] 费维东. 固体物理[M]. 哈尔滨: 哈尔滨工业大学出版社, 2014: 119.

[6] Me GAUGHEY A J H, KAVLANY M. Quantitative validation of the Boltzmann transport equation phonon thermal conductivity model under the single-mode relaxation time approximation[J]. PhysRev B, 2004, 69: 094303.

[7] 任晓霞, 申凤娟, 林歆悠, 郑瑞伦. 石墨烯低温热膨胀和声子弛豫时间随温度变化规律研究[J]. 物理学报, 2017, 66: 224701_{-1}-224701_{-9}.

[8] DAVYDOV S Y. 高温下单层石墨烯非简谐特征估计[J]. Technical Physics Letters, 2011, 37(24): 42-48. (俄文文献)

[9] DAVYDOV S Y, TIKHONOV S K.宽带半导体的非简谐性质[J]. 半导体物理与技术, 1996, 30(6): 968 -973. (俄文文献).

[10] 杜一帅, 康维, 郑瑞伦. 外延石墨烯电导率和费米速度随温度变化规律研究[J]. 物理学报, 2017, 66(1): 014701_{-1}-014701_{-8}.

[11] ZAKHARCHENKO K V, KATSNELSON M I, FASOLINO A. Finite temperature lattice properties of graphene beyond the quasiharmonic approximation[J]. Physical Review Letters, 2009, 102(4): 046808.

[12] CHENG Z F, ZHENG R L . Thermal expansion and deformation of graphene[J]. Chin Phys Lett, 2016, 33(4): 046501.

[13] REN X X, KANG W, CHENG Z F, et al. Temperature-dependent debye temperature and specific capacity of graphene[J]. Chin Phys Lett, 2016, 33(12): 126501.

[14] BALANDIN A, GHOSH S, BAO W, et al. Saperior thermal conductivity of single-layer graphen[J]. Nano Lett, 2008, 8: 902-907.

[15] NIKA D L, POKATILOV E P, ASKEROV A S, et al. PhoNon thermal conduction in graphen role of Umklapp and edge roughness scattering[J]. Phys Rev B, 2009, 79: 155413.

[16] OUYANG T, CHEN Y P, YANG K K et al. Thermal transport of isotopic-superlattice graphen Nanoribbons with zigzag edge[J]. EPL, 2009, 88: 28002.

[17] SAITO K, NAKAMURA J, NATORI A. Ballistic thermal conductance of a graphen sheet[J]. Phys Rev B, 2007, 76: 115409.

[18] BAGRI A, KIM S, RUOFF R, et al. Thermal transport across twin grain boundaries in polycrystalline graphene from nonequilibrium molecular dynamics simulations[J]. Nano Lett, 2011, 11: 3917-3921.

[19] HAN W, WANG W H, PI K, et al. Electron-hole asymmetry of spin injection and transport in single-layer graphene[J]. Physical Review Letters, 2009, 102(13): 562.

[20] MOUNET N, MARZARI N. First-principles determination of the structural, vibrational and thermodynamic properties of diamond, graphite, and derivatives[J]. Phys Rev B, 2005, 71: 205214.

[21] JIANG J W, WANG J S, LI B. Thermal expansion in single-walled carbon nanotubes and graphene: nonequilibrium Green's function approach[J]. Phys Rev B, 2009, 80: 205429.

[22] MINIUSSI E, POZZO M, BARALDI A, et al. Thermal stability of corrugated epitaxial graphene grown on Re(0001)[J]. Physical Review Letters, 2011, 106(21): 135501.

[23] LIU F, MING P B, LI J. Ab initio calculation strength and phoNon instability of grapheme under tension[J]. Physica Review B, 2007, 76(6): 064120(1)-(7).

[24] Jiang J W, Wang B S, Wang J S, et al. A Review on flexural mode of graphene: lattice dynamics, thermal conduction, thermal expansion, elasticity, and nanomechanical resonance[J]. J Phys: Condensed Matter, 2015, 27(8): 083011

[25] LEE C, WEI X D, KYSAR J W, et al. Measuyement of the elastic prpoerties and intrinsic strength of moNolayer grapheme[J]. Science, 2008, 321(5887): 385-388.

[26] Keating P N. Effect of Invariance Requirements on the Elastic Strain Energy of Crystals with Application to the Diamond Structure[J]. Physical Review. 1966, 1965, 145(2): 637-645.

[27] DAVYDOV S Y. 石墨烯的弹性：克金模型[J]. 固体物理, 2010, 52(4): 756-758. (俄文文献).

[28] 朗道 N N, 栗弗里兹 Y M. 弹性理论[M]. 莫斯科：科学出版社, 1987: 792.

[29] Blakslee O L. Elastic Constants of Compression-Annealed Pyrolytic Graphite[J]. Jounal of Applied Physcs, 1970, 41(8)： 3373.

[30] DAVYDOV S Y. 单层石墨烯的第三级弹性[J]. 固体物理, 2011, 53(3): 617 -619. (俄文文献)

[31] EMILIANO C, LUCA P P, STEFANO G, et al. Nonlinear elasticity of monolayer graphene[J]. Physical Review Letters, 2009, 102(23): 235502.

[32] DAVYDOV S Y. 用于描述单层石墨烯弹性的简单模型势[J]. 固体物理, 2013, 55(4): 813-815. (俄文文献)

[33] KONESIKOVA A N, WOERNOWA T S, HASSAINOVA I, et al. 二维晶体中的缺陷弹性模型[J]. 固体物理, 2014, 56(12): 2480-2485. (俄文文献)

[34]Duhec Yoon, Young-Woung Son, Hyconsik Cheong. Negative thermal expansion Coefficient of grapheme measured by raman spectroscopy. Nano Lett, 2011, 11: 3227.

5　石墨烯电学性质的非简谐效应

石墨烯的电学性质是它最基本、最重要、应用最广泛的性质之一。原子非简谐振动对它同样有重要影响，在各种影响中，首推对导电性的影响。电学性质的宏观表现取决于组成它的原子、电子等的状态和相互作用。本章将在介绍三维晶体电学普遍性质基础上，论述二维晶体的电学普遍性质和电子能态结构、石墨烯电子的性质（包括哈密顿、格林函数、能带结构、费米能、费米速度等）和石墨烯电导率等电学性质及其非简谐效应。

5.1　三维晶体的电导率随温度的变化

本节将论述三维晶体的电导率随温度的变化规律和原子非简谐振动对它的影响。

5.1.1　三维导体的电子电导率随温度的变化

所有固体内部都有大量的电子，依据电子能带结构和电子填充情况，将固体分为导体、半导体、绝缘体三类。自由电子定向运动是导体导电的原因，而半导体的导电是载流子（电子和空穴）定向运动形成。绝缘体虽然没有导电的粒子，但当温度达到某一温度时，也可能发生由绝缘体向导体（或半导体）的转变。

三维晶体导电性的强弱，取决于晶体的导电机制和导电粒子数，从能带理论角度看，取决于晶体的能带结构和电子填充能带的情况。导体、半导体、绝缘体的能带和电子填充情况如图 5.1.1 所示。

晶体导电性可通过它的电导率 σ 来描述。对截面面积 S 、沿电流流向方向的长度为 L 的导体，其电阻为 $R = L / S\sigma$ 。对各向同性介质，电导率为一标量 σ 。对于各向异性的三维材料，电导率为一张量 $\vec{\sigma}$ ：

$$\overleftrightarrow{\sigma}=\begin{pmatrix}\sigma_{XX} & \sigma_{Xy} & \sigma_{xZ}\\ \sigma_{yx} & \sigma_{yy} & \sigma_{zz}\\ \sigma_{Zx} & \sigma_{Zy} & \sigma_{zz}\end{pmatrix} \tag{5.1.1}$$

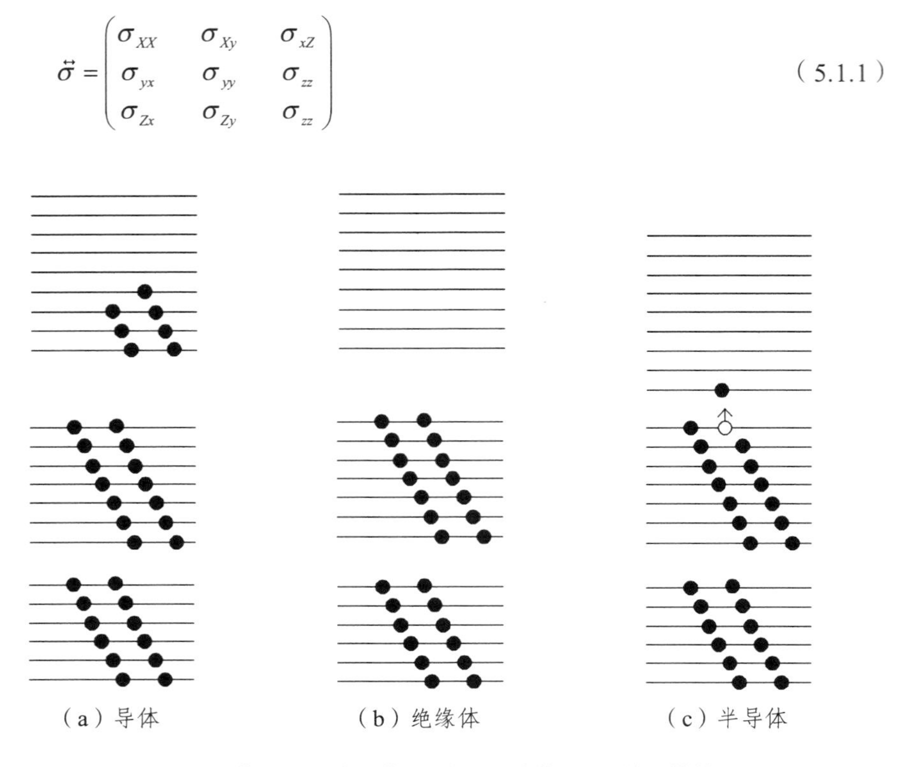

图 5.1.1　导体（a）、半导体（b）和绝缘体（c）的能带模型

对各向同性三维晶体，导体、半导体、绝缘体的电阻率 $\rho_e = 1/\sigma$ 的大体范围是：导体的 $\rho_e < 10^{-3}\Omega\cdot\text{cm}$；半导体的 $\rho_e \approx 10^{-2} \sim 10^9\Omega\cdot\text{cm}$；绝缘体的 $\rho_e > 10^9\Omega\cdot\text{cm}$。无论是导体、半导体还是绝缘体，它们的电导率（或电阻率 ρ_e）通常都与温度有关，可表示为：

$$\rho_e = \rho_{e0} + aT + bT^2 + \cdots \tag{5.1.2}$$

为了从理论上计算具体材料的电导率，可根据不同情况采用不同的微观模型描述。常用的有：导体导电的经典电子气模型和半经典电子模型等。

导体导电的经典电子气模型认为：导体中的电子可视为彼此独立的经典自由粒子，遵从牛顿定律，电场作用下，电子除无规则运动外，因电场力产生定向运动形成电流。运动中电子除与其他电子碰撞外，还要与晶格碰撞，从而产生电阻。用经典力学可求出电子对电导率的贡献 σ_e 与自由电子数密度 n、电子的有效质量 m 的关系为：

$$\sigma_e = -\frac{ne^2}{2m} \tag{5.1.3}$$

而电子数密度 n 与晶体质量密度 ρ_m 、摩尔质量 μ 、化学价 Z 的关系为

$$n = \frac{\rho_m Z N_0}{\mu} \tag{5.1.4}$$

这里 $N_0 = 6\cdot 023\times 10^{23}\,\mathrm{mol^{-1}}$ 是阿伏伽德罗常数。常见导体的单位体积自由电子数见表 5.1.1。

表 5.1.1 常见导体的电子数密度 n、电子电导率 σ_e 和室温费米能 ε_F 、费米速度 v_F [1]

	Li	Na	K	Fe	Co	Ni	Au	Ag	Cu	Al	Mo
$n/10^{28}\,\mathrm{m^{-3}}$	4.70	2.65	1.40	16.7	25.9	18.2	5.90	5.85	8.45	18.06	12.8
$\sigma_e/10^{-5}\,\Omega^{-1}\cdot\mathrm{cm^{-1}}$	344	158	91	470	445	450	165	225	343	428	450
ε_F / eV	4.72	3.23	2.12	11.2	15.5	8.79	5.51	5.48	7.00	11.63	9.41
$v_F/10^6\,\mathrm{m\cdot s^{-1}}$	1.29	1.07	0.86	1.98	2.33	1.77	1.39	1.39	1.57	2.02	1.81

导体导电的半经典电子模型认为，导体中的电子可视为彼此独立的自由粒子，电子不是遵从经典力学规律，而是遵从量子力学规律和量子统计规律。在平衡态下，遵从费米分布函数，即能量为 $\varepsilon(k)$ 的一个量子态上的平均电子数和单位体积自由电子数分别为：

$$f(k) = \frac{1}{\exp([\varepsilon(k)-\mu)/k_B T]+1} \tag{5.1.5}$$

$$n = \int f(k)\mathrm{d}k_x \mathrm{d}k_y \mathrm{d}k_z \tag{5.1.6}$$

μ 为电子的化学势。将（5.1.5）式代入（5.1.6）式，积分求出自由电子数密度 $n(T)$，再代入（5.1.3）式，求出电子贡献的电导率 σ_e 以及电阻率 $\rho_e = 1/\sigma_e$ 随温度 T 的变化关系。

当有电场作用时，固体中电子已不是处于平衡态，分布函数不再遵从（5.1.5）式，而是随时间 t 、位置 r 而变。设 t 时刻，波矢为 k 、位置为 r 处单位体积的电子数（称为电子分布函数）为 $f(r,k,t)$，则可得到在强度为 E 的电场作用下形成的电流的电流密度为：

$$j = -\left(\frac{e}{4\pi^3}\right)\iiint v(k) f(k,r)\mathrm{d}\tau_K \tag{5.1.7}$$

这里 $d\tau_K = dk_x dk_y dk_z$ 为波矢空间的体积元，$f(k,r)$ 是稳定情况 $(\partial f/\partial t = 0)$ 下的电子分布函数，它的具体形式取决于电场等，由玻尔兹曼方程决定[2]：

$$\frac{\partial f}{\partial \mathrm{t}} = -v\nabla_x f - \frac{F}{\hbar}\nabla_K f + \left(\frac{\partial f}{\partial t}\right)_c \tag{5.1.8}$$

其中，F 为电子受的电场力：$F = -eE$。式（5.1.8）中右边的第一项是温度分布不均匀，电子产生扩散而引起电子分布函数的变化，第二项来至外电场作用使电子产生加速度，引起电子波矢变化而引起电子分布函数的变化；第三项称为碰撞项，来源于电子与杂质或者晶格碰撞引起的电子分布函数的变化。

假设碰撞项中分布函数的变化率 $\partial f / \partial t$ 与分布函数对平衡值的偏离 $(f - f_0)$ 成正比（称为弛豫时间近似），即

$$\frac{\partial f}{\partial t} = -\frac{f - f_0}{\tau} \tag{5.1.9}$$

τ 为弛豫时间（即由非平衡到平衡所需要的恢复时间），在弛豫时间近似下，则可以得到电导率。对各向同性的导体，其电导率为一标量：

$$\sigma_e = -\frac{ne^2}{2m} \tag{5.1.10}$$

如果考虑到原子的非简谐振动，则电导率将与温度有关。几种金属的电导率 σ_e 的倒数——电阻率 $\rho_e = 1/\sigma_e$ ——随温度的变化如图 5.1.2 所示。

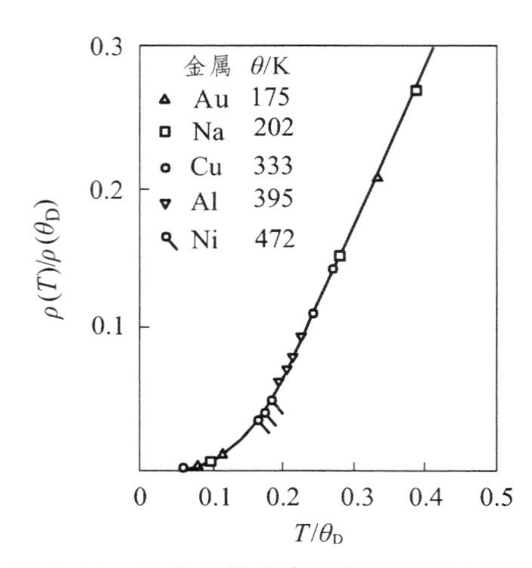

图 5.1.2　三维导体的电导率随温度的变化

5.1.2 三维半导体的电导率随温度的变化

半导体在绝对零度下不导电，室温下半导体的电阻率在$10^{-2} \sim 10^{9}\,\Omega\cdot\text{cm}$，其导电性能强烈依赖杂质、温度等因素，它的导电粒子是空穴和电子。设电子和空穴的有效质量分别为m_e^*和m_h^*，迁移率为μ_e和μ_h，浓度为n和ρ，则半导体的电导率为：

$$\sigma_e = ne\mu_e + \rho e\mu_h \tag{5.1.11}$$

对于N型半导体，导电性主要是电子导电，而P型半导体，则主要是空穴导电。在零温情况下，电导率为常量。常见半导体的载流子的迁移率、有效质量以及禁带宽度E_g、介电常数ε_s与真空介电常数ε_0之比$\varepsilon_s/\varepsilon_0$等数据见表5.1.2[3]。

表 5.1.2 常见半导体的E_g、μ_e、μ_h、m_e、m_h和ε_s

元素	C	Ge	Si	SiC	AlSb	CaSb	CaAs	CsS	CdSe
E_g/eV	5.47	0.66	1.12	2.996	1.58	0.72	1.42	2.42	1.70
$\mu_e\,/\,\text{cm}^2\cdot\text{V}^{-1}\cdot\text{s}^{-1}$	1893	3960	1500	400	200	5000	8500	340	800
$\mu_h\,/\,\text{cm}^2\cdot\text{V}^{-1}\cdot\text{s}^{-1}$	1200	1900	450	50	420	850	400	50	
m_e/m_0	0.2	1.64	0.98	0.60	0.12	0.042	0.067	0.21	0.13
m_n/m_0	0.25	0.04	0.16	1.00	0.98	0.40	0.082	0.80	0.45
$\varepsilon_s/\varepsilon_0$	5.7	16.0	11.9	10.0	14.4	15.7	13.1	5.4	10.2

5.1.2.1 载流子浓度随温度的变化

设$g_C(\varepsilon)$和$g_V(\varepsilon)$分别是半导体的导带和价带的态密度，$f(\varepsilon)$为费米分布函数，则电子和空穴的浓度分别为：

$$n = \int_C f(\varepsilon) g_C(\varepsilon)\mathrm{d}\varepsilon \tag{5.1.12}$$

$$P = \int_V f(\varepsilon) g_V(\varepsilon)\mathrm{d}\varepsilon \tag{5.1.13}$$

对抛物型能谱，即电子能量随波矢的变化关系为：

$$\varepsilon(k) \approx \frac{\hbar^2}{2m}(k^2 - k_0^2) \tag{5.1.14}$$

可求得导带底附近的电子态密度为：

$$g_C(\varepsilon)=4\pi\frac{(2m_{ed})^{3/2}}{h^3}(\varepsilon-\varepsilon_C)^{1/2} \tag{5.1.15}$$

这里 m_{ed} 称为态密度有效质量，它与波矢空间中，电子等能面沿椭球主轴方向的有效质量 m_{e1}、m_{e2}、m_{e3} 以及等价能带谷数目 S 之间的关系为：$m_{de}=(S^2m_{e1}m_{e2}m_{e3})^{1/2}$；$\varepsilon_C$ 为导带底的电子能量。

同样，对价带顶附近的空穴，其态密度为

$$g_V(\varepsilon)=4\pi\frac{(2m_{dh})^{3/2}}{h^3}(\varepsilon_V-\varepsilon) \tag{5.1.16}$$

m_{dh} 为价带空穴的态密度有效质量，它与带顶轻、重空穴的有效质量 m_{h1}、m_{h2} 的关系为：$m_{dh}=\left(m_{h1}^{3/2}+m_{h2}^{3/2}\right)^{2/3}$，$\varepsilon_V$ 为价带顶处空穴的能量。

将式（5.1.15）和（5.1.16）以及费米分布函数式（5.1.5）代入式（5.1.6），就得到半导体中电子浓度 n 和空穴浓度 P 随温度变化的表示式：

$$n=N_Ce^{-(\varepsilon_C-\varepsilon_F)/k_BT} \qquad P=N_Ve^{-(\varepsilon_F-\varepsilon_V)/k_BT} \tag{5.1.17}$$

式中的 N_C 和 N_V 分别称为导带和价带有效能级密度，由下式决定：

$$N_C=\frac{2\left(2\pi m_{de}k_BT\right)^{3/2}}{h^3} \qquad N_V=\frac{2\left(2\pi m_{dh}k_BT\right)^{3/2}}{h^3} \tag{5.1.18}$$

显然，$nP=N_CN_V\exp(-\varepsilon_g/k_BT)$，$\varepsilon_g$ 为带隙宽度：$\varepsilon_g=\varepsilon_C-\varepsilon_V$。

由（5.1.17）式，可得到无外场作用下半导体的电导率随温度的变化[3]：

$$\sigma=n(T)e\mu_e+P(T)e\mu_h \tag{5.1.19}$$

迁移率 μ_e、μ_h 与温度的关系，取决于载流子的碰撞过程。利用半导体中各种载流子散率的概率 P_i 与总散率概率 P 的关系 $P=\sum P_i$ 以及弛豫时间（两次相邻碰撞之间的运动时间）τ 与 P_i 的关系 $\tau_i\propto P_i^{-1}$，得到 $\tau^{-1}=\sum\tau_i^{-1}$，由此可得到迁移率 μ 与第 i 种散射（碰撞）决定的迁移率 μ_i 的关系为：

$$\frac{1}{\mu}=\sum\frac{1}{\mu_i} \tag{5.1.20}$$

半导体的散射主要决定于晶格振动，相应的迁移率为 μ_L，另一种为电离杂质对载流子的散射，迁移率为μ_I。理论计算表明：晶格散射和电离散射决定的迁移率μ_L和μ_I分别为$\mu_L(T)=a_L T^{-3/2}$，$\mu_I(T)=a_I T^{3/2}$，总迁移率满足

$$\frac{1}{\mu}=\frac{T^{3/2}}{a_L}+\frac{T^{-3/2}}{a_I} \quad (5.1.21)$$

在忽略电离散射情况下，电子迁移率为：

$$\mu_e=\frac{el(T)}{m_e^{*/2}(3k_B T)^{1/2}} \quad (5.1.22)$$

对空穴，迁移率μ_h也有类似的表示式。

图 5.1.3 给出了半导体中的电子和空穴的迁移率随温度的变化。

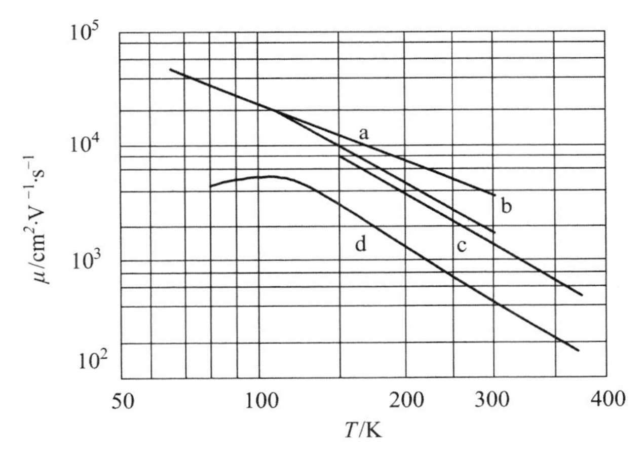

a—Ge 中的电子；b—Ge 中的空穴；c—Si 中的电子；d—Si 中的空穴

图 5.1.3 半导体中的电子和空穴的迁移率随温度的变化[3]

5.1.2.2 不考虑原子振动情况下三维半导体的电导率随温度的变化

将式（5.1.22）以及类似的空穴迁移率μ_h的表示式，一起代入式（5.1.11），注意到$\mu_e \sim T^{-3/2}$，以及电子浓度n和空穴浓度P与温度的关系$P \propto e^T$，可得到不考虑原子振动情况下半导体电导率随温度的变化规律。特点是：随着温度升高而急剧增大，到达饱和区后，因载流子浓度趋于常数，σ因μ的减小而略有降低，表现出很强的热敏性，与导体电导率随温度的变化不同。

5.1.2.3 考虑原子非简谐振动情况下三维半导体的电导率随温度的变化

考虑到原子的非简谐振动，则除载流子（电子和空穴）贡献的电导率外，

还应考虑原子的非简谐振动引起的附加电导率σ_p，于是总电导率$\sigma = \sigma_e + \sigma_p$。由此得到三维半导体的电阻率$\rho = 1/\sigma$随温度的变化如图 5.1.4 所示。

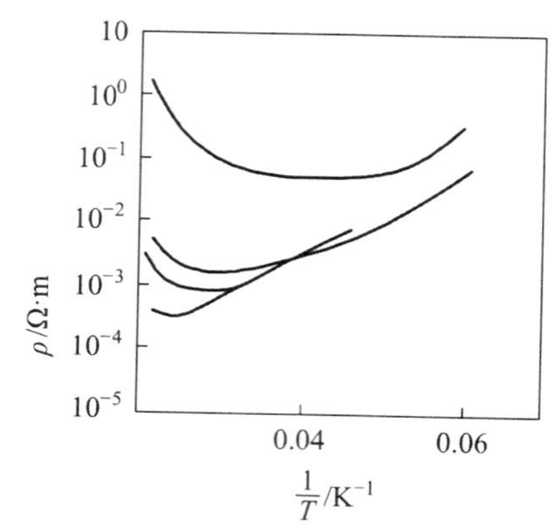

图 5.1.4 锗的电阻率随温度的变化

图 5.1.5 给出了半导体的电阻率与杂质浓度的关系。

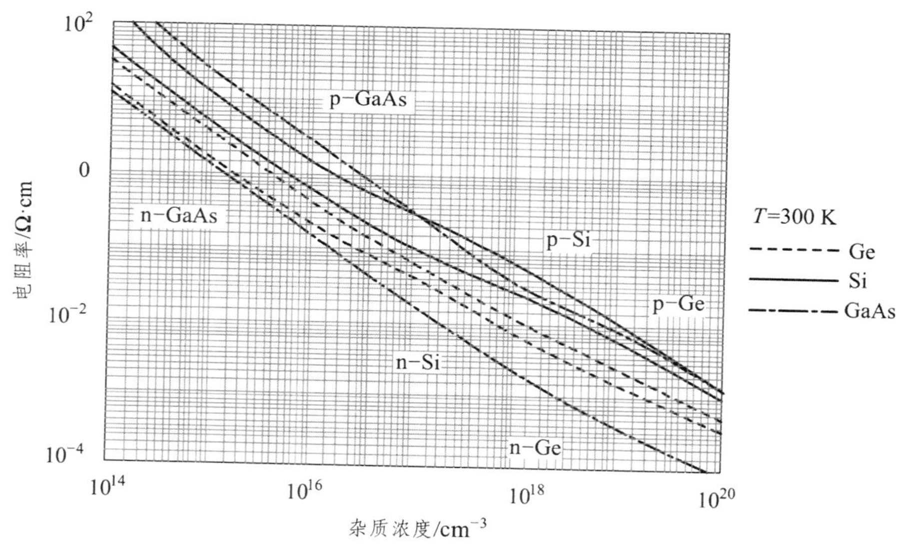

图 5.1.5 半导体的电阻率与杂质浓度的关系

可看出：总的来说，半导体的电阻率随杂质浓度的增大而减小。

理论和实验研究都表明：对许多三维晶体材料，在一定的外界条件下，会发生金属-绝缘体转变，称为金属—绝缘体转变[包括压强变化引起的 Welson 转变、结构变化引起的金属-绝缘体转变、晶体内电子-空穴间的库仑吸引作用引起的莫特（Mott）转变和外界条件改变造成晶体内电子数密度改变而引起的安德森（Anderson）转变等]，这就为研制各类功能材料提供了新途径。

5.1.3 原子非简谐振动对晶体电导率的影响

在外场的作用下，金属中的电子在电场作用下获得加速度，但在前进过程中会与振动的离子发生碰撞而产生散射，因此产生电阻。

为了计算简谐近似下的电阻率，现采用经典统计理论，用简单的德拜模型得到。设原子质量为 M，离开平衡位置的平均位移为δ，简谐近似下，原子势能为$\varepsilon_0\delta^2/2$，由能量均分定理可得$\varepsilon_0\delta^2/2=k_{\mathrm{B}}T/2$。又德拜频率$\omega_D$满足$\hbar\omega_{\mathrm{D}}=k_{\mathrm{B}}\theta_{\mathrm{D}}$，$\theta_{\mathrm{D}}$为德拜温度，而德拜频率$\omega_{\mathrm{D}}$与简谐系数$\varepsilon_0$的关系为$\omega_{\mathrm{D}}^2=\varepsilon_0/M$，由此求得平均位移平方平均值为：

$$\bar{\delta}^2=\frac{k_{\mathrm{B}}T}{\varepsilon_0}=(\frac{\hbar^2}{4\pi^2Mk_{\mathrm{B}}\theta_{\mathrm{D}}^2})T \tag{5.1.23}$$

离子做简谐振动振幅平方越大，电子越容易被散射，因此电子散射概率 P 与$\bar{\delta}^2$成正比，设比例系数为η，简谐近似下，离子做简谐振动，可由此得到简谐近似下的电阻率为：

$$\rho_{\mathrm{e}}=\frac{2m}{ne^2}\eta\bar{\delta}^2=\frac{2m\eta}{ne^2}(\frac{\hbar^2}{4\pi^2Mk_{\mathrm{B}}\theta_{\mathrm{D}}^2})T \tag{5.1.24}$$

式中：m为电子质量；n为电子数密度；$\hbar$和k_{B}分别为普朗克常数和玻尔兹曼常数；比例系数η可由实验与理论值的比较来确定。

实际晶体中，原子的振动为非简谐振动，原子的振幅随温度的升高而变大，非简谐振动效应不能忽略。利用经典玻尔兹曼统计，可求得考虑到非简谐振动项情况的平均位移由（3.3.11）式表示，即

$$\bar{\delta}=-\frac{3\varepsilon_1k_{\mathrm{B}}T}{\varepsilon_0^2}\left[1+\frac{3\varepsilon_2}{\varepsilon_0^2}k_{\mathrm{B}}T+\left(\frac{3\varepsilon_2}{\varepsilon_0^2}k_{\mathrm{B}}T\right)^2\right] \tag{5.1.25}$$

类似与前面所述简谐近似的讨论，可得到考虑原子做非简谐振动情况下的电阻率由下式表示：

$$\rho_{\mathrm{e}}(T)=\frac{2\eta m}{ne^2}\{\frac{3|\varepsilon_1|k_{\mathrm{B}}T}{\varepsilon_0^2}[1+\frac{3\varepsilon_2k_{\mathrm{B}}T}{\varepsilon_0^2}+(\frac{3\varepsilon_2k_{\mathrm{B}}T}{\varepsilon_0^2})^2]\}^2 \tag{5.1.26}$$

文献[1]给出温度$T=293\,\mathrm{K}$时，Fe 的电阻率$\rho_e=8.8\,\mu\Omega\cdot\mathrm{cm}$，摩尔质量

$M = 55.84\times10^{3}\ \mathrm{kg\cdot mol^{-1}}$，德拜温度 $\theta_{\mathrm{D}} = 467\ \mathrm{K}$，而 $\varepsilon_0 = 2.365\times10^{12}\ \mathrm{J\cdot m^{-2}}$、$\varepsilon_1 = -1.768\times10^{12}\ \mathrm{J\cdot m^{-3}}$、$\varepsilon_2 = 1.562\times10^{22}\ \mathrm{J\cdot m^{-4}}$。由式(5.1.24),求得 $\eta = 2.55\times10^{-6}\ \mu\Omega\cdot\mathrm{cm}$。由式（5.1.24）和（5.1.26），得到的简谐近似和非简谐情况下 Fe 的电阻率随温度的变化数据如表 5.1.3[4]所示。为了比较，在表中还给出相应温度下的实验值[5]。

表 5.1.3　Fe 电阻率随温度变化

温度/ ℃		50	100	150	200
$\rho_{\mathrm{e}}/\mu\Omega\cdot\mathrm{cm}$	实　验	11.50	14.50	17.80	21.50
	简　谐	10.40	12.01	13.62	15.23
	非简谐	12.33	16.47	21.20	26.54

由表 5.1.3 可以看出：Fe 晶体的电阻率随温度呈非线性变化；若只考虑原子的简谐振动，则电阻率与温度成正比，并且计算值比实验值偏小；当考虑原子非简谐振动的影响时，计算值比实验值偏大，但更接近实验变化关系。结果还表明：温度越高，考虑到原子非简谐振动与不考虑时的结果的差越大，即非简谐振动效应越明显。

应指出，上面只考虑了最近邻、次近邻、第三近邻和第四近邻的相互作用，未考虑较远处的原子的相互作用，而且只考虑到了第一、第二非简谐系数，未考虑更高次系数的影响 。如更进一步去研究，将更接近实验变化规律。

总之，温度不太低的情况下，研究晶体的电学性质时，应考虑非简谐振动的影响。简谐近似的理论结果不能反映电学性质随温度的变化规律。考虑原子作非简谐振动后，其结果虽与实验值有偏差，但能反映它们随温度的变化趋势。若要使理论结果与实验结果更接近，则要考虑更高次非简谐项和晶格振动的频谱分布等，计算将更复杂。

5.2　导体和半导体的态密度以及能带结构

晶体的电学性质取决于晶体内带电粒子的性质。导体中的导电粒子是自由运动的电子，它的运动以及与晶体格点正离子的碰撞决定了导体的导电性能，而半导体中的导电粒子是电子和空穴，它与格点离子以及杂质等的散射决定了半导体的电学性质。在带电粒子的各种性质中，其态密度和能带结构起着至关重要的作用，本节将分别论述三维以及二维导体和半导体带电粒子的态密度和能带结构。

5.2.1　三维导体电子的态密度和能带结构

导体中的电子数量很多，1 m^3 内的自由电子数可达 10^{28} 个，它们组成自由电子气。1925 年，索末菲为了克服 1900 年德鲁特提出的经典电子论的困难，提出金属电子气的量子理论。按此理论，质量为 m 的自由电子在边长为 L 的立方体的导体中运动，满足的方程为：

$$-\frac{\hbar^2}{2m}\left(\frac{\partial^2\psi}{\partial x^2}+\frac{\partial^2\psi}{\partial y^2}+\frac{\partial^2\psi}{\partial z^2}\right)=E\psi\ (x,\ y,\ z)\qquad (0<x、y、z<L)$$

$$\psi\ (x、y、z)=0\ (体外) \tag{5.2.1}$$

电子的能量为：

$$E=\frac{\hbar^2}{2m}(k_x^2+k_y^2+k_z^2)=\frac{\hbar^2}{2mL^2}\left(n_x^2+n_y^2+n_z^2\right) \tag{5.2.2}$$

这里，n_x，n_y，n_z 为整数，由（5.2.2）式知，导体中的电子在波矢空间中的等能面为球面，电子能量随波矢 k 的关系为抛物线，自由电子的能量和波矢空间中等能面形状如图 5.2.1 所示。

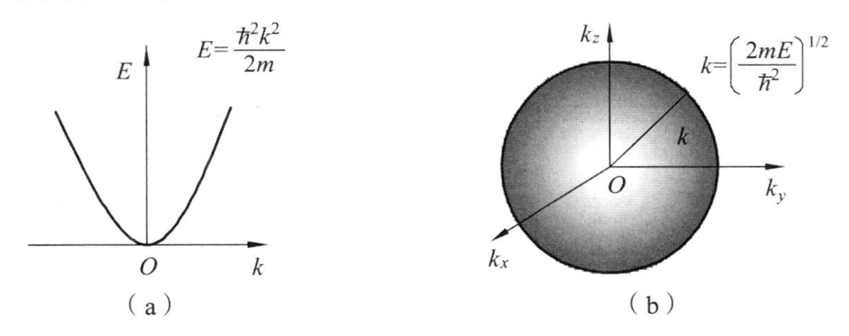

图 5.2.1　自由电子能量（a）和 k 空间等能面（b）

为了求得态密度即单位能量间隔内的电子量子态数 $\rho(\varepsilon)$，按照量子自由电子气理论，能量为 ε 的一个量子态上占据电子的概率由费米-狄喇克分布函数（5.1.5）式决定。若知道电子态密度 $g(\varepsilon)$，就可下式得到自由电子体系的平均能量 $\overline{\varepsilon}$、自由电子总数 n：

$$\overline{\varepsilon}=\int\frac{\varepsilon}{e^{(\varepsilon-\mu)/k_BT}+1}g(\varepsilon)\mathrm{d}\varepsilon \tag{5.2.3}$$

$$n=\int_o^\infty f(\varepsilon)g(\varepsilon)d\varepsilon \tag{5.2.4}$$

为了求 $g(\varepsilon)$，利用自由电子波矢 $k=(k_x,k_y,k_z)$ 是分立取值，即 $k_x=2\pi l_1/Na_1$、$k_y=2\pi l_2/N_2a_2$，$k_z=2\pi l_3/N_3a_3$，l_1、l_2、$l_3=0,\pm1,\pm2,\cdots$，所有 k 的取值在波矢空间组成三维格子，求得波矢空间中波矢大小在 k 到 $k+\mathrm{d}k$ 范围的状态数，进而求得态密度为：

$$g(\varepsilon)=\frac{1}{2\pi^2}\left(\frac{2m}{\hbar^2}\right)^{3/2}\varepsilon^{1/2} \tag{5.2.5}$$

由费米分布函数式（5.1.5），得到绝对零度时的分布为：

$$f(\varepsilon,0)=\begin{cases}1 & \varepsilon\leqslant\mu_0\\ 0 & \varepsilon>\mu_0\end{cases} \tag{5.2.6}$$

该式表示：$T=0\ \mathrm{K}$ 时，能量低于 $\varepsilon=\mu_0$ 的能级的所有状态为电子占据；而 $\varepsilon>\mu_0$ 的能级未占据。μ_0 是 $T=0\ \mathrm{K}$ 时电子能填充到的最高能级，记为 ε_F，称为费米能级，也可理解为绝对零度时电子的化学势。

绝对零度时的三维晶体电子能 ε_F^0 与电子数密度关系为

$$\varepsilon_\mathrm{F}^o=\frac{\hbar^2}{2m}k_\mathrm{F}^2=\frac{\hbar^2}{2m}(3\pi^2n)^{2/3} \tag{5.2.7}$$

k_F 称为费米波矢；由 $p_\mathrm{F}=\hbar k_\mathrm{F}$ 确定的动量 p_F 称为费米动量，由 $p_\mathrm{F}=mv_\mathrm{F}$ 确定的速度 v_F 称为费米速度。在波矢空间中，由 $\varepsilon(k)=\varepsilon_\mathrm{F}$ 确定的等能面称为费米面。将 ε_F 写为 $\varepsilon_\mathrm{F}=k_\mathrm{B}T_\mathrm{F}$，这里 k_B 为玻尔兹曼常数，T_F 称为费米温度。由式（5.2.5）得到：三维自由电子气的费米波矢、费米动量、费米速度以及费米温度均由自由电子数密度 n 决定：

$$k_\mathrm{F}=(3\pi^2n)^{1/3},\quad p_\mathrm{F}=\hbar(3\pi^2n)^{1/3},\quad v_\mathrm{F}=p_\mathrm{F}/m,\quad T_\mathrm{F}=\varepsilon_\mathrm{F}/k_\mathrm{B}$$

而费米面为波矢空间中半径等于费米波矢 k_F 的球面。

由式（5.2.3）和（5.2.5）可得到绝对零度时电子的平均能量为

$$\overline{\varepsilon}_0=\frac{3}{5}\varepsilon_\mathrm{F} \tag{5.2.8}$$

对 $T>0\ \mathrm{K}$，可由式（5.2.5）求得费米能随温度的变化关系为：

$$\varepsilon_\mathrm{F}=\varepsilon_\mathrm{F}^0\left[1-\frac{\pi^2}{12}\left(\frac{k_\mathrm{B}T}{\varepsilon_\mathrm{F}^0}\right)^2\right] \tag{5.2.9}$$

5.2.2 三维半导体带电粒子的态密度和能带结构

半导体导电主要涉及的是导带底部的电子与价带顶部的空穴，因此，研究半导体的性质主要研究的是导带底附近和价带顶附近载流子的性质。设价带顶能量为 ε_V，空穴有效质量为 $m_{\mathrm{h}}=(m_{\mathrm{h}x},m_{\mathrm{h}y},m_{\mathrm{h}z})$，则价带顶附近空穴能量为：

$$\varepsilon_V(k)=\varepsilon_V(k_0)-\frac{\hbar^2}{2}\left[\frac{\left(k_x-k_{0x}\right)^2}{m_{\mathrm{hx}}}+\frac{\left(k_y-k_{0y}\right)^2}{m_{\mathrm{hy}}}+\frac{\left(k_z-k_{0z}\right)^2}{m_{\mathrm{hz}}}\right] \tag{5.2.10}$$

同样，导带底附近电子有效质量设为 $m_{\mathrm{e}}=(m_{\mathrm{ex}},m_{\mathrm{ey}},m_{\mathrm{ez}})$，带底电子能量为 ε_C，则导带底附近电子能量为：

$$\varepsilon_C(k)=\varepsilon_C(k_0)+\frac{\hbar^2}{2}\left[\frac{\left(k_x-k_{0x}\right)^2}{m_{\mathrm{ex}}}+\frac{\left(k_y-k_{0y}\right)^2}{m_{\mathrm{ey}}}+\frac{\left(k_z-k_{0z}\right)^2}{m_{\mathrm{ez}}}\right] \tag{5.2.11}$$

式（5.2.10）和（5.2.11）表明：半导体中载流子的等能面在波矢空间中不是球面，而是椭球面，由于一般情况下，空穴和电子的有效质量是张量而不是标量，所以，半导体的载流子的态密度和能谱情况比导体中的电子要复杂得多。

引入等效有效质量（或称态密度有效质量）概念，即若有一标量 m_{dh} 或 m_{ed}，假若将载流子视为具有这一标量的有效质量的态密度和将它视为质量为 m_{h} 或 m_{e} 的椭球等能面的态密度相同，则这一标量就称为态密度有效质量，有如下关系：

$$m_{\alpha d}=\left(m_{\mathrm{hx}}^{3/2}+m_{\mathrm{hy}}^{3/2}+m_{\mathrm{hz}}^{3/2}\right)^{2/3}\qquad m_{ed}=\left(s^2m_{\mathrm{ex}}m_{\mathrm{ey}}m_{\mathrm{ez}}\right)^{1/2}$$

引入等效有效质量后，得

$$\varepsilon_V(k)=\varepsilon_V\left(k_{0V}\right)-\frac{\hbar^2\left(k-k_{0V}\right)^2}{2m_{\mathrm{dh}}}$$

$$\varepsilon_C(k)=\varepsilon_C\left(k_{0C}\right)+\frac{\hbar^2\left(k-k_{0\mathrm{e}}\right)^2}{2m_{\mathrm{ed}}} \tag{5.2.12}$$

由此得到导带底和价带顶附近的电子或空穴的态密度 $g_{\mathrm{e}}(\varepsilon)$ 和 $g_V(\varepsilon)$，可分别由式（5.1.11）和（5.1.12）来计算。

图 5.2.2 给出了三维半导体的能带结构，它的特点是禁带宽度不大，一般为 0.5 ~ 3 eV[3]。

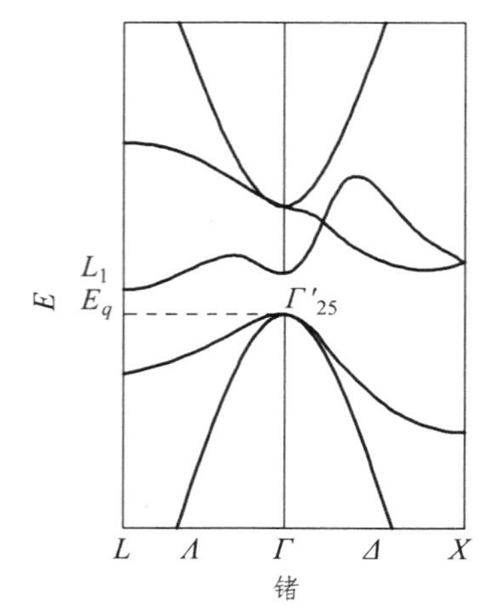

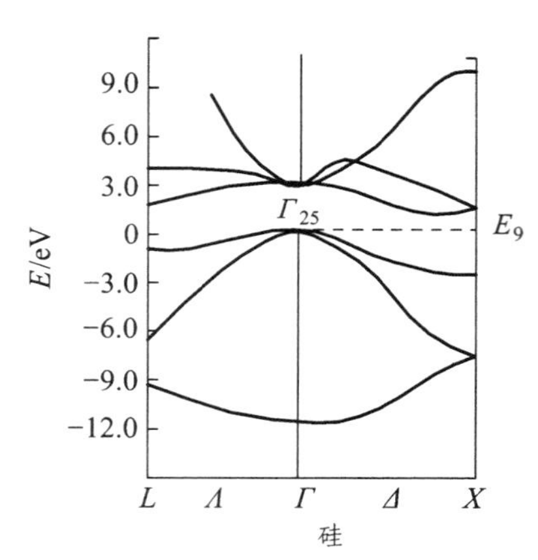

图 5.2.2　三维半导体的能带结构

5.2.3　二维晶体带电粒子的态密度和能带结构

对面积 $S = L^2$ 的正方形平面导体，电子的哈密顿方程和能量分别为

$$-\frac{\hbar^2}{2m}\left(\frac{\partial^2\psi}{\partial x^2}+\frac{\partial^2\psi}{\partial y^2}\right)=\varepsilon\psi\left(x,y\right)$$

$$\varepsilon=\frac{\hbar^2}{2m}\left(k_x^2+k_y^2\right) \tag{5.2.13}$$

由周期性边界条件的限制，波矢只能取分立值：$k_x = 2\pi n_x / L$，$k_y = 2\pi n_y / L$，这里 n_x、n_y 取整数。它的特点是状态代表点在二维波矢空间中为均匀分布，如图 5.2.3 所示。

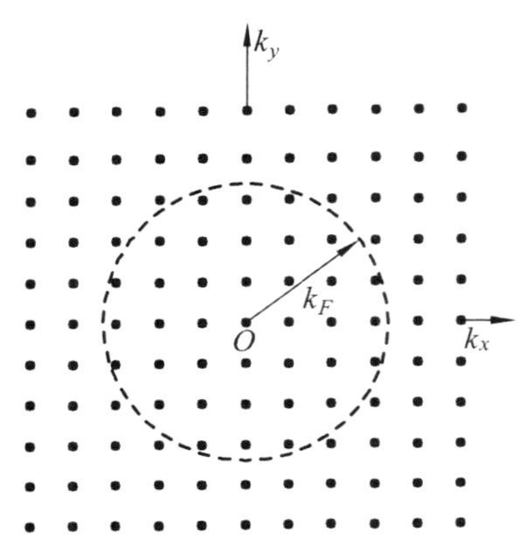

图 5.2.3　二维波矢空间中电子状态代表点

由图得到：单位波矢平面空间中代表点数为$S/(2\pi)^2$，考虑到自旋后，波矢空间中面积为$\Delta k_x \Delta k_y$的电子量子态数为$\mathrm{d}Z = \dfrac{2S}{(2\pi)^2}\Delta k_x \Delta k_y = \dfrac{2S}{(2\pi)^2} 2\pi k \mathrm{d}k$，将$\varepsilon = \dfrac{\hbar^2 k^2}{2m}$代入，得到二维导体的电子能态密度为：

$$g(\varepsilon) = \frac{mS}{\pi\hbar^2} \tag{5.2.14}$$

它的等能面在二维波矢空间中是半径为费米波矢k_{F}的圆，由总电子数$N = \pi k_{\mathrm{F}}^2 \times 2S/(2\pi)^2$，求得相应的费米能$\varepsilon_{\mathrm{F}}$、费米速度$v_{\mathrm{F}}$等与单位面积的自由电子数$n = N/S$的关系为：

$$k_{\mathrm{F}} = (2\pi n)^{1/2}, \quad \varepsilon_{\mathrm{F}} = \frac{\hbar^2 k_{\mathrm{F}}^2}{2m}, \quad p_{\mathrm{F}} = \hbar k_{\mathrm{F}}, \quad v_{\mathrm{F}} = \frac{\hbar k_{\mathrm{F}}}{m}, \quad T_{\mathrm{F}} = \frac{\varepsilon_{\mathrm{F}}}{k_{\mathrm{B}}} \tag{5.2.15}$$

对二维半导体中的带电粒子，也有与三维半导体中带电粒子的类似性质。在价带顶附近的空穴的能量ε_V和导带底附近电子的能量ε_C分别为：

$$\varepsilon_V(k) = \varepsilon_V(k_{0V}) - \frac{\hbar^2 \left(k - k_{0V}\right)^2}{2m'_{\mathrm{dh}}}$$

$$\varepsilon_C(k) = \varepsilon_C(k_{0C}) + \frac{\hbar^2 \left(k - k_{0C}\right)^2}{2m'_{\mathrm{de}}} \tag{5.2.16}$$

这里m'_{dh}和m'_{de}分别是二维情况空穴和电子的态密度有效质量，由下式确定：

$$m'_{\mathrm{dh}} = \left(m_{\mathrm{h}x}^{3/2} + m_{\mathrm{h}y}^{3/2}\right)^{2/3}, \quad m'_{\mathrm{de}} = \left(S^2 m_{\mathrm{e}x} m_{\mathrm{e}y}\right)^{1/2} \tag{5.2.17}$$

图 5.2.4 给出了二维导体的能带结构，可看出，它会发生能带的重叠。

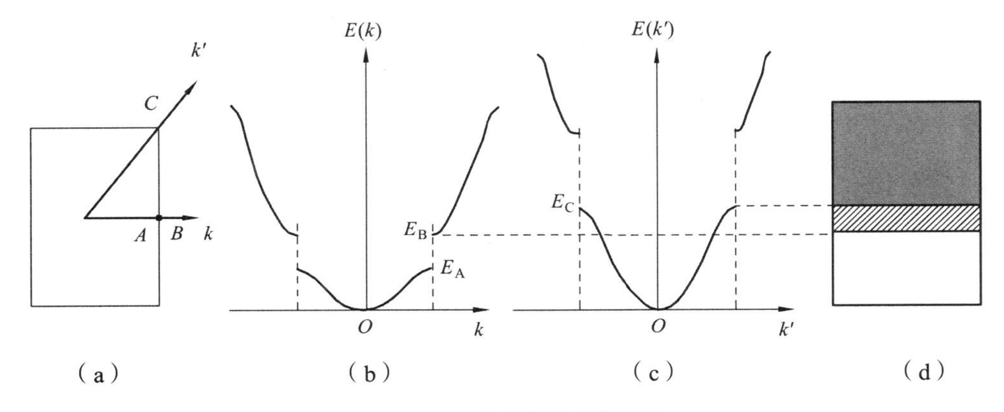

图 5.2.4　二维晶格能带的重叠

5.3 石墨烯的能带结构和能态密度

材料的电子状态决定了材料的性质（特别是电学性质），而电子状态由材料中电子的波函数和能量（能带结构）决定。除此之外，由于电子的能量状态密度（能态密度）可以通过实验测定，而且许多电学性质（如电导率、电荷分布等）都可由它来计算，因此电子的能态密度是描述电子状态的最重要的量之一。本节将论述单层石墨烯的能带结构和电子能态密度以及石墨烯吸附系统的态密度。

5.3.1 无缺陷单层石墨烯电子的能带结构

石墨烯的电子能带结构常用固体理论采用紧束缚近似法计算或采用基于密度泛函第一性原理计算。

5.3.1.1 紧束缚近似方法计算

如图 5.3.1，选取坐标系 Oxy，石墨烯原胞内有两个原子。取基矢 a_1 、 a_2 的交点为坐标原点，则基矢 a_1 、 a_2 为：

$$a_1=\frac{3}{2}a_0e_x+\frac{\sqrt{3}}{2}a_0e_y, \quad a_2=\frac{3}{2}a_0e_x-\frac{\sqrt{3}}{2}a_0e_y \tag{5.3.1}$$

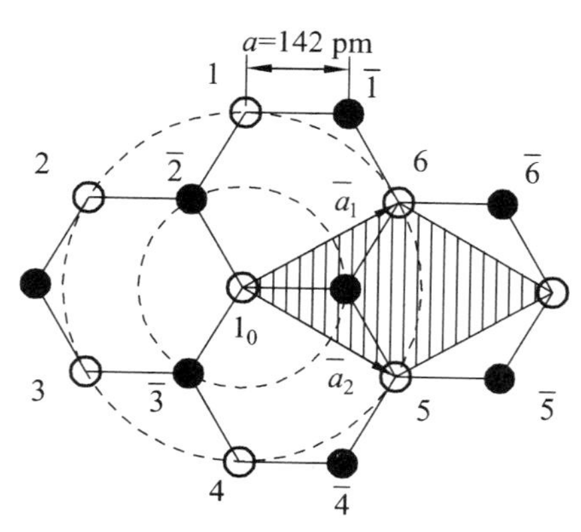

图 5.3.1 石墨烯的原胞基矢

这里 a_0 为键长， $a_0=142\times10^{-10}\,\text{m}$ 。利用正、倒格子的关系，求得石墨烯倒格基矢 b_1、b_2 为：

$$b_1 = \frac{2\pi}{3a_0}e_x + \frac{2\sqrt{3}\pi}{3a_0}e_y, \quad b_2 = \frac{2\pi}{3a_0}e_x - \frac{2\sqrt{3}\pi}{3a_0}e_y \tag{5.3.2}$$

这里 e_x 、 e_y 分别为 Ox 、 Oy 方向的单位矢量。石墨烯的第一布里渊区如图 5.3.2 所示，它是由两个不等价的倒格点所围成的六角形区域，K 和 K' 为 Drac 点。设 e_{k_x} 、 e_{k_y} 为波矢空间 k_x 、 k_y 方向的单位矢量，则它在波矢空间中的坐标为：

$$K = \frac{2\pi}{3a_0}e_{k_x} + \frac{2\sqrt{3}\pi}{9a_0}e_{k_y},$$
$$K' = \frac{2\pi}{3a_0}e_{k_y} - \frac{2\sqrt{3}\pi}{9a_0}e_{k_y} \tag{5.3.3}$$

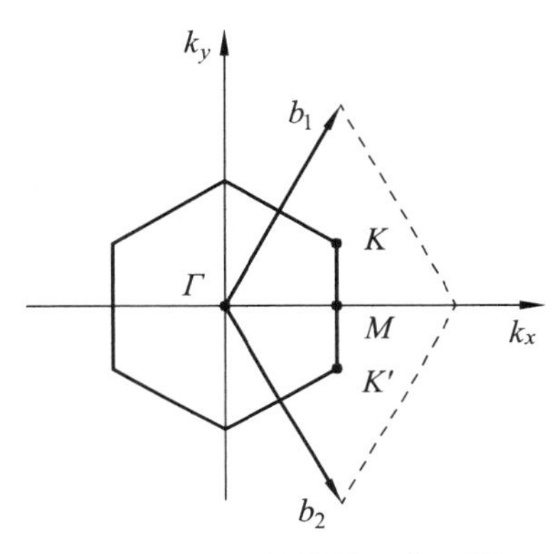

图 5.3.2 石墨烯的第一布里渊区

利用紧束缚近似法，可求得石墨烯的能量随波矢 K 的关系为[7]：

$$E(K) = \pm t\sqrt{3 + f(K)} - t'f(K) \tag{5.3.4}$$

这里 K 为二维空间电子波矢， $f(K)$ 为：

$$f(K) = 2\cos\left(\sqrt{3}k_y a_0\right) + 4\cos\left(\frac{\sqrt{3}}{2}k_y a_0\right)\cos\left(\frac{3}{2}k_x a_0\right) \tag{5.3.5}$$

t 和 t'是最近邻原子的电子跃迁矩阵元，按文献[6]，t 和 t'均为 2.8 eV，由此方法得到的石墨烯能带结构如图 5.3.3 所示。

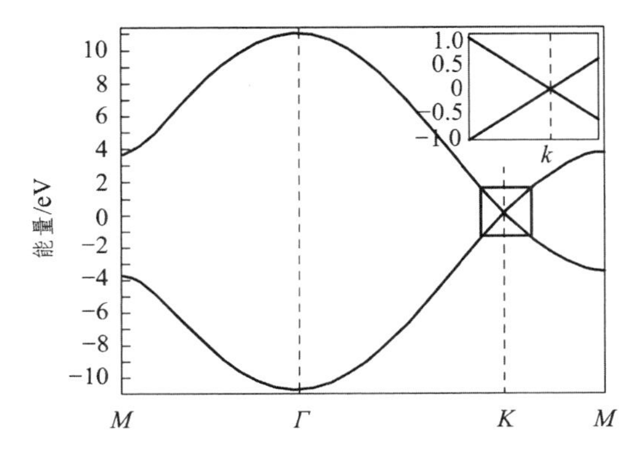

图 5.3.3 紧束缚近似法计算的石墨烯的能带结构

5.3.1.2　基于第一性原理密度泛函的计算方法

文献[7]用第一性原理的计算方法，对石墨烯能带结构的计算结果见图 5.3.4。

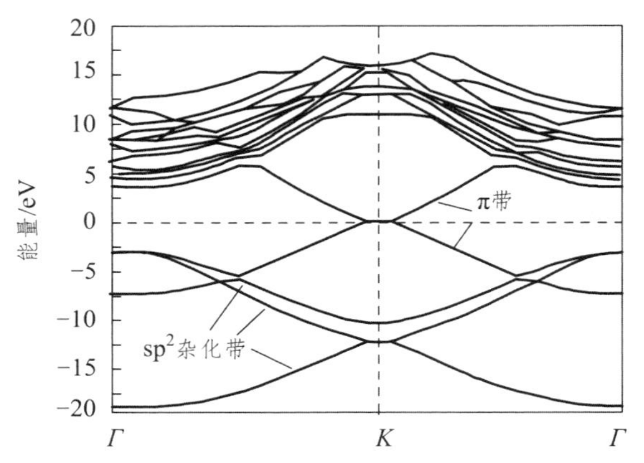

图 5.3.4　用第一性原理计算所得石墨烯的电子能带结构

由图 5.3.4 看出：两种计算方法所得的能带结构结果基本一致，在价带顶和导带底相交于费米能级处，表现为零能隙的电子结构。

5.3.2　缺陷型石墨烯的电子能带结构

石墨烯制备过程中，由于制备等条件的限制，必然会形成多种缺陷。在各种缺陷中，空位缺陷是常见的一种，如图 5.3.5 所示。此外，还会出现吸附杂质缺陷，Stone-Wales 缺陷等。

缺陷的产生，使石墨烯的电子结构发生变化。例如，单空位的出现，使导带底和价带顶不再相交于费米能级上，造成本征石墨烯的导带向高能方向移动，在费米能级附近出现三条新的能带线，其能带结构如图 5.3.6 所示。

对双空位缺陷石墨烯，Popov 等采用第一原理所计算得到的能带结构结果表明：双空位缺陷石墨烯具有直接带隙，其宽度约为 0.75 eV。

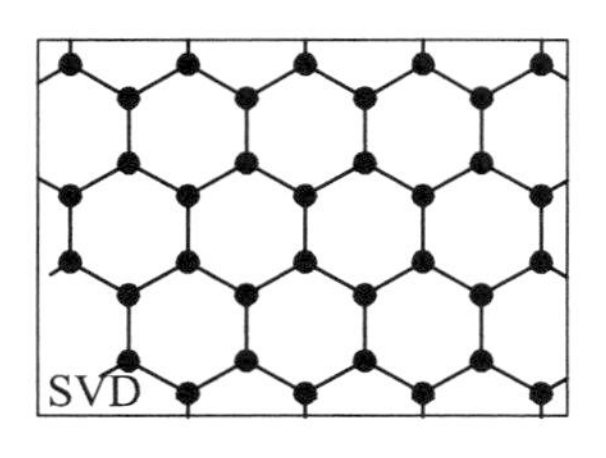

(a) 单空位缺陷结构

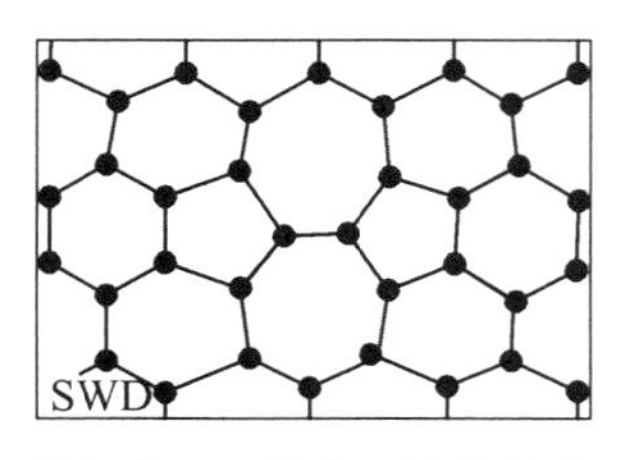

(b) Stone-Wales 缺陷结构

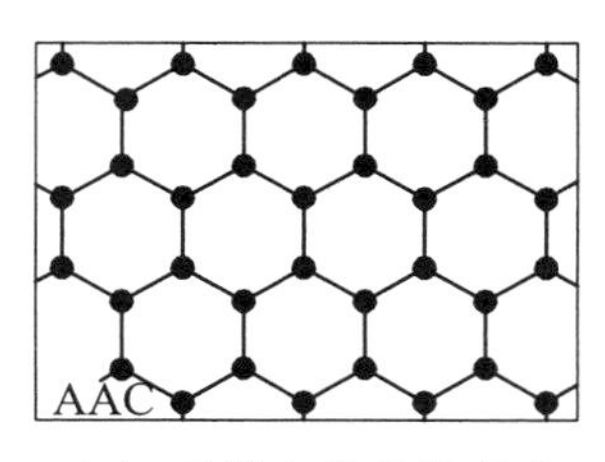

(c) 吸附杂质缺陷结构

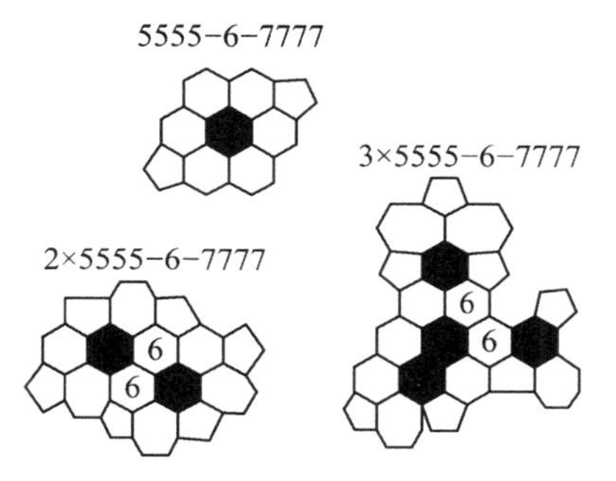

图 5.3.5　缺陷石墨烯的结构模型

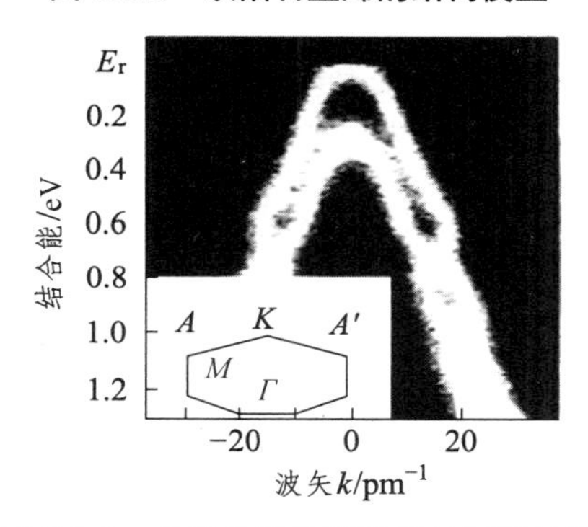

图 5.3.6　单空位缺陷石墨烯的能带结构

总之，缺陷能使石墨烯电子结构中的导带和价带分离，使零能隙变为窄带隙结构，使石墨烯由半金属性转变为半导体性。这就为改变石墨烯的性质以适应它的应用需要提供了一条途径：通过掺杂或形成空位等形式来制备所需的材料。

5.3.3　单层石墨烯电子的能态密度

石墨烯的电子是能带电子，波矢为 K 的电子能量 ε_K ，考虑到自旋 σ ，则它的哈密顿为：

$$H=\sum_{K\sigma}\varepsilon_K C_{K\sigma}^{+}C_{K\sigma} \qquad (5.3.6)$$

石墨烯各原子单独存在时，电子之间的作用可忽略，计及到一个原子上的电子状态数为 $\rho_{\rm g}(\varepsilon)=N^{-1}\sum_{K}\delta(\varepsilon-\varepsilon_K)$ 。石墨烯态密度为各原子态密度的总效果，考虑到由相邻碳原子的 p_z 轨道的键联和反键联组合形成的 π 带和 π^* 带的色散关系 $\varepsilon(K)$ ，在忽略六角形平面之间相互作用情况下，可得到石墨烯一个原子上的态密度为[6]：

$$\rho_{g_0}(\varepsilon)=\begin{cases}0 & \varepsilon<-\dfrac{D}{2}\\ -\dfrac{\rho_{\mathrm{w}}}{2\varepsilon}\varDelta & -\dfrac{D}{2}<\varepsilon<-\dfrac{\varDelta}{2}\\ \dfrac{2\rho_{\mathrm{m}}|\varepsilon|}{\varDelta} & -\dfrac{\varDelta}{2}<\varepsilon<\dfrac{\varDelta}{2}\\ \dfrac{\rho_{\mathrm{m}}\varDelta}{2\varepsilon} & \dfrac{\varDelta}{2}<\varepsilon<\dfrac{D}{2}\\ 0 & \varepsilon<\dfrac{D}{2}\end{cases} \tag{5.3.7}$$

这里的 $D/2$ 为分别处于 $\varepsilon=0$ 之下的 π 带和处于 $\varepsilon=0$ 之上的 π^* 带的带宽，$\varDelta$ 是 π 带和 π^* 带的能隙宽度，ρ_{m} 为：

$$\rho_{\mathrm{m}}=\frac{4}{[1+2\ln(D/\varDelta)]\varDelta} \tag{5.3.8}$$

文献[6]求出 $\varDelta=4.7\ \mathrm{eV}$ ，$D=3\ \mathrm{eV}$ 。由（5.3.7）式作出石墨烯电子态密度变化曲线，见图 5.3.7。由图看出：石墨烯电子态密度特点是对 $\varepsilon=0$ 左右对称，此外，它没有能隙，禁带宽度 $E_{\mathrm{g}}=0$ 。

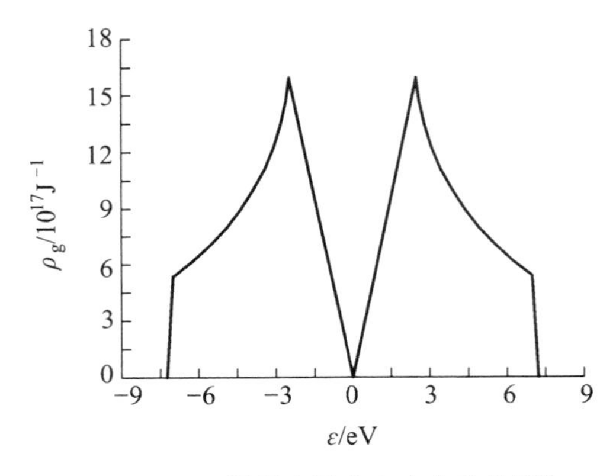

图 5.3.7　石墨烯电子态密度变化曲线[6]

5.3.4　石墨烯吸附原子的局域态密度

设石墨烯上吸附有其他原子（如碱金属原子，或气体原子等），由于碳原子与吸附原子有相互作用以及两种原子的电子间有相互作用，石墨烯的电子能态密度 $\rho_g(\varepsilon)$ 将与未吸附原子时的态密度 $\rho_{g_0}(\varepsilon)$ 不同，而吸附原子的态密度（称为局域态密度）$\rho_{a\sigma}(\varepsilon)$ 也与单独存在时的态密度 $\rho_a(\varepsilon)$ 不同。

对吸附的原子为金属原子时，可认为电子为自由电子，它的态密度为 $\rho_a(\varepsilon)=mS/\pi\hbar^2$。对吸附在石墨烯上的原子，其局域态密度 $\rho_{a\sigma}(\varepsilon)$ 要由它的哈密顿，通过格林函数求得。

吸附原子的电子哈密顿按照哈特利-安德森模型，可写为[6]：

$$H=\sum\varepsilon_K C_{ka}^{+}C_{ka}+\varepsilon_a\sum_{\sigma}a_{\sigma}^{+}a_{\sigma}+Ua_{\uparrow}^{+}a_{\uparrow}a_{\downarrow}^{+}a_{\downarrow}+\frac{1}{\sqrt{N}}\Sigma\left(V_{ka}C_{k\sigma}^{+}a_{k\sigma}+V_{ka}^{*}C_{k\sigma}a_{\sigma}^{+}\right) \tag{5.3.9}$$

式中的第一项为处于态 $|k\sigma>$ 的基底（石墨烯）的一个能带电子的能量；第二项是处于状态 $|a\sigma>$ 的吸附原子的电子的能量；第三项是原子内自旋为 $\uparrow$ 的态 $|a\uparrow\rangle$ 与自旋为 $\downarrow$ 的态 $|a\downarrow>$ 的库仑排斥能，第四项为态 $|k\sigma>$ 和 $|a\sigma>$ 的杂化能。

在哈特利-福克近似下，可求得（5.3.9）式的格林函数为

$$G_{a\sigma}(\varepsilon)=\frac{1}{\varepsilon-\varepsilon_{a\sigma}-\Lambda(\varepsilon)+i\Gamma(\varepsilon)} \tag{5.3.10}$$

其中：$\varepsilon_{a\sigma}=\varepsilon_a+Un_{a-\sigma}$，$n_{a\sigma}=<a_{\sigma}^{+}a_{\sigma}>$，$\Gamma(\varepsilon)$ 为吸附原子的准能级半宽度，$\Lambda(\varepsilon)$ 为吸附原子准能级杂化移动函数，分别为：

$$\Gamma(\varepsilon)=\frac{\pi V^2}{N}\rho_g(\varepsilon)$$

$$\Lambda(\varepsilon)=\frac{1}{\pi}P\int_{-\infty}^{\infty}\frac{\Gamma(\varepsilon')}{\varepsilon-\varepsilon'}d\varepsilon' \tag{5.3.11}$$

式中：V 为杂化相互作用能的平均值；N 为石墨烯碳原子数；P 为主值记号。利用格林函数与态密度的关系：

$$\rho_{a\sigma}(\varepsilon)=-\frac{1}{\pi}\operatorname{Im}G_{a\sigma}(\varepsilon) \tag{5.3.12}$$

这里 $\operatorname{Im}G_{a\sigma}(\varepsilon)$ 是 $G_{a\sigma}(\varepsilon)$ 的虚数部分，由（5.3.10）式可求得带底附近吸附原子的态密度为：

$$\rho_{a\sigma}(\varepsilon)=\frac{1}{\pi}\frac{\Gamma(\varepsilon)}{\left[\varepsilon-\varepsilon_{a\sigma}-\Lambda(\varepsilon)\right]^2+\left[\Gamma(\varepsilon)\right]^2} \tag{5.3.13}$$

将式（5.3.7）代入式（5.3.11）求出 $\Gamma(\varepsilon)$ 和 $\Lambda(\varepsilon)$，再代入式（5.3.13），得到吸附原子局域态密度 $\rho_{a\sigma}(\varepsilon)$ 与相互作用能 V 的关系[8]：

$$g_{a\sigma}(\varepsilon)=\begin{cases}0 & |\varepsilon|>\dfrac{D}{2}\\ -\dfrac{2\pi V^2}{[1+2\ln(D/\varDelta)]\varepsilon\left\{[\varepsilon-\varepsilon_{a\sigma}-\varLambda(\varepsilon)]^2+[\varGamma_1(\varepsilon)]^2\right\}} & -\dfrac{D}{2}<\varepsilon<-\dfrac{\varDelta}{2}\\ \dfrac{8\pi V^2|\varepsilon|}{[1+2\ln(D/\varDelta)]\varDelta^2\left\{[\varepsilon-\varepsilon_{a\sigma}-\varLambda(\varepsilon)]^2+[\varGamma_2(\varepsilon)]^2\right\}} & -\dfrac{\varDelta}{2}<\varepsilon<\dfrac{\varDelta}{2}\\ \dfrac{2\pi V^2}{[1+2\ln(D/\varDelta)]\varepsilon\left\{[\varepsilon-\varepsilon_{a\sigma}-\varLambda(\varepsilon)]^2+[\varGamma_1(\varepsilon)]^2\right\}} & \dfrac{\varDelta}{2}<\varepsilon<\dfrac{D}{2}\end{cases}$$

（5.3.14）

其中，

$$[\varGamma_1(\varepsilon)]^2=\frac{4\pi^2V^4}{[1+2\ln(D/\varDelta)]^2\varepsilon^2}\qquad [\varGamma_2(\varepsilon)]^2=\frac{64\pi^2V^2\varepsilon^2}{[1+2\ln(D/\varDelta)]^2\varDelta^2}$$

而 $\varLambda(\varepsilon)$ 是吸附原子电子因轨道杂化引起的能级位移：

$$\varLambda(\varepsilon)=\frac{4V^2}{[1+2\ln(D/\varDelta)]\varDelta}\left\{\frac{2\varepsilon}{\varDelta}\ln\left|\frac{4\varepsilon^2}{\varDelta^2-4\varepsilon^2}\right|+\frac{\varDelta}{2\varepsilon}\left|\frac{\varDelta^2-4\varepsilon^2}{\varDelta^2-4(\varepsilon\varDelta/D)^2}\right|\right\}$$

$\varepsilon_{a\sigma}$ 是吸附原子中电子处于量子态为 $|a\sigma\rangle$ 时的能级，它与石墨烯电子处于量子态为 $|a\rangle$ 的能级 ε_a 和电子数 $<a_\sigma^+ a_\sigma>$ 的关系为 $\varepsilon_{a\sigma}=\varepsilon_a+U<a_\sigma^+a_\sigma>$。

对吸附原子为碱金属原子的情况，经计算，能带宽度 D、碱金属原子与石墨烯原子平均相互作用能 V、碱金属基态电子能量 $\varepsilon_{a\sigma}$（可认为与它的电离能相同）的数据见表 5.3.1。

表 5.3.1 石墨烯上吸附的碱金属离子的 D、V 和 $\varepsilon_{a\sigma}$

元素	Li	Na	K	Rb	Cs	Fr
V/eV	1.98	1.56	1.1.0	1.02	0.94	0.90
D/eV	6135.02	5622.20	7200.01	4213.12	4843.81	5559.55
$\varepsilon_{a\sigma}$ /eV	5.39	5.14	4.34	4.18	3.89	3.73

由式（5.3.14）作出其变化曲线，如图 5.3.8 所示[9]。由图看出：局域态密度曲线对 $\varepsilon=0$ 已左右不对称，$\varepsilon>0$ 的态密度要大于 $\varepsilon<0$ 的态密度，即较多的电子处于正能量状态；随着碱金属原子满壳层数的增加，电子处于正、负能量的态密度有所减小。

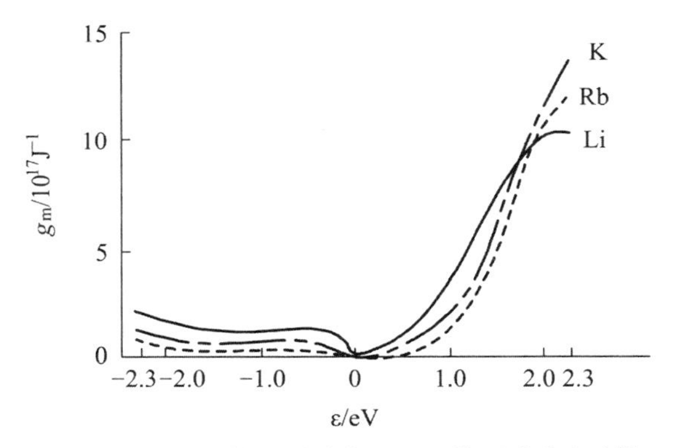

图 5.3.8 石墨烯吸附碱金属原子的局域态密度[8]

5.3.5 吸附对石墨烯态密度的影响

文[10]利用 Davydov 模型，计算了因吸附引起的石墨烯态密度的变化量：

$$\delta\rho_{\mathrm{g}} = -\frac{1+2\ln 3}{2}\rho_{\mathrm{m}}\bar{\rho}_{\mathrm{a}}(\varepsilon)A(\varepsilon) \tag{5.3.15}$$

这里 $\bar{\rho}_{\mathrm{a}}(\varepsilon)$ 是吸附原子态密度；

$$\bar{\rho}_{\mathrm{a}}(\varepsilon) = \frac{1}{\pi}\frac{\pi\gamma\rho_{\mathrm{g}}(\varepsilon)}{\rho_{\mathrm{m}}\left[2\varepsilon/\varDelta-\eta_{\mathrm{a}}-\gamma\varLambda(\varepsilon)/\rho_{\mathrm{m}}V^2\right]^2+\left[\pi\gamma\rho_{\mathrm{g}}(\varepsilon)/\rho_{\mathrm{m}}\right]^2}$$

$$A(\varepsilon) = \left[\gamma\frac{\mathrm{d}\lambda(K)}{\mathrm{d}x}+\frac{2\varepsilon/\varDelta-\eta_{\mathrm{a}}-\gamma\varLambda(\varepsilon)/\rho_{\mathrm{m}}V^2}{\rho_{\mathrm{g}}(\varepsilon)/\rho_{\mathrm{m}}}\frac{\mathrm{d}f(x)}{\mathrm{d}x}\right]$$

$$\lambda(x) = \frac{\varLambda(\varepsilon)}{\rho_{\mathrm{m}}V^2},\quad \gamma = 2\rho_{\mathrm{m}}V^2/\varDelta,\quad \eta_{\mathrm{a}} = 2\varepsilon_a/\varDelta,\quad x = 2\varepsilon/\varDelta \tag{5.3.16}$$

式中，$\rho_{\mathrm{g}}(\varepsilon)$ 为石墨烯态密度，$\rho_{\mathrm{m}} = 4/\varDelta(1+2\ln 3)$。

由此得到吸附引起的石墨烯态密度的改变 $\delta\rho_{\mathrm{g}}$ 随电子能量 ε 的变化如图 5.3.9（a）所示，而吸附原子态密度 $\bar{\rho}_{\mathrm{a}}(\varepsilon)$ 在 $\eta_{\mathrm{a}} = 0.5$（即 $\varepsilon_a = 0.25\ \mathrm{eV}$）和 $\gamma = 0.1$ 时随电子能量的变化如图 5.3.9（b）所示[10]。

由图 5.3.9(a)看出：吸附引起的石墨烯态密度改变量 $\delta\rho_{\mathrm{g}}$ 在电子能量在 $\varepsilon = 0$ 的附近的 $-\frac{\varDelta}{2} < \varepsilon < \frac{\varDelta}{2}$ 范围内要发生急剧变化，这种奇异特性是由于吸附原子与基底（石墨烯）有相互作用引起。由图 5.3.9（b）看出：由于吸附的影响，吸附

原子态密度度 $\bar{\rho}_a(\varepsilon)$ 随电子能量的变化，在 $D<\varepsilon<\frac{\Delta}{2}$ 的范围内发生突变。计算还表明：随着吸附原子与石墨烯相互作用的增强，态密度的极大值将减小（图中未画出）。

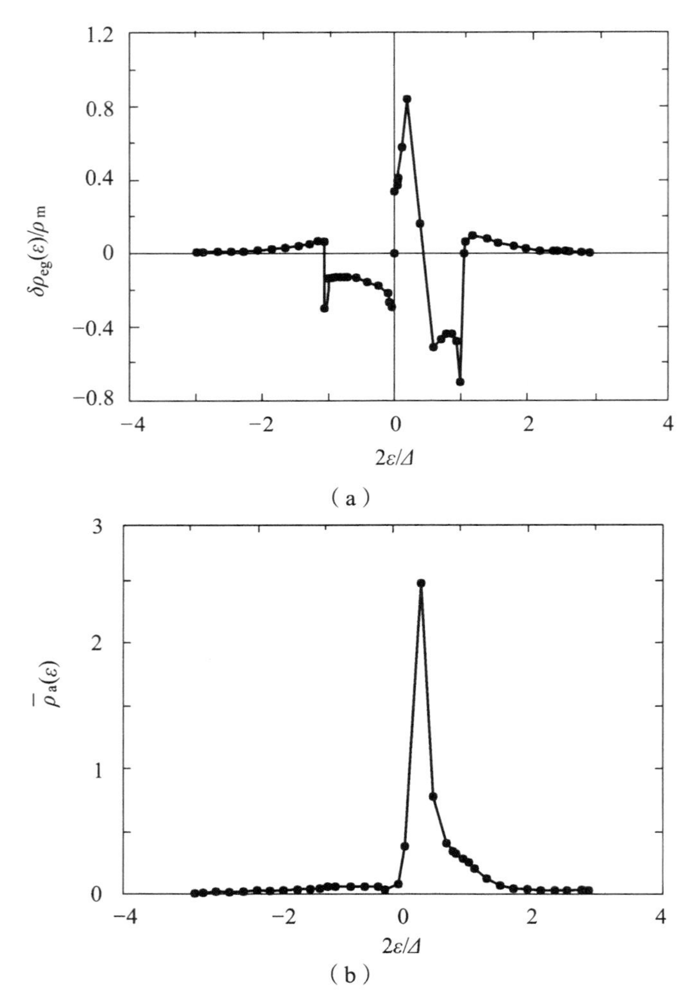

图 5.3.9 吸附引起的石墨烯态密度改变 $\delta\rho_g$(a) 和 $\bar{\rho}_a(\varepsilon)$（b）随能量的变化[10]

5.4 石墨烯吸附系统的电荷分布

石墨烯材料可通过吸附其他原子等方法来改变其电学性质。吸附原子的性质、电荷分布、浓度、所在位置、吸附强弱以及温度等，极大地影响了石墨烯材料的电学性质。本节将在论述吸附原子的键能的基础上，以碱金属为例，探讨吸附原子的电荷分布以及吸附强弱和吸附元素等对电荷分布的影响，而电荷分布随吸附原子位置和温度的变化问题将在下节论述。

5.4.1 吸附原子的键能

石墨烯吸附其他原子时，要形成吸附键，吸附键的强弱，由键能的大小来反映。按照文献[10]，吸附原子与石墨烯的键能W_b可以视为金属分量W_m和离子分量W_i之和：

$$W_{\mathrm{b}} = W_{\mathrm{m}} + W_{\mathrm{i}} \tag{5.4.1}$$

其中，金属分量由下式计算：

$$W_{\mathrm{m}} = \int_{-\infty}^{\varepsilon_{\mathrm{F}}} (\varepsilon - \varepsilon_{\mathrm{F}}) \delta\rho_{\mathrm{syg}}(\varepsilon) \mathrm{d}\varepsilon \tag{5.4.2}$$

这里$\delta\rho_{\mathrm{syg}}$是由吸附引起系统（吸附原子+基底）的态密度变化。经计算，吸附键较弱时，为：

$$W_{\mathrm{m}} = \frac{\Delta}{2}\left\{-n\eta_{\mathrm{a}} + \frac{1+2\ln 3}{2}\left[\eta_{\mathrm{a}}\left(n_{\mathrm{b2}} - n_{\mathrm{b1}}\right) - 2\gamma\left(1 + 2\eta_{\mathrm{a}} \ln \frac{\eta_{\mathrm{a}}}{1+\eta_{\mathrm{a}}}\right)\right]\right. \tag{5.4.3}$$

而吸附键较强时，为：

$$W_{\mathrm{m}} \approx \frac{\Delta}{2}\left[\frac{2\varepsilon_1 n}{\Delta} n_1 - n\eta_{\mathrm{a}} - (1+2\ln 3)(J_1' + J_2')\right. \tag{5.4.4}$$

式（5.4.4）中的J_1'和J_2'为

$$J_1' = \int_{-3}^{-1} \rho_{\mathrm{a}}^1(x) A_1^1(x) x \mathrm{d}x, \quad J_2' = \int_{-1}^{1} \rho_{\mathrm{a}}^1(x) A_2^1(x) x \mathrm{d}x$$

$$\rho_{\mathrm{a}}^1(x) = \frac{1}{\pi} \frac{\pi f(x)}{\lambda(x)^2 + [\pi f(x)]^2}, \quad f(x) = g_{\mathrm{g}}(x) \rho_{\mathrm{m}}$$

键能中的离子分量W_i由下式计算：

$$W_i = -\frac{Z^2 e^2}{4a} \tag{5.4.5}$$

这里a是由带电的吸附原子和它的像电荷形成的偶极长度的一半(即吸附键

的长度），而 Z 与吸附原子所处的能级 ε_a 有关。在弱键情况下，键能的金属分量 W_m 随 ε_a 的变化如图 5.4.1（a）所示，而键能的离子分量 W_i 以及 Z^2 随 ε_a 的变化如图 5.4.1（b）所示。

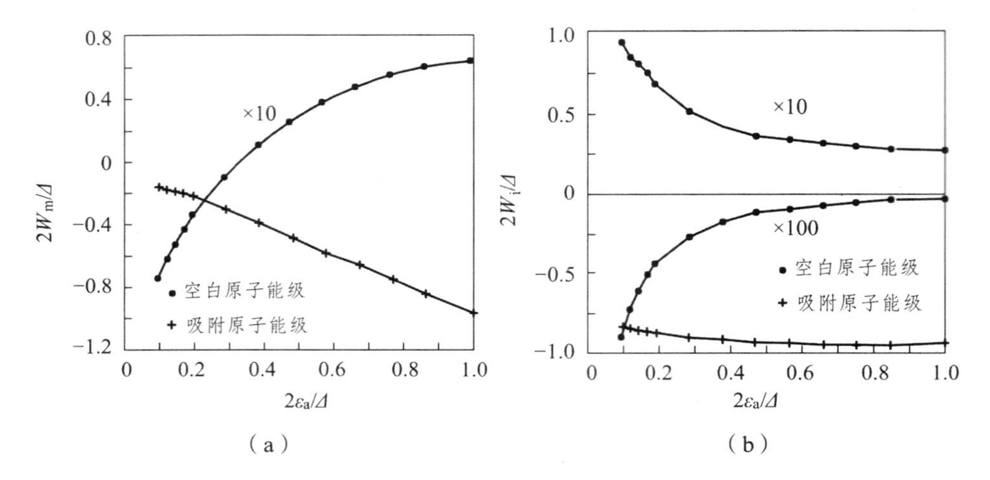

图 5.4.1 弱键下吸附原子键能的 W_m (a)和 W_i 以及 Z^2(b)随吸附原子能级的变化[10]

由图 5.4.1 看出：在吸附原子与基底弱键情况下，键能的金属分量 W_m 随吸附原子能级的增大而非线地增大，其中、当 $\varepsilon_a < 0.3$ eV 时，变化较快；而 $\varepsilon_a < 0.3$ eV 时，变化减慢。同样，键能的离子分量也随原子能级的增大而增大。

强键情况下的 W_m 和 W_i 以及 $-Z^2$ 随原子能级的变化类似，仅变化速度较缓慢。

5.4.2 吸附原子的电荷分布

吸附原子的电荷填充数不仅在位置上不可能均匀分布，而且填充情况与电子能量状态有关。现讨论电荷填充数与吸附原子性质、吸附原子与石墨烯原子相互作用能等的关系。

零温情况下，吸附原子电荷填充数 n_a 为能带电子贡献 n_b 和局域态电子贡献 n_b 之和[6]，即

$$n_a = \int_{-\infty}^{\varepsilon_F} \rho_a(\varepsilon)\mathrm{d}\varepsilon = n_b + n_l \tag{5.4.6}$$

这里

$$n_b = \int_{-D/2}^{\varepsilon_F} \rho_a(\varepsilon)\,\mathrm{d}\varepsilon,\ \ n_l = \left|1 - \frac{\partial \Lambda(\varepsilon)}{\partial \varepsilon}\right|_{\varepsilon=\varepsilon l}$$

经计算，得到

$$n_{\mathrm{b}} = I_{11} + I_{12} + I_{2} \tag{5.4.7}$$

其中，

$$I_{11} = \frac{1}{2\pi}\left[\arctan\frac{3(3+\eta_{\mathrm{a1}})}{\pi\gamma} - \arctan\frac{1+\eta_{\mathrm{a1}}}{\pi\gamma}\right] \tag{5.4.8}$$

$$I_{12} = -\frac{\operatorname{sgn}(\eta_{a1})}{4\pi\left[1+(4\pi\gamma/n_{\mathrm{a1}})^2\right]^{1/4}}\left[\sin\frac{\alpha}{2}l_{\mathrm{n}}\left(\frac{g_{1-}g_{3+}}{g_{1+}g_{3-}}\right)+2\cos\left(\frac{\alpha}{2}\right)\cdot(H_3 - H_1)\right] \tag{5.4.9}$$

$$\frac{\mathrm{d}\Lambda(\varepsilon)}{\mathrm{d}\varepsilon} = \frac{2\rho_{\mathrm{m}}V^2}{\Delta}\left\{\ln\left|\frac{(2\varepsilon/\Delta)^2}{1-(2\varepsilon/\Delta)^2}\right| - \left(\frac{\Delta}{2\varepsilon}\right)^2\ln\left|\frac{1-(2\varepsilon/\Delta)^2}{1-(2\varepsilon/3\Delta)^2}\right| + \frac{2}{9-(2\varepsilon/\Delta)^2}\right.$$

$$\eta_{\mathrm{a1}} = \frac{\left(2\varepsilon_{a\sigma} - 2\times 1\cdot 39\rho_{\mathrm{m}}V^2\right)}{\Delta}$$

$$g_{1-1} = (1+\eta_{\mathrm{a1}})^2 - 2q\left(1+\frac{1}{2}\eta_{\mathrm{a1}}\right)\cos\frac{\alpha}{2} + q^2$$

$$g_{1+} = (1+\eta_{\mathrm{a1}})^2 + 2q\left(1+\frac{1}{2}\eta_{\mathrm{a1}}\right)\cos\frac{\alpha}{2} + q^2$$

$$q_{3\pm} = \left(3+\frac{1}{2}\eta_{\mathrm{a1}}\right)^2 \pm 2q\left(3+\frac{1}{2}\eta_{\mathrm{a1}}\right)\cos\frac{\alpha}{2} + q^2$$

$$H_1 = \arctan\frac{(1+\eta_{\mathrm{a1}}/2)^2 - q^2}{2q\sin(\alpha/2)(1+\eta_{\mathrm{a1}}/2)} + \pi\theta\left(-1-\frac{1}{2}\eta_{\mathrm{a1}}\right)$$

$$H_3 = \arctan\frac{(3+\eta_{\mathrm{a1}}/2)^2 - q^2}{2q(3+\eta_{\mathrm{a1}}/2)\sin(\alpha/2)} + \pi\theta\left(-3-\frac{1}{2}\eta_{\mathrm{a1}}\right)$$

$$\alpha = \arccos\frac{1}{\sqrt{1+(4\pi\gamma/\eta_{\mathrm{al}})^2}},\quad q = \frac{1}{2}|\eta_{\mathrm{al}}|\left[1+\left(\frac{4\pi\gamma}{\eta_{\mathrm{al}}}\right)^2\right]^{1/4}$$

$$n_1 = \left\{1-\gamma\left[\ln\frac{(2\varepsilon_1/\Delta)^2}{(2\varepsilon_1/\Delta)^2-1} - \frac{1}{(2\varepsilon_1/\Delta)^2}\ln\frac{(2\varepsilon_1/\Delta)^2-1}{(2\varepsilon_1/\Delta\alpha)^2-1} - \frac{2}{(2\varepsilon_l/\Delta)^2-\alpha^2}\right]\right\}^{-1} \tag{5.4.10}$$

由式（5.4.6）等对石墨烯上吸附原子的电荷填充数进行计算，得到填充数随吸附原子能级的变化。图 5.4.2 给出能带电子的贡献 n_b 随吸附原子折合局域能级 $\eta_a = 2\varepsilon_a/\Delta$ 的变化[6]。由图 5.4.2 看出：随着吸附原子与基底相互作用能γ的增大，n_b 在 $n_a = 0$ 附近的突变情况逐渐减弱，$\eta_a > 0$（即吸附原子的电子能级 $\varepsilon_a > \varepsilon_0$）的电子的贡献逐渐增大。

图 5.4.3 给出相互作用强度分别为 $\gamma = V/\varepsilon_F = 0.1$、0.5、1.0 情况下，局域态电子的贡献 n_b 随吸附原子局域态能级 ε_a 的变化。由图看出：随着相互作用能的增大，当 $\varepsilon_a < \varepsilon_0$ 时，局域态填充数 n_l 随着 ε_a 的增大而减小，但变化缓慢；在 $\varepsilon = \varepsilon_a$ 附近，n_l 随 ε_a 的变化剧烈；此后 n_l 随 ε_a 的增大而减小的速度增快。

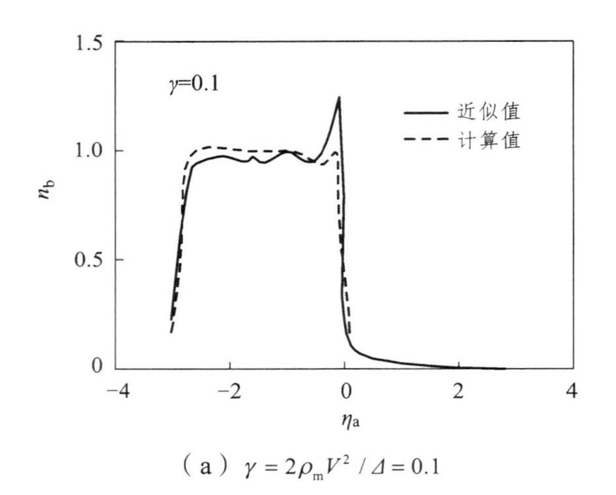

（a）$\gamma = 2\rho_m V^2 / \Delta = 0.1$

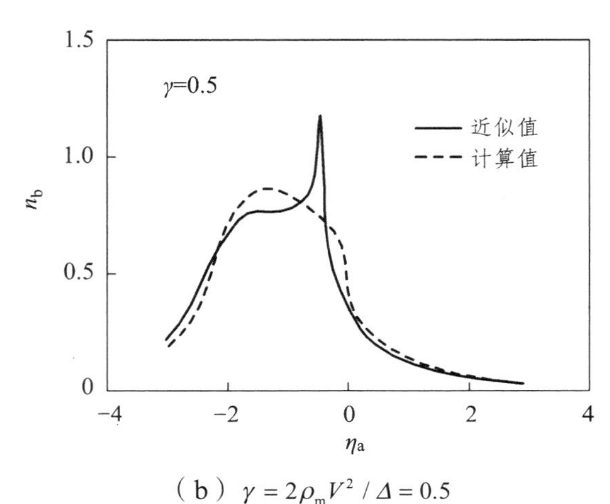

（b）$\gamma = 2\rho_m V^2 / \Delta = 0.5$

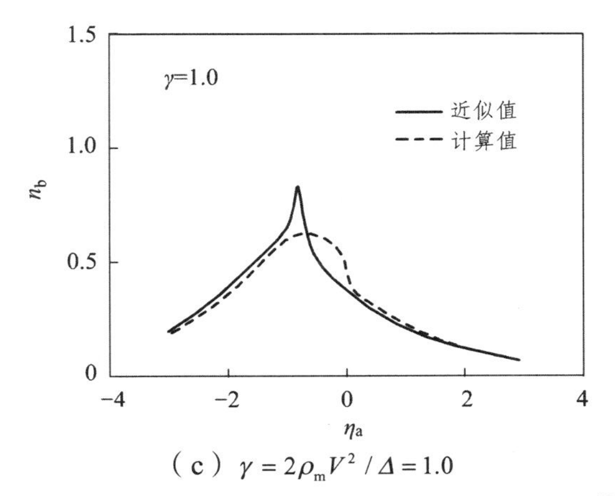

（c） $\gamma = 2\rho_m V^2 / \Delta = 1.0$

图 5.4.2 能带电子电荷填充数 n_b 随能级 ε_a 的变化[6]

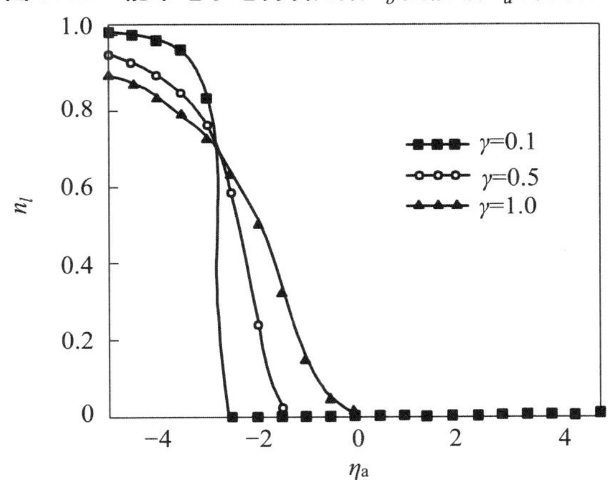

图 5.4.3 局域态填充数 n_l 随吸附原子局域能级 ε_a 的变化[6]

5.4.3 吸附原子的性质对电荷分布的影响

吸附原子电荷分布首先取决于吸附原子的性质。对吸附碱金属原子情况，文献[6]给出了它的原子半径 r_a 、电离能 I、在石墨烯上吸附的碱金属原子与吸附平面的距离 λ 的数据见表 5.4.1。

表 5.4.1 碱金属吸附原子在石墨烯上的有关数据

吸附原子	Li	Na	K	Rb	Cs
r_a /10^{-10} m	1.57	1.86	2.36	2.48	2.62
I/eV	5.39	5.14	4.34	4.18	3.89
λ /10^{-10} m	1.09	1.44	2.02	2.15	2.31

吸附的碱金属原子的 p 轨道与石墨烯 p_z 轨道的相互作用能 V 可由哈里森公式求得[6]：

$$V=\eta_{sp\sigma}\frac{\hbar^2}{m_0\left(r_a+r_c\right)^2} \tag{5.4.11}$$

其中，$\eta_{spa}=1.4193$；$r_c=0.77\times10^{-10}\,\mathrm{m}$ 是碳原子的半径。代入式（5.4.11）求得对不同的碱金属原子吸附系统的 V 值见表 5.4.2。表中还给出文[6]给出的碱金属原子的基态能 ε_a 。将上述数据代入式（5.4.7）、（5.4.10）求得的局域态电荷填充数 n_l 很小，而 $n_b\approx n_a=1-Z_a$，Z_a 值以及有效电荷值 Z^* 的值见表 5.4.2。

表 5.4.2 石墨烯基碱金属原子的 ε_a 、Z_a 以及有效电荷 Z^*

吸附原子	Li	Na	K	Rb	Se	Fr
V/eV	1.98	1.56	1.10	1.02	0.94	
ε_a/eV	13.60	3.40	1.51	0.85	0.544	
Z_a	0.89	0.91	0.96	0.96	0.97	
Z*	0.82	0.89	0.95	0.96	0.97	

将表 5.4.1 的数据和文[8]给出的石墨烯碳原子的 $\Delta=4.7.6$ eV 以及不同的 V 值代入式（5.4.6），得到不同吸附原子的电荷填充数[10]，由此作出电荷填充数随原子壳层数 i 的变化如图 5.4.4 所示，这里的 $i=1$、2、3、4、5、6，分别对应 Li、Na、K、Rb、Cs、Fr 元素。

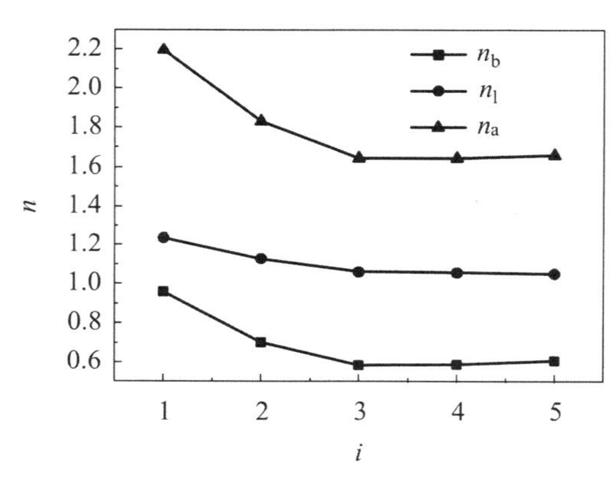

图 5.4.4 n_b 、n_l 和总有效电荷 n_a 随碱金属原子满壳层数 i 的变化

由图 5.4.4 看出：① 石墨烯能带电子对有效电荷的贡献 n_b 、吸附原子局域态电子的贡献 n_l 以及总有效电荷 n_a 随碱金属原子满壳层数的变化为非线性。前三种元素是逐渐减小，而后三种元素，基本上为常量。② 石墨烯能带电子对有

效电荷的贡献 n_b 与吸附原子的电子能量 ε 无关，而吸附原子局域态电子对有效电荷的贡献 n_l 以及总有效电荷 n_a 都与电子能量 ε 有关。③ 石墨烯能带电子对有效电荷的贡献 n_b 小于吸附原子局域态电子的贡献。

5.5 原子非简谐振动对石墨烯吸附系统电荷分布的影响

由于温度的影响，吸附原子和石墨烯碳原子均会作非简谐振动，必然影响石墨烯吸附系统的电荷分布，进而影响石墨烯材料的电学性质。本节将论述石墨烯吸附系统电荷分布随吸附原子位置的变化，探讨温度以及原子非简谐振动对吸附原子电荷分布的影响。

5.5.1 石墨烯吸附系统电荷分布随吸附原子位置的变化

吸附原子电荷分布除取决于吸附原子的性质外，原子振动对吸附原子电荷填充数有重要的影响。取石墨烯平面为 Oxy 平面，Oz 轴垂直向上，吸附原子在垂直石墨烯平面的上下位置为 z，考虑到吸附原子在垂直于石墨烯平面方向上的振动后，系统有附加的哈密顿，由下式表示：

$$H_{\mathrm{p}}=\frac{1}{2}M\left(\frac{\mathrm{d}z}{\mathrm{d}t}\right)^{2}+\frac{1}{2}M\omega_0^2\left(z-z_0\right) \tag{5.5.1}$$

式中，ω_0 是吸附原子的振动频率，它与简谐系数的关系为 $\omega_0^2=\varepsilon_0/M$，$z_0$ 为平衡时吸附原子的位置。

再考虑到电子-声子的相互作用，相互作用哈密顿为：

$$H_{\mathrm{ep}}=W(z-z_0)a^{+}a \tag{5.5.2}$$

W 为电子-声子相互作用常数，则总的哈密顿为：

$$H=H_0+H_{\mathrm{p}}+H_{\mathrm{ep}} \tag{5.5.3}$$

由海尔曼-费曼定理

$$\frac{\partial<H>}{\partial z}=\left\langle\frac{\partial H}{\partial z}\right\rangle \tag{5.5.4}$$

得到电荷填充数 n 与位置 z 等的关系为：

$$n=n_0+\frac{M\omega^2}{W}\left(z_0-z\right) \tag{5.5.5}$$

若认为原子是作非简谐振动，非简谐系数为ε_1、ε_2，则振动频率ω与温度有关：

$$\omega=\omega_0\left[1+\left(\frac{15\varepsilon_1^2}{2\varepsilon_0^2}-\frac{2\varepsilon_2}{\varepsilon_0^2}\right)k_{\mathrm{B}}T\right] \tag{5.5.6}$$

对吸附 Li、Na 原子进行具体计算，得到吸附原子填充数随吸附原子所处的位置z的变化情况如图 5.5.1 所示[11]。其中曲线 0、1、2 分别是简谐近似，只考虑到第一非简谐，同时考虑到第一、二非简谐系数的结果。由图看出：简谐近似下，电荷填充数随位置的变化尽管也随位置的增大而减小，但是变化缓慢；考虑到原子非简谐振动后，减小的情况更明显，而且温度越高，非简谐效应更显著。

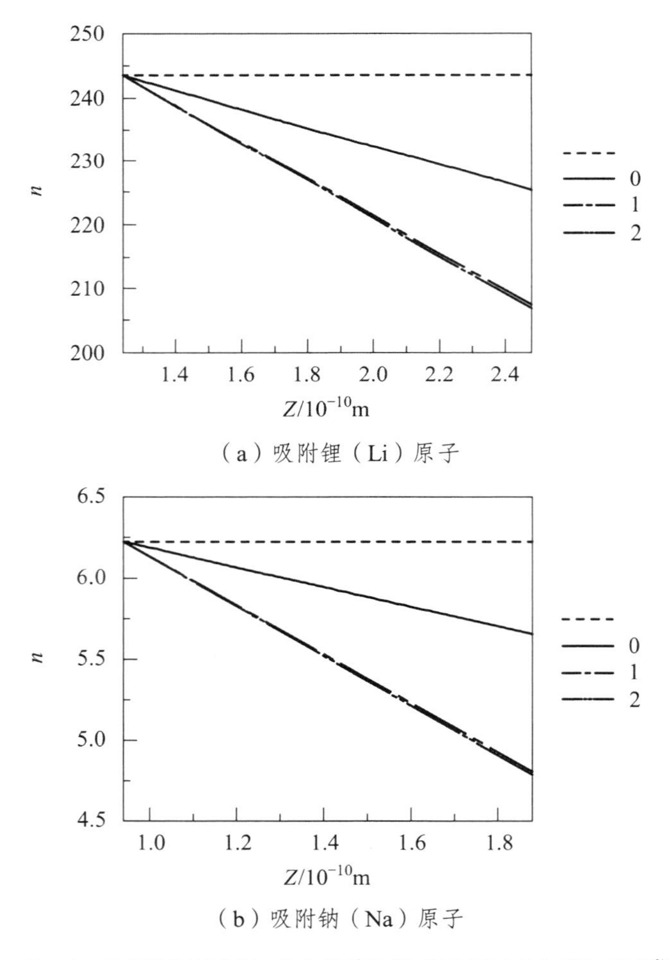

图 5.5.1 石墨烯吸附系统的电荷填充数随吸附原子位置的变化[11]

5.5.2 原子非简谐振动对吸附原子电荷分布的影响

零温情况下，吸附原子填充数由式（5.5.5）决定。温度不为零时，吸附原子会在垂直平面方向上做非简谐振动，振动频率ω与温度有关，其具体关系取决于石墨烯碳原子与吸附原子的相互作用的具体形式。设吸附原子为碱金属原子，相互作用势可写为[12]：

$$\phi(r)=\frac{g}{r}\mathrm{e}^{r/r_0}\left[\mathrm{e}^{-2n(r-r_0)/\lambda D}-2\mathrm{e}^{-n(r-r_0)/\lambda D}\right] \tag{5.5.7}$$

式中：n为键强度参量；g为与价电子结构有关的参量；r_0为原子间最小距离，可取为C原子半径r_{0C}与金属离子半径r_{0m}的和：$r_0=r_{0C}+r_{0m}$；λ_D为平均德拜波长。按文[12]，n=1，g=1，$\lambda=4.9/a$，a为碱金属原子的晶格常数。由式（5.5.7）可求得平衡时碱金属原子与石墨烯碳原子间距离r_0'以及原子振动的简谐系数$\varepsilon_0=(1/2)(\mathrm{d}^2\phi/\mathrm{d}r^2)_{r=r_0}$、第一非简谐系数$\varepsilon_1=(1/6)(\mathrm{d}^3\phi/\mathrm{d}r^3)_{r=r_0}$和第二非简谐系数$\varepsilon_2=(1/24)(\mathrm{d}^4\phi/\mathrm{d}r^4)_{r=r_0}$。碱金属原子的$a$、$r_{0m}$、$\lambda_D$以及质量$M$和由（5.5.7）式计算得到的$r_0'$、$\varepsilon_0$、$\varepsilon_1$、$\varepsilon_2$的数据见表5.5.1。

表 5.5.1 石墨烯上吸附的碱金属原子的简谐系数和非简谐系数

元素	Li	Na	K	Rb	Cs
$M/10^{-26}$ kg	1.153	3.819	6.495	14.198	22.076
$a/10^{-10}$ m	3.491	4.225	5.225	5.585	6.045
$\lambda_D/10^{-10}$ m	6.7008	8.1097	10.0292	10.7202	11.6031
$r_{0m}/10^{-10}$ m	0.94	1.24	1.54	1.68	1.83
$r_0'/10^{-10}$ m	1.9376	2.2698	2.5602	2.7145	2.8698
$\varepsilon_0/10^2\,\mathrm{J\cdot m^{-2}}$	7.7938	4.8097	3.2868	2.7534	2.3202
$\varepsilon_1/10^{12}\,\mathrm{J\cdot m^{-3}}$	−3.3591	−1.7455	−1.0215	−0.8049	−0.6365
$\varepsilon_2/10^{22}\,\mathrm{J\cdot m^{-4}}$	−8.5360	−3.6045	−1.6265	−1.1939	−8.6180

吸附原子的分布随温度的变化，应考虑到石墨烯上吸附原子的随机性，应用统计物理理论，可以求得石墨烯一个原子上吸附一个原子的概率为[13]：

$$\rho(T)=\exp[-\frac{\phi(r_0')}{k_B T}] \tag{5.5.8}$$

由式（5.5.8）得到的吸附碱金属原子的概率随温度变化见图5.5.2。

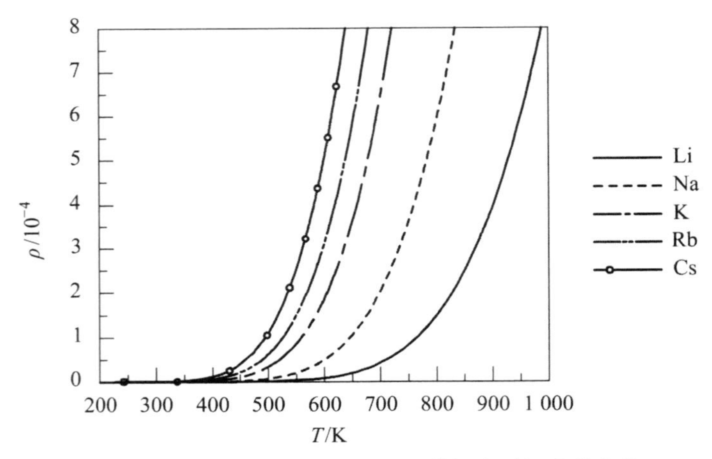

图 5.5.2　石墨烯吸附碱金属原子的概率随温度的变化

考虑到吸附原子的填充的随机性以及振动频率 ω 与温度 T 的关系，得到原子填充数随位置和温度的变化为：

$$n(z,T)=\left[n_0-\frac{M\omega^2(T)}{W}(z-z_0)\right]\rho(T) \tag{5.5.9}$$

式中的 $\omega(T)$ 和 $\rho(T)$ 分别由式（5.5.6）和（5.5.8）表示。可看出：填充数随位置和温度的变化受到电子-声子相互作用强弱 W 的影响。

设 $T=0\,\text{K}$ 时，平衡时，10 μm² 石墨烯上吸附 1 个碱金属原子，则面密度 $n_0=10^{11}\,\text{m}^{-2}$，电子-声子相互作用能 $W=0.5\,\text{eV}$，取 $z-z_0=0.5r_{0\text{m}}$，得到的吸附原子填充数随温度变化见图 5.5.3。图中曲线 0，1，2 分别为简谐近似、只考虑到第一非简谐项、同时考虑到第一、二非简谐项的结果。由图看出：简谐近似下，

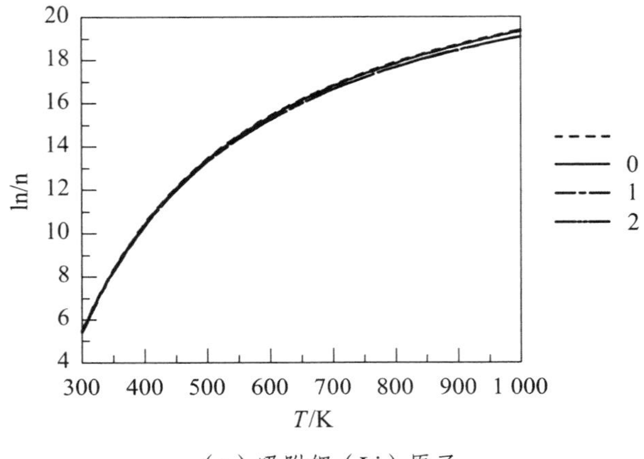

（a）吸附锂（Li）原子

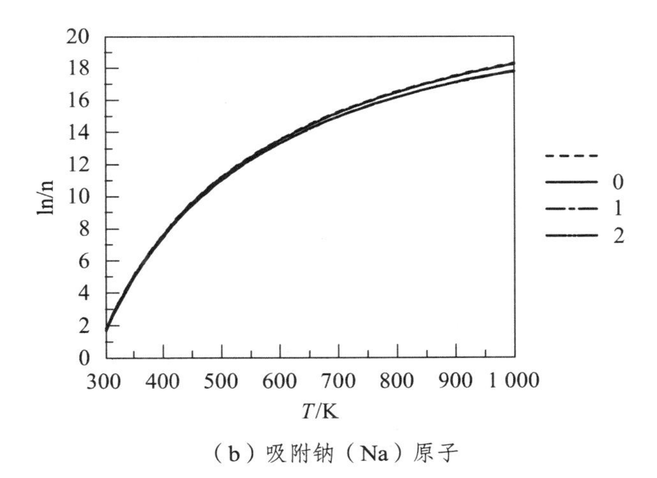

（b）吸附钠（Na）原子

图 5.5.3 外延石墨烯吸附系统的电荷填充数随温度的变化

外延石墨烯吸附系统的电荷填充数与温度无关，考虑到原子非简谐振动后，电荷填充数随温度的升高而非线性地增大。温度低于 400 K 时，变化较大，此后，则随温度的升高而增大的情况减小。还看出：温度越高，非简谐与简谐近似的结果的差距越大，即温度越高，非简谐效应越显著。

取 $z-z_0=0.5r_{0m}$、$T=300\text{ K}$，由式（5.5.9）还可得到吸附 Li 原子情况下填充数随电子-声子相互作用能的变化，如图 5.5.4 所示。可看出：电子-声子相互作用能的增大，导致电荷填充数的增大。

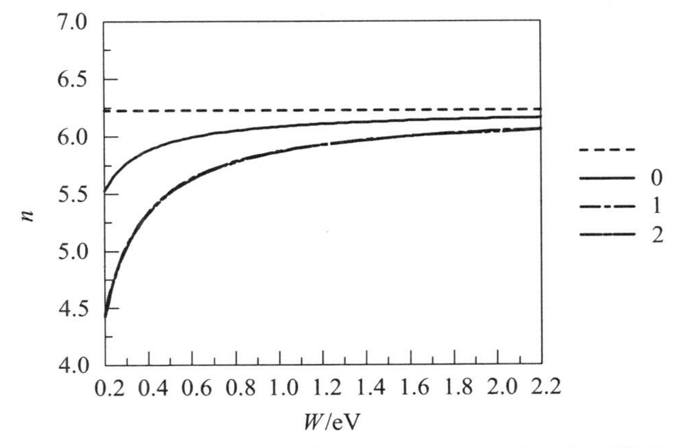

图 5.5.4 吸附 Li 原子的电荷填充数随电子–声子相互作用能的变化

图 5.5.5 给出吸附在石墨烯上的几种碱金属原子的有效电荷数 n_a 随电子能量 ε 的变化。

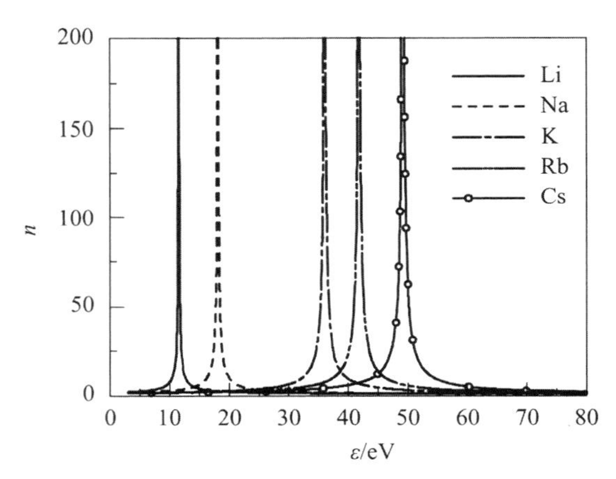

图 5.5.5 吸附在石墨烯上的碱金属原子有效电荷数随电子能量 n 的变化

由图 5.5.5 看出：几种碱金属元素原子的有效电荷数 n_a 随电子能量 ε 的变化有突变现象，即在某一电子能量 $\varepsilon = \varepsilon_{max}$ 附近取得极大值，且随 ε 急剧变化；而远离 ε_{max} 的电子能量区域，n_a 变化很小且趋于常量（$n_a \approx 0.5$）。这说明吸附在石墨烯上的碱金属原子的有效电荷数随电子能量的变化，表现出明显的局域性质。n_a 取极大值时的 $\varepsilon = \varepsilon_{max}$ 称为最可几电子能量。由图还看出，在吸附的几种碱金属原子中，以锂（Li）的最可几电子能量 ε_{max} 为最小，以铯（Cs）的 ε_{max} 值为最大。总的来说，ε_{max} 随原子满壳层数的增大而增大。

5.6 石墨烯的费米速度和电导率

本节将论述石墨烯的输运性质，主要研究石墨烯电子的费米速度和电导率（包括电子电导率和电子-声子互作用对电导率的贡献等）随温度的变化规律，并探讨原子非简谐振动对石墨烯电子的费米速度和系统电导率随温度变化规律的影响。

5.6.1 石墨烯电子的费米速度和费米能

电子费米速度是材料的输运性质之一，文献[14]已证明：石墨烯晶格对称性和碳原子的共价性，导致石墨烯的特殊性能，其中一个特性是它在布里渊区狄喇克点附近，电子具有线性谱，它没有质量，它的特性由有效速度——费米速度 v_F——来描述。在单层石墨烯中，它的值为 10^6 m • s^{-1}。文[15]证明：在有杂质的石墨烯中，费米速度几乎增加 1.5 倍。前不久的实验文章[16]证明：在狄喇克点附近的邻域内，的确存在费米速度的变化，并认为：费米速度的变化主要是由于电子-电子相互作用，至于杂质的影响可以忽略。

5.6.2 石墨烯的电子电导率

石墨烯导电性是由电子的定向运动造成。但是，晶体离子振动和点缺陷（含空穴、杂质原子等）的存在对石墨烯导电性有很大影响，不考虑这些影响时的电导率称为电子电导率(σ_e)，而晶体离子振动引起电导率的改变量称为电子-声子互作用贡献的电导率(σ_p)，缺陷引起的电导率改变量称为缺陷贡献的电导率(σ_n)。

石墨烯是一种单层碳原子构成的二维材料，其晶格结构类似六边形的蜂窝结构。在一个平面的六边形晶格中，sp^2 中由每个碳原子和三个相邻的最近的碳原子形成的三个价电子互相交织，形成了一个稳定的σ键（键长，0.142 nm），每个碳原子中的 p 轨道电子形成π键。

t 时刻，电子数量由分布函数 f 描述，它满足玻尔兹曼方程：

$$\frac{\partial f}{\partial t}=-v\cdot\nabla_{\mathrm{r}}f-F\cdot\frac{1}{\hbar}\nabla_{\mathrm{k}}f+(\frac{\partial f}{\partial t})_{\mathrm{c}} \tag{5.6.1}$$

右边第一项为温度分布不均匀，电子扩散引起分布函数的变化；第二项是外界电磁场引起；第三项是电子一声子互作用引起。 在无外磁场和温度梯度不大情况下，可将碰撞项近似写为：

$$\left(\frac{\partial f}{\partial t}\right)_{\mathrm{c}}\approx-\frac{f-f_0}{\tau} \tag{5.6.2}$$

此近似称为弛豫时间近似，τ 称为弛豫时间，即电子由非平衡态变为平衡态分布所需要的时间，它的大小取决于电子与粒子相互作用具体形式，f_0 是费米分布。当外部电场很小时，f 和 f_0 几乎相同：

$$f=f_0+\tau eE_x.(v_x+v_y)\frac{\partial f}{\partial\varepsilon} \tag{5.6.3}$$

对二维晶体，能量由 ε 到 $\varepsilon+\mathrm{d}\varepsilon$ 的电子态数目为

$$D(\varepsilon)\mathrm{d}\varepsilon=\frac{4\pi A}{v^2h^2}\varepsilon\mathrm{d}\varepsilon \tag{5.6.4}$$

这里 A 是二维电子平面的面积，电流密度为[17]：

$$J_x=-\frac{e}{Ad}\int v_x fD(\varepsilon)\mathrm{d}\varepsilon=[\frac{4\pi e^2}{2\mathrm{d}h^2}\int\varepsilon\tau(\varepsilon)\frac{\partial f_0}{\partial\varepsilon}\mathrm{d}\varepsilon]E_x \tag{5.6.5}$$

这里τ取决于电子散射机理。自由电子（π电子）在石墨烯中定向移动时，要受到晶格中的声子和别的自由电子的散射，其过程可用图 5.6.1 表示[17]。

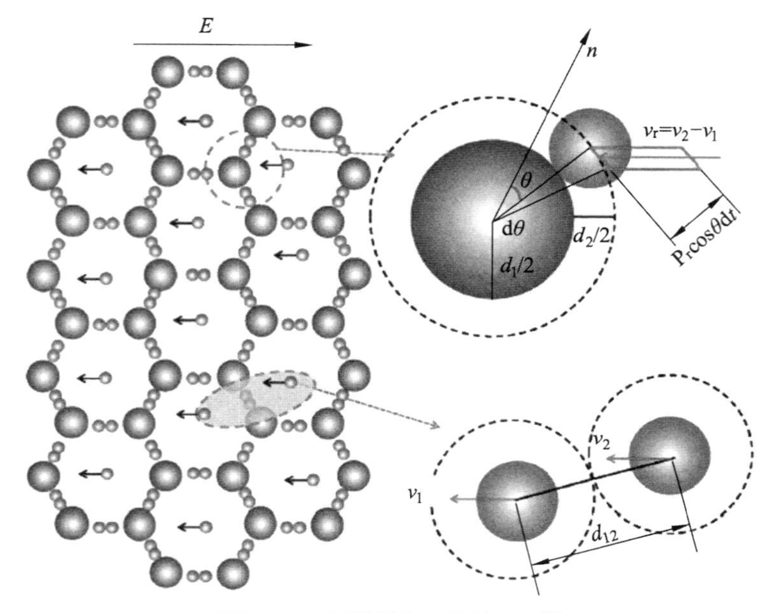

图 5.6.1　石墨烯电子散射机理[17]

按照这种散射机理，求得：

$$\frac{1}{\tau}=n_{\mathrm{gs}}d_{\mathrm{a}}\overline{v}_{\mathrm{e}}+\frac{\sqrt{2}n_{\mathrm{es}}e^{2}}{4\varepsilon_{0}\varepsilon_{\mathrm{r}}m_{\mathrm{e}}^{*}\overline{v}_{\mathrm{e}}} \tag{5.6.6}$$

这里n_{es}是电子浓度，$\overline{v}_{\mathrm{e}}$电子热运动的平均速率，$m_{\mathrm{e}}^{*}$为电子的有效质量。再考虑到石墨烯的电导率的性能是由两个平行通道决定，可求得其电导率为

$$\sigma=\frac{8\sqrt{2}\pi\varepsilon_{0}\varepsilon_{\mathrm{r}}}{n_{\mathrm{es}}\mathrm{d}h^{2}}\varepsilon_{\mathrm{F}}p_{\mathrm{F}}[1+\frac{1}{3}(\frac{\pi k_{\mathrm{B}}T}{\varepsilon_{\mathrm{F}}})^{2}] \tag{5.6.7}$$

其中，ε_{F}为费米能，p_{F}为费米动量，它们与厚度d和电子浓度n_{es}的关系为：

$$\varepsilon_{\mathrm{F}}=\frac{3n_{\mathrm{as}}e^{2}}{8\varepsilon_{0}}d\text{，}\quad p_{\mathrm{F}}=\hbar\sqrt{2\pi n_{\mathrm{es}}} \tag{5.6.8}$$

文[17]从玻尔兹曼方程和二维电子气理论出发，用数值模拟对少层和纳米级厚度的石墨烯的电导率随厚度和温度的关系进行研究，表明：它的电导率随厚度的增加而非线性地减小。当厚度较小（如小于 40 nm）时，电导率减小得很快；而厚度较大（大于 40 nm）时，减小得很慢；当厚度大于 1000 nm 时，电导率几乎与多层石墨烯的厚度无关，如图 5.6.2 所示。

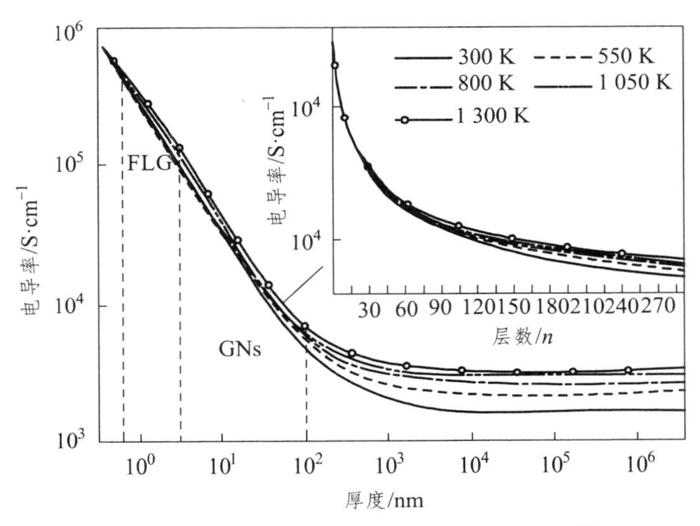

图 5.6.2 多层石墨烯的电导率随厚度的变化[17]

图 5.6.3 给出了多层石墨烯在不同温度下的电导率随层数 n 的变化。由图看出：① 当层数较少（如 $n<60$）时，电导率随层数减小得较快，而且温度不同引起的差异很小；而层数较多（$n>60$）时，电导率随层数的变化逐渐减小，而温度不同造成的电导率差异随层数的增大而增大。② 在相同层数的情况下，电导率随着温度升高而增大，但总的来说，变化不大。例如，层数 $n=300$ 时，温度由 300 K 升高到 1300 K 时，电导率仅增大约 5%。

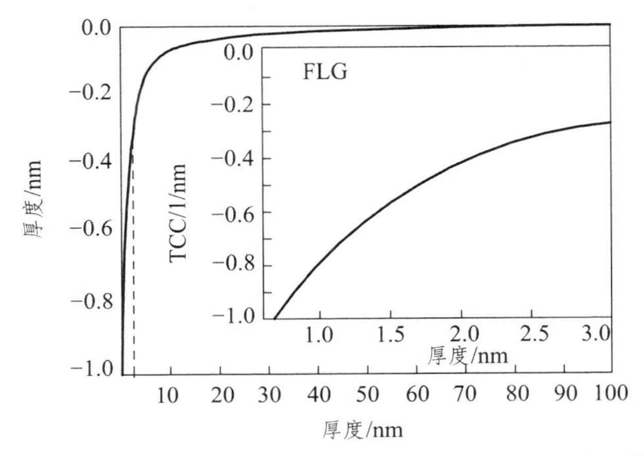

图 5.6.3 多层石墨烯在不同温度下的电导率随厚度的变化[17]

5.6.3 电子-声子互作用对石墨烯电导率的影响

由于晶格原子的振动，电子不断地从一个状态 k 跃变到另一状态 k' ，这种运动状态的跃变，采用粒子观点，形象地称为电子受到声子的散射（碰撞），电子-声子相互作用的结果，使晶体中的电子的分布发生改变。

在假设晶体为各向同性情况下，应用固体物理理论，对晶格振动采用二维德拜模型，利用电导率 σ 与弛豫时间的关系 $\sigma=(ne^2/m^*)\tau$ ，可得到温度不太高和不太低时，电子-声子互作用引起电导率的改变量为：

$$\sigma_{\mathrm{P}}(T)=\frac{8ne^2M\hbar}{3\pi^2m^{*2}c^2}\left(\frac{k_{\mathrm{F}}}{q_{\mathrm{m}}}\right)^2k_{\mathrm{B}}\theta_{\mathrm{D}}\left(\frac{\theta_{\mathrm{D}}}{T}\right) \tag{5.6.9}$$

式中：n 是单位面积石墨烯自由电子数；M 为碳原子质量；m^* 为电子有效质量；k_{F} 为石墨烯电子的费米波矢；$c=-2\varepsilon_{\mathrm{F}}/3$ ；ε_{F} 为石墨烯电子的费米能；q_m 为声子的最大波矢，与原胞面积 Ω 关系为：$q_{\mathrm{m}}=(4\pi/\Omega)^{1/2}$ ；θ_{D} 为德拜温度。在零温情况下的德拜温度 θ_{D0} 与原子振动简谐系数 ε_0 的关系为 $\theta_{\mathrm{D0}}=(\hbar/k_{\mathrm{B}})(8\varepsilon_0/3M)^{1/2}$ ，而任意温度下用式（3.2.11）表示。

由石墨烯原子相互作用势，求得 ε_0=$3.5388\times10^2\ \mathrm{J\cdot m^{-2}}$，$\varepsilon_1$=$-3.4973\times10^{12}\ \mathrm{J\cdot m^{-3}}$，$\varepsilon_2$=$3.2014\times10^{22}\ \mathrm{J\cdot m^{-4}}$ 。再由碳原子质量 $M=1.9950\times10^{-26}\mathrm{kg}$ ，求得 $\theta_{\mathrm{D0}}=1660.02\ \mathrm{K}$ 。石墨烯原胞面积 $\Omega=1.74625\times10^{-20}\mathrm{m}^2$ ，求得 $q_{\mathrm{m}}=2.6819\times10^{10}\mathrm{m}^{-1}$ ，$k_{\mathrm{F}}=1.8964\times10^{10}\mathrm{m}^{-1}$ 。将这些数据代入式（5.6.9），得到石墨烯电子-声子互作用贡献的电导率 σ_{p} 随温度的变化见图 5.6.4。图中曲线 0、1、2 分别为简谐近似，考虑到第一非简谐项，同时考虑到第一、二非简谐项的结果[18]。

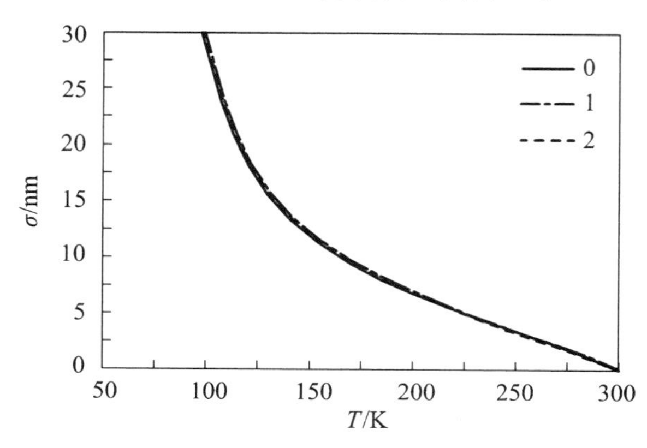

图 5.6.4 石墨烯电子-声子互作用贡献的电导率随温度的变化

由图 5.6.4 看出：① 温度不太高时，石墨烯电子-声子互作用贡献的电导率随温度升高而减小，其中，简谐近似时，几乎与温度成反比。② 考虑到原子非简谐振动后，其电导率比简谐近似的值稍小，而且温度越高。两者的差越大，即非简谐效应越显著。其原因在于：考虑到原子振动非简谐效应后，声子之间的散射（碰撞），使声子在两次相邻散射之间运动的路程变短，因而飞行的时间（声子弛豫时间）变小。而电导率与声子弛豫时间成反比，结果是电导率增大。还看出：石墨烯电子对电导率的贡献远小于电子-声子互作用贡献的电导率，而且随温度变化很小。

5.6.4　空位缺陷对石墨烯电导率的影响

当石墨烯吸附了其他原子，或因振动等原因，使碳原子脱离原有位置而形成空位等时，这些点缺陷就形成一个带异性电荷的电荷中心。无外电场时，这些带电的点缺陷处于对称势阱中，见图 5.6.5（a）。当有外电场作用时，带电点缺陷的势能曲线发生偏向[图 5.6.5（b）]。

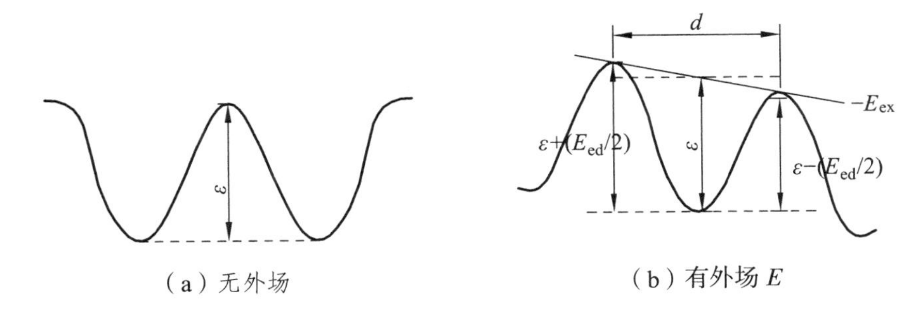

（a）无外场　　（b）有外场 E

图 5.6.5　正电点缺陷的势能曲线

势能曲线偏向的结果引起正电荷沿电场方向的宏观电流，造成由点缺陷产生而形成的附加导电性，相应的电导率 σ_{n} 称为点缺陷导电率。按照固体物理理论，空位等点缺陷引起的附加的导电性的电导率随温度的变化为[19]：

$$\sigma_{\mathrm{n}} = \frac{n_0 q^2 \nu d^2}{k_{\mathrm{B}} T} \mathrm{e}^{-\varepsilon / k_{\mathrm{B}} T} \tag{5.6.10}$$

其中：n_0 是单位体积的空位数；q 是空位相当的电荷；d 为空位相应的两势垒间的距离；ν 为空位缺陷振动频率，它近似等于石墨烯原子的振动频率；ε 为形成一个空位缺陷的能量，即 $\varepsilon = w$。设石墨烯原子质量为 M，则可求得

$\nu_0=(1/2\pi)\sqrt{\varepsilon_0/M}$。当考虑到原子非简谐振动后，$\nu$ 为

$$\nu(T)=\nu_0[1+(\frac{15\varepsilon_1^2}{2\varepsilon_0^3}-\frac{2\varepsilon_2}{\varepsilon_0^2})k_BT] \quad (5.6.11)$$

设空位缺陷浓度 $\alpha=n_0/n=10^{-3}$，$q=e$，由石墨烯键长 $d=1.42\times10^{-10}$ m，求得原子数密度 n 和 n_0 的数据，再由 M 和 ε_0、ε_1、ε_2 等数据，求得 $\nu_0=2.1208\times10^{14}$ Hz，进而由式（5.6.11）求得 $\nu(T)$。设 $w=0.18$ eV，由式（5.6.10）作出空位缺陷浓度 $\alpha=10^{-3}$ 时，空位缺陷产生的电导率 σ_n 随温度的变化，见图5.6.6。图中的线a、b、c，分别为简谐近似，只考虑到第一非简谐项，同时考虑到第一、二非简谐项的结果。

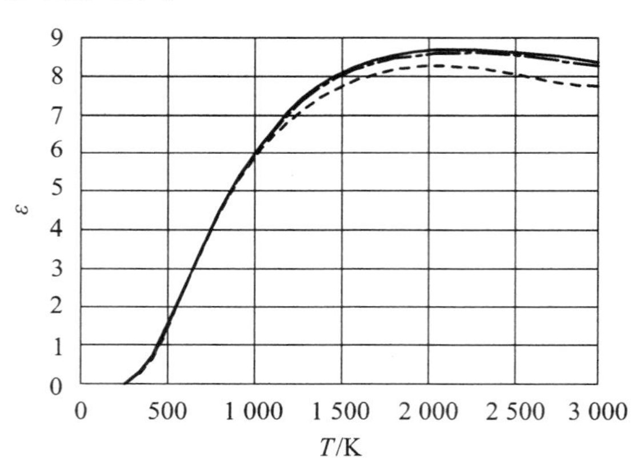

图 5.6.6　空位缺陷产生的电导率随温度的变化

可看出：当温度不太高（低于 1 000 K）时，空位缺陷电导率随温度升高而迅速增大，而温度较高（高于 1 000 K）时，电导率随温度升高而减小；另外，考虑到石墨烯原子的非简谐振动后，空位缺陷产生的电导率将增大而且温度越高，非简谐效应越显著。

将电子电导率、电子-声子互作用贡献的电导率、空位缺陷电导率相加，就得到有空位缺陷的石墨烯的电导率，显然，它随温度升高而减小。

5.7　石墨烯电极材料比电容的量子极限

石墨烯电极材料的重要应用之一，是作为超级电容器的主要材料。它的性能高低的主要指标之一是比电容的大小。提高石墨烯电极材料比电容的值，是

理论和实验需要解决的问题。本节将在分析影响石墨烯电极材料比电容的因素基础上，着重论述量子效应对石墨烯电极材料比电容的贡献和材料性质和温度对它的影响，最后对石墨烯电极材料比电容的量子极限做出估计。

5.7.1 石墨烯电极材料比电容的影响因素

大量事实表明，电极材料比电容的估计值与实际达到的值之间有较大的差异。例如，极限情况平面单层石墨烯，比表面应达到 $2630\ \mathrm{m^2\cdot g^{-1}}$，利用双层比电容的典型值 $20\sim50\ \mathrm{\mu F\cdot cm^{-2}}$ 进行估计，比电容可达到 $C_{sp}=500\sim1\,250\ \mathrm{F\cdot g^{-1}}$，远高于已知电极电容材料的值。对其他材料也有类似情况，例如，活性炭电极材料“Skeleton”在比表面为 $1000\ \mathrm{m^2\cdot g^{-1}}$ 时，比电容只是 $200\ \mathrm{F\cdot g^{-1}}$ [20]，文献[21]发现选择某些材料，比表面积可达到 $3000\ \mathrm{m^2\cdot g^{-1}}$，实际达到的值与它的差异很大。

估计值与实际达到的值之间的差异是多种原因综合作用的结果。其中一个重要因素是高比表面积的材料石墨烯具有量子特性，即材料中的电子遵从的是量子力学规律，电子状态和电荷堆积不能简单用经典角度处理，这种因量子力学规律与经典理论造成的比电容的差，按文献[22]，称为量子比电容，记为 C_q，而通常概念下的比电容称为几何比电容，记为 C_d。

按照比电容 C 的概念，它是指单位质量（或单位面积）的材料积累的电荷 Q 和由这些电荷决定的电势 U 之间的比例系数决定。考虑到这些量不一定是常数，将电容写为：

$$C=\frac{\mathrm{d}Q}{\mathrm{d}U} \tag{5.7.1}$$

考虑到量子效应后，比电容 C 应满足：

$$\frac{1}{C}=\frac{1}{C_d}+\frac{1}{C_q} \tag{5.7.2}$$

其中，几何比电容 C_d 由静电势 φ 与电荷 Q 决定：$C_d=\dfrac{\mathrm{d}Q}{\mathrm{d}\phi}$，它与材料形状、性质有关（通过介电常数体现）；而量子比电容 C_q 按定义应为因量子效应引起的带电量 $\mathrm{d}Q$ 与材料电势变化 $\mathrm{d}U$ 之比，即 $C_q=\mathrm{d}Q/\mathrm{d}U$。又电子能量 $\varepsilon=eU$，由此得到

$$C_q=\frac{e\mathrm{d}Q}{\mathrm{d}\varepsilon} \tag{5.7.3}$$

现有电磁学文献已给出常见材料的几何比电容 C_d 的计算公式。下面着重论述量子比电容 C_q 与材料性质和温度的关系。

5.7.2 材料性质和温度对石墨烯电极材料比电容的影响

电子能态密度 $\rho(\varepsilon)$ 表示电子能量在 ε 附近单位能量间隔的电子状态数。一个电子带电量为 e，由此得到电子能量在 ε 到 $\varepsilon+\mathrm{d}\varepsilon$ 范围一个电子的带电量为 $e\rho(\varepsilon)\mathrm{d}\varepsilon$。设单位面积材料中的电子数为 n，则单位面积材料电子能量在 ε 到 $\varepsilon+\mathrm{d}\varepsilon$ 范围的带电量为 $\mathrm{d}Q=ne\rho(\varepsilon)\mathrm{d}\varepsilon$，由（5.7.3）式得到材料的量子比电容 C_q 为：

$$C_\mathrm{q}=ne^2\rho(\varepsilon) \tag{5.7.4}$$

设无外电场时，材料电子平均能量为 ε_0，在电压为 U 的外电场作用下，电子能量将为 $\varepsilon(U)=\varepsilon_0+eU$，这时材料的量子比电容 C_q 为：

$$C_\mathrm{q}(U)=ne^2\rho[\varepsilon(U)] \tag{5.7.5}$$

由上式看出，材料的量子比电容取决于材料的电子能态密度，从微观角度看，取决于材料的结构和粒子相互作用，包括电子状态。

对无缺陷的石墨烯电极材料，电子能态密度由式（5.3.7）表示，令 $\varepsilon(U)=\varepsilon_0+eU$，这里 $\overline{\varepsilon}_0=\frac{3}{5}\varepsilon_\mathrm{F}$，$\varepsilon_\mathrm{F}$ 为石墨烯的费米能，得到石墨烯电极材料的量子比电容随所加电压 U 的关系，当电压 U 较低时为：

$$C_\mathrm{q}(U)=\frac{2ne^2\rho_\mathrm{m}}{\Delta}\left|\varepsilon_0+e|U|\right| \qquad \left(0<\left|\varepsilon_0+e|U|\right|<\frac{\Delta}{2}\right)$$

$$C_\mathrm{q}(U)=\frac{ne^2\rho_\mathrm{m}\Delta}{2\left|\varepsilon_0+e|U|\right|} \qquad \left(\frac{\Delta}{2}<\left|\varepsilon_0+e|U|\right|<\frac{D}{2}\right) \tag{5.7.6}$$

式中：$D/2$ 为分别处于 $\varepsilon=0$ 之下的 π 带和处于 $\varepsilon=0$ 之上的 π^* 带的带宽；Δ 是“赝能隙宽度”，石墨烯的 $\Delta=4.7\ \mathrm{eV}$，$D=3\Delta$，ρ_m 由式（5.3.8）计算。

设石墨烯键长为 d，一个原胞面积为 $d^2\sqrt{3}/2$，单位面积材料中电子数 $n=8/\sqrt{3}d^2$，由于键长与温度的关系为 $d(T)=d_0(1+\alpha_1 T)$，这里 α_1 为石墨烯的线膨胀系数，由此得到 n 与温度 T 关系为：

$$n(T)=\frac{8}{\sqrt{3}d_0^2(1+\alpha_1 T)^2} \tag{5.7.7}$$

文献[23]用实验测出在常温情况下石墨烯的线膨胀系数为负值，且随温度变化不太大，数值为 $-7\times10^{-6}\ \mathrm{K}^{-1}$。这里为讨论简便，取 α_1 为常数 $\alpha_1 = -7\times10^{-6}\ \mathrm{K}^{-1}$。将式（5.7.7）代入（5.7.6）式，得到石墨烯电极材料的量子比电容与所加电压 U 和温度的关系。

对带有空位缺陷的石墨烯电极材料，电子能态密度是一个以电子能量 ε 和空位缺陷浓度 X 为变量的函数，具体表示见文[24]。

5.7.3 量子效应对石墨烯电极材料比电容的贡献

对理想情况石墨烯进行计算，由摩尔质量 $\mu=14\times10^{-3}$ kg 和阿伏伽德罗常数 $N_\mathrm{A}=6.02\times10^{23}$，求得单位质量的电子数 $n=ZN_\mathrm{A}/\mu=1.72\times10^{26}\ \mathrm{kg}^{-1}$。由费米能[18] $\varepsilon_\mathrm{F}=2.3034\ \mathrm{eV}$，求得 $\varepsilon_0=1.382\,04\ \mathrm{eV}$。将所计算的 n、ε_0、ρ_m 等数据，代入（5.7.6）式，取温度 $T=0\ \mathrm{K}$ 和 $T=300\ \mathrm{K}$，得到理想石墨烯材料的量子比电容随所加电压 U 的变化见表 5.7.1，其变化曲线如图 5.7.1（a）所示。取所加电压 $U=0.1\ \mathrm{V}$，得到它的量子比电容（以 $\mu\mathrm{F}\cdot\mathrm{kg}^{-1}$ 为单位）随温度的变化如图 5.7.1（b）所示。

表 5.7.1 石墨烯材料量子比电容 $c_\mathrm{p}(\mu\mathrm{F}\cdot\mathrm{cm}^2)$随所加电压 V 的变化

U/V	−5	−3	−0.9698	0	0.9698	3	5
T=0 K	90.23	131.42	244.97	143.88	244.97	131.42	90.23
T=300 K	90.61	131.98	246.00	144.48	246.00	131.98	90.61

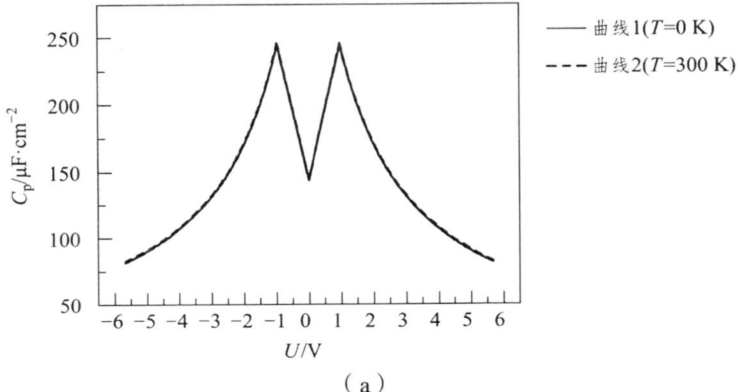

（a）

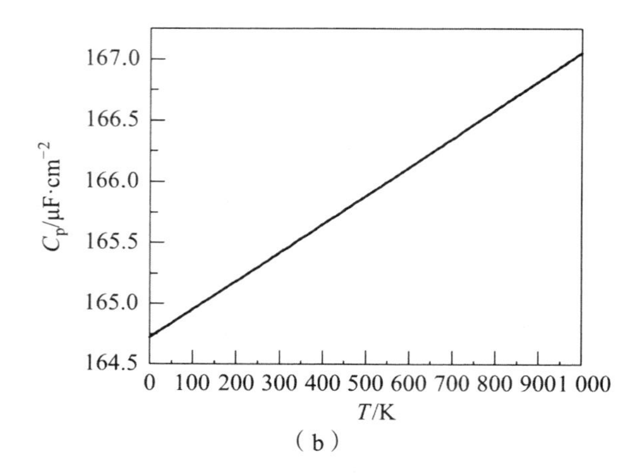

（b）

图 5.7.1 理想石墨烯的量子比电容随电压（a）和温度（b）的变化

由图 5.7.1 看出：温度一定且所加电压不高（低于 0.968 V）时，理想石墨烯的量子比电容随所加电压而成正比的增大；当所加电压高于 0.968 V 而低于 5.668 V 时，量子比电容随所加电压而成反比的减小；当所加电压高于 5.668 V 时，量子比电容为零，即量子效应消失。升高温度，将使量子比电容增大，但变化很小。这意味着量子效应对理想情况石墨烯材料电极比电容的影响比较小。

实际上的石墨烯基础上的电极材料，往往有形变、杂质、缺陷等，它的量子比电容随所加电压的变化变得更复杂。文献[22]给出几种可能的非理想石墨烯材料的比电容 C（以 μF · cm^{-2} 为单位）随电压 U 的计算曲线，结果见图 5.7.2。图曲线 1 是理想情况（并取 $\varepsilon_0 = 0$ ）石墨烯的量子比电容变化曲线；曲线 2、3 分别是被 n 载流子掺杂的石墨烯在填充导带到高于零能点之上 0.1 eV 和 0.3 eV 时的比电容曲线；曲线 4、5 是被 p 型载流子掺杂的石墨烯的类似曲线；曲线 6、7 是中间未掺杂，但一个薄片上含有 n 或 p 载流子掺杂的电极材料的比电容曲线。

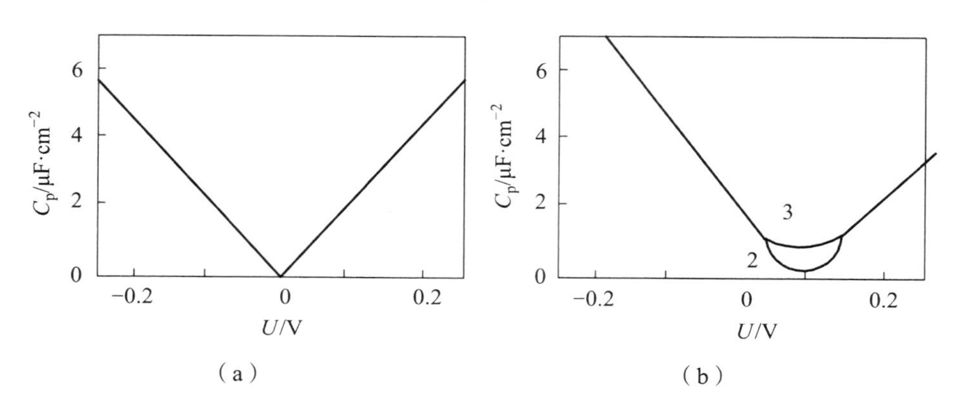

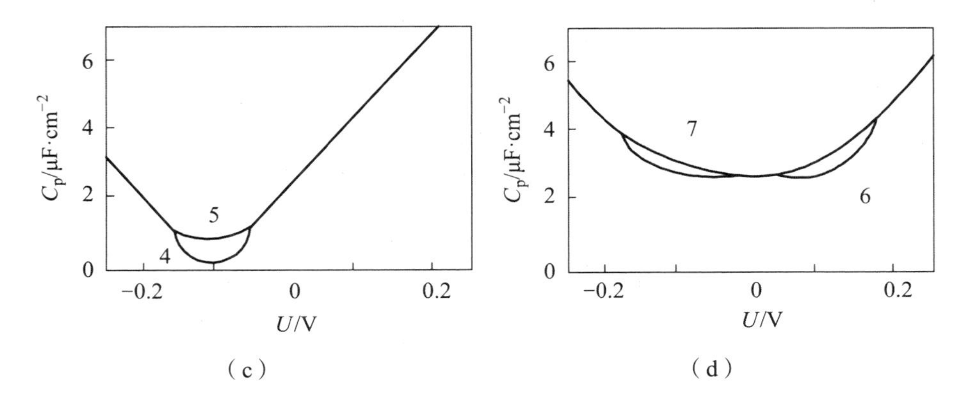

图 5.7.2 几种非理想石墨烯的量子比电容 C 随电压 U 的变化

由图 5.7.2 看出：石墨烯材料掺杂后，其量子比电容随电压的变化变得更复杂，特别是在所加电压取某些电压值时，量子比电容有最小值。在图中，曲线 2、3、4、5 比电容的极小值分别为 0.5、1.0、0.5、1.0、2.5、2.6 μF·cm^2。出现这种极小值的原因是：载流子填充能带时，在某些电压值时，费米能将经过导带和价带锥体对接范围的特殊点。

由量子比电容随电压的变化关系，还可以得到电极材料的所加电压 U 随电极材料上所带电荷量 Q 的变化曲线。文献[22]给出几种可能的非理想石墨烯材料的 U 随 Q 的变化曲线如图 5.7.3 所示，其中，曲线 1 是非均匀掺杂的石墨烯基电极材料在温度为 300K 时的计算曲线；曲线 3 是掺杂和部分无序的石墨烯材料的变化曲线；曲线 5 是类似于曲线 3，但掺杂离子电荷符号相反掺杂和部分无序的石墨烯材料的变化曲线；曲线 7 是比电容为 20μF·cm^{-2} 的双电极层曲线。

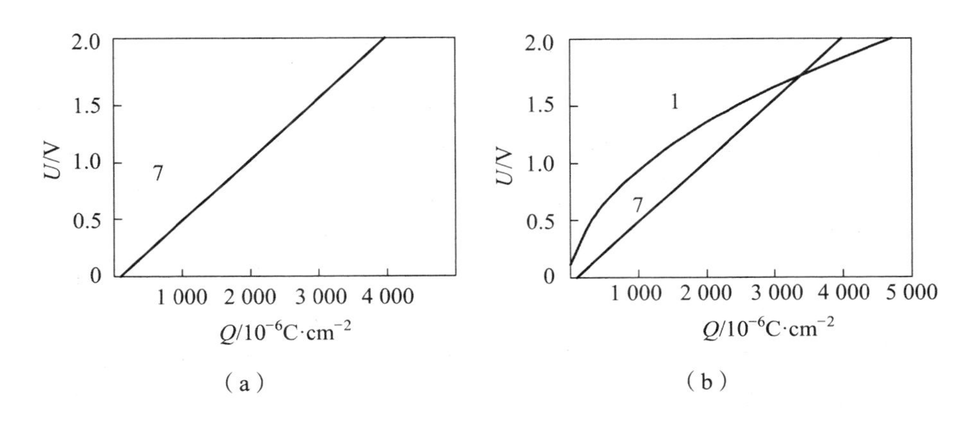

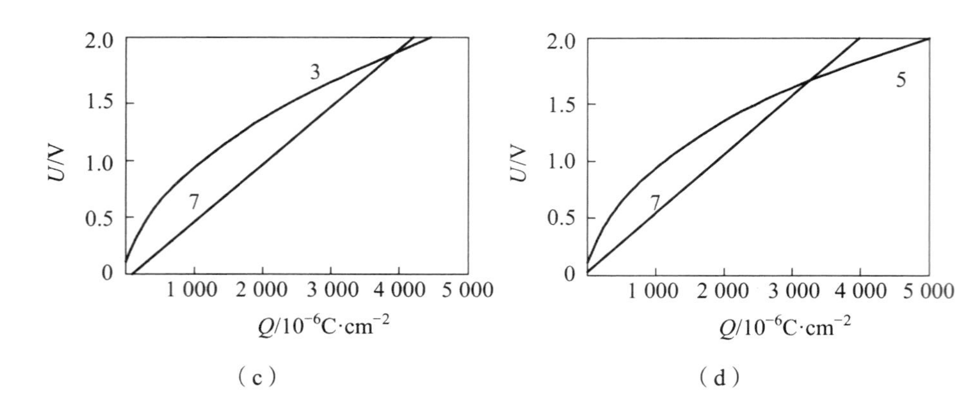

图 5.7.3 几种非理想石墨烯材料的电压 U 随电荷量 Q 的变化

由图 5.7.3 看出：几种材料的 U 均随所带电荷量 Q 的增大而增大，其中曲线 7 是直线，意味着比电容为常数，而其他情况的比电容与所带电荷量有关。

文献[22]给出几种非理想石墨烯材料单位面积的电容 C 和具有的能量 E 随所加的电压 U 的变化关系，结果如图 5.7.4 所示，其中，曲线 1、2 分别是温度 300 K 和 900 K 情况下，随机掺杂的材料的比电容 C 随所加的电压的计算曲线；而曲线 3、4 是超级电容器的比能量随所施电压的变化曲线。

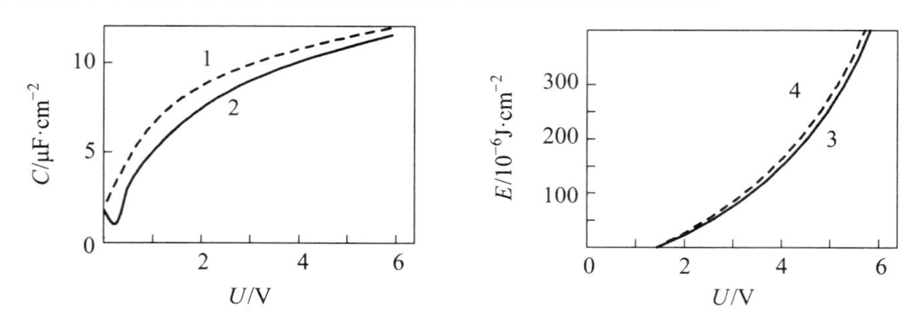

图 5.7.4 几种材料的比电容 C（a）和比能量 E（b）随所加电压的变化

由图 5.7.4 看出：材料的比电容 C 和比能量 E 均随所加电压的升高而增大，但变化情况有很大差异。当电压低于 4 V 时，比电容 C 变化较快，平均电压每升高 1 V 时，比电容 C 增大 2.5 $\mu F \cdot cm^{-2}$；而电压高于 4 V 时，C 变化较慢，电压每升高 1 V 时，比电容 C 只增大 12.5 $\mu F \cdot cm^{-2}$。相反，电压低于 4 V 时，比能量 E 变化较慢，电压每升高 1 V 时，比能量 E 增大仅 25 $\mu J \cdot cm^{-2}$；而电压高于 4 V 时，E 变化较快，电压每升高 1 V 时，比能量 E 增大 125 $\mu J \cdot cm^{-2}$。

总之，不同材料的量子比电容 C 的大小及其随所加电压 U 的情况不同，但总趋势是：随所加电压 U 的增大而非线性增大。量子效应对石墨烯电极材料比电容的贡献大小，既取决于材料性质，还取决于所加电压 U 的高低和温度。由于量子效应的客观存在，实际的石墨烯电极材料的比电容达不到通常的估计值。

参考文献

[1] 基特尔 C. 固体物理导论[M]. 北京：科学出版社, 1979: 67.

[2] 郑瑞伦，胡先权. 固体理论及其应用[M]. 重庆：西南师范大学出版社，1996: 267-271.

[3] 刘晓为，王蔚，张宇峰. 固体电子论[M]. 北京：电子工业出版社, 2013: 140-142.

[4] 张翠玲，郑瑞伦. 非简谐振动对 Fe 热容和电阻率的影响[J]. 西南师范大学学报：自然科学版, 2004, 29(4): 613-617.

[5] 曲喜新. 电子组件材料手册[M]. 北京：电子工业出版社, 1989: 22.

[6] DAVYDOV S Y, SUBINOV G Y. 在石墨烯上的吸附模型[J]. 固体物理, 2011, 53(3): 608-616. (俄文文献)

[7] 孙红娟，彭同江. 石墨烯材料[M]. 北京：科学出版社. 2015: 144-145.

[8] BENA C, KIVELSON S A. Quasiparticle scattering and local density of states in graphite[J]. Phys Rev B, 2005, 72: 125432.

[9] 申凤娟，唐可. 石墨烯基碱金属离子态密度变化规律研究[J]. 西南师范大学学报：自然科学版, 2016, 41(7): 2-6.

[10] DAVYDOV S Y. 吸附原子与单层石墨烯的键能[J]. 固体物理，2011，53(12): 2414-2423. (俄文文献)

[11] 杜一帅，唐可. 石墨烯基碱金属原子有效电荷变化规律[J]. 西南大学学报，2017, 39(6): 1-7.

[12] 万纾民. 固体中原子间相互作用势函数与碱金属、碱土金属弹性的电子理论[J]. 中国科学(A 辑), 1982(2): 170-174.

[13] 郑瑞伦，吴强. 热力学与统计物理学学习指导与习题解答[M]. 北京：中国教育文化出版社, 2006: 148.

[14] NOVOSELOV K S, GEIM A K, MOROZOV S V, et al. Two-dimensional gas of massless diracfermions ingraphene[J]. Nature, 2005, . 438: 197-200.

[15] DAVYDOV S Y. 外延石墨烯的费米速度和电导率. 固体物理，2014，56（4）: 816-820.（俄文文献）.

[16] MAYOROV A S, ELIAS D C, MUCHA-KRUCZYNSKI M, et al. Interaction-driven spectrum reconstruction in bilayer graphene[J]. Science, 2011, 333(6044).

[17] FANG X Y, YU X X, ZHENG H M, et al. Temerature-and thinkness- dependent electrical conductivity of few-layer graphene and graphene naNosheets[J]. Physics Letters A, 2015, 379(37): 2245-2251.

[18] 杜一帅，康维，郑瑞伦. 外延石墨烯电导率和费米速度随温度变化规律研究[J]. 物理学报, 2017, 66(1): 014701-014701-9.

[19] 方可，胡述楠，张文彬. 固体物理学[M]. 重庆：重庆大学出版社, 1993: 110-111.

[20] https: //www. skeletontech. com/.

[21] JI H, ZHAO X, QIAO Z, et al. Capacitance of carbon-based electrical double-layer capacitors[J]. Nature Com, 2014, 5, 3317 DOI 101038.

[22] GUPANG M Y, MULEISKUO W G. 石墨烯电极的超级电容器的极限电容：量子极限[J]. 物理技术快报, 2015, 41(8): 1-8. (俄文文献)

[23] HAN W, WANG W H, PI K, et al. Electron-hole asymmetry of spin injection and transport in single-layer graphene[J]. Physical Review Letters, 2009, 102(13): 562.

[24] ALISUNDANOV Z Z. 空位缺陷型石墨烯上的吸附：模拟方法[J]. 固体物理. 2013, 55(6): 1211-1220. (俄文文献)

6　外延石墨烯的热学和电学性质

外延石墨烯是指通过吸附、沉积等方法，在金属或半导体或其他晶体表面，通过晶格匹配，生长一层或多层石墨烯，这种石墨烯称为外延石墨烯。由于理想情况的石墨烯难于获得，而在金属、半导体或其他晶体表面上又可以制备石墨烯，因此，外延石墨烯与实际更接近。此外，在石墨烯材料的应用上，许多方面都与外延石墨烯有关，例如：基底薄片怎样影响外延石墨烯的形成和吸附原子的状态、传感器的仪器构件接触点的性质等，因此，研究外延石墨烯显得更有现实意义。外延石墨烯的制备和性能研究，已成为石墨烯材料的研究前沿与热点之一。本章将在论述外延石墨烯的概念和分类以及制备方法基础上，研究外延石墨烯的热学和电学性质，着重研究它的电导率和费米速度随温度变化规律及其影响因素，最后研究外延石墨烯热力学性质的非简谐效应。

6.1　外延石墨烯的制备与分类

本节将在论述外延石墨烯的概念和分类基础上，着重论述外延石墨烯的制备方法。

6.1.1　外延石墨烯的概念和分类

外延石墨烯是指在金属或半导体平面基底上通过吸附、沉积等方法生长一层或多层石墨烯，其俯面和侧面分别见图 6.1.1（a）和（b）。

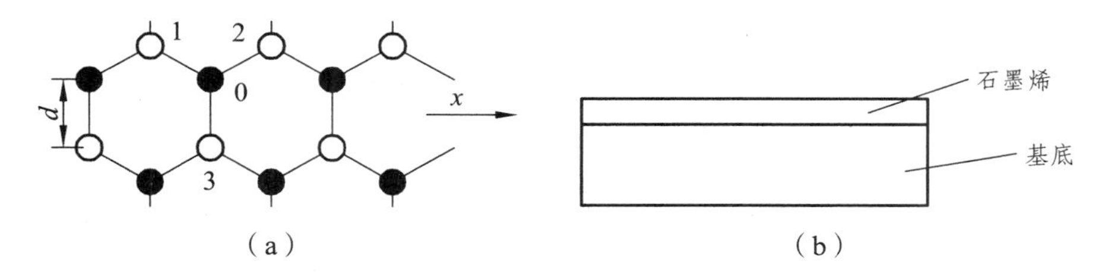

图 6.1.1　外延石墨烯系统俯面（a）和侧面（b）

外延石墨烯可依据不同的标准进行分类。根据基底情况，外延石墨烯可分为金属基外延石墨烯、半导体基外延石墨烯、金属薄膜基外延石墨烯、半导体薄膜基外延石墨烯等；根据基底平整度情况，外延石墨烯可分为平面基底外延石墨烯和非平面基底外延石墨烯；还可按是否掺杂和有缺陷，将外延石墨烯分为理想外延石墨烯和有缺陷的外延石墨烯等。

6.1.2 外延石墨烯的制备

目前外延石墨烯的制备基本上采用的是通过沉积、溅射、吸附等方法，在一种晶体结构上通过晶格匹配，生长石墨烯。它可分为 SiC 外延法和金属外延法两大类。

6.1.2.1 SiC 外延法

SiC 外延法是在 20 世纪 90 年代中期提出的一种方法。它利用 SiC 单晶加热到一定温度时，会发生石墨化这一基本现象制备。其基本工艺如下：将 SiC 单晶进行氧化或 H 气刻蚀处理；将处理后的 SiC 单晶置入高真空、高温环境一定时间；用电子束轰击去除表面氧化物；高温环境下将 SiC 单晶表层中的 Si 原子蒸发；SiC 单晶表层中的 C 原子从构，生成石墨烯。

该方法的优点：SiC 外延法因 SiC 本身就是一种性能优异的半导体且其在单晶加热时会发生石墨化现象，制备外延石墨烯相对较易。SiC 外延法的局限性是：难以实现大面积的制备、能耗高，不利于后续石墨烯的转移。SiC 外延法生长石墨烯概况见表 6.1.1（此表取自文献[1]，表中所列参考文献见文献[1]）。

表 6.1.1 SiC 外延法生长石墨烯概况[1]

SiC Substrates	Fabrication of Craphene*	Characterization of Graphene	Ref.
Si-face 6H-SiC	CVD reactor, Ar atmosphere ((1500-1600)°C×90 min)	Thickness between 0.25 and I nm having a mobility of 860 $cm^2/(V\text{-}s)$for an elec-tron conc-entration of $1.13\times10^{13}cm^2$	[33]
C-face 6H-SiC	SiC sample covered with a graphite cap. RF heated furnace under high vacuum (1700 °C×15min)	Large, homogeneous, monolayer or bilayer graphene ribbons(600 μm long and 5 μm wide)	[34]

续表

SiC Substrates	Fabrication of Craphene*	Characterization of Graphene	Ref.
	AIN mask on the substrate.RF under high Vacuum(~1.33×10^{-4}Pa)(1550 °C×5 min)	A few layers graphene(FLG)	[35]
6H-SiC(0001)	Inductively heated furnace, 2000 °C and at an ambient argon pressure of 1.013×10^{5}Pa.	Homogeneous large-area graphene layers	[36]
	UHV chamber(1.33×10^{-6}Pa), 1550 °C	Bilayer graphene	[37]
Si-face 6H-SiC(0001)	Home-made MBE system equipped with RHEED(6×10^{-4}Pa)(1300 °C×10 min)	About 4-10 layers graphene(by AFM)	[38]
C-face 6H-SiC(0001)	UHV MBE chamber ((1030-1050 °C)×(10-60)min)	Non-Bernal rotated graphene plane-s, single-layer or few layers graphe-ne(FLG)	[39]
6H-SiC(0001) (mis-orientation within 0.03°)	2000 °C and at an ambient argon pressure of 1 atm	Continuous graphene, covering of also the <1.5 nm high steps, with a size large than 50 μm^2	[40]
6H-SiC(0001) (mis-orientation within 0.25°)	2000 °C and at an ambient argon pressure of 1.013×10^{5}Pa	Continuous graphene, covering also the 4.0-5.0 nm high steps, either in the form of long ribbons or large sheets	[40]
4H-SiC(0001)	LEEM instrument, 1300- 1500 °C	Bilayer and few layers graphene	[41]
Si-face 4H-SiC(0001)	Annealed (1450 °C×2 min)under Ar flow (4.66×10^{-2}Pa)and then allowed to cool down in Ar	Two layer epitaxial graphene. The RF-FETs with a peak cutoff frequency fr of 100 GHz for a gate length of 240 nm were fabrica-ted using such graphene as the active layer	[42]

续表

SiC Substrates	Fabrication of Craphene*	Characterization of Graphene	Ref.
C-face 4H-SiC(0001)	Heated for 10 min to temperatures $T>1350$ °C in vacuum	A mesh-like network of ridges with high curvature that bound atomically flat, tile-like facets of FLG	[43]
Si-face 4H-SiC	UHV(pressure$<10^{-6}$Pa)((1200-1600)°C×(10-40)min)	Single layer or few layers graphene. The Si-face graphene layers form after an interfacial layer is created	[44]
	CVD reactor under high vacuum conditions ((1225-1700)°C×(10-20)min)	Monolayer graphene(by Raman), a transitional layer between the substrate and the EG	[45]
C-face 4H-SiC	RF under high vacuum($<10^{-4}$mbar)((1400-1600)°C×(10-90)min)	Multilayer graphene without interfacial layer The persence of layers with carrier mobility greater than 250000 $cm^2/(V\text{-}s)$(by FIR-MT)	[44]
	CVD reactor under high vacuum conditions((1225-1700)°C×(10-20) min)	Multilayer graphene forms directly on the C-face without transit-ional layer	[45]
3C-SiC(111)/Si(110) 3C-SiC(111)/Si(111)	UHV(1200 °C×30 min) Resistively heated hot wall reactor ((1250-1350)°C×10 min)	Single-and two-layer graphene sheets Continuity on terraces and stepedg-ers suggesting the possibility of growing large scale graphene that could be suitable for future industr-ial applications	[46] [47]

*CVD: Chemical vapor deposition; UHV: Ultrahigh vacuum; RHEED: Reflection high-energy electron diffraction; RF: Radio frequency; AFM: Atomic force microscope; RF-FETs Radio frequency field effect transistors; FIR-MT: Far-infrared magneto transmission; MBE: Molecular beam epitaxy.

6.1.2.2 金属外延法

金属外延法是采用与石墨烯晶格匹配的单晶为基底，在高真空环境中热分解含碳化合物（如乙炔、乙烯、苯吡啶等），通过调控和优化工艺参数，尽可能地使石墨烯均匀地铺满整个金属基底，由此获得较大面积的外延石墨烯。目前金属外延获得外延石墨烯的制备方法主要有：化学真空沉积法（CVD）、温度控制法（temperature programmed growth，TPG）、分离法（segregation）、碳原料法（carbon feedstock）、碳化硅升华法（SiC sublimation）等。与 SiC 外延法相比，该方法获得的外延石墨烯不仅面积较大，连续均匀，且易于转移（通过化学腐蚀去掉金属基底）。

金属外延法制备外延石墨烯的局限性是：制备外延石墨烯的形貌、性能受基底影响很大。为克服这一局限性，有效办法之一是先将金属表面化学功能化处理。文献[1]综述了金属表面化学功能化获得外延石墨烯的合成过程，指出：石墨烯的功能化可分为离子功能化、置换功能化、共价功能化三类。通过氢来实现共价功能化，通过金属来实现离子功能化，通过氮掺杂来实现置换功能化，其中，在金属基底上化学真空沉积一层石墨烯是首要的一步。

目前采用的金属基底有：Ru（0001）、Ni（111）、Ir（111）、Cu（111）、Pt（111）、Rh（111）、Cu（111）/蓝宝石界面等金属基底。此外，还有 Li、Na 等碱金属晶体也可望成为外延生长石墨烯的金属基底。不同金属基底生长的石墨烯的情况见表 6.1.2（此表取自文献[1]，表中所列参考文献见文献[1]）。

表 6.1.2 不同金属基底生长的石墨烯的性质的比较[1]

Metal Substrates	Carbon sources	Characterization of Graphene	Ref.
Ru(0001)	C_2H_4	Highly ondered, millimeter-scale, continuous, single-crystalline graphene monolayer stabilizing at high temperatures	[51]
Ru(0001)/sapphire (0001)	C_2H_4	High-quality graphene with uniform monolayer thickness and full surface coverage	[52]
Ir(111)	C_2H_4	Continuous, low defect and micron-scale monolayer graphene	[53-54]
Ni films (300nm thickness)	CH_4	Large area(cm^2)films of single-to few-layer graphene, Single-or bilayer regions can be up to 20 μm in lateral size	[55]

续表

Metal Substrates	Carbon sources	Characterization of Graphene	Ref.
Ni layer (>300nm thickness)	CH_4	Large-scale graphene films transferring them to arbitrary substrates, The transferred graphene films show very low sheet resistance of 280 Ω per square, with 80% optical transparency	[56]
Ni nanowire termplates	C_2H_4	Large-diameter graphene nanotubes with shells comprising a few or many layers, Number of graphen-e layers grown for different ethylene feeding times	[57]
Ni(111)	C_3H_6	An ordered passivated graphene layer, The spin-polariz-ation of the secondary electrons obtained from this system upon photoemission does not change upon large oxygen exposure	[58]
Ni particles	CH_4	Bulk growth of mono-to few-layer graphene	[59]
Cu or Ni	Graphite	Bulk graphite films and growth of large-area single layer or few-layer graphene	[60]
Cu foils(20μm thickness)	CH_4	Large-area, high-quality and uniform graphene films of the order of centimeters (Fig.4)	[61]
Cu foils(25μm thickness)	CH_4	Large single-crystal graphene, hexagonally-shaped grains(with sizes of tens of microns)have their edges macroscopically oriented predominantly paralled to zigzag directions	[62]
Cu(111)	C_2H_4	Numerous domain boundaries with increasing coverage Reducing the density of domain boundaries is one challenge of growing high-quality graphene on copper	[63]
		Large-area monolayer graphene The film quality is limited by grain boundaries, and the best growth is obtained on this surface than other surface of Cu	[64]

续表

Metal Substrates	Carbon sources	Characterization of Graphene	Ref.
Rh(111)	C_3H_6	Monolayer graphite(MG)	[50]
Pt(111)	CH_4	Highly oriented and chemically inert MG without unidentified carbon-related residues	[65]
Co(0001)	C_3H_6	Continuous multilayer graphene, the high spin polariza-tion of secondary electrons is confirmed for graphene-n/Co(0001)with higher values(25%)due to the larger magentic moment of Co	[66]
Co films/sapphire	CH_4	Uniform and orientation-controlled single-layer graphene over the Co film	[67]
Stainless steel	Aliphatic alcohls	Single- to multi-layer graphene that growth occurs on FeO rich regions	[68]

研究表明：金属基底生长石墨烯时，第 1 层覆盖金属基底表面 80%后，才开始生长第 2 层。第 1 层与金属基底结合强，而第 2 层与基底结合已很弱。因此，金属基底生长石墨烯主要是第 1 层。

6.2 外延石墨烯电子能态密度

材料的电子状态决定了材料的性质（特别是电学性质），而电子状态由材料中电子的波函数和能量决定。由于电子的能态密度可以通过实验测定，而且许多电学性质（如电导率、电荷分布等）都可由它来计算，因此，电子的能态密度是描述电子状态的最重要的量之一。本节将在简单综述金属基底、半导体基底、单层石墨烯的态密度基础上，着重论述金属基外延石墨烯和半导体基电子的能态密度的特点，探讨基底对外延石墨烯态密度的影响。

6.2.1 基底的态密度

石墨烯的态密度由式（5.3.7）给出，而基底的态密度不仅取决于基底材料（是金属还是半导体），而且还取决基底表面的形状、粗糙程度以及基底的厚度等。作为最简单的处理，是将基底视为光滑平面且厚度很大，这时，我们将忽略厚度和粗糙程度的影响。基底的态密度的具体形式，取决基底的材料和采用何种物理模型来处理。

金属基底的态密度通常是采用无限深势阱的自由电子模型，电子态密度为：

$$\rho_{\mathrm{m}}(\varepsilon)=\frac{2mna^2}{3\pi^2\hbar^2} \tag{6.2.1}$$

这里：m 是电子质量；a 为金属的晶格常数；n 为一个原胞内的原子数。

研究半导体基底的态密度，常采用哈特利-安德森模型和抛物线模型两种。在哈特利-安德森模型中，认为半导体中的带电粒子局限于阱内且均匀分布。在哈特利-安德森模型下，半导体基底的态密度为：

$$\rho_{\mathrm{S}}(\varepsilon)=\begin{cases}\rho_0 & |\varepsilon|\geqslant E_{\mathrm{g}}/2\\ 0 & |\varepsilon|<E_{\mathrm{g}}/2\end{cases} \tag{6.2.2}$$

这里：E_{g} 是半导体的禁带宽度；$\rho_0=mS_1/\pi\hbar^2$；$S_1=3\sqrt{3}a^2/4$ 为相应于一个石墨烯碳原子占有的面积；a 为基底晶格常数。

在抛物线模型中，认为半导体中的带电粒子的能量随波矢 k 的变化为抛物型，则半导体基底的态密度为：

$$\rho_{\mathrm{s}}(\varepsilon)=\begin{cases}A_V\left(-\varepsilon-E_{\mathrm{g}}/2\right)^{1/2} & \varepsilon<-E_{\mathrm{g}}/2\\ A_C\left(\varepsilon-E_{\mathrm{g}}/2\right)^{1/2} & \varepsilon>E_{\mathrm{g}}/2\\ 0 & |\varepsilon|<E_{\mathrm{g}}/2\end{cases} \tag{6.2.3}$$

式中的 A_C、A_V 为归一化常数，由下式决定：

$$A_C=\frac{m_C^{3/2}\sqrt{2}}{\pi^2\hbar^3}\varOmega,\quad A_V=\frac{m_V^{3/2}\sqrt{2}}{\pi^2\hbar^3}\varOmega$$

式中：m_C、m_V 分别为导带电子和价带空穴的态密度有效质量，$\varOmega$ 为半导体原胞体积。

6.2.2　含缺陷的金属基外延石墨烯的态密度

现讨论普遍情况。设金属基上生成的外延石墨烯有缺陷（例如空位等），设缺陷浓度为 α，则外延石墨烯导带（$\varepsilon>0$）的态密度为[2]：

$$\rho_{\mathrm{eg}}(\alpha,\varepsilon)=\frac{1}{\pi\xi^{2}}\Big\{\big[\Gamma_{\mathrm{m}}+\alpha A_{1}(\varepsilon)\big]\ln\frac{\big[\varepsilon+\alpha A_{1}(\varepsilon)-\xi\big]^{2}+\big[\Gamma_{\mathrm{m}}+\alpha A_{2}(\varepsilon)\big]^{2}}{\big[\varepsilon+\alpha A_{1}(\varepsilon)\big]^{2}+\big[\Gamma_{\mathrm{m}}+\alpha A_{1}(\varepsilon)\big]^{2}}$$

$$+2\big[\varepsilon+\alpha A_{1}(\varepsilon)\big]\left[\arctan\frac{\varepsilon+\alpha A_{1}(\varepsilon)}{\Gamma_{\mathrm{m}}+\alpha A_{2}(\varepsilon)}-\arctan\frac{\varepsilon+\alpha A_{1}(\varepsilon)-\xi}{\Gamma_{\mathrm{m}}+\alpha A_{2}(\varepsilon)}\right]\Big\}$$

（6.2.4）

对价带（ $\varepsilon<0$ ），有

$$\rho_{\mathrm{eg}}(\alpha,\varepsilon)=\frac{1}{\pi\xi^{2}}\{[\Gamma_{m}+\alpha A_{1}(\varepsilon)]\ln\frac{\big[\varepsilon+\alpha A_{1}(\varepsilon)+\xi\big]^{2}+\big[\Gamma_{m}+\alpha A_{2}(\varepsilon)\big]^{2}}{\big[\varepsilon+\alpha A_{1}(\varepsilon)\big]^{2}+\big[\Gamma_{m}+\alpha A_{1}(\varepsilon)\big]^{2}}$$

$$+2\big[\varepsilon+\alpha A_{1}(\varepsilon)\big]\left[\arctan\frac{\varepsilon+\alpha A_{1}(\varepsilon)}{\Gamma_{m}+\alpha A_{2}(\varepsilon)}-\arctan\frac{\varepsilon+\alpha A_{1}(\varepsilon)-\xi}{\Gamma_{m}+\alpha A_{2}(\varepsilon)}\right]\Big\}$$

（6.2.5）

这里

$$A_{1}(\varepsilon)=\frac{F_{1}(\varepsilon)}{F_{1}(\varepsilon)+F_{2}(\varepsilon)},\quad A_{2}(\varepsilon)=\frac{F_{2}(\varepsilon)}{F_{1}(\varepsilon)+F_{2}(\varepsilon)}$$

$$F_{2}(\varepsilon)=\frac{1}{\xi^{2}}\left\{\Gamma_{\mathrm{m}}\ln\frac{(\varepsilon\mp\xi)^{2}+\Gamma_{\mathrm{m}}^{2}}{\varepsilon^{2}+\Gamma_{\mathrm{m}}^{2}}+2\varepsilon\left[\arctan\frac{\varepsilon}{\Gamma_{\mathrm{m}}}-\arctan\frac{\varepsilon\mp\xi}{\Gamma_{\mathrm{m}}}\right]\right\}$$

在以上 $F_{2}(\varepsilon)$ 的表示式中，对导带，取−号；对外延石墨烯的价带，取+号；对金属基底，$\Gamma_{\mathrm{m}}=\pi V_{\mathrm{C}}^{2}\rho_{\mathrm{m}}(\varepsilon)$，$\rho_{\mathrm{m}}$ 为金属基底态密度，由式（6.2.1）表示；V_{C} 为碳原子与金属基底相互作用矩阵元。$F_{1}(\varepsilon)$ 的表示见文[2]。

当缺陷浓度为零（ $\alpha=0$ ）时，以上各式就变为无缺陷的金属基外延石墨烯的态密度，其表示式为：

对导带（ $\varepsilon>0$ ），有

$$\rho_{\mathrm{eg}}(0,\varepsilon)=\frac{1}{\pi\xi^{2}}\Big\{[\Gamma_{\mathrm{m}}]\ln\frac{[\varepsilon-\xi]^{2}+[\Gamma_{\mathrm{m}}]^{2}}{[\varepsilon]^{2}+[\Gamma_{\mathrm{m}}]^{2}}+2\varepsilon\left[\arctan\frac{\varepsilon}{\Gamma_{\mathrm{m}}}-\arctan\frac{\varepsilon-\xi}{\Gamma_{\mathrm{m}}}\right]\Big\}$$

（6.2.6）

对价带（ $\varepsilon<0$ ），有

$$\rho_{eg}(0,\varepsilon)=\frac{1}{\pi\xi^2}\left\{\left[\Gamma_m\right]\ln\frac{\left[\varepsilon+\xi\right]^2+\left[\Gamma_m\right]^2}{\left[\varepsilon\right]^2+\left[\Gamma_m\right]^2}+2\varepsilon\left[\arctan\frac{\varepsilon}{\Gamma_m}-\arctan\frac{\varepsilon+\xi}{\Gamma_m}\right]\right\} \tag{6.2.7}$$

式中：ξ 为石墨烯 π 带和 π^* 带的宽度。

图 6.2.1 给出了单层理想状态石墨烯、碱金属基底、无缺陷的金属基外延石墨烯这几种情况的态密度曲线[3]。

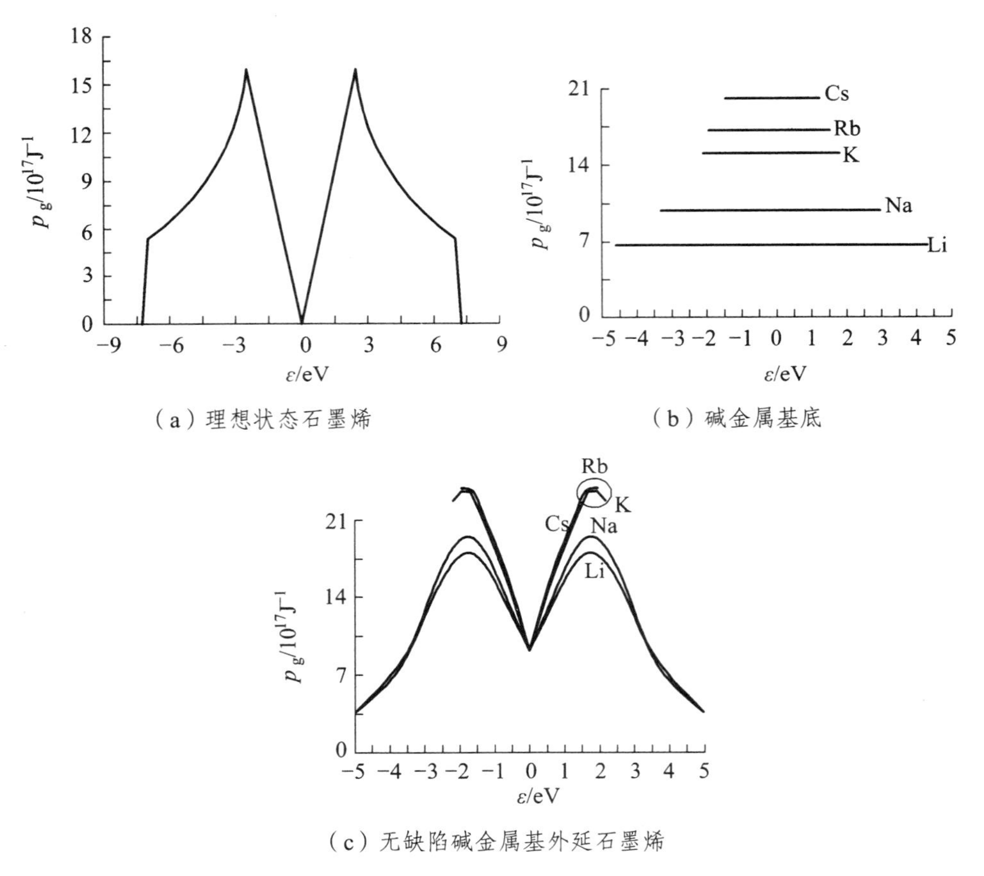

图 6.2.1 石墨烯材料的态密度曲线[3]

由图 6.2.1 可看出：理想状态石墨烯、碱金属基底、碱金属基底外延石墨烯的态密度曲线均有对称性，但有区别。

由式（6.2.4）和（6.2.5），得到有缺陷的碱金属基底外延石墨烯态密度随电子能量的变化曲线如图 6.2.2 所示。

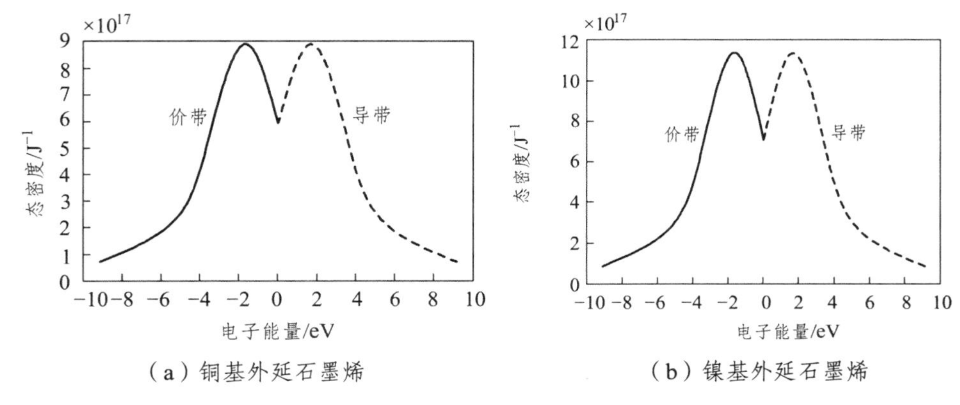

（a）铜基外延石墨烯　　（b）镍基外延石墨烯

图 6.2.2　空位缺陷浓度 $\alpha=0.01$ 时的外延石墨烯的态密度曲线

由图 6.2.2 可见：① 金属基外延石墨烯的态密度随电子能量的变化曲线，相对于电子能量 $\varepsilon=0$ eV 而言是对称的，电子能量为 0 时，金属基外延石墨烯的态密度不为零，而石墨烯的态密度为 0。② 基底的存在不仅使石墨烯态密度极大值相应的能量（最可几能量）减小，而且使态密度极大值增大。例如：石墨烯最可几能量为 1.9 eV，态密度极大值为 17×10^{17} J^{-1}；而铜基外延石墨烯最可几能量为 1.6 eV，态密度极大值为 8.767×10^{17} J^{-1}。原因在于金属基底与石墨烯之间存在相互作用，从而使石墨烯态密度的极大值下降。③ 有空位缺陷时，金属基外延石墨烯的态密度曲线对 $\varepsilon=0$ eV 而言是不对称，且电子能量为 0 时，态密度不为零。

图 6.2.3 给出有缺陷的碱金属基底外延石墨烯态密度随缺陷浓度 α 的变化。

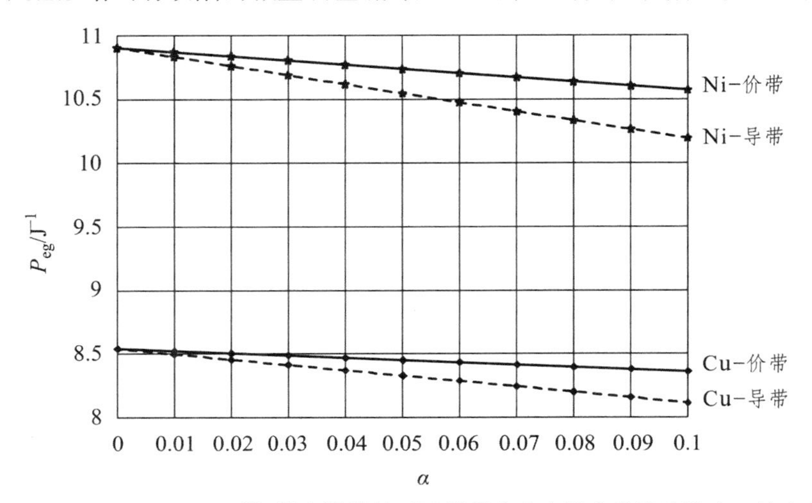

图 6.2.3　$\varepsilon=1.19$ eV 时铜基和镍基外延石墨烯态密度随空位缺陷浓度 α 的变化

由图 6.2.3 可见：铜基和镍基外延石墨烯导带和价带的态密度均随空位缺陷浓度 α 的增大而线性减小，其中，导带减小的程度大于价带。在空位缺陷浓度 0~0.1 范围内，铜基外延石墨烯导带的态密度减小了 4.81%，而价带减小了 19.6%，即空位缺陷对导带态密度的影响大于价带。

由式（6.2.4）和（6.2.5），得到有缺陷的铜基和镍基外延石墨烯的态密度随温度的变化曲线，如图 6.2.4（b）、（c）所示。为了方便比较，图 6.2.4（a）还给出石墨烯的相应曲线。

由图 6.2.4 可见：给定电子能量情况下，铜基和 Ni 基外延石墨烯的态密度均随温度升高而非线性减小，温度较低（如 T<500 K）时变化较慢；而温度高于 850 K，则变化迅速，但总的讲变化很小。例如：温度由 700 K 升到 1000 K 时，铜基外延石墨烯态密度仅减小了 $5\times10^{-5}\%$，而石墨烯的态密度为常量：$\rho_e=3.59976328\times10^{17}\mathrm{J}^{-1}$，即温度对外延石墨烯态密度的影响很小，而温度对石墨烯态密度几乎无影响。

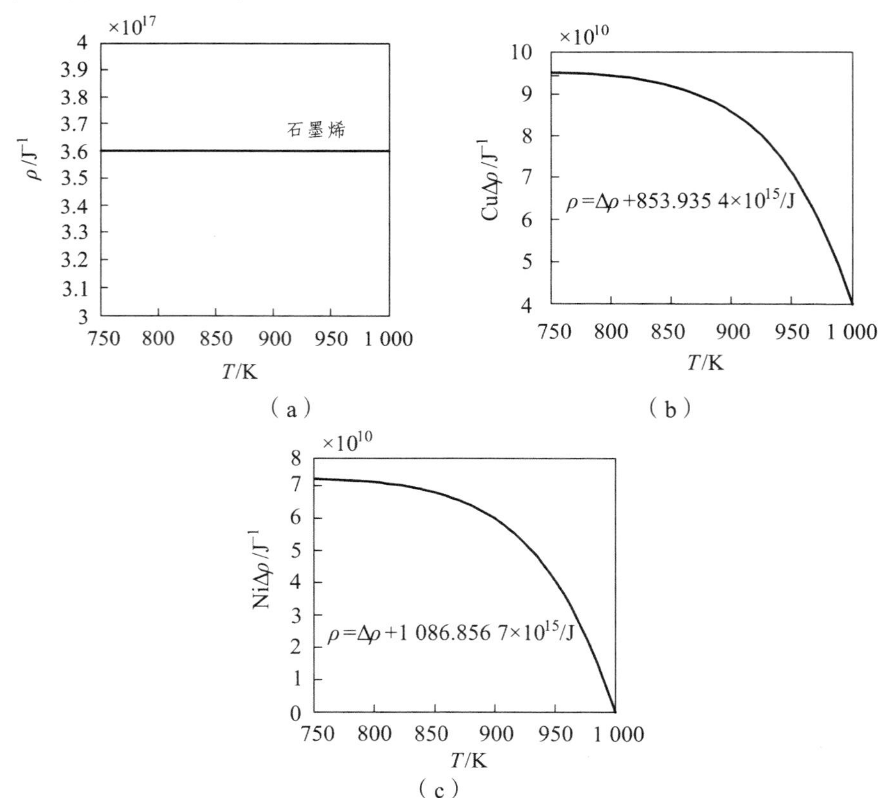

图 6.2.4　石墨烯（a）、有缺陷的铜基（b）和 Ni 基（c）外延石墨烯态密度随温度的变化

6.2.3 含缺陷的半导体基外延石墨烯的态密度

设外延石墨烯有缺陷，浓度为α，由格林函数理论，可以得到半导体基底上生成的外延石墨烯的态密度[3,4]。

当采用哈特利-安德森模型时，对导带（$\varepsilon > E_g/2$）：

$$\rho_{eg}(\alpha\cdot\varepsilon)=\frac{1}{\pi\xi^2}\left\{\left[\Gamma+\alpha A_2(\varepsilon)\right]\ln\frac{\left[\varepsilon-(\Gamma/\pi)\ln\left|(\varepsilon-E_g/2)/(\varepsilon+E_g/2)\right|+\alpha A(\varepsilon)-\xi\right]^2+\Gamma^2}{\left[\varepsilon-(\Gamma/\pi)\ln\left|(\varepsilon-E_g/2)/(\varepsilon+E_g/2)\right|+\alpha A_1(\varepsilon)\right]^2+\Gamma^2}\right.$$

$$+2\left[\varepsilon-\left(\frac{\Gamma}{\pi}\right)\ln\left|\frac{\varepsilon-E_g/2}{\varepsilon+E_g/2}\right|+\alpha A_1(\varepsilon)\right]\left[\arctan\frac{\varepsilon-(\Gamma/\pi)\ln\left|(\varepsilon-E_g/2)/(\varepsilon+E_g/2)\right|+\alpha A_1(\varepsilon)}{\Gamma+\alpha A_2(\varepsilon)}\right.$$

$$\left.\left.-\arctan\frac{\varepsilon-(\Gamma/\pi)\ln\left|(\varepsilon-E_g/2)/(\varepsilon+E_g/2)\right|+\alpha A_1(\varepsilon)-\xi}{\Gamma+\alpha A_2(\varepsilon)}\right]\right\} \tag{6.2.8}$$

对价带（$|\varepsilon|<E_g/2$）：

$$\rho_{eg}(\alpha,\varepsilon)\approx 0 \tag{6.2.9}$$

其中的$\Gamma=\pi V^2\rho_0$，V为碳原子与半导体基底相互作用矩阵元。

当采用抛物型模型时，缺陷浓度为α的半导体基底外延石墨烯的态密度为：

对外延石墨烯的导带，$\varepsilon<-E_g/2$：

$$\rho_{eg}(\alpha,\varepsilon)=\frac{1}{\pi\xi^2}\left\{\left[C(\varepsilon)+\alpha A_2(\varepsilon)\right]\ln\frac{\left[\varepsilon-C'(\varepsilon)+\alpha A_1/(\varepsilon)\mp\xi\right]^2+\left[C(\varepsilon)+\alpha A_1(\varepsilon)\right]^2}{\left[\varepsilon-C'(\varepsilon)+\alpha A_1(\varepsilon)\right]^2+\left[C(\varepsilon)+\alpha A_1(\varepsilon)\right]^2}\right.$$

$$\left.+2\left[\varepsilon-C'(\varepsilon)+\alpha A_1(\varepsilon)\right]\left[\arctan\frac{\varepsilon-C'(\varepsilon)+\alpha A_1(\varepsilon)}{C(\varepsilon)+\alpha A_2(\varepsilon)}-\arctan\frac{\varepsilon-C'(\varepsilon)+\alpha A_1(\varepsilon)\mp\xi}{C(\varepsilon)+\alpha A_2(\varepsilon)}\right]\right\}$$

$$\tag{6.2.10}$$

当$\varepsilon>E_g/2$时：

$$\rho_{eg}(\alpha,\varepsilon)=\frac{1}{\pi\xi^2}\left\{\left[D(\varepsilon)+\alpha A_2(\varepsilon)\right]\ln\frac{\left[\varepsilon+D'(\varepsilon)+\alpha A_1(\varepsilon)\mp\xi\right]^2+\left[D(\varepsilon)+\alpha A_1(\varepsilon)\right]^2}{\left[\varepsilon+D(\varepsilon)+\alpha A_1(\varepsilon)\right]^2+\left[D(\varepsilon)+\alpha A_1(\varepsilon)\right]^2}\right.$$

$$+2\left[\varepsilon-D'(\varepsilon)+\alpha A_1(\varepsilon)\right]\left[\arctan\frac{\varepsilon+D'(\varepsilon)+\alpha A_1(\varepsilon)}{D(\varepsilon)+\alpha A_2(\varepsilon)}-\arctan\frac{\varepsilon-D'(\varepsilon)+\alpha A_1(\varepsilon)\mp\xi}{D(\varepsilon)+\alpha A_2(\varepsilon)}\right]\Bigg\}$$

（6.2.11）

这里

$$C(\varepsilon)=\pi V^2A\left(-\varepsilon-E_{\mathrm{g}}/2\right)^{1/2},\qquad C'(\varepsilon)=\pi V^2A\left(-\varepsilon+E_{\mathrm{g}}/2\right)^{1/2}$$

$$D(\varepsilon)=\pi V^2A\left(\varepsilon-E_{\mathrm{g}}/2\right)^{1/2},\qquad D'(\varepsilon)=\pi V^2A(\varepsilon+E_{\mathrm{g}}/2)^{1/2}$$

式中：$A=(A_V A_C)^{1/2}$。当缺陷浓度$(\alpha=0)$时，以上各式就变为无空位缺陷的半导体基外延石墨烯的态密度。

对抛物型模型，其表示式为：

对导带$\left(\varepsilon>E_{\mathrm{g}}/2\right)$：

$$\rho_{\mathrm{eg}}(0,\varepsilon)=\frac{1}{\pi\xi^2}\left\{[\varGamma]\ln\frac{\left[\varepsilon-(\varGamma/\pi)\ln\left|\left(\varepsilon-E_{\mathrm{g}}/2\right)/\left(\varepsilon+E_{\mathrm{g}}/2\right)\right|-\xi\right]^2+\varGamma^2}{\left[\varepsilon-(\varGamma/\pi)\ln\left|(\varepsilon-E_{\mathrm{g}}/2)/\left(\varepsilon+E_{\mathrm{g}}/2\right)\right|\right]^2+\varGamma^2}\right.$$

$$+2\left[\varepsilon-\left(\frac{\varGamma}{\pi}\right)\ln\left|\frac{\varepsilon-E_{\mathrm{g}}/2}{\varepsilon+E_{\mathrm{g}}/2}\right|\right]\left[\arctan\frac{\varepsilon-(\varGamma/\pi)\ln\left|\left(\varepsilon-E_{\mathrm{g}}/2\right)/\left(\varepsilon+E_{\mathrm{g}}/2\right)\right|}{\varGamma}\right.$$

$$\left.\left.-\arctan\frac{\varepsilon-(\varGamma/\pi)\ln\left|\left(\varepsilon-E_{\mathrm{g}}/2\right)/\left(\varepsilon+E_{\mathrm{g}}/2\right)\right|-\xi}{\varGamma}\right]\right\}\qquad(6.2.12)$$

对价带，$|\varepsilon|<E_{\mathrm{g}}/2$时，$\rho_{\mathrm{eg}}(\alpha,\varepsilon)\approx 0$。

以硅基底生长的外延石墨烯的态密度进行计算，由式（6.2.12），得到不同无量纲的石墨烯与基底的相互作用能$w=2V/E_{\mathrm{g}}$和无量纲的碳原子P_z态的能量$e_{\mathrm{c}}=2\varepsilon_C/E_{\mathrm{g}}$情况下的缺陷浓度为零$(\alpha=0)$时的态密度曲线如图 6.2.5 所示。其中，图 6.2.5（a）是$w=1$，而e_{c}取不同值的情况；图 6.2.5（b）是$e_{\mathrm{c}}=0$，而w取不同值的情况；图中的横坐标$y=2\varepsilon/E_{\mathrm{g}}$为无量纲电子能量，纵坐标$\bar{\rho}_{\mathrm{gc}}=\rho_{\mathrm{gc}}(E_{\mathrm{g}}/2)$为折合态密度。由于态密度相对于能量为零为对称，即$\rho(\varepsilon)=\rho(-\varepsilon)$，所以，图中只画出相应于价带的电子能量部分[5]。

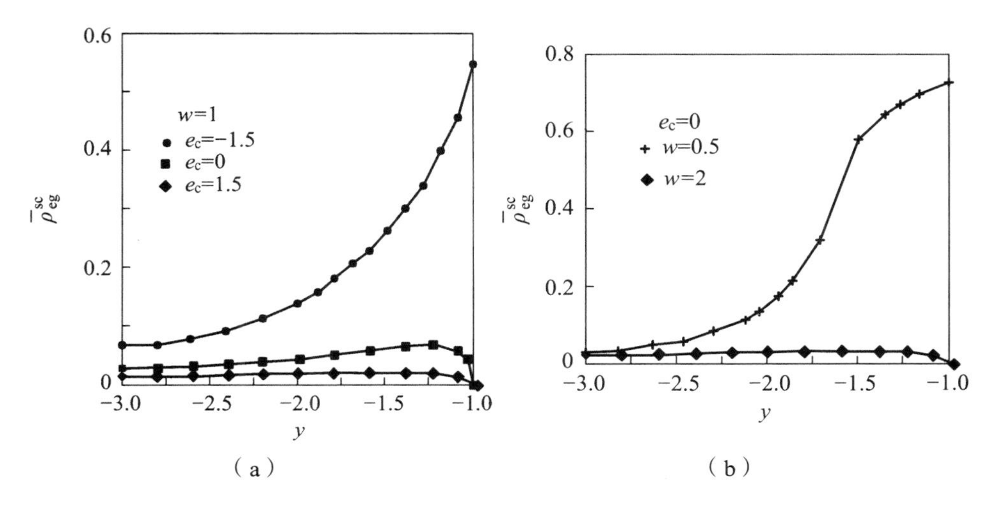

图 6.2.5 无缺陷硅基底外延石墨烯态密度随电子能量的变化[5]

由图 6.2.5 可见：无缺陷硅基底外延石墨烯态密度随电子能量的变化具有如下性质：随电子能量的增大而非线性增大，其中，当碳原子 p_z 态的能量 ε_c 和石墨烯与基底的相互作用能很小时，变化才明显。

6.2.4 半导体膜外延石墨烯的态密度

按照文献[6]采用的模型，我们研究的系统是由厚度为 L 的半导体薄膜上，生成单层外延石墨烯，薄膜导带电子的能级是

$$E(p_x, p_y) = (p_x^2 + p_y^2)/2m + \varepsilon_i \tag{6.2.13}$$

ε_i 是在垂直平面的 z 方向的能级，通常采用无限深势阱模型，则 $\varepsilon_i = \pi^2\hbar^2 i^2/2mL^2$，$i = 1, 2, 3, \cdots$ 为能级的编号，谱函数 $\Lambda(\varepsilon)$ 为：

$$\Lambda(\varepsilon, p_x, p_y) = \frac{x}{[\varepsilon - \varepsilon_i - (p_x^2 + p_y^2)/2m]^2 + x^2} \tag{6.2.14}$$

这里 x 是基底上的剩余散射。将式（6.2.14）对导带的相空间积分，设半导体基底的禁带半宽度为 Δ，石墨烯一个原子平均占有的薄膜面积为 $S_1 = 3\sqrt{3}a^2/4$，L_1 为石墨烯原子与基底在 z 轴方向相互作用的距离，可得到相应于半导体薄膜基底导带的外延石墨烯的态密度为：

$$\rho_{CB}(\varepsilon,\varepsilon_i)=\frac{1}{\pi}\int A(\varepsilon,p_x,p_y)\mathrm{d}p_x\mathrm{d}p_y$$
$$=\frac{\mathrm{m}S_1L_1}{\pi^2\hbar^2L}\left(\frac{\pi}{2}-\arctan\frac{\varepsilon_i-\varepsilon+\Delta}{x}\right) \tag{6.2.15}$$

同样，对相应于半导体基底价带的外延石墨烯的态密度为：

$$\rho_{VB}(\varepsilon,\varepsilon_i)=\frac{mS_1L_1}{\pi^2\hbar^2L}\left(\frac{\pi}{2}-\arctan\frac{\varepsilon_i+\varepsilon+\Delta}{x}\right) \tag{6.2.16}$$

总的态密度为

$$\rho(\varepsilon)=\sum_i[\rho_{CB}(\varepsilon,\varepsilon_i)+\rho_{VB}(\varepsilon,\varepsilon_i)] \tag{6.2.17}$$

由式（6.2.16）看出，半导体薄膜基外延石墨烯的态密度不仅与电子能量有关，而且与薄膜厚度成反比，厚度越小，态密度越大，体现明显的线度效应。

6.3 外延石墨烯的费米速度

费米速度是描述电子输运性质的重要物理量之一，材料的许多电学性质都与它有关。本节将论述金属基和半导体基外延石墨烯的费米速度随温度变化的规律，探讨原子非简谐振动对外延石墨烯的费米速度的影响。

6.3.1 零温情况外延石墨烯的电子费米速度

石墨烯晶格对称性和碳原子的共价性，导致石墨烯的特殊性能，其中一个特性是在布里渊区狄喇克点附近，电子具有线性谱，它没有质量，它的特性由有效速度（费米速度 v_{F}）来描述，在单层石墨烯中，它的值为 $10^6\ \mathrm{m\cdot s^{-1}}$。当形成外延石墨烯时，由于基底的作用，外延石墨烯中电子的费米速度 $\overline{v}_{\mathrm{F}}$ 与单层石墨烯中费米速度 v_{F} 不同。两者关系推导过程如下：

设石墨烯中电子能量为 $\varepsilon(K)$，当形成外延石墨烯时，电子能量变为 $\overline{\varepsilon}(K)=\varepsilon(k)+Re\sum(\varepsilon)$，$\varepsilon(K)$ 与费米速度 v_{F} 关系为，这里 $K=q-Q$，由此求得：

$$\frac{\mathrm{d}}{\mathrm{d}\overline{\varepsilon}_K}\left[\overline{\varepsilon}_K-Re\sum(\varepsilon)\right]\frac{\mathrm{d}\overline{\varepsilon}_K}{\mathrm{d}K}=\frac{\mathrm{d}\varepsilon_K}{\mathrm{d}K}\quad \varepsilon(K)=\hbar v_{\mathrm{F}}|K|$$

考虑到 $\mathrm{d}\overline{\varepsilon}_K/\mathrm{d}K=\hbar\overline{v}_{\mathrm{F}}$，$\mathrm{d}\varepsilon_K/\mathrm{d}K=\hbar v_{\mathrm{F}}$，得到：

$$\frac{\overline{v}_F}{v_F}=\left[\frac{d}{d\varepsilon}\left[\varepsilon - Re\sum(\varepsilon)\right]\varepsilon\right|=\varepsilon_F\right]^{-1} \tag{6.3.1}$$

ε_F 为费米能。由于 $Re\sum(\varepsilon)=\Lambda(\varepsilon)$，可得：当基底为金属基底时，为[7]

$$\frac{\overline{v}_F}{v_F}=\left(1-\frac{2W_m\rho_0|V|^2}{W_m^2-\varepsilon_F^2}\right)^{-1} \tag{6.3.2}$$

其中：ρ_0 是金属基底的电子态密度，$\rho_0=S_1 m/\pi\hbar^2$；m 是电子有效质量；$S_1=3\sqrt{3}a^2/4$ 是相应于一个石墨烯原子所占的基底面积；W_m 是金属导带的半宽度，与晶格常数 a 的关系为：

$$W_m=\frac{3\hbar^2}{2m}\left(\frac{\pi}{a}\right)^2 \tag{6.3.3}$$

式中：V 为基底与石墨烯碳原子相互作用能，对金属基底为 V_m；ε_F 是石墨烯费米能。

因原子做非简谐振动，由于热膨胀，晶格常数 a 等与温度有关，进而使外延石墨烯电子的费米速度随温度而变。设金属的线膨胀系数为 α_1，则晶格常数 a 与温度的关系为 $a(T)=a_0(1+\alpha_1 T)$，零温情况下金属导带半宽度为 $W_{m0}=3\hbar^2\pi^2/2ma_0^2$，则金属基底外延石墨烯的电子费米速度为：

$$\overline{v}_F=v_F\left[1-\frac{N_m V_m^2}{W_{m0}^2}(1+\alpha_1 T)^4\right]^{-1} \tag{6.3.4}$$

式中：N_m 是金属导带可容纳的电子数。文献[8]给出 Li、Na、K、Rb、Cs 等的点阵常数 a，文献[9]给出碱金属与石墨烯碳原子相互作用能 V_m 以及求出的零温导带半宽度 W_{m0} 的数据，见表 6.3.1。

表 6.3.1 碱金属元素的 a、W_m 和 V_m

元素	Li	Na	K	Rb	Cs	Fr
$a/10^{-10}$ m	3.491	4.225	5.225	5.585	6.045	
W_m / eV	9.2767	6.3344	4.1411	3.6245	3.0938	
V_m / eV	1.98	1.56	1.10	1.02	0.94	0.90
$\sigma_e(0)/10^{-5}\Omega^{-1}\cdot m^{-1}$	3.57	4.09	3.88	4.16	4.53	

将上述数据代入式（6.3.4），求得碱金属零温情况外延石墨烯电子费米速度 $\overline{v}_F(0)$ 如表 6.3.2 所示（见文献[10]，表中还给出文[11]给出的碱金属线膨胀系数值）。

表 6.3.2 $\overline{v}_F(0)$ 和 α_1 随碱金属元素的变化

元素	Li	Na	K	Rb	Cs
$\overline{v}_F(0)/10^6\,m\cdot s^{-1}$	1.10605	1.19433	1.26016	1.32388	1.43395
$\alpha_1/10^{-6}K^{-1}$	58	71	83	9	0.97

金属基外延石墨烯零温费米速度随基底元素的变化曲线见图 6.3.1。由图看出：零温情况下，碱金属基外延石墨烯的费米速度随原子序数的增大而增大，但变化不大 。其原因在于：原子序数增大时，最外层电子受原子核的引力因原子半径的增大而减小，石墨烯和基底元素相互作用减小，因此费米速度增大。

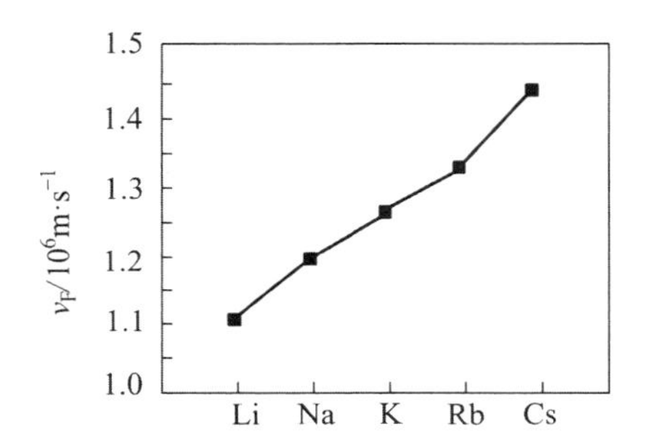

图 6.3.1 金属基外延石墨烯零温费米速度随基底元素的变化

6.3.2 金属基外延石墨烯的费米速度随温度和费米能的变化

利用上述数据，由（6.3.4）式作出碱金属外延石墨烯电子费米速度随温度的变化[10]如图 6.3.2 所示。图中（a）为 Ni、Na、K 的结果，（b）为 Rb、Cs 基的结果，虚线为简谐近似（$\alpha_1=0$）的结果，实线为非简谐（$\alpha_1\neq 0$）的结果。

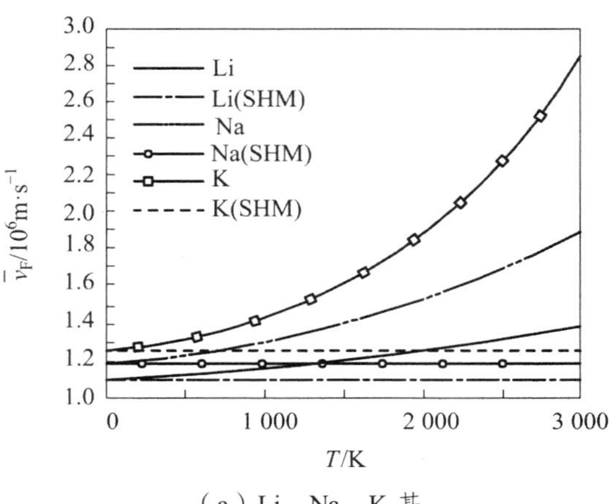

（a）Li、Na、K 基

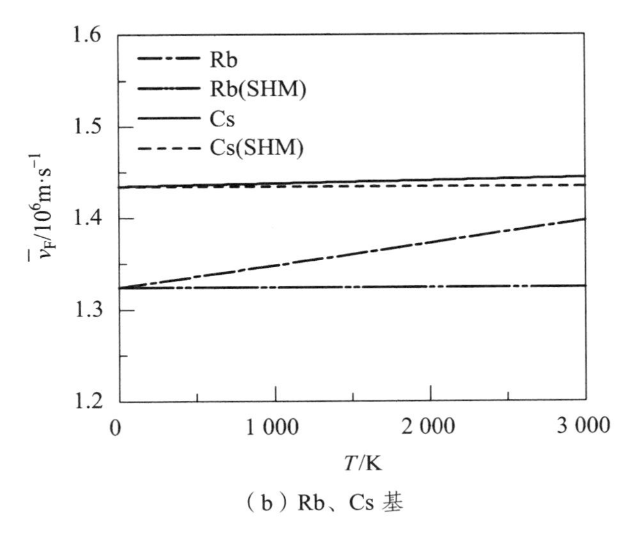

（b）Rb、Cs 基

图 6.3.2 金属基外延石墨烯费米速度 $\overline{v}_F$ 随温度的变化[10]

由图 6.3.2 看出：① 碱金属基外延石墨烯的费米速度随温度的升高而增大，其变化情况与基底材料有关。在几种碱金属基中，以 K 基的费米速度随温度的变化最大，而以 Cs 基的变化最小，（例如：温度由 500 K 升到 1000 K 时，K 的 $\overline{v}_F$ 增大 9.2%，而 Cs 则只增大 0.11%。② 简谐近似下，外延石墨烯的费米速度为常数；考虑到非简谐项后，费米速度随温度升高而非线性增大，温度越高，非简谐效应越显著。例如，对钾（K）基底情况，$T = 300$ K 时，每升高 100 K，费米速度增大 0.6%；而 T=1500 K 时，则温度每升高 100K，费米速度增大 3.8%。③ 外延石墨烯的费米速度大于石墨烯电子的费米速度，两者的差异 $\Delta v_F = \overline{v}_F - v_F$ 既与基底材料有关，还与温度有关。

外延石墨烯的费米速度除随温度变化外，还与石墨烯的费米能以及基底与石墨烯碳原子相互作用能的大小有关。图 6.3.3 给出基底与石墨烯碳原子相互作用能取不同 V 值情况下，金属基外延石墨烯费米速度 $\overline{v}_F$ 与石墨烯费米速度 v_F 的比值随费米能 ε_F 的变化，由图看出：费米速度 $\overline{v}_F$ 随费米能的增大而非线性增大，但变化很小。而给定费米能时，基底与石墨烯碳原子相互作用能 V 较大的，费米速度 v_F 相对较小。例如，费米能 $\varepsilon_F = 0$ 时，相互作用能 $V = 1\,\text{eV}$、$2\,\text{eV}$、$3\,\text{eV}$ 的外延石墨烯的费米速度分别为 $\overline{v}_F = 1.265\ v_F$、$1.505\,v_F$、$1.095\,v_F$，即基底与石墨烯碳原子相互作用能的增大，会使外延石墨烯的费米速度的减小。

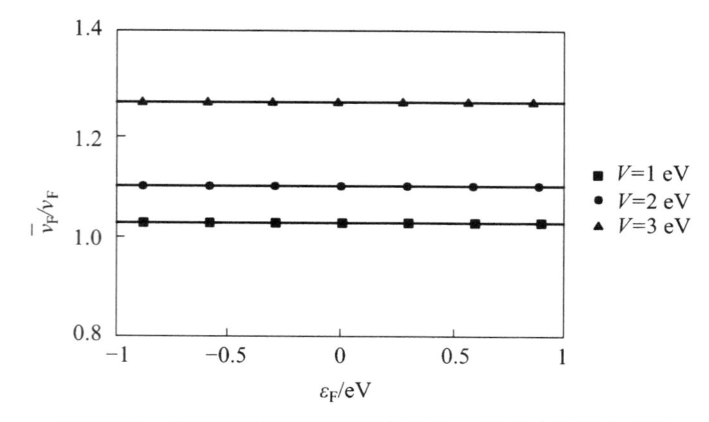

图 6.3.3 金属基外延石墨烯费米速度 $\bar{v}_F$ 随费米能的变化[7]

6.3.3 半导体基外延石墨烯的费米速度

对半导体基底，外延石墨烯的费米速度 $\bar{v}_F$ 为[7]：

$$\frac{\bar{v}_F}{v_F}=\left(1+\frac{2\Delta\rho_0|V|^2}{\Delta^2-\varepsilon_F^2}-\frac{2W_s\rho_0|V|^2}{W_s^2-\varepsilon_F^2}\right)^{-1} \tag{6.3.5}$$

这里：W_s 是石墨烯碳原子与半导体基底的相互作用能；Δ 为半导体的禁带宽度；V 为石墨烯的杂化势。

对具体半导体基底作在不同杂化势 V 情况下计算可得到 $\bar{v}_F/v_F$ 随费米能的变化，如图 6.3.4 所示[7]。

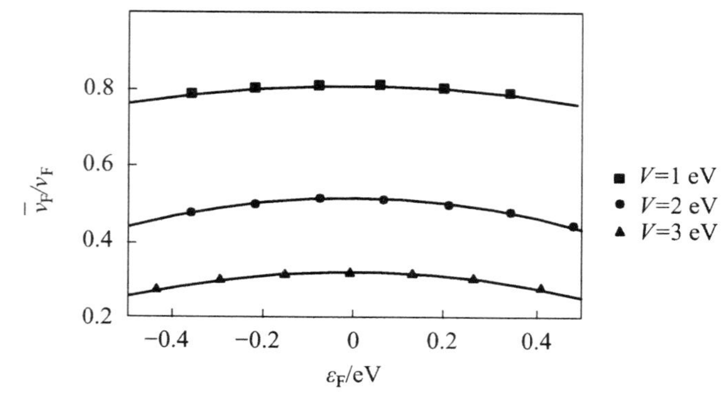

图 6.3.4 半导体基外延石墨烯的费米速度 $\bar{v}_F$ 随费米能的变化[7]

由图 6.3.4 看出：与金属基情况不同，半导体基外延石墨烯的费米速度随着费米能的增大而先增大后减小，但变化缓慢。产生这一重要差别的原因是半导体基中有能隙Δ的存在。还看出：半导体基外延石墨烯的费米速度小于无基底时的石墨烯的费米速度，即基底的作用降低了石墨烯的费米速度。

6.3.4 空位缺陷对金属基外延石墨烯的费米速度的影响

设形成一个空位缺陷的能量为u，由于形成空位缺陷的位置的随机性，可采用统计理论求得热平衡时空位缺陷浓度α随温度的变化为：

$$\alpha = \frac{n}{N} = \mathrm{e}^{-u/k_{\mathrm{B}}T} \tag{6.3.6}$$

其中，k_{B}为玻尔兹曼常数。

外延石墨烯有空位缺陷后，平均而言原子间的距离增大。无空位缺陷时原子间距离为d，有空位缺陷时原子间平均距离为d'，它与空位缺陷浓度α的关系可由无缺陷时的原子数面密度$n = N/S$变为$n' = (1-\alpha)N/S$求得$d' = d/(1-\alpha)^{1/2}$，进而求得有缺陷时原子振动的简谐系数和第一、二非简谐系数ε_0'、ε_1'、ε_2'和线膨胀系数α_l'：

$$\varepsilon_0' = \frac{4}{d_0^2}V_2(1-\alpha)^2\left[1-\frac{10}{3(1-\alpha)^2}\left(\frac{V_1}{V_2}\right)^2\right]$$

$$\varepsilon_1' = -\frac{16}{3d_0^3}V_2(1-\alpha)^{5/2}\left[1-\frac{5}{3(1-\alpha)^2}\left(\frac{V_1}{V_2}\right)^2\right] \tag{6.3.7}$$

$$\varepsilon_0' = \frac{20}{3d_0^4}V_2(1-\alpha)^3\left[1-\frac{1}{3(1-\alpha)^2}\left(\frac{V_1}{V_2}\right)^2\right]$$

$$\alpha_1' = \frac{1}{d'}\left[\frac{3\varepsilon_1' k_{\mathrm{B}}}{\varepsilon_0'^2 - 3\varepsilon_2' k_{\mathrm{B}}T} - \frac{9\varepsilon_1'\varepsilon_2' k_{\mathrm{B}}^2 T}{\left(\varepsilon_0'^2 - 3\varepsilon_2' k_{\mathrm{B}}T\right)^2}\right] \tag{6.3.8}$$

由（6.3.4.）式得到在空位缺陷浓度不太大时，金属基外延石墨烯的电子费米速度$\overline{v}_{\mathrm{F}}'$与无缺陷的石墨烯费米速度$v_{\mathrm{F}}$的关系为：

$$\overline{v}_{\mathrm{F}}' = v_{\mathrm{F}}\left[1-\frac{N_{\mathrm{m}}V_{\mathrm{m}}^2}{W_{\mathrm{m}_0}^2}\left(1+\alpha_1' T\right)^4\right]^{-1} \tag{6.3.9}$$

由（6.3.9）式看出：空位缺陷会使金属基外延石墨烯的电子费米速度有所增大。

图 6.3.5 给出给定空位缺陷浓度$\alpha = 0.001$情况下碱金属基外延石墨烯的电子费米速度随温度的变化。

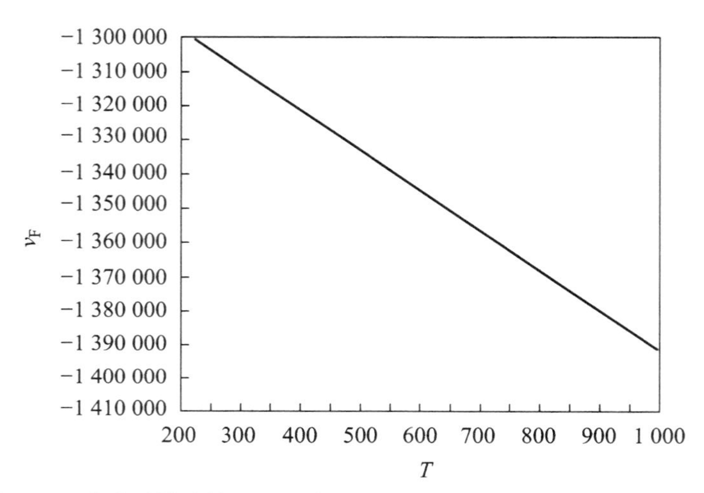

图 6.3.5 有空位缺陷的碱金属基外延石墨烯电子费米速度随温度的变化

由图 6.3.5 可以看出：给定空位缺陷浓度情况下，碱金属基外延石墨烯的电子费米速度随温度的升高而减小。原因在于：温度升高时，原子振动加剧，电子被声子散射的概率增大，因而总体上讲，平均速度减小。

6.4 外延石墨烯的电导率

电导率是电子输运性质中最重要的电学量之一，它不仅与材料组成和结构有关，而且随温度而变化。本节将论述金属基底和半导体基底外延石墨烯的电导率随基底元素和温度的变化规律，探讨原子非简谐振动对外延石墨烯电导率的影响。

6.4.1 金属基外延石墨烯的电导率

外延石墨烯的电导率σ为电子贡献的电导率σ_e和电子-声子相互作用引起电导率的改变量σ_p之和。零温情况下，原子振动被冻结在基态，电子-声子相互作用的贡献σ_p可忽略。

6.4.1.1 零温下金属基外延石墨烯的电导率

零温情况下，文献[12]采用格林函数法求得金属基外延石墨烯电子贡献的电导率为：

$$\sigma_{\mathrm{e}}(0)=\frac{e^2}{\pi\hbar^2}\left\{\frac{\Gamma_{\mathrm{mF0}}^2}{b_{\mathrm{m0}}^2+\Gamma_{\mathrm{mF0}}^2}-\frac{\Gamma_{\mathrm{mF0}}^2}{2}\left[\frac{1}{(\xi+b_{\mathrm{m0}})^2+\Gamma_{\mathrm{mF0}}^2}+\frac{1}{(\xi-b_{\mathrm{m0}})^2+\Gamma_{\mathrm{mF0}}^2}\right]+\frac{\Gamma_{\mathrm{mF0}}}{2b_{\mathrm{m0}}}B_0\right\} \tag{6.4.1}$$

其中：

$$\Gamma_{\mathrm{m0}}=N_{\mathrm{m}}\left(\frac{V_{\mathrm{m}}}{W_{\mathrm{m}}}\right)^2\sqrt{W_{\mathrm{m}}^2-\varepsilon_{\mathrm{F0}}^2}\ ,\quad b_{\mathrm{m0}}=\left[1-N_{\mathrm{m}}\left(\frac{V_{\mathrm{m}}}{W_{\mathrm{m}}}\right)^2\right]\varepsilon_{\mathrm{F0}}-\varepsilon_{\mathrm{D}}\ ,$$

$$B_0=\arctan\frac{\xi^2+\Gamma_{\mathrm{m0}}^2-b_{\mathrm{m0}}^2}{b_{\mathrm{m0}}\Gamma_{\mathrm{mF0}}}-\arctan\frac{\Gamma_{\mathrm{mF0}}^2-b_{\mathrm{m0}}^2}{b_{\mathrm{m}}\Gamma_{\mathrm{mF0}}} \tag{6.4.2}$$

式中：V_{m} 为石墨烯与碱金属原子的平均相互作用能；ξ 为石墨烯 π 带和 π^* 带的宽度；N_{m} 和 W_{m} 分别是金属导带可容纳的电子数和半宽度，在碱金属作为自由电子近似处理情况下，与晶格常数 a 的关系为 $W_{\mathrm{m}}=(3\hbar^2/2m)(\pi/a)^2$；$\varepsilon_{\mathrm{F}}^0$ 是零温情况的费米能；ε_{D} 是石墨烯布里渊区狄拉克点电子的能量，按文献[12]，取 $\varepsilon_{\mathrm{D}}=0$。

由碱金属的数据和文献[8]给出的晶格常数 a 以及文献[13]给出的 $\xi=2.38\ \mathrm{eV}$，得到零温情况下碱金属基外延石墨烯的零温电导率 $\sigma_{\mathrm{e}}(0)$ 随基底元素的变化如表 6.4.1 所示[10]。

表 6.4.1 a、W_m、V_m 以及 $\sigma_m(0)$ 随碱金属元素的变化

	Li	Na	K	Rb	Cs	Fr
$\alpha/10^{-10}\ \mathrm{m}$	3.491	4.225	5.225	5.585	6.045	
$W_{\mathrm{m}}/\mathrm{eV}$	9.2767	6.3334	4.1411	3.6245	3.0938	
$V\mathrm{m}/\mathrm{eV}$	1.98	1.56	1.10	1.02	0.94	0.90
$\sigma_{\mathrm{e}}/10^{-5}\ \Omega^{-1}\cdot\mathrm{m}^{-1}$	3.57	4.09	3.88	4.16	4.53	

其变化曲线如图 6.4.1 所示。

由图看出：它的电导率总趋势是随原子序数的增大而增大。原因在于金属基底的原子序数增大时，碱金属与石墨烯碳原子相互作用能 V_{m} 变小，基底对石墨烯中电子的约束减弱，增大了电子可动性，致使导电性增大。

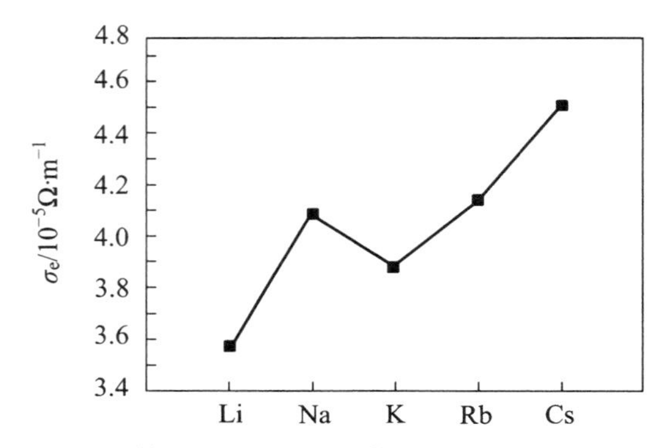

图 6.4.1 碱金属基外延石墨烯零温电导率 $\sigma_e(0)$ 随基底元素的变化

6.4.1.2 金属基外延石墨烯电子电导率随温度的变化

温度不为零时，外延石墨烯电子贡献的电导率 σ_e 与温度 T 关系为[12]：

$$\sigma_e(T)=\frac{e^2}{\pi\hbar}\{\frac{\Gamma_{mF}^2}{b_m^2+\Gamma_{mF}^2}-\frac{\Gamma_{mF}^2}{2}[\frac{1}{(\xi+b_m)^2+\Gamma_{mF}^2}+\frac{1}{(\xi-b_m)^2+\Gamma_{mF}^2}]+\frac{\Gamma_{mF}}{2|b_m|}B\} \tag{6.4.3}$$

式中的 b_m、Γ_{mF}、B 为：

$$\Gamma_{mF}=N_m(\frac{V_m}{W_m})^2\sqrt{W_m^2-[\varepsilon_F(T)]^2}$$

$$B=\arctan\frac{\xi^2+\Gamma_{mF}^2-b_m^2}{|b_m|\Gamma_{mF}}-\arctan\frac{\Gamma_{mF}^2-b_m^2}{|b_m|\Gamma_{mF}}$$

$$b_m=[1-N_m(\frac{V_m}{W_m})\varepsilon_F(T)-\varepsilon_D \tag{6.4.4}$$

这里 $\varepsilon_F(T)$ 为温度为 T 时的费米能[14]

$$\varepsilon_F(T)=\varepsilon_F^0[1-\frac{\pi^2}{12}(\frac{k_BT}{\varepsilon_F^0})^2] \tag{6.4.5}$$

式中：ε_F^0 是零温情况的费米能；k_B 为玻尔兹曼常数。将上述数据代入式（6.4.4）、（6.4.5）后再代入式（6.4.3），得到碱金属基外延石墨烯电子电导率 σ_e 随温度的变化[10]如图 6.4.2 所示。

由图 6.4.2 看出：① 外延石墨烯电子电导率随温度升高而略有增大，但变化很小，其数量级为 $10^{-5}\Omega^{-1}\cdot m^{-1}$，要大于石墨烯的电子电导率 $1\times10^{-6}\Omega^{-1}\cdot m^{-1}$，其原因在于外延石墨烯电子电导率除受石墨烯碳原子的影响外，还受到基底原子

相互作用能 V_m 的影响。② 外延石墨烯电子电导率随温度的变化情况与基底材料有关；在 Li、Na、K、Rb、Cs 这 5 种碱金属元素中，以 K 基底的电子电导率随温度的变化最大，以 Cs 基底的 σ_e 的变化最小。

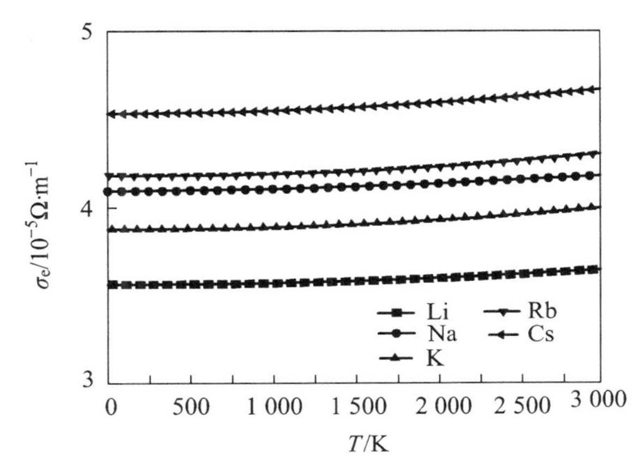

图 6.4.2 碱金属基外延石墨烯电子电导率随温度的变化

6.4.1.3 金属基外延石墨烯电子–声子相互作用引起电导率的改变量随温度的变化

晶格的振动要产生大量的声子，电子-声子的相互作用，极大地影响了外延石墨烯的电导率。由于石墨烯原子与金属基底的相互作用远小于石墨烯原子之间的相互作用，因此，金属基底对电子-声子相互作用引起电导率的改变量的影响可忽略，近似认为：金属基外延石墨烯的电子-声子相互作用引起电导率的改变量近似等于石墨烯中的相应值，它随温度的变化由式（5.6.9）表示。

6.4.1.4 金属基外延石墨烯的电导率随温度的变化

将与由式（6.4.3）求出的电子电导率 $\sigma_e(T)$ 一起代入 $\sigma(T)=\sigma_e(T)+\sigma_p(T)$，得到温度不太高的情况下，金属基外延石墨烯的电导率随温度的变化。Li 基底外延石墨烯的电导率随温度的变化其变化曲线如图 6.4.3 所示。图中曲线 1 为简谐近似，曲线 2 为考虑到第一非简谐项，曲线 3 为同时考虑到第一、二非简谐项的结果。

由图 6.4.3 看出：① 温度不太高时，金属基外延石墨烯电导率随温度升高而减小，其中，简谐近似时，几乎与温度成反比。② 考虑到原子非简谐振动后，其电导率比简谐近似的值稍小，而且温度越高，两者的差越大，即非简谐效应越显著。其原因在于：考虑到原子振动非简谐效应后，声子之间的散射（碰撞），使声子在两次相邻散射之间运动的路程变短，因而飞行的时间（声子弛豫时间）变小。而电导率与声子弛豫时间成反比，结果是电导率增大。③ 金属基外延石墨烯电导率包括电子电导率和电子-声子相互作用贡献的电导率，其中电子对电导率的贡献远小于电子-声子相互作用贡献的电导率，而且随温度变化很小。

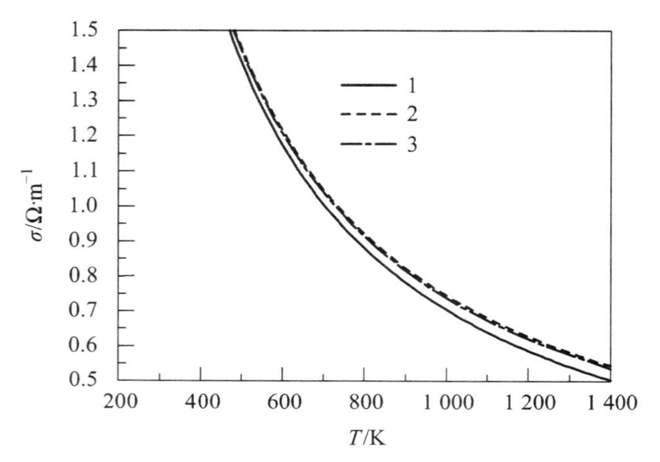

图 6.4.3 Li 基外延石墨烯电导率随温度的变化

6.4.1.5 金属基外延石墨烯的电导率随费米能的变化

由式（6.4.3）可得到基底和石墨烯原子具有不同相互作用能 V 情况下，金属基外延石墨烯电导率（以 $e^2/\pi^2\hbar$ 为单位）随费米能 ε_F 的变化情况，见图 6.4.4。其中图（a）是较宽的范围，而图（b）是放大后的形式[12]。

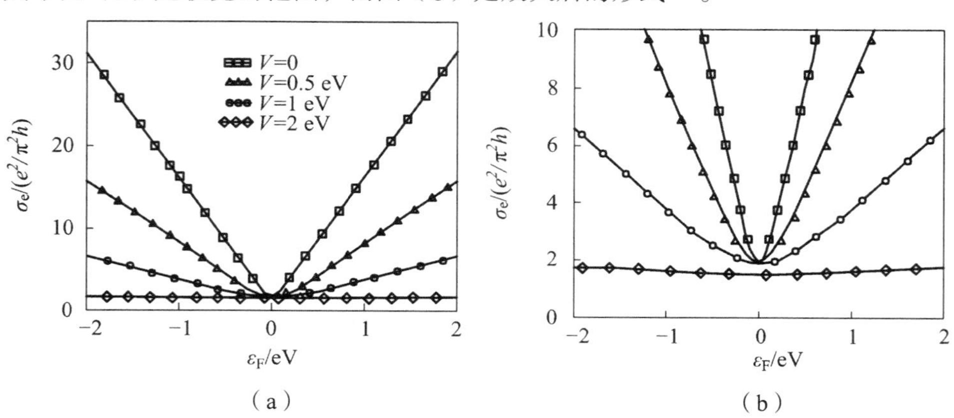

图 6.4.4 金属基外延石墨烯电导率随费米能的变化[12]

由图 6.4.4 看出：不论基底和石墨烯原子相互作用能 V 情况如何，金属基外延石墨烯电导率随费米能的增大而几乎是成正比的增大。其中，相互作用能 V 较小时，变化率较大；相互作用能 V 增大时，其变化率减小，电导率逐渐变得与费米能无关。

6.4.2 半导体基外延石墨烯的电导率随温度的变化

文献[7]应用库柏-格林维德公式，由半导体基外延石墨烯的格林函数，求得半导体基外延石墨烯的电导率。

半导体基底的外延石墨烯电导率与能隙宽度 Δ 有关：当 $|\varepsilon_F| > \Delta$ 时，

$$\sigma_s = \frac{e^2}{\pi^2\hbar}\left\{\left[\frac{(\bar{\varepsilon}_F^2 - \Gamma^2)F_2(\Gamma) - 4\bar{\varepsilon}_F^2\Gamma^2}{F_2^2(\Gamma) + 4\bar{\varepsilon}_F^2\Gamma^2} + 1\right] + \frac{1}{2}\left(\frac{\bar{\varepsilon}_F}{\Gamma} + \frac{\Gamma}{\bar{\varepsilon}_F}\right)\left[\arctan\frac{F_2(\Gamma)}{2\bar{\varepsilon}_F\Gamma} + \arctan\frac{\bar{\varepsilon}_F^2 - \Gamma^2}{2\bar{\varepsilon}_F\Gamma}\right]\right\} \tag{6.4.6}$$

当 $|\varepsilon_F| < \Delta$ 时：

$$\sigma_s = \frac{e^2}{\pi^2\hbar}\left\{\left[\frac{(\bar{\varepsilon}_F^2 - \gamma^2)F_2(\gamma) - 4\bar{\varepsilon}_F^2\gamma^2}{F_2^2(\gamma) + 4\bar{\varepsilon}_F^2\gamma^2} + 1\right] + \frac{1}{2}\left(\frac{\bar{\varepsilon}_F}{\gamma} + \frac{\gamma}{\bar{\varepsilon}_F}\right)\left[\arctan\frac{F_2(\gamma)}{2\bar{\varepsilon}_F\gamma} + \arctan\frac{\bar{\varepsilon}_F^2 - \gamma^2}{2\bar{\varepsilon}_F\gamma}\right]\right\} \tag{6.4.7}$$

式中：

$$F_2(\Gamma) = \xi^2 - \varepsilon_F^2 + \Gamma^2,\quad F_2(\gamma) = \xi^2 - \varepsilon_F^2 + \gamma^2,\quad \bar{\varepsilon}_F = \varepsilon_F \Lambda(\varepsilon_F),\quad \Gamma = \gamma + \Gamma_C,$$

$$\Gamma_c = \pi V^2 \rho_0,\quad \Lambda(\varepsilon_F) = \pi V^2 \rho_0 \ln\left|\frac{\Delta - \varepsilon_F}{\Delta + \varepsilon_F}\right|$$

Δ 是半导体禁带宽度，$\rho_0 = mS_1/\pi\hbar^2$ 是基底态密度，这里的 S_1 是一个石墨烯原子所占的面积：$S_1 = \frac{3\sqrt{3}}{4}a^2$；$a$ 为石墨烯晶格常数，Δ 为能谱的禁带宽度，γ 是计及到内部散射过程（包括在声子、在杂质原子、在晶格缺陷等方面的散射后）准粒子的阻尼。

将上述数据代入式（6.4.6）和（6.4.7），得到基底和石墨烯原子具有不同相互作用能 V 情况下，半导体基外延石墨烯电导率（以 $e^2/\pi^2\hbar$ 为单位）随费米能 ε_F 的变化情况见图 6.4.5，其中（a）是较宽的范围，而（b）是放大后的形式[12]。

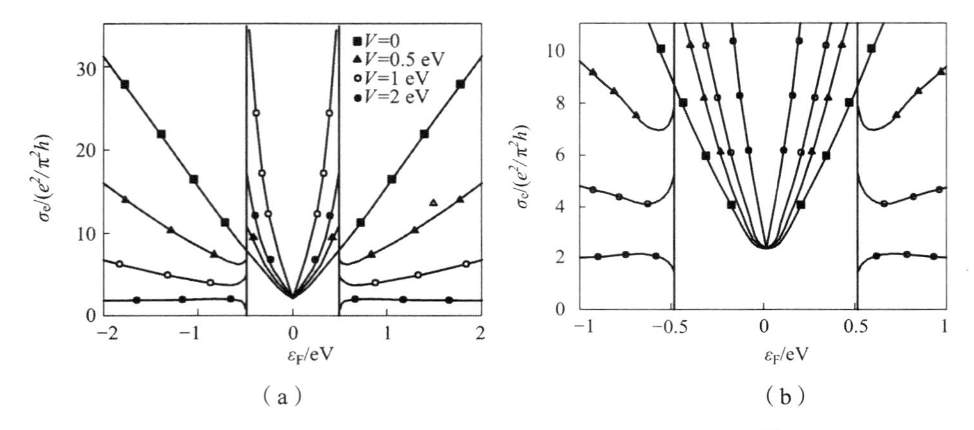

图 6.4.5 半导体基外延石墨烯电导率随费米能的变化[12]

由图 6.4.5 看出：半导体基外延石墨烯电导率随费米能的增大而非线性的增大。当石墨烯和基底的相互作用能增大时，在导带的范围内，电导率变为与费米能无关的常量。这种行为显然与这样的事实有关，即石墨烯与基底的相互作用增大时，石墨烯和基底之间电子的交换加剧，换言之，在有效场加剧时，电子（或空穴）转向石墨烯，容易将它转向基底。

将费米能随温度的变化式代入式（6.4.6）和（6.4.7），得到半导体基外延石墨烯电子贡献的电导率 σ_{es} 随温度的变化规律。

设基底为 Si，石墨烯碳原子与 Si 原子相互作用能 V 近似等于文[15]给出的 SiC 的键能，有 $V \approx 10.94\ \text{eV}$ 。对 Si 基底外延石墨烯电导率具体计算，得到的电导率随温度的变化如图 6.4.6 所示。

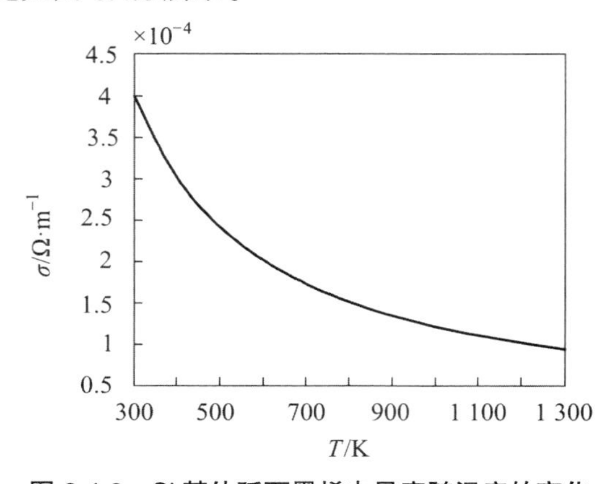

图 6.4.6 Si 基外延石墨烯电导率随温度的变化

由图 6.4.6 看出：Si 基外延石墨烯的电导率随温度升高而减小，但变化很缓慢。

6.4.3 吸附对半导体基外延石墨烯电导率的影响

当半导体基外延石墨烯上吸附其他原子时，必然引起外延石墨烯电导率的改变。文[16]考虑到偶极-偶极吸附原子的斥力作用，提出了一种简单的模型，研究了吸附对半导体基底上形成的外延石墨烯的影响。从吸附引起格林函数的变化出发，得到因吸附引起的电导率的变化$\delta\sigma_{eg}$，对$|\Omega_F| = |\varepsilon_F - \varepsilon_D - \lambda_F| >> E_g$和$\xi$的情况，得到吸附对半导体基外延石墨烯电导率的贡献为：

$$\delta\sigma_{eg} = \frac{2e^2}{\pi\hbar}\theta^2\left[\pi V^2\rho_a\left(\Omega_F\cdot\theta\right)\right]^2\left(\left(\frac{\xi^2}{\Omega_F^4}\right)\right) \quad (6.4.8)$$

式中：ρ_a（Ω_F、θ）是吸附原子的态密度，由下式决定。

$$\rho_a\left(\varepsilon_F,\theta\right) = \frac{1}{\pi}\frac{\Gamma_F}{B^2(\theta)+\Gamma_F^2}, \quad B_F(\theta) = \varepsilon_F - Z_a(\theta) - \Lambda_F \quad (6.4.9)$$

式中：ε_a为吸附原子的能级；ζ是偶极相互作用常数；$Z_a(\theta)$是在吸附层中吸附原子的电荷数，由下式求出[17]。

$$Z_a(\theta) \approx \frac{-B_F(0)+\sqrt{B_F^2(0)+4\theta^{3/2}\zeta\Gamma(\varepsilon_F)/\pi}}{2\theta^{3/2}\zeta}$$

$$B_F(0) = \varepsilon_F - \varepsilon_a(0) - \Lambda_F \quad (6.4.10)$$

$\Lambda_F = \Lambda(\varepsilon_F)$为吸附原子电子能量等于石墨烯费米能$\varepsilon_F$时的准能级移动函数，由下式决定：

$$\Lambda(\varepsilon_F) = \frac{V^2\Omega_F}{\Omega_F^2+\Delta^2} \quad (6.4.11)$$

式中$\Omega_F = \varepsilon_F - \varepsilon_D = \varphi_g - \varphi_W$，$\varphi_g$、$\varphi_W$分别是石墨烯碳原子、吸附原子的逸出功。

$\Gamma_F = \Gamma(\varepsilon_F)$为吸附原子电子能量等于石墨烯费米能$\varepsilon_F$时的准能级半宽度，由下式决定：

$$\Gamma(\varepsilon_F) = \frac{V^2\Delta}{(\varepsilon_F-\varepsilon_D)^2+\Delta^2} \quad (6.4.12)$$

ε_D 是狄拉克点电子的能量，取 $\varepsilon_D = 0$。

吸附原子与石墨烯相互作用能 V 由哈里森键联轨道法求得[9]：

$$V = \frac{\eta_{pl\sigma}\hbar^2}{m(r_C + r_X)^2} \tag{6.4.13}$$

这里，$\eta_{pl\sigma} = 1.42$，r_C 和 r_X 分别是碳原子和吸附原子的半径。

假如在 Si 基底形成的外延石墨烯所吸附的是氢原子，经计算，得到的由吸附引起的电导率改变量 $\delta\sigma_{ep}$ 随吸附原子覆盖度 θ 和温度的变化如图 6.4.7 所示。

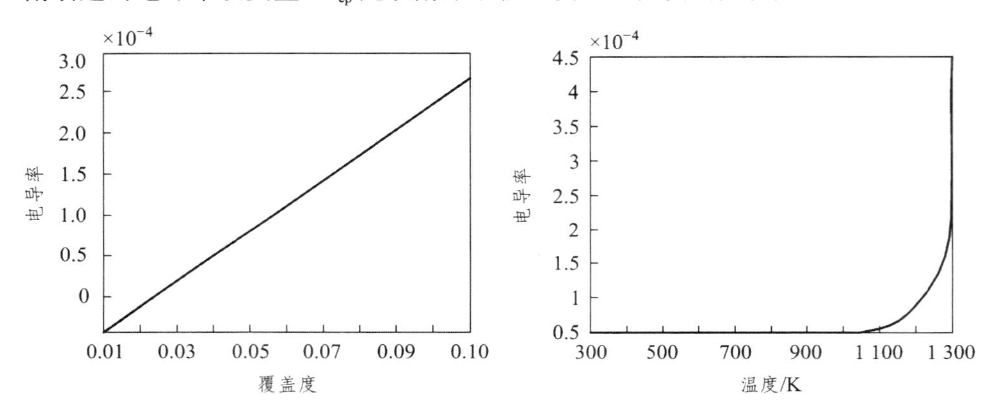

图 6.4.7 吸附引起的电导率改变量随覆盖度（a）和温度（b）的变化

由图 6.4.7 看出：① 吸附电导率改变量随覆盖度 θ 的增大而减小，其数量级在 $10^{-8} \sim 10^{-7}\,\Omega^{-1}\cdot\mathrm{m}^{-1}$ 变化；② 吸附电导率改变量随温度升高而非线性减小。其中：温度不太高（低于 1000 K）时，受温度的影响较小，随温度的变化较慢；而温度高于 1000 K 后，则随温度升高而迅速减小（即电阻率增大较快），即温度对吸附电导率的影响在高温时才显著。

6.4.4 空位缺陷对金属基外延石墨烯电导率的影响

空位缺陷浓度为 α 的金属基外延石墨烯电导率 $\sigma_e(\alpha,T)$ 已由文献[18]利用电导率与格林函数的关系（库珀公式）求得，结果为：

$$\sigma_e(\alpha,T) = \frac{e^2}{\pi\hbar}\left\{\frac{\Gamma_{mF\alpha}^2}{b_{m\alpha}^2 + \Gamma_{mF\alpha}^2} - \frac{\Gamma_{mF\alpha}^2}{2}\left[\frac{1}{(\xi + b_{m\alpha})^2 + \Gamma_{mF\alpha}^2} + \frac{1}{(\xi - b_{m\alpha})^2 + \Gamma_{mF\alpha}^2}\right] + \frac{\Gamma_{mF\alpha}}{2|b_{m\alpha}|}B_\alpha\right\} \tag{6.4.14}$$

式中：

$$\Gamma_{\mathrm{mF}\alpha} = -\alpha A_2 - F_2 - N_{\mathrm{m}}\left(\frac{V_{\mathrm{m}}}{W_{\mathrm{m}}}\right)\sqrt{W_{\mathrm{m}}^2 - \left[\varepsilon_{\mathrm{F}}(T)\right]^2}$$

$$b_{\mathrm{m}\alpha} = (1-\eta\alpha)\left[1 - N_{\mathrm{m}}\left(\frac{V_{\mathrm{m}}}{W_{\mathrm{m}}}\right)^2\right]\varepsilon_{\mathrm{F}}(T) - \varepsilon_{\mathrm{D}}$$

$$B_\alpha = \arctan\frac{\xi^2 + \Gamma_{\mathrm{mF}\alpha}^2 - b_{\mathrm{m}\alpha}^2}{|b_{\mathrm{m}\alpha}|\Gamma_{\mathrm{mF}\alpha}} - \arctan\frac{\Gamma_{\mathrm{mF}\alpha}^2 - b_{\mathrm{m}\alpha}^2}{|b_{\mathrm{m}\alpha}|\Gamma_{\mathrm{mF}\alpha}} \tag{6.4.15}$$

式中：η 为待定参量，可通过计算结果与实验比较来确定；$\varepsilon_{\mathrm{F}}(T)$ 由（6.4.5）表示。

将碱金属基外延石墨烯的有关数据代入式（6.4.14）、（6.4.15），可得到碱金属基外延石墨烯电导率随空位缺陷浓度 α 和温度的变化。计算表明：碱金属基外延石墨烯电导率随空位缺陷浓度的增多而非线性增大，随温度升高而减小。与无空位缺陷的情况相比，有空位缺陷的电导率稍大。有空位缺陷时，电子受晶格散射的概率相对减小。

6.5 外延石墨烯热力学性质的非简谐效应

本节将首先研究外延石墨烯的原子相互作用势和简谐系数、非简谐系数，在此基础上论述外延石墨烯的格林乃森参量和德拜温度随温度的变化规律，最后论述它的热膨胀系数、弹性模量等热力学量随温度的变化规律，探讨原子的非简谐振动对它们的影响。

6.5.1 外延石墨烯原子振动的简谐系数和非简谐系数

外延石墨烯是在金属或半导体表面上，通过晶格匹配生长的石墨烯。其中的碳原子既受基底作用，又受石墨烯中的其他碳原子的作用，当忽略这两种作用的相互影响时，石墨烯中的碳原子的相互作用能 φ 可写为其他碳原子对它的相互作用能 $\varphi(d)$ 与基底对它的作用能 $V(r)$ 之和，即

$$\phi = \phi(d) + V(r) \tag{6.5.1}$$

其中 $\varphi(d)$ 由式（3.4.1）表示，即

$$\varphi(d)=-V_2\left[1+\frac{9k}{V_2 d'^2}+5\beta_2\left(\frac{V_1}{V_2}\right)^2\right] \qquad (6.5.2)$$

而$V(r)$的具体形式取决于基底。

对半导体情况，文献[19]给出基底与C原子相互作用能$V(r)$可写为：

$$V(r)=V^{(2)}(r)+V^{(3)}(r) \qquad (6.5.3)$$

其中：

$$V^{(2)}(r)=\sum_{i<j}\left(\frac{H_{ij}}{r^{\eta}}+\frac{Z_i Z_j}{r}\mathrm{e}^{-r/\lambda}-\frac{D_{ij}}{2r^4}\mathrm{e}^{-r/\xi}-\frac{W_{ij}}{r^6}\right)$$

这里，Z_i，Z_j是格点i，j的电荷数；$r=\left|r_i-r_j\right|$；H_{ij}，λ，ξ，η等是与基底元素相关的参数。

式（6.5.3）中的$V^{(3)}(r)$是与方向有关的相互作用部分，它远小于$V^{(2)}(r)$，可视为零。在只考虑最近邻格点相互作用，并设石墨烯碳原子在与基底晶格匹配时，正对基底原子，与基底原子的距离为r，则$V(r)$可近似写为：

$$V(r)\approx\frac{H_{ij}}{r^{\eta}}+\frac{Z_i Z_j}{r}\mathrm{e}^{-r/\lambda}-\frac{W_{ij}}{r^6} \qquad (6.5.4)$$

对 Si 基底情况，H_{ij}等参数值为：$\eta=9$，$H_{ij}=447.0925\ \mathrm{eV}\cdot(10^{-10}\mathrm{m})^{\eta}$，$D_{ij}=1.0818\ \mathrm{e}^2(10^{-10}\mathrm{m})^3$，$W_{ij}=61.4694\ \mathrm{eV}(10^{10}\mathrm{m})^6$，$\xi=3.0\times10^{-10}\mathrm{m}$，$\lambda=5.0\times10^{-10}\mathrm{m}$，

对于金属基底情况，$V(r)$可写为[20]：

$$V(r)=\frac{g}{r}\mathrm{e}^{r/r_{\mathrm{D}}}\left[\mathrm{e}^{-2n(r-r_{\mathrm{D}})/\lambda_{\mathrm{D}}}-2\mathrm{e}^{-n(r-r_{\mathrm{D}})/\lambda_{\mathrm{D}}}\right] \qquad (6.5.5)$$

式中：r是石墨烯碳原子与金属基底间的距离；n为键强参数，按文献[20]，取$n=1$；g为与价电子结构有关的量，对普通金属，取$g=1$；r_0为原子间最小距离，可取为C原子半径$r_{0\mathrm{C}}$与金属原子半径$r_{0\mathrm{m}}$之和，即$r_0=r_{0\mathrm{C}}+r_{0\mathrm{m}}$；$\lambda_{\mathrm{D}}$为平均德拜波长，与金属晶格常数$a_0$的关系为$\lambda_{\mathrm{D}}=4.9a_0$。

在忽略基底与碳原子之间的作用这两者的耦合时，可认为$\varphi(d)$和$V(r)$相互独立。平衡时，石墨烯一个原子平均相互作用能$\varphi_0=\varphi(d_0)+V(r_0')$，其中$\varphi(d_0)$由文献给出的值$d_0=1.42\times10^{-10}\mathrm{m}$，$V_1=2.08\ \mathrm{eV}$，$V_2=13.23\ \mathrm{eV}$，$\beta=2/3$，$R=10.08\ \mathrm{eV}\cdot(10^{-10}\mathrm{m})^{12}$，求得$\phi(d_0)=-13.5\ \mathrm{eV}$。而平衡时的$V(r_0')$，要由$(\mathrm{d}V/\mathrm{d}r)_{r_0'}=0$的条件，求出平衡时基底与石墨烯碳原子间距离$r_0'$，分别代入式（6.5.4）、（6.5.5）求得。

对半导体基底，由式（6.5.4）可求得r_0'满足：

$$\frac{\eta}{r_0'^{\eta+1}}+(\frac{1}{r_0'}+\frac{1}{\lambda})\frac{Z_iZ_j}{r_0'}\exp(-\frac{r_0'}{\lambda})-\frac{6W_{ij}}{r_0'^7}=0 \tag{6.5.6}$$

对金属基底，由式（6.5.5）可求得 r_0' 满足：

$$\frac{1}{r_0'}=\frac{1}{2}\left\{\left(\frac{1}{r_0}-\frac{2nr_0}{\lambda_D{}^2}\right)+\left[\left(\frac{1}{r_0}-\frac{2nr_0}{\lambda_D{}^2}\right)-\frac{8n}{\lambda_D{}^2}\right]^{1/2}\right\} \tag{6.5.7}$$

外延石墨烯由于原子受基底作用和石墨烯中其他碳原子的作用这两种作用，考虑到两种作用下原子的振动不可能同时达到最大或最小，为了同时考虑到这两种作用，引入原子振动的折合简谐系数 ε_0 、折合第一非简谐系数 ε_1 、折合第二非简谐系 ε_2 的概念，定义是：

$$\varepsilon_0=\sqrt{\varepsilon_{0c}\varepsilon_0'}，\ \varepsilon_1=\sqrt{\varepsilon_{1c}\varepsilon_1'}，\ \varepsilon_2=\sqrt{\varepsilon_{2c}\varepsilon_2'} \tag{6.5.8}$$

其中，ε_{0C} 、ε_{1C} 、ε_{2C} 分别为石墨烯碳原子间相互作用势 $\varphi(d)$ 引起的简谐系数和第一、第二非简谐系数，它与 $\varphi(d)$ 的关系为：$\varepsilon_{0C}=(\mathrm{d}^2\varphi/\mathrm{d}d^2)_{d_0}$ 、$\varepsilon_{1C}=(1/6)(\mathrm{d}^3\varphi/\mathrm{d}d^3)_{d_0}$ 、$\varepsilon_{02}=(1/24)(\mathrm{d}^4\varphi/\mathrm{d}d^4)_{d_0}$ ；而 ε_0' 、ε_1' 、ε_2' 分别为基底与石墨烯碳原子相互作用势引起的简谐系数和第一、第二非简谐系数，它与 $V(r)$ 的关系为：$\varepsilon_0'=(\mathrm{d}^2V/\mathrm{d}r^2)_{r_0'}$ 、$\varepsilon_1'=(1/6)(\mathrm{d}^3V/\mathrm{d}r^3)_{r_0'}$ 、$\varepsilon_2'=(1/24)(\mathrm{d}^4V/\mathrm{d}r^4)_{r_0'}$ 。

由式（6.5.2）求得：

$$\varepsilon_{0C}=\frac{4V_2}{d_0{}^2}\left[1-\frac{10}{3}\left(\frac{V_1}{V_2}\right)^2\right]\qquad \varepsilon_{1C}=-\frac{16V_2}{3d_0{}^3}\left[1-\frac{5}{3}\left(\frac{V_1}{V_2}\right)^2\right]$$

$$\varepsilon_{2C}=\frac{20V_2}{3d_0{}^4}\left[1-\frac{1}{3}\left(\frac{V_1}{V_2}\right)^2\right] \tag{6.5.9}$$

将石墨烯的数据 d_0 , V_1 , V_2 等代入式（6.5.9），求得：$\varepsilon_{0C}=3.5388\times10^2\,\mathrm{J\cdot m^{-2}}$ ，$\varepsilon_{1C}=-3.4973\times10^{12}\ \mathrm{J\cdot m^{-3}}$ ，$\varepsilon_{2C}=3.2014\times10^{22}\,\mathrm{J\cdot m^{-4}}$ 。

而 ε_0' 、ε_1' 、ε_2' 与基底情况有关。

对 Si 基底情况，由式（5.5.4）求得：

$$\varepsilon_0'=\frac{90H_{ij}}{r_0{}^{\eta+2}}+\frac{1}{4\pi\varepsilon_0}\frac{Z_iZ_j}{r_0}\mathrm{e}^{-r_0/\lambda}\left(\frac{2}{r_0{}^2}+\frac{2}{\lambda r_0}+\frac{1}{\lambda^2}\right)$$

$$+\frac{e^2}{4\pi\varepsilon}\frac{D_{ij}}{2r_0{}^4}\mathrm{e}^{-r_0/\xi}\left(\frac{20}{r_0{}^2}+\frac{8}{\xi r_0}+\frac{1}{\xi^2}\right)-\frac{42W_{ij}}{r_0{}^8}$$

$$+\frac{e^2}{4\pi\varepsilon_0}\frac{D_{ij}}{2r_0^{\ 4}}\mathrm{e}^{-r_0/\xi}\left(\frac{240}{r_0^{\ 4}}+\frac{276}{\xi r_0^{\ 3}}+\frac{81}{\xi^3 r_0}+\frac{1}{\xi^4}\right)-\frac{3024W_{ij}}{r_0^{10}}\ \}$$

$$\varepsilon_1'=\frac{1}{6}\left\{-\frac{990H_{ij}}{r_0^{\eta+3}}-\frac{1}{4\pi\varepsilon_0}\frac{Z_iZ_j}{r_0}\mathrm{e}^{-r_0/\lambda}\left(\frac{6}{r_0^{\ 3}}+\frac{6}{\lambda r_0^{\ 2}}+\frac{3}{\lambda^2 r_0}+\frac{1}{\lambda^3}\right)\right.$$

$$\left.-\frac{e^2}{4\pi\varepsilon_0}\frac{D_{ij}}{2r_0^{\ 4}}\mathrm{e}^{-r_0/\xi}\left(\frac{60}{r_0^{\ 3}}+\frac{36}{\xi r_0^{\ 2}}+\frac{9}{\xi^2 r_0}+\frac{1}{\xi^3}\right)+\frac{336W_{ij}}{r_0^{\ 9}}\right\}$$

$$\varepsilon_2'=\frac{1}{24}\left\{\frac{11880H_{ij}}{r_0^{\eta+4}}+\frac{1}{4\pi\varepsilon_0}\frac{Z_iZ_j}{r_0}\mathrm{e}^{-r_0/\lambda}\left(\frac{24}{r_0^{\ 4}}+\frac{24}{\lambda r_0^{\ 3}}+\frac{7}{\lambda^2 r_0^{\ 2}}+\frac{4}{\lambda^3 r_0}+\frac{1}{\lambda^4}\right)\right.$$

（6.5.10）

将 Si 基底情况的η值以及$r_0=r_{\mathrm{C}}+r_{\mathrm{Si}}$的值代入（6.5.4）、（6.5.10）式，得到：Si 基底情况平衡时相互作用能$V(r_0)=7.0489\ \mathrm{eV}$，简谐系数$\varepsilon_0'=54.6188\ \mathrm{eV}\cdot(10^{-10}\,\mathrm{m})^{-2}$，非简谐系数为：$\varepsilon_1'=-53.6228\ \mathrm{eV}\cdot(10^{-10}\,\mathrm{m})^{-3}$，$\varepsilon_2'=94.2436\ \mathrm{eV}\cdot(10^{-10}\,\mathrm{m})^{-4}$。

对金属基底情况，由（6.5.5）式求得ε_0'、ε_1'、ε_2'为

$$\varepsilon_0'=g\{[\frac{2}{r^3}-(\frac{2}{r_0}-\frac{2n}{\lambda_{\mathrm{D}}})\frac{1}{r^2}+(\frac{1}{r_0^2}-\frac{2n}{\lambda_{\mathrm{D}}r_0})\frac{1}{r}]\mathrm{e}^{r/r_0}\exp[-2n(r-r_0)/\lambda_{\mathrm{D}}]$$

$$+[\frac{-2}{r^3}+(\frac{1}{r_0}-\frac{3n}{\lambda_{\mathrm{D}}})\frac{1}{r^2}+(-\frac{1}{r_0^2}+\frac{3n}{r_0\lambda_{\mathrm{D}}}-\frac{2n^2}{\lambda_{\mathrm{D}}^2})\frac{1}{r}]\mathrm{e}^{r/r_0}\exp[-n(r-r_0)/\lambda_{\mathrm{D}}]\}$$

$$\varepsilon_1'=\frac{1}{6}g\{[-\frac{6}{r^4}+(\frac{6}{r_0}-\frac{4n}{\lambda_{\mathrm{D}}})\frac{1}{r^3}+(\frac{-3}{r_0^2}+\frac{4n}{\lambda_{\mathrm{D}}r_0})\frac{1}{r^2}+(\frac{1}{r_0^3}-\frac{2n}{\lambda_{\mathrm{D}}r_0^2})\frac{1}{r}]\mathrm{e}^{r/r_0}$$

$$\exp[-2n(r-r_0)/\lambda_{\mathrm{D}}]+[\frac{6}{r^4}+(-\frac{4}{r_0}+\frac{4n}{\lambda_{\mathrm{D}}})\frac{1}{r^3}+(\frac{2}{r_0^2}-\frac{7n}{r_0\lambda_{\mathrm{D}}}+\frac{5n^2}{\lambda_{\mathrm{D}}^2})\frac{1}{r^2}$$

$$+(-\frac{1}{r_0^3}+\frac{4n}{r_0^2\lambda_{\mathrm{D}}}-\frac{5n^2}{r_0\lambda_{\mathrm{D}}^2}+\frac{2n^3}{\lambda_{\mathrm{D}}^3})\frac{1}{r}]\mathrm{e}^{r/r_0}\exp[-n(r-r_0)/\lambda_{\mathrm{D}}]\}$$

$$\varepsilon_2'=\frac{1}{24}g\{[\frac{24}{r^5}+(-\frac{24}{r_0}+\frac{24n}{\lambda_{\mathrm{D}}})\frac{1}{r^4}+(\frac{12}{r_0^2}-\frac{24n}{r_0\lambda_{\mathrm{D}}}+\frac{8n^2}{\lambda_{\mathrm{D}}^2})\frac{1}{r^3}$$

$$+(-\frac{4}{r_0^3}+\frac{12n}{r_0^2\lambda_{\mathrm{D}}}-\frac{8n^2}{r_0\lambda_{\mathrm{D}}})\frac{1}{r^2}+(\frac{1}{r_0^4}-\frac{4n}{r_0^3\lambda_{\mathrm{D}}}+\frac{4n^2}{r_0^2\lambda_{\mathrm{D}}^2})\frac{1}{r}]\mathrm{e}^{r/r_0}\exp[-2n(r-r_0)/\lambda_{\mathrm{D}}]$$

$$-[-\frac{24}{r^5}+(\frac{18}{r_0}-\frac{18n}{\lambda_D})\frac{1}{r^4}+(-\frac{8}{r_0^2}+\frac{18n}{r_0\lambda_D}-\frac{14n^2}{\lambda_D^2})\frac{1}{r^3}$$
$$+(\frac{3}{r_0^3}-\frac{13n}{r_0^2\lambda_D}+\frac{17n^2}{r_0\lambda_D^2}-\frac{7n^3}{\lambda_D^3})\frac{1}{r^2}$$
$$+(-\frac{1}{r_0^4}+\frac{5n}{r_0^3\lambda_D}-\frac{9n^2}{r_0^2\lambda_D^2}+\frac{7n^3}{r_0\lambda_D^3}-\frac{2n^4}{\lambda_D^4})\frac{1}{r}]e^{r/r_0}\exp[-n(r-r_0)/\lambda_D]\} \tag{6.5.11}$$

对 Cu、Ni 基底情况进行计算，求得平衡时基底与石墨烯相互作用能 $V(r_0')$。简谐系数 ε_0'、ε_1'、ε_2' 的值见表 6.5.1，表中还列出 Cu，Ni 的晶格常数 a_0，其与石墨烯 C 原子间最小的距离 $r_0=r_{0C}+r_{0m}$，平衡时的距离 r_0' 等的值。

表 6.5.1 Cu、Ni 和 Si 基底情况的 a_0 等和 ε_0'、ε_1'、ε_2'

基底	$a_0/10^{-10}$m	$r_0'/10^{-10}$ m	$V(r_0')$/eV	ε_0'/ 10^2 J·m^{-2}	ε_1'/ 10^{12} J·m^{-3}	ε_2'/ 10^{22} J·m^{-4}
Cu	3.61	2.12	1.3706	2.817	−4.43	6.111
Ni	3.52	2.08	1.3928	3.408	−6.004	8.136
Si	5.430	1.94	7.0489	1.12	−0.6568	0.8573

将 Si、Cu、Ni 等的 $V(r_0')$、ε_0'、ε_1'、ε_2' 和 ε_{0C}、ε_{1C}、ε_{2C} 代入式（6.5.1）和式（6.5.7），就得到相应基底情况的外延石墨烯的平衡时原子相互作用能 $\phi_0=\phi(d_0)+V(r_0')$、折合简谐系数 ε_0、折合第一非简谐系数 ε_1、折合第二非简谐系数 ε_2，结果见表 6.5.2。

表 6.5.2 外延石墨烯的原子相互作用能和折合简谐系数以及非简谐系数

基底	φ_0/eV	$\varepsilon_0/10^2$ J·m^{-2}	$\varepsilon_1/10^{12}$ J·m^{-3}	$\varepsilon_2/10^{22}$ J·m^{-4}
Si	8.151	1.9908	−1.5156	1.6567
Cu	7.726	3.157	−3.937	4.423
Ni	7.640	3.473	−4.582	5.104

6.5.2 外延石墨烯的格林乃森参量和德拜温度

与石墨烯的情况类似，考虑到基底与石墨烯的相互作用后，引入折合简谐系数 ε_0、第一非简谐系数 ε_1、第二非简谐系数 ε_2 后，外延石墨烯的格林乃森参量随温度的变化为：

$$\gamma_{\mathrm{G}}=-\frac{\varepsilon_1 d_0}{\varepsilon_0}\left\{1-\frac{3\varepsilon_1 k_{\mathrm{B}}T}{d_0{\varepsilon_0}^2}\left[1+\frac{3\varepsilon_2 k_{\mathrm{B}}T}{{\varepsilon_0}^2}+\left(\frac{3\varepsilon_2 k_{\mathrm{B}}T}{{\varepsilon_0}^2}\right)^2\right]\right\} \tag{6.5.12}$$

这里的 d_0 为石墨烯的键长，而 ε_0、ε_1、ε_2 由式（6.5.8）求出。

德拜温度 θ_{D} 由下式给出：

$$\theta_{\mathrm{D}}=\theta_{\mathrm{D0}}\left[1+\left(\frac{15\varepsilon_1^2}{2\varepsilon_0^3}-\frac{2\varepsilon_2}{\varepsilon_0^2}\right)k_{\mathrm{B}}T\right] \tag{6.5.13}$$

其中 θ_{D0} 为零温德拜温度：

$$\theta_{\mathrm{D0}}=\frac{\hbar}{k_{\mathrm{B}}}\left(\frac{3\varepsilon_0}{3M}\right)^{\frac{1}{2}} \tag{6.5.14}$$

式中：M 为外延石墨烯碳原子质量；ε_0 为折合简谐系数和非简谐系数。将式（6.5.12）至式（6.5.14），与石墨烯的相应公式相比较，可看出：外延石墨烯的格林乃森参量和德拜温度随温度的变化规律相同，只是简谐系数和非简谐系数要用折合简谐系数和折合非简谐系数来代替。由折合简谐系数和折合非简谐系数的计算公式看到：它不仅取决于石墨烯碳原子相互作用，还取决于石墨烯碳原子与基底相互作用的性质。但总的变化趋势仍然是：外延石墨烯的德拜温度和格林乃森参量均随温度的升高而增大，但变化很小，即受温度的影响很小。温度越高，非简谐效应越显著。

6.5.3 外延石墨烯的热膨胀系数和弹性模量随温度的变化

与单层石墨烯不同，外延石墨烯受基底的影响极大。由于外延石墨烯是在基底上，通过晶格匹配而形成，因此，可以近似作为基底的一个表面。对金属块体和半导体块体上生长的外延石墨烯，其热膨胀系数和弹性模量应近似等于基底材料的热膨胀系数和弹性模量，它们随温度的变化规律也基本上同于外延石墨烯的这些热力学量。

按此观点，金属基外延石墨烯的弹性模量随温度的变化为[21]

$$B(T)=\frac{\sqrt{2}}{9r_0}[\varepsilon_0-\frac{18\varepsilon_1^2}{\varepsilon_0^2}k_{\mathrm{B}}T+\frac{54\varepsilon_1^2\varepsilon_2}{\varepsilon_0^4}(k_{\mathrm{B}}T)^2] \tag{6.5.15}$$

由式（6.5.15）得到 Cu 基外延石墨烯的弹性模量随温度的变化如图 6.5.1 所示。由图看出：压强不太高时，弹性模量随温度升高而非线性减小。

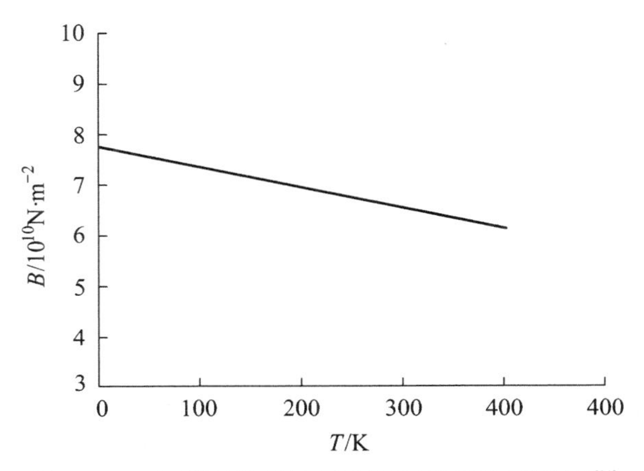

图 6.5.1　Cu 基外延石墨烯弹性模量随温度的变化[21]

在块体上生长的外延石墨烯热力学性质随温度的变化规律与单层石墨烯有很大的不同，由于基底的影响很大，而且外延石墨烯实际上可以近似作为基底的一个表面，因此，其热力学性质随温度的变化规律基本上同于基底块体。在金属或半导体量子薄膜上形成的外延石墨烯，其热力学性质随温度的变化规律与单层石墨烯类似。

目前研究外延石墨烯热力学性质及其热力学性质非简谐效应，无论是实验还是理论，都少见报道，还有待探索，但总的是：温度越高，非简谐效应越显著。

参考文献

[1] 王霖，田林海，尉国栋，等. 石墨烯外延生长及其器件研究进展[J]. 无机材料学报，2011, 26: 1009-1017.

[2] DAVYDOV S Y. 无序外延石墨烯的态密度[J]. 半导体物理与技术，2015, 49(5): 628-633. (俄文文献)

[3] 李杰，杨文耀，唐可，等. 碱金属基底和吸附强弱对石墨烯态密度的影响[J]. 电子组件与材料, 2017, 36(6): 25-30.

[4] DAVYDOV S Y. 在 SiC 基底上形成的外延石墨烯电子态密度中的能隙[J]. 物理技术快报, 2013, 39(2): 7-14. (俄文文献)

[5] DAVYDOV S Y. 外延石墨烯上的吸附理论：模拟方法[J]. 固体物理，2014, 56(7):

1430-1435. (俄文文献)

[6] ALISUNDANOV Z Z, MEINALOV P B. 线度量子薄膜上外延石墨烯中的热电输运[J]. 半导体物理与技术, 2015, 49(8): 1088-1094. (俄文文献)

[7] ALISULTANOV Z Z. 外延石墨烯中费米速度的重组[J]. 物理技术快报, 2013, 39(13): 32-38. (俄文文献)

[8] 基特尔 C. 固体物理导论[M]. 北京: 科学出版社, 1979.

[9] DAVYDOV S Y, SABINOWA G Y. 在石墨烯上的吸附模型[J]. 固体物理, 2011, 53(3): 608-616. (俄文文献)

[10] 杜一帅, 康维, 郑瑞伦. 外延石墨烯电导率和费米速度随温度变化规律研究[J]. 物理学报, 2017, 66(1): 014701-014701-9.

[11] 马庆方, 方荣生, 项立成, 等. 实用热物理性质手册[M]. 北京: 中国机械出版社, 1986: 42-140.

[12] ALISYLIMANOV Z Z. 外延石墨烯中电子气电导率[J]. 物理与技术快报, 2013, 39(17): 8-16. (俄文文献)

[13] DAVYDOV S Y. 在金属和半导体基底上形成的外延石墨烯态密度特性[J]. 半导体物理与技术, 2013, 47(1): 97-106. (俄文文献)

[14] 黄昆, 韩汝琦. 固体物理学[M]. 北京: 高等教育出版社, 2001: 276-282.

[15] DAVYAOV S Y. π键对 A_N-B_{8-N} 类石墨烯有效电荷、内聚能和力常数的贡献[J]. 固体物理, 2016, 58(2): 392-400. (俄文文献)

[16] DAVYDOV S Y, LEBEJEV A A. 吸附对在半导体基底上形成的单层外延石墨烯电导性的影响[J]. 固体物理, 2014, 56(12): 2486-2486. (俄文文献)

[17] HARRISON W A. Theory of the two-center bond[J]. Phys Rev B, 1983, 27: 3592.

[18] DAVYDOV S Y. 外延石墨烯的电导率和费米速度[J]. 固体物理, 2014, 56(4): 816-820. (俄文文献)

[19] VASHISHTA P, KALIA R K, NAKANO A. Interaction potential for silicon carbide: a molecular dynamics study of elastic constants and vibrational density of crystalline and amorphous silicon carbide[J]. Journal of Applied physics, 2007, 101: 103515-1-103515-12.

[20] 万纾民. 固体中原子间相互作用势与碱金属、碱土金属弹性的电子理论[J]. 中国科学(A辑), 1982(2): 170-174.

[21] 张浩波, 王莉艳. 晶体 Cu 和 Ar 弹性模量随压强和温度变化关系的研究[J]. 西南师范大学学报: 自然科学版, 2004, 29(1): 67-70.

7 类石墨烯热学和电学性质的非简谐效应

类石墨烯是指在结构上与石墨烯非常类似的一类化合物，这类化合物材料按组成可分为：理想类石墨烯，外延类石墨烯和石墨烯吸附系统三大类。根据结构和形状分为：平面单层、平面多层和皱纹状单层与多层。由于它具有独特的二维或准二维六角结构和优异的力学、热学、电学等性质，在许多领域（如新能源、新器件、微电子、太赫兹等）有广泛的应用，是目前国内外重要的研究领域。本章将在论述类石墨烯的概念、分类和原子相互作用能以及内聚能的基础上，分别论述类石墨烯的弹性与形变等力学性质、热膨胀等热力学性质和电子能态密度、介电性质等电学性质，探讨原子非简谐振动效应对它们的影响。

7.1 类石墨烯的原子相互作用能和内聚能

类石墨烯的性质（特别是热力学性质）取决于它的结构和原子相互作用的性质，本节将在论述类石墨烯的概念和分类的基础上，论述类石墨烯的原子相互作用能和内聚能。

7.1.1 类石墨烯的概念和分类

所谓类石墨烯，就是指在结构上类似于石墨烯的二维平面六角结构系统。这种系统既包括单层（或准二维的少层），又包括多层，还包括在金属或半导体基底上生长的外延类石墨烯系统，以及在类石墨烯上面吸附其他粒子的吸附系统。这些系统的共同特点是：第一，它们都是由金属原子（A）和非金属原子（B）组成的 $A_N \cdot B_{8-N}$ 二元化合物；第二，它们都具有类似于石墨烯的二维平面六角结构（见图 7.1.1）；第三，它们的原子相互作用势有相同的形式。文献[1]研究表明：已有 37 种这种类石墨烯化合物。在它们组成的各种结构中，有 27 种结构是稳定的。

类石墨烯按形状可分为如下三类：

第一类是平面状类石墨烯结构，它由 sp^2 轨道的σ键组成，其结构如图 7.1.1（a），每个 A（或 B）原子由 3 个 B（或 A）原子包围。属这类结构的有：BN、BP、BAs、BSb、GeN、InN、ZnO 和 BeO，键长 $2\times10^{-10}\sim2.5\times10^{-10}$ m。

第二类是层状，但各层仍为平面，其结构如图 7.1.1（b），每个 A（或 B）原子为等价的 B（或 A）原子包围，属此结构的有 AlN、AlAs、AlSb 和 BeTe 等，键长仍为 $2\times10^{-10}\sim2.5\times10^{-10}$ m。

第三类是皱形结构，其结构如图 7.1.1（c），这类结构的有 AlP、GaP、GaAs、GaSb、InP、InAs、InSb、ZnS、ZnSe、ZnTe、CdS、CdSe、CdTe 和 BeS，键长 $1\times10^{-10}\sim4\times10^{-10}$ m。

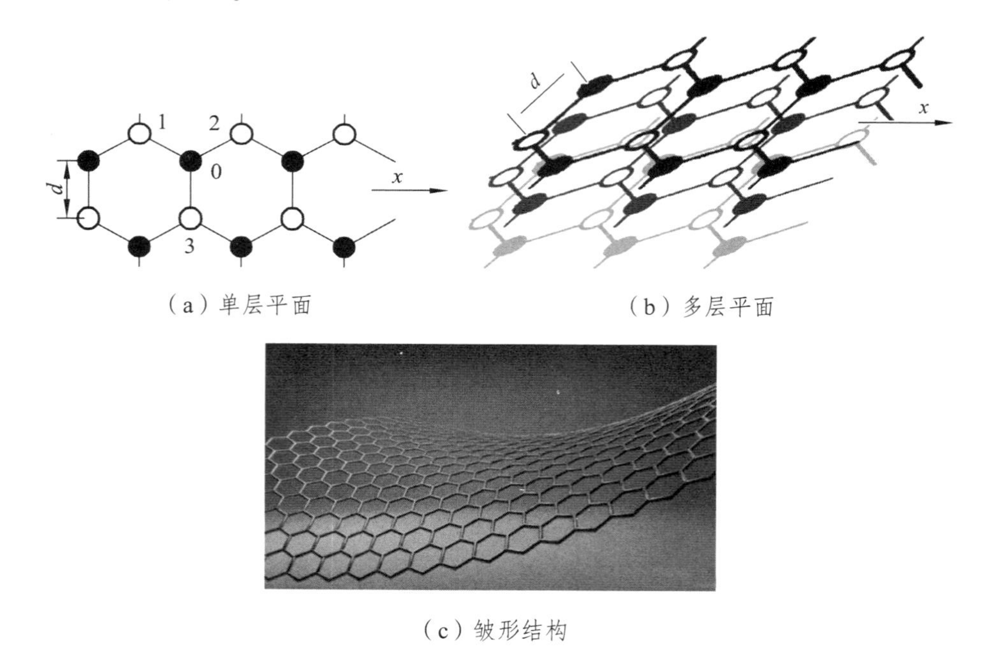

（a）单层平面

（b）多层平面

（c）皱形结构

图 7.1.1　类石墨烯化合物的三种结构

7.1.2　类石墨烯的原子相互作用能

类石墨烯 A_N-B_{8-N} 化合物的键分为σ键和π键两种，其中，σ键是由 sp^2 和 sp^3 轨道杂化而成，而π键是由最近邻的 p_z 轨道所形成。原子相互作用能中，有金属化能 V_1、共价能 V_2、极化能 V_3、短程相互作用能 ΔE_{rep}、交换能等。其中，

σ键的共价能为$V_2=\eta\hbar^2/md^2$，对sp^2杂化，$\eta=3.26$；对sp^3杂化，$\eta=3.22$。极化能为$V_3=\left|\varepsilon_h^A-\varepsilon_h^B\right|/2$，这里$\varepsilon_h^A$和$\varepsilon_h^B$分别是A、B原子杂化轨道的能量，对$sp^K$杂化，$\varepsilon_h^K=\left(\varepsilon_s+K\varepsilon_p\right)\left(K+1\right)$，这里$K=2$和3，$\varepsilon_s$和$\varepsilon_p$分别是s轨道和p轨道的电子能量。对π键，共价能为$V_2^\bullet=\eta_{pp\pi}\hbar^2/md^2$，$\eta_{pp\pi}=0.63$，极化能$V_3^\bullet=\left|\varepsilon_p^A-\varepsilon_p^B\right|/2$，$\varepsilon_p^A$和$\varepsilon_p^B$分别是A、B原子p轨道的能量。金属化能$V_1=\{[(V_1^A)^2+(V_1^B)^2]/2\}^{1/2}$，$V_1^A=\left(\varepsilon_p^A-\varepsilon_s^A\right)/3$，$V_1^B=\left(\varepsilon_p^B-\varepsilon_s^B\right)/3$，$\varepsilon_p^A$和$\varepsilon_p^B$分别是A、B原子$P$轨道电子的能量，$\varepsilon_s^A$、$\varepsilon_s^B$分别是A、B原子s轨道电子的能量。短程相互作用能$\Delta E_{rep}$与键长$d$的关系为：$\Delta E_{rep}=C\left(a_0/d\right)^{12}$这里$a_0$是玻尔半径，而$C=0.20\ \text{eV}$。交换能为$2S(V_2+V_2^*/\sqrt{3})$，$S$为交换积分参量。为便于研究，引入σ键的极性参量$\alpha_p$、共价参量$\alpha_c$和π键的极性参量$\alpha_p^\bullet$、共价参量$\alpha_c^\bullet$，定义为：

$$\alpha_p=\frac{V_3}{\left(V_2^2+_3^2\right)^{1/2}},\quad \alpha_c=\frac{V_2}{\left(V_2^2+V_3^2\right)^{1/2}}$$

$$\alpha_p^\bullet=\frac{V_3^\bullet}{\left(V_2^{\bullet 2}+V_3^{\bullet 2}\right)^{1/2}},\quad \alpha_c^\bullet=\frac{V_2^\bullet}{\left(V_2^{\bullet 2}+V_3^{\bullet 2}\right)^{1/2}}$$

可将A_{N}-B_{8-N}类石墨烯相互作用能φ随原子间距离d的变化写为[2]：

$$\varphi\left(d\right)=-2R-\frac{2}{\sqrt{3}}R^\bullet-\frac{4}{3}\alpha_c^3\frac{V_1^2}{V_2^\bullet}+2S\left(V_2+\frac{V_2^\bullet}{\sqrt{3}}\right)+\Delta E_{rep} \tag{7.1.1}$$

这里$R=\left(V_2^2+V_3^2\right)^{1/2}, R^\bullet=\left(V_2^\bullet+V_3^\bullet\right)^{1/2}$，式中的第1、2项分别是形成σ键和π键的贡献，第3项是极化的贡献，第4项是交换能，第5项是短程相互作用的贡献。

设交换积分强弱与距离成反比，即$S\propto d^{-1}$，由平衡条件$\left(\partial\phi/\partial d\right)_{d=d_0}=0$，可得到交换积分参量$S$，代入式（7.1.1），得到不考虑短程相互作用时，原子相互作用能φ为σ键和π键贡献的和：

$$\varphi(d)=E_{b\sigma}+E_{bz} \tag{7.1.2}$$

$$E_{b\sigma}=-\frac{2V_2}{\alpha_c}\left[1-\frac{2}{3}\alpha_c^2+\frac{2}{9}\alpha_c^4(6\alpha_c^2-1)\frac{V_1^2}{V_2^2}\right]$$

$$E_{bz}=-\frac{2V_2^*}{\sqrt{3}\alpha_c^*}\left(1-\frac{2}{3}\alpha_c^{*2}\right)$$

考虑短程相互作用时，原子相互作用能为（其中的 $C = 0.20$ eV）：

$$\varphi(d) = E_{b\sigma} + E_{bz} \tag{7.1.3}$$

$$E_{b\sigma} = -\frac{2V_2}{\alpha_c}\left[1 - \frac{2}{3}\alpha_c^2 + \frac{3\alpha_c C}{V_2} + \frac{2}{9}\alpha_c^4(6\alpha_c^2 - 1)\frac{V_1^2}{V_2^2}\right]$$

$$E_{bz} = -\frac{2V_2^*}{\sqrt{3}\alpha_c^*}\left(1 - \frac{2}{3}\alpha_c^{*2}\right)$$

文献[3]给出一些类石墨烯化合物的 V_1、V_2、V_3 等的值和平衡时的键长 d_0，其数值见表 7.1.1 和表 7.1.2。

表 7.1.1 二维六角Ⅳ~ⅣA 族和Ⅱ~ⅥA 族类石墨烯的原子间距（d）、金属化能 V_1、σ 键和 π 键的共价能 V_2 和 V_2^*、极化能 V_3 和 V_3^*

No	1	2	3	4	5	6	7	8
化合物	Gr	Sl	Gm	SiC	GeC	GeSi	ZnS	ZnSe
$d_0/10^{-10}$ m	1.42	2.23	2.31	1.79	1.83	2.28	(2.19)	(2.21)
V_1/eV	2.77	2.40	2.61	2.80	2.69	2.51	3.08	3.01
V_2/eV	12.32	5.00	4.66	7.75	7.42	4.78	5.18	5.09
V_2^*/eV	2.38	0.97	0.90	1.50	1.43	0.92	5.22	4.72
V_3/eV	0	0	0	1.93	1.95	0.03	5.22	4.72
V_3^*/eV	0	0	0	2.94	—	0.2343	36.63	33.12

表 7.1.2 二维六角Ⅲ~ⅤA 族类石墨烯的原子间距（d）、金属化能 V_1、σ 键和 π 键的共价能 V_2 和 V_2^*、极化能 V_3 和 V_3^*

No	9	10	11	12	13	14	15	16	17
化合物	BN	BP	BaS	AlN	AlP	AlAs	GaN	GaP	GaAs
$d_0/10^{-10}$ m	1.45	1.87	1.93	(1.78)	2.28	2.34	(1.82)	2.23	2.29
V_1/eV	3.15	2.57	2.63	3.15	2.57	2.63	3.23	2.67	2.72
V_2/eV	11.82	7.10	6.67	7.84	4.78	4.54	7.50	5.00	4.74
V_2^*/eV	3.93	1.31	1.09	5.30	2.70	2.46	5.17	2.5	2.33
V_3/eV	2.28	1.37	1.29	1.52	0.92	0.88	1.45	0.9	0.92
V_3^*/eV	0.90	0.57	0.35	0.98	0.96	0.96	0.98	0.96	0.95

7.1.3 类石墨烯的内聚能

内聚能 E_c 是指生成 A_N-B_{8-N} 类石墨烯化合物必需的能量，由于此类化合物是由 3 个σ键构成，每个键的能量由（7.1.1）所示，所以内聚能除了形成 3 个键的能量外，还应有电子由 s 态（能量 ε_s）向 p 态（能量 ε_p）跃迁（转移）的能量 E_{ps}。由类石墨烯化合物的原子排列，可得到跃迁能 E_{ps} 为

$$E_{ps} = \varepsilon_p^C - \varepsilon_s^C + \varepsilon_p^a + (Z_A - 4)(\varepsilon_p^A - \varepsilon_p^a) \quad (7.1.4)$$

式中：a 代表负离子；C 代表正离子；Z_A 为负离子 A 的位置编号。

内聚能为：

$$E_c = -[E_{ps} + 3\varphi(d)] \quad (7.1.5)$$

将表 7.1.1 和表 7.1.2 中的数据一起代入式（7.1.1）和式（7.1.4）后，再一起代入式（7.1.5），得到考虑短程相互作用后，以 eV 为单位的类石墨烯化合物的内聚能的值，见表 7.1.3 和 7.1.4[2]（表中的参考文献编号见文献[2]）。

表 7.1.3 二维六角Ⅳ~ⅣA 族和Ⅱ~ⅥA 族类石墨烯的原子相互作用能和内聚能[2]

No	1	2	3	4	5	6	7	8
化合物	Gr	Sl	Gm	SiC	GeC	GeSi	ZnS	ZnSe
$-E_b$/eV	11.73	7.47	7.89	10.94	10.74	7.69	16.14	14.65
E_c（本书）	18.56	8.02	8.01	17.37	16.07	8.05	18.77	14.39
E_c（3D 实验）	14.72（金刚石）	9.28（Si）	7.74（Ge）	12.68	—	—	6.36	5.16
E_c（2D 实验）	20.08	10.32	8.30	15.25	13.23	9.62	—	—

表 7.1.4 二维六角Ⅲ-ⅤA 族类石墨烯的原子相互作用能 $-E_b$ 和内聚能 E_c

No	9	10	11	12	13	14	15	16	17
化合物	BN	BP	BaS	AlN	AlP	AlAs	GaN	GaP	GaAs
$-E_b$/eV	14.76	7.82	8.62	16.96	8.15	9.75	17.07	10.32	9.82
E_c/eV（本书）	21.52	13.20	10.39	25.36	9.55	11.05	24.77	11.54	10.33
E_c/eV（3D 实验）	13.36	—	—	—	8.52	7.56	—	7.12	6.52
E_c/eV（2D 理论）	17.65	13.26	11.02	14.30	—	—	12.74	8.49	8.48

图 7.1.2（a）和图 7.1.2（b）分别给出Ⅲ-Ⅴ族类石墨烯化合物原子相互作用

能 $\varphi(d)$ 和内聚能 E_c 随化合物的变化。图中，线 1 为不考虑短程相互作用的结果，线 2 为考虑短程相互作用的结果，横坐标的 i 的编号 1，2，…，12，13，分别代表化合物 SiC、GeC、GeSi、ZnS、ZnSe、BN、BP、BaS、AlN、AlP、AlAs、GaN、GaP、GaAs。

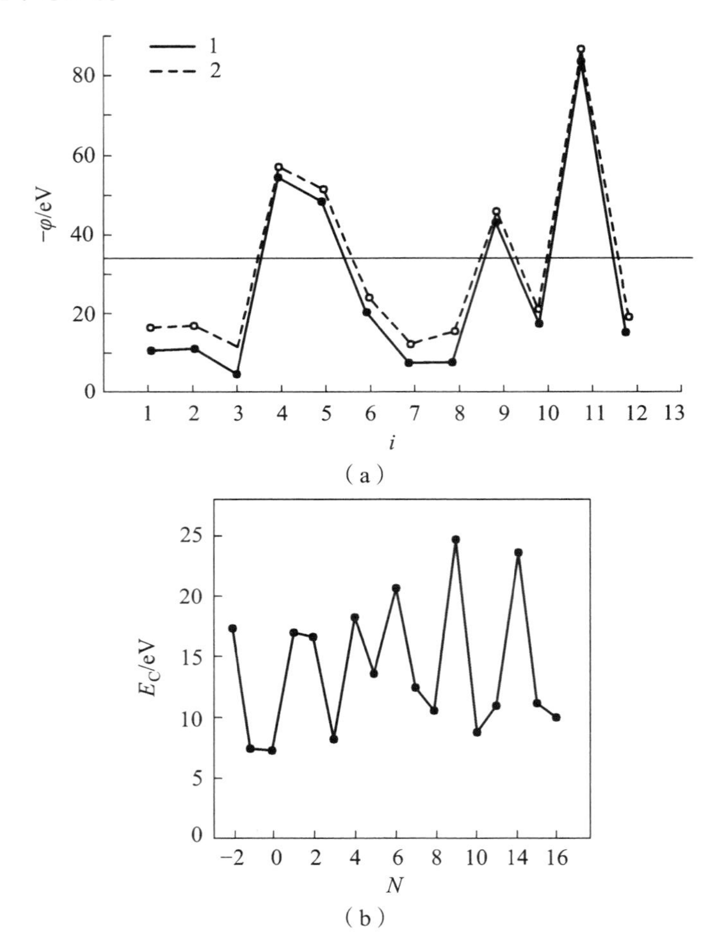

图 7.1.2　类石墨烯化合物的相互作用能（a）和内聚能（b）随化合物的变化

由图 7.1.2 看出：类石墨烯化合物原子相互作用能 $\varphi(d)$ 的值大体为 −8.0~−21 eV，其中，以 GaP 的值最小，以 GeSi 为最大，而类石墨烯化合物的内聚能大体在 8.0~26 eV，其中，以 GeSi 的值最小，以 AlN 的内聚能为最大。

图 7.1.3 给出Ⅲ~ⅤA 族类石墨烯化合物的 π 键与 σ 键的内聚能之比 $e = E_{h\pi}/E_{h\sigma}$ 随化合物的变化。图中横坐标 i 的编号同图 7.1.2。由图 7.1.3 看出：

类石墨烯 π 键与 σ 键的内聚能数值之比 e 大致为 0.05~0.4，其中，以 AlN 的比值为最大，以 GeC 的比值为最小。这表示：在所列的 14 种类石墨烯中，以 AlN 的 π 键对内聚能的影响最大。

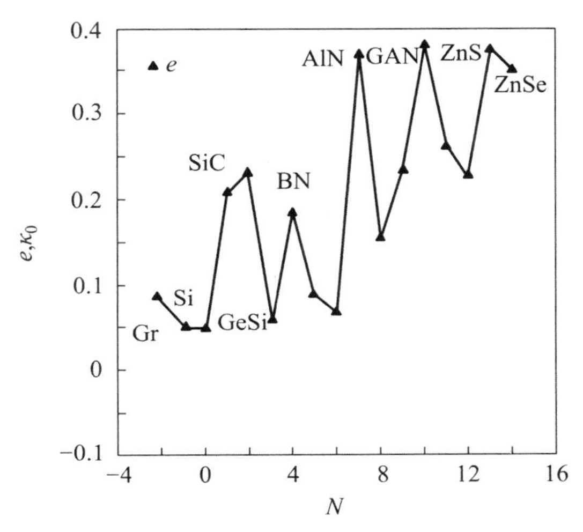

图 7.1.3 类石墨烯 π 键与 σ 键的内聚能之比 e 随化合物的变化[2]

7.2 类石墨烯电子能态密度

能态密度是描述电子状态的最重要的量之一，它不仅可以通过实验测定，而且许多电学性质（如电导率、电荷分布等）都可由它来计算。本节将分别论述单层类石墨烯、金属基外延类石墨烯、半导体基外延类石墨烯以及金属基外延类石墨烯吸附系统的态密度的特点及其影响因素，在此基础上，论述金属基外延类石墨烯电荷的分布。

7.2.1 单层化合物 A_N-B_{8-N} 型类石墨烯的态密度

单层类石墨烯态密度 ρ_{AB}^0 为 A、B 原子态密度之和，以 ω 为电子能量符号，有[4]：

$$\rho_{AB}^0(\omega,k)=\rho_A^0(\omega,k)+\rho_B^0(\omega,k) \tag{7.2.1}$$

而态密度 $\rho_A^0(\omega)$ 和 $\rho_B^0(\omega)$ 与格林函数 $G^{AA}(\omega,k)$ 和 $G^{BB}(\omega,k)$ 的关系为：

$$\rho_{\mathrm{A}}(\omega)=-\frac{1}{2\pi N}\sum_{k}\operatorname{Im}G^{\mathrm{AA}}(\omega,k)$$

$$\rho_{B}(\omega)=-\frac{1}{2\pi N}\sum_{k}\operatorname{Im}G^{\mathrm{BB}}(\omega,k) \tag{7.2.2}$$

这里 $N=N_{\mathrm{A}}=N_{\mathrm{B}}$ 为晶格中 A 或 B 原子的数目，也即原胞数。式中的求和是在第一布里渊区对波矢 k 求和，其中的格林函数为：

$$G^{\mathrm{AA}}(\omega,k)=\frac{\Omega_{\mathrm{b}}+i\Gamma_{\mathrm{b}}(\omega)}{\left[\Omega_{a}+i\Gamma_{\mathrm{a}}(\omega)\right]\left[\Omega_{\mathrm{b}}+i\Gamma_{\mathrm{b}}(\omega)\right]-t^{2}f^{2}(k)}$$

$$G^{\mathrm{BB}}(\omega,k)=\frac{\Omega_{\mathrm{a}}+i\Gamma_{\mathrm{a}}(\omega)}{\left[\Omega_{\mathrm{a}}+i\Gamma_{\mathrm{a}}(\omega)\right]\left[\Omega_{\mathrm{b}}+i\Gamma_{\mathrm{b}}(\omega)\right]-t^{2}f^{2}(k)} \tag{7.2.3}$$

而

$$f(k)=\left[3+2\cos\left(\sqrt{3}k_{x}a\right)+4\cos\left(\frac{\sqrt{3}}{2}k_{x}a\right)\cos\left(\frac{3}{2}k_{x}a\right)\right]^{1/2}$$

式中：$k=(k_{x},k_{y})$ 是类石墨烯平面层中电子运动的波矢，a 为键长。对 π 带，$\Omega_{a}=\omega-\varepsilon(\omega)-\Delta(\omega)$；对 π^{*} 带，$\Omega_{\mathrm{b}}=\omega-\varepsilon(\omega)+\Delta(\omega)$，$\Omega_{\mathrm{a}}$ 与 Ω_{b} 满足 $\Omega_{\mathrm{a}}\Omega_{\mathrm{b}}=t^{2}f^{2}(k)$，电子能谱为 $E_{+}(\omega,k)=\varepsilon(\omega)+\sqrt{\Delta^{2}(\omega)+t^{2}f^{2}(k)}$，$E_{-}(\omega,k)=\varepsilon(\omega)-\sqrt{\Delta^{2}(\omega)+t^{2}f^{2}(k)}$，而 $\Delta(\omega)=\frac{1}{2}(\varepsilon_{\mathrm{a}}-\varepsilon_{\mathrm{b}})$，这里 ε_{a}、ε_{b} 分别是 A、B 原子中电子 p 轨道的能量。

将式（7.2.3）代入式（7.2.2），可求得格林函数 G^{AA}、G^{BB} 的实部和虚部的具体表示式。令类石墨烯的原胞面积为 $S=3\sqrt{3}a^{2}/2$，利用对波矢 k 求和变为对 k 积分的普遍关系：

$$\frac{1}{N}\sum_{k}(\cdots)\to\frac{S}{(2\pi)^{2}}\int(\cdots)\mathrm{d}k_{x}\mathrm{d}k_{y}$$

将式（7.2.2）、（7.2.3）代入式（7.2.1），得到单层类石墨烯态密度的表示式。设能隙宽度为 Δ，取能隙中心为零能（当有能隙时），或取狄拉克点的能量为零（无能隙时），在 $\varepsilon=\zeta$ 的低能近似下，可得到态密度为[4]：

$$\rho^{0}{}_{\mathrm{AB}}(\varepsilon)=\begin{cases}\dfrac{2\left|\varepsilon-\bar{\varepsilon}\right|}{\zeta} & \left|\Delta\right|\leqslant\left|\varepsilon-\bar{\varepsilon}\right|\leqslant\sqrt{\zeta^{2}+\Delta^{2}}\\ 0 & \left|\varepsilon-\bar{\varepsilon}\right|<\left|\Delta\right|,\ \left|\varepsilon-\bar{\varepsilon}\right|>\sqrt{\zeta^{2}+\Delta^{2}}\end{cases} \tag{7.2.4}$$

这里 $\bar{\varepsilon}=\frac{1}{2}(\varepsilon_{\mathrm{a}}+\varepsilon_{\mathrm{b}})$，$\zeta=(\sqrt{2\sqrt{3}\pi t})$，$t$ 是最近邻的 A、B 原子的 p_{z} 轨道之间的交换能。

文献[4]和[5]给出不同二元类石墨烯化合物的Δ值见表 7.2.1，为了比较，还给出文[6][7]采用不同密度泛函方法，由第一性原理的计算结果。

表 7.2.1　自由类石墨烯的能隙宽度 Δ（单位：eV）

化合物	SiC	GeC	GeSi	SnC	SnSi	SnGe
本书[4]	2.45	2.65	0.16	3.03	0.58	0.42
文[5]	3.48	3.74	0.26	4.31	0.83	0.57
文[6]	2.52	2.09	0.02	1.18	0.23	0.23
文[7]	3.526	3.16	0.275	—	—	—

化合物	BN	BP	BAs	BSb	AlN	AlP	AlAs	AlSb
本书[4]	4.83	1.69	1.27	0.60	6.61	3.47	3.05	2.38
文[5]	5.41	1.11	0.55	−0.29	7.43	3.83	3.27	2.43
文[6]	4.61	0.82	0.71	0.39	3.08	—	—	1.40
文[7]	6.377	1.912	1.594	—	—	3.453	2.938	—

化合物	GaN	GaP	GaAs	GaSb	InN	InP	InAs	InSb
本书[4]	6.57	3.43	3.01	2.34	6.78	3.64	3.22	2.55
文[5]	8.17	3.87	3.31	2.47	8.47	4.17	3.61	2.77
文[6]	2.27	1.92	1.29	—	0.62	1.18	0.86	0.68
文[7]	—	3.054	2.475	—	—	—	—	—

表 7.2.2 给出不同作者根据密度泛函理论用第一性原理所计算的类石墨烯的 a（键长）、交换能 t、比值 Δ/t、电子有效质量 m_e，以及 $\zeta=(\sqrt{2\sqrt{3}\pi t})$ 和三维情况的 $|\varphi|$ 值 3Dφ 等值[4]。

表 7.2.2　自由类石墨烯的参量值

化合物		SiC	GeC	GeSi	SnC	SnSi	SnGe
$a/10^{-10}$ m		1.77	1.86	2.31	2.05	2.52	2.57
t/eV		1.53	1.39	0.90	1.14	0.76	0.73
Δ/t	文[23]	0.80	0.95	0.09	1.33	0.38	0.29
	文[24]	1.14	1.35	0.14	1.89	0.55	0.39
m_e/m_0	文[23]	0.57	0.67	0.06	0.94	0.27	0.20
	文[24]	0.81	0.95	0.10	1.34	0.39	0.27
$3D\varphi$ / eV		4.95	—	4.51	—	—	—
ζ / eV		5.0461	4.5843	2.9683	3.7598	2.5065	2.4076

化合物		BN	BP	BAs	BSb	AlN	AlP	AlAs	AlSb
$a/10^{-10}$ m	文[7]	1.45	1.83	1.93	2.12	1.79	2.28	2.34	2.57
	文[10]	1.44	1.84	1.93	2.13	1.80	2.27	2.34	2.54
t/eV		2.28	1.43	1.29	1.07	1.50	0.92	0.88	0.73
ζ / eV		7.5196	4.7163	4.2545	3.5289	4.9471	3.0342	2.9023	2.4076

续表

化合物		BN	BP	BAs	BSb	AlN	AlP	AlAs	AlSb
Δ/t	文[23]	1.06	0.59	0.49	0.28	2.21	1.88	1.74	1.64
	文[24]	1.18	0.39	0.21	-0.14	2.48	2.07	1.86	1.67
m_e/m_0	文[23]	0.75	0.42	0.35	0.20	1.56	1.33	1.22	1.15
	文[24]	0.83	0.33	0.15	0.10	1.75	1.47	1.30	1.17
	文[13]	—	—	—	—	1.24	0.59	0.48	0.38
$3D\varphi$ / eV		—	—	—	—	—	4.80	4.58	4.41
$a/10^{-10}$ m	文[7]	1.85	2.25	2.36	—	2.06	2.46	2.55	2.74
	文[10]	1.85	2.26	2.34	2.53	2.10	2.45	2.53	2.70
t/eV		1.40	0.95	0.86	0.75	1.13	0.79	0.74	0.64
Δ/t	文[23]	2.34	1.81	1.75	1.56	3.00	2.29	2.18	1.99
	文[24]	2.91	2.04	1.92	1.65	3.74	2.63	2.44	2.17
m_e/m_0	文[23]	1.65	1.27	1.24	1.10	2.12	1.62	1.53	1.40
	文[24]	2.06	1.44	1.36	1.16	2.64	1.86	1.72	1.53
	文[13]	0.69	0.41	0.33	0.28	0.43	0.37	0.32	0.28
$3D\varphi$ / eV		—	4.70	4.67	4.25	—	4.80	5.07	4.62
ζ / eV		4.6173	3.1332	2.8364	2.4736	3.7268	2.6055	2.4405	2.1108

注：此表中的[23]，[24]，[13]是指文[4]中所述的参考文献[23]，[24]，[13]，以下同。

由表 7.2.1 的数据和式(7.2.4)，作出 SiC 类石墨烯等的态密度曲线 ρ_{AB}^0 如图 7.2.1 所示。图中（a）是无能隙（$\delta=\Delta/\zeta=0$）的情况，（b）是有能隙（$\delta=0.15$）的情况。将它与单层石墨烯（图 5.3.7）、碱金属基外延石墨烯的（图 6.2.1）的态密度曲线相比较，可以看出单层类石墨烯的态密度与它们有共同之处：有左右对称性，但具体变化不同，单层类石墨烯的态密度有能隙，而单层石墨烯没有能隙。

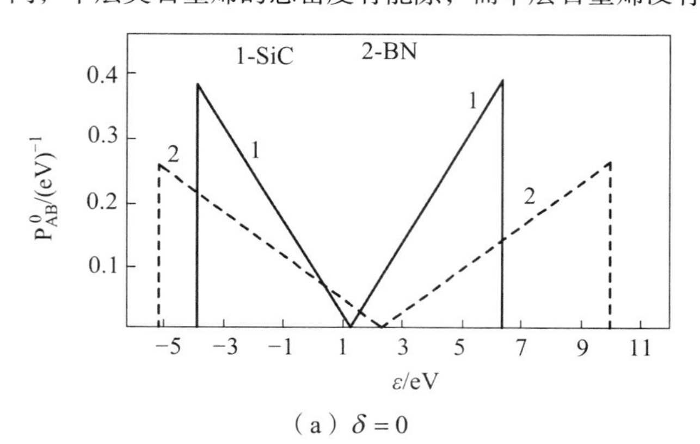

（a）$\delta=0$

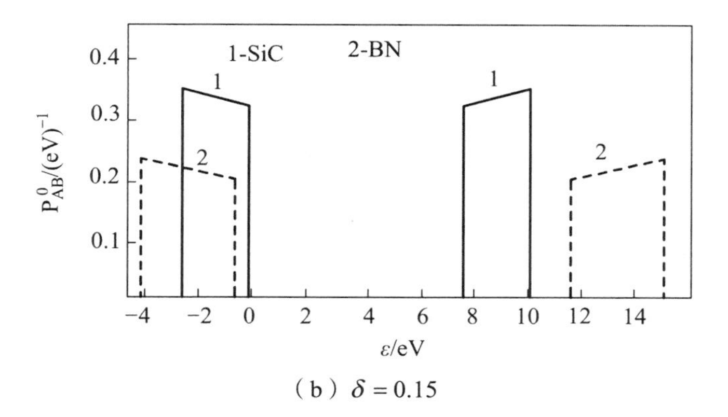

（b）$\delta=0.15$

图 7.2.1 自由类石墨烯态密度曲线

7.2.2 金属基外延类石墨烯态密度[4]

设用沉积等方法在金属平面上生长类石墨烯层，吸附的 A、B 原子的准能级半宽度函数相等但不为零，将电子能量ε记为ω，有：$\Gamma_a(\omega)=\Gamma_b(\omega)=\Gamma(\omega)\neq 0$，它们的准能级移动函数也相等，即$\Lambda_a(\omega)=\Lambda_b(\omega)$，但两种原子的电子能级不等，即$\varepsilon_a\neq\varepsilon_b$，它们分别由下式表示：

$$\Gamma_a(\omega)=\pi V_a^2\rho_s(\omega)\ ,\quad \Gamma_b(\omega)=\pi V_b^2\rho_s(\omega)$$

$$\Lambda_a(\omega)=P\frac{1}{\pi}\int_{-\infty}^{+\infty}\frac{\Gamma_a(\omega')\mathrm{d}\omega'}{\omega-\omega'}\ ,\quad \Lambda_b(\omega)=P\frac{1}{\pi}\int_{-\infty}^{\infty}\frac{\Gamma_b(\omega')}{\omega-\omega'}\mathrm{d}\omega'$$

按照哈里森理论，$V_a=\eta^a\hbar^2/m_0d_b^2$、$V_b=\eta^b\hbar^2/m_0d_b^2$，既取决于吸附原子和基底原子的相互作用能，又取决于吸附原子与基底表面的距离。对于与基底的联系的 A 和 B 原子，有$\eta^a=\eta^b$，在外延类石墨烯的 F 结构中，$d_a=d_b=d$，$V_a=V_b=V$，可得到：

$$E_{pm}=\varepsilon+\Lambda(\omega)\pm\left(\Delta^2+t^2f^2(k)\right)^{1/2}$$

金属基外延类石墨烯态密度为[4]：

$$\rho_{AB}(\omega)=\frac{1}{\sqrt{3}\pi t}\frac{\Gamma}{2\pi t}\left\{\ln\frac{\left|\zeta^2+b\zeta+c\right|}{c}+\frac{\omega-\varepsilon(\omega)}{\pi t}\left(\arctan\frac{2\zeta^2+b}{4\Gamma\left[\omega-\varepsilon(\omega)\right]}-\frac{b}{4\Gamma\left[\omega-\varepsilon(\omega)\right]}\right)\right\}$$

（7.2.5）

这里，$\zeta=(2\pi\sqrt{3})^{1/2}t$，$t$ 是最近邻的 A，B 原子 p 轨道间的交换能，而 b 、c 为

$$b=-2\left\{\left[\omega-\varepsilon(\omega)\right]^{2}-\Delta^{2}-\Gamma^{2}\right\}$$

$$c=\left\{\left[\omega-\varepsilon(\omega)\right]^{2}-\Delta^{2}\right\}^{2}+\Gamma^{2}\Gamma\left\{\Gamma^{2}+2\Delta^{2}+2\left[\omega-\varepsilon(\omega)\right]^{2}\right\}$$

对金属，取安德森模型，有 $\Gamma(\omega)=\Gamma=$ 常数，$\Lambda(\omega)=0$ 。由式（7.2.5）得到几种能隙宽度情况的金属基外延类石墨烯态密度的变化曲线，见图 7.2.2[4]。

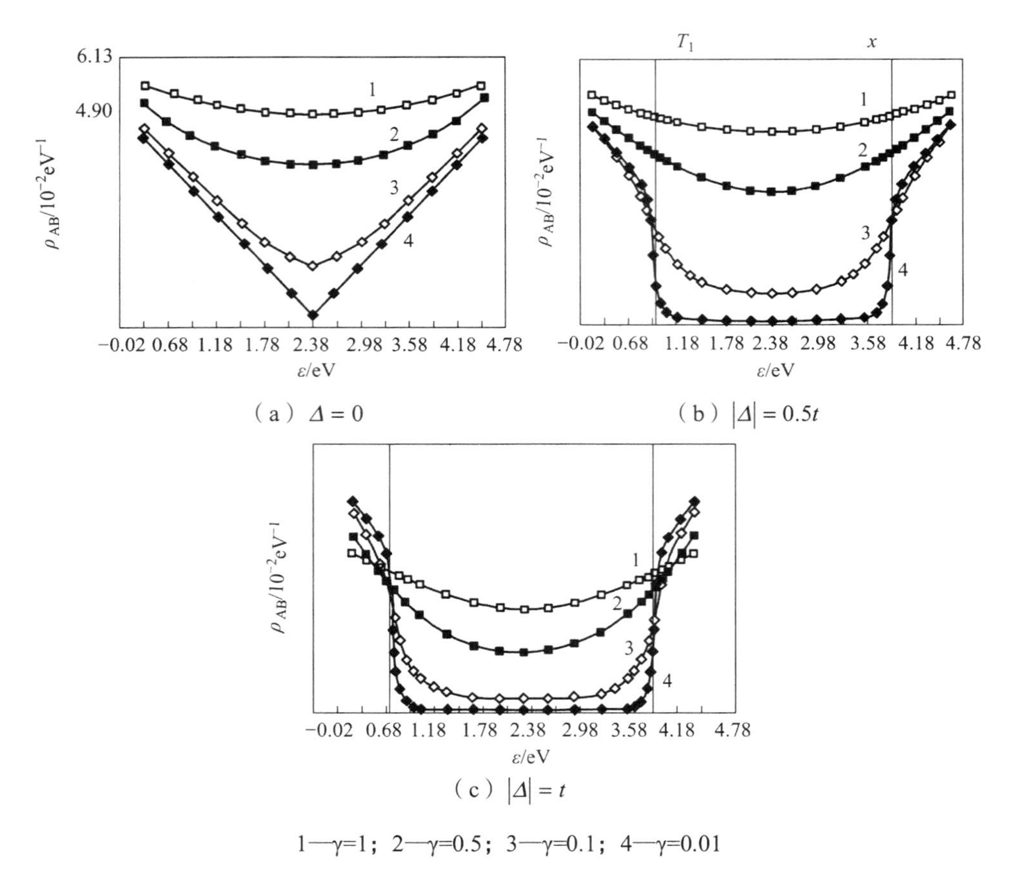

（a）$\Delta=0$　　（b）$|\Delta|=0.5t$

（c）$|\Delta|=t$

1—γ=1；2—γ=0.5；3—γ=0.1；4—γ=0.01

图 7.2.2　金属基外延类石墨烯态密度随能量的变化[4]

将它与单层石墨烯、Cu 基外延石墨烯的态密度曲线比较，可看出：① 三种材料的态密度曲线有相似之处，它们都有左右对称性，都无能隙。② 区别是，石墨烯是对 $\varepsilon=0$ 为对称，而 Cu 基外延石墨烯、金属基外延类石墨烯是对 $\varepsilon=\overline{\varepsilon}$ 为对称；石墨烯的态密度随 ε 增大而减小，而另两种则相反。

7.2.3 金属基外延类石墨烯吸附系统的态密度

设被吸附原子的能级为ε_a，吸附原子与类石墨烯化合物相互作用矩阵元为V_{as}，这时被吸附原子的态密度为[8]：

$$\rho_a(\varepsilon)=\frac{\alpha f_{AB}(x)}{\xi\left[x-\eta-\lambda_a(x)\right]^2+[\pi\alpha f_{AB}(x)]^2} \tag{7.2.6}$$

式中，$f_{AB}(x)=\rho_{AB}(x)$代表吸附原子基底（即 A、B 原子构成的金属基外延类石墨烯）的态密度，由（7.2.5）式表示，而x、δ、η、$\lambda_a(x)$为：

$$x=\frac{\varepsilon-\bar{\varepsilon}}{\xi},\quad \delta=\frac{\Delta}{\xi},\quad \alpha=\frac{2V_{as}^2}{\xi^2},\quad \eta=\frac{\bar{\varepsilon}-\varepsilon_a}{\xi},\quad \lambda_a(x)=\alpha x\ln\frac{x^2-\delta^2}{x^2-\delta^2-1}$$

取$\bar{\varepsilon}=\varepsilon_a$，$\alpha=1$，由此得到在不同的$\Delta$情况下金属基外延类石墨烯上吸附原子的态密度如图 7.2.3 所示。

从图 7.2.3 中可以看出：金属基外延类石墨烯的态密度被局域在一定的能量范围，随着能隙的增大，其态密度的值有所减小，但曲线所围面积总和为 1。

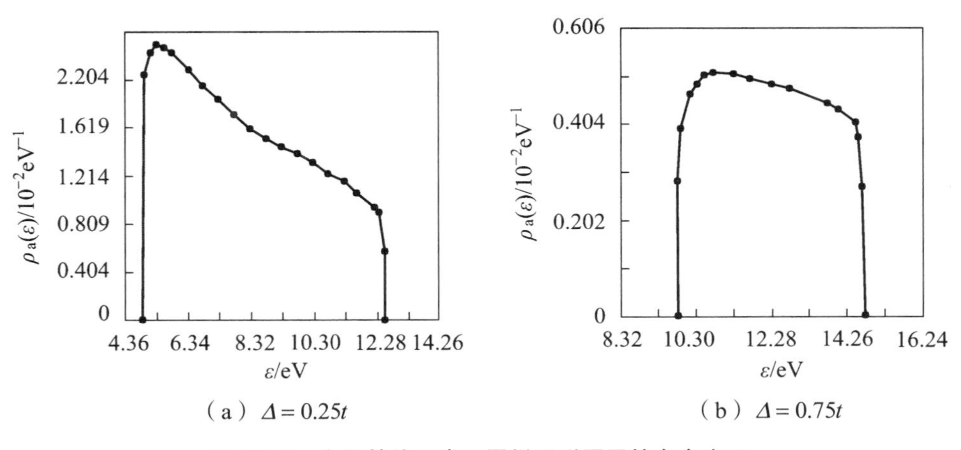

图 7.2.3 金属基外延类石墨烯吸附原子的态密度[8]

7.2.4 金属基外延类石墨烯的电荷分布

由态密度与电荷分布的关系，得到在层中一个原子上的平均填充数为：

$$n_{AB}=\int_{-\infty}^{\varepsilon_F}\rho_{AB}(\omega)\mathrm{d}\omega \tag{7.2.7}$$

将式（7.2.5）代入式（7.2.7），经积分计算，得到：在γ^2 □ δ^2 □ ζ^2的条件下，在对能带中心费米能级有小的移动情况下，在负能量范围内，电荷填充数减小的数目为[8]：

$$\nu \approx \frac{2\left|E_{\mathrm{F}} / t\right|\gamma}{\sqrt{3}\pi^2}\ln\left(\frac{\zeta}{\delta}\right) \tag{7.2.8}$$

其中，$\delta = \Delta/t$，$\gamma = \Gamma/t$，其余各量的含义见文献[2]。而费米能级在正能量范围移动时，电荷填充数增加同样的大小。

如果金属为过渡金属，$\rho_{\mathrm{s}} = N_{\mathrm{d}} / W_{\mathrm{m}}$，$W_m$为导带宽度，$N_{\mathrm{d}} = 10$，则转移的电荷为：

$$\nu = \frac{2N_{\mathrm{d}}}{\sqrt{3}\pi}\ln\left(\frac{\zeta}{|\Delta|}\right)\left(\frac{\eta_{\mathrm{ap\sigma}}}{\eta_{\mathrm{pp\sigma}}}\right)^2\left(\frac{a}{d}\right)^2\frac{|E_{\mathrm{F}}|}{W_{\mathrm{m}}} \tag{7.2.9}$$

当$a \sim d$时，$\nu \sim 20|E_{\mathrm{F}}|/W_{\mathrm{m}}$。

可看出：金属基外延类石墨烯的电荷分布与费米能等有关。总的讲，是随着费米能级的增大而增大。此外，与外延层的元素组成关系极大，这意味着可以根据需要，采用不同的材料来获取所需性质的金属基外延类石墨烯材料。

7.3　类石墨烯热力学性质的非简谐效应

本节将首先确定类石墨烯原子振动的简谐系数与非简谐系数，在此基础上，论述类石墨烯热力学性质的非简谐效应，探讨类石墨烯格林乃森参量、热膨胀系数、热容量等随温度的变化规律和原子非简谐振动对它们的影响。

7.3.1　类石墨烯的简谐系数与非简谐系数

不考虑短程作用时，类石墨烯原子相互作用能由（7.1.2）式表示，由此求得不考虑短程作用时的简谐系数$\varepsilon_0 = (\partial^2\phi(d)/\partial d^2)_{d_0}$为：

$$\varepsilon_{0\sigma} = \frac{4}{d^2}\alpha_2 V_2\left[1 - 2\alpha_{\mathrm{p}}^2 - \frac{10}{3}\alpha_{\mathrm{c}}^2(1 - 6\alpha_{\mathrm{c}}^2\alpha_{\mathrm{p}}^2 - \frac{3}{5}\alpha_{\mathrm{p}}^2)\frac{V_1^2}{V_2^2}\right] \tag{7.3.1}$$

进而求得此种情况下的第一非简谐系数 $\varepsilon_1=(1/6)(\partial\varepsilon_0/\varepsilon d)_{d_0}$ 和第二非简谐系数 $\varepsilon_2=(1/4)(\partial\varepsilon_1/\partial d)_0$，当忽略小量时为：

$$\varepsilon_1=\frac{4\alpha_c}{d^3}\{(V_2-\frac{1}{3}\alpha_c^2V_2-2\alpha_c\alpha_pV_3+2\alpha_c^3\alpha_pV_3)+(-\frac{10}{3}\alpha_c+2\alpha_c\alpha_p^2+\frac{10}{3}\alpha_c^3+30\alpha_c^3\alpha_p)\frac{V_1^2}{\sqrt{V_2^2+V_3^2}} \tag{7.3.2}$$

$$\varepsilon_2=\frac{\alpha_c}{d^4}\left\{(-7-\frac{17}{3}\alpha_c^2+6\alpha_c^4)V_2+(-14\alpha_c+34\alpha_c^3-20\alpha_c^5)\alpha_pV_3+(-\frac{70}{3}\alpha_c+\frac{170}{3}\alpha_c^2+\alpha_c\alpha_p^2-\frac{100}{3}\alpha_c^5+310\alpha_c^3\alpha_p^2-420\alpha_c^5\alpha_p^2)\frac{V_1^2}{\sqrt{V_2^2+V_2^2}}\right\} \tag{7.3.3}$$

将表 7.1.1 和表 7.1.2 给出的 A_{N}-B_{8-N} 型类石墨烯的极性参量等有关数据代入式（7.3.1）至式（7.3.3），得到不考虑短程相互作用时类石墨烯的简谐系数 ε_0 与第一、第二非简谐系数 ε_1 、 ε_2 的数据见表 7.3.1 和表 7.3.2。

表 7.3.1 不考虑短程相互作用时二维六角Ⅳ~Ⅳ和Ⅱ-Ⅵ A 族类石墨烯简谐系数 ε_0 和第一、第二非简谐系数 ε_1 、 ε_2 。

No	1	2	3	4	5	6	7	8
化合物	Gr	Si	Gm	SiC	GeC	GeSi	ZnS	ZnSe
$\varepsilon_0/10^2\,J\cdot m^{-2}$	3.69	0.2214	0.0368	1.0619	0.8139	0.3396	0.0699	0.2240
$\varepsilon_1/10^{12}\,J\cdot m^{-3}$	-1.1155	-0.1998	-0.2057	-0.7007	-1.0919	-0.1184	-0.3495	-0.6388
$\varepsilon_2/10^{22}\,J\cdot m^{-4}$	3.2321	0.2157	0.1746	-0.8775	-1.9550	0.1159	-0.0727	-0.3555

表 7.3.2 不考虑短程相互作用时二维六角Ⅲ~ⅤA 族类石墨烯简谐系数 ε_0 和第一、第二非简谐系数 ε_1 、 ε_2 。

No	9	10	11	12	13	14	15	16	17
化合物	BN	BP	BaS	AlN	AlP	AlAs	GaN	GaP	GaAs
$\varepsilon_0/10^2\,J\cdot m^{-2}$	2.36	0.989	0.676	0.507	0.311	0.289	0.2897	0.3404	0.3014
$\varepsilon_1/10^{12}\,J\cdot m^{-3}$	-1.487	-0.482	-0.769	-0.947	-0.735	-0.735	-0.146	-0.834	-0.820
$\varepsilon_2/10^{22}\,J\cdot m^{-4}$	0.055	0.082	0.225	-0.225	-0.681	-0.750	0.236	-0.874	-0.914

图 7.3.1（a）给出类石墨烯的简谐系数 ε_0 随化合物的变化，图 7.3.1（b）为 π 键与 σ 键对简谐系数 ε_0 的贡献大小之比 $e=\varepsilon_{0\pi}/\varepsilon_{0\sigma}$ 随化合物的变化。图中横坐

标的 i 的编号同表 7.3.1 和表 7.3.2。

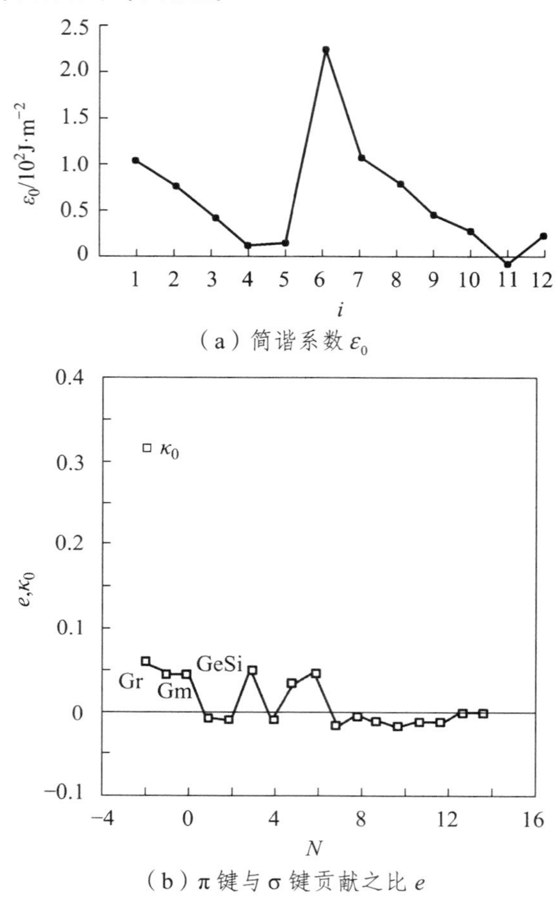

（a）简谐系数 ε_0

（b）π 键与 σ 键贡献之比 e

图 7.3.1　类石墨烯简谐系数和 π 键与 σ 键的贡献比随化合物的变化[2]

由图 7.3.1 看出：不考虑短程作用时，类石墨烯的简谐系数数量级在 $10^2 J \cdot m^{-2}$ 左右，在所述 12 种类石墨烯化合物中，以 BN 的 ε_0 为最大，ZnS 的 ε_0 为最小。

图 7.3.2（a）、（b）分别给出类石墨烯的第一非简谐系数 ε_1 和第二非简谐系数 ε_2 随化合物的变化，图中横坐标 i 的编号同 7.3.1 和表 7.3.2。其中的黑点为不考虑短程作用时的结果，而圆圈为考虑短程作用时的结果。

由图 7.3.2 看出：不考虑短程作用时，类石墨烯的第一非简谐系数 ε_1 均为负值，数量级在 $10^{12} J \cdot m^{-3}$ 左右。在所述 12 种类石墨烯化合物中，以 BN 的 ε_1 的绝对值为最大，以 GeSi 的 ε_1 的绝对值为最小；而第二非简谐系数 ε_2 可正可负，数量级在 $10^{22} J \cdot m^{-4}$ 左右。在所述 12 种类石墨烯化合物中，以 GeC 的 ε_2 的绝对值为最大，以 BN 的 ε_2 的绝对值为最小。

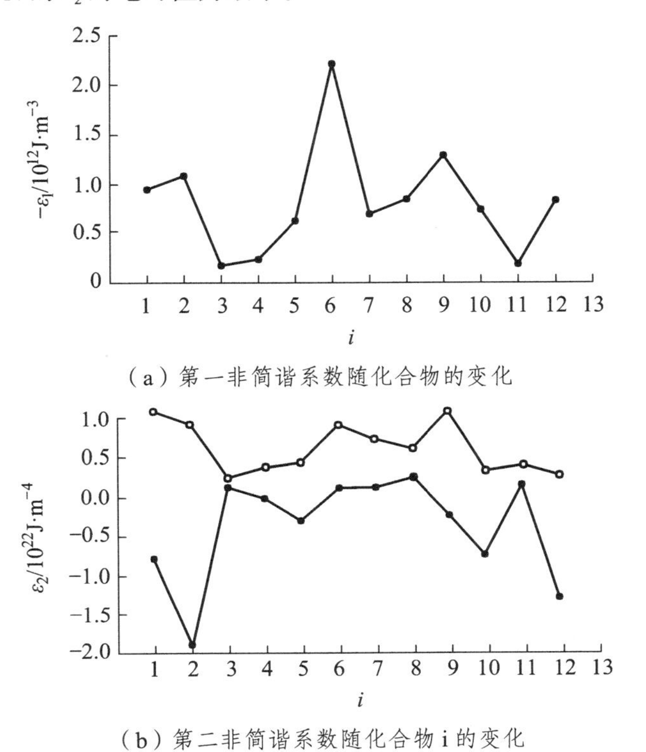

（a）第一非简谐系数随化合物的变化

（b）第二非简谐系数随化合物 i 的变化

图 7.3.2 类石墨烯的第一、第二非简谐系数 ε_1、ε_2 随化合物的变化

7.3.2 类石墨烯的热膨胀系数和格林乃森参量随温度的变化

温度不太高时，类石墨烯最近邻原子间距离 a 因原子热振动，由平衡时的距离 a_0 变为 $a(T)=a_0+\xi(T)$。应用统计物理理论，可求得温度不太高时的平均位移为[12]：

$$\xi(T)=-\frac{3\varepsilon_1 k_B T}{\varepsilon_0^2}\left[1+\frac{3\varepsilon_2 k_B T}{\varepsilon_0^2}+\left(\frac{3\varepsilon_2 k_B T}{\varepsilon_0^2}\right)^2\right] \quad (7.3.4)$$

由此求得线膨胀系数 α_1 随温度的变化：

$$\alpha_1(T)=\frac{1}{a_0}\frac{\mathrm{d}\left(a_0+\bar{\xi}\right)}{\mathrm{d}T} \quad (7.3.5)$$

经计算得到，只考虑到第一非简谐项时，线膨胀系数为[9]：

$$\alpha_1(T)=\frac{2k_B\gamma}{a_0^2\varepsilon_0} \tag{7.3.6}$$

其中的γ为格林乃森参量。

简谐近似时，线膨胀系数为零，即

$$\alpha_1=0 \tag{7.3.7}$$

只考虑到第一非简谐项时，线膨胀系数为常数，由下式近似决定：

$$\alpha_1(T)=\frac{16k_BV_2}{a_0^4\varepsilon_0}\left(1-\frac{5}{3}\frac{V_1^2}{V_2^2}\right) \tag{7.3.8}$$

同时考虑到第一、二非简谐项时，将格林乃森参量表示式代入式（7.3.6），求得：

$$\alpha_1=-\frac{3\varepsilon_1k_B}{a_0\varepsilon_0^2}\left[1+\frac{6\varepsilon_2k_B}{\varepsilon_0^2}T+\frac{27\varepsilon_2^2k_B^2}{\varepsilon_0^2}T^2\right] \tag{7.3.9}$$

弹性模量随温度的变化为：

$$B(T)=\frac{\varepsilon_0}{\Omega}[d_0(1+\alpha_1T)]^2 \tag{7.3.10}$$

其中，Ω为类石墨烯的原胞面积，它与最近邻原子间距离$a_0=d_0$的关系为$\Omega=(\sqrt{3}/2)d_0^2$。

分别将以上各种化合物的数据ε_0、ε_1、ε_2、a_0，代入式（7.3.8）和（7.3.9），对 SiC 进行计算，得到 SiC 类石墨烯的线膨胀系数和格林乃森参量随温度的变化如图 7.3.3（a）和（b）所示[10]，图中曲线γ_{G_1}和γ_{G_2}分别代表，只考虑到第一非简谐和同时考虑到第一、二非简谐项的结果。

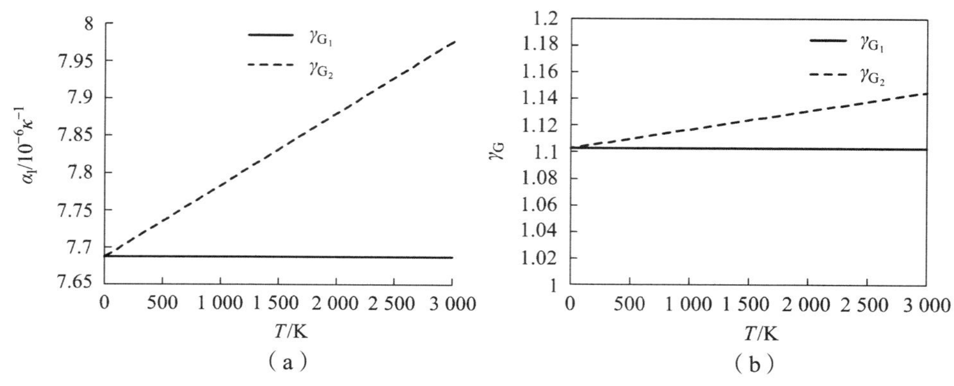

图 7.3.3 SiC 类石墨烯的热膨胀系数（a）和格林乃森参量（b）随温度的变化

由图 7.3.3 和计算看出：简谐近似下，SiC 类石墨烯的热膨胀系数和格林乃森参量均为 0；只考虑到第一非简谐项时，它们均为常数；同时考虑到第一、二非简谐项时，热膨胀系数和格林乃森参量均随温度升高而非线性增大，其变化情况由简谐系数和非简谐系数决定。

应指出：由于类石墨烯材料不同，其线膨胀系数和格林乃森参量随温度的变化规律会有不同，多数与 SiC 类石墨烯情况相似，但有少数例外，如 ZnS 类石墨烯的热膨胀系数随温度的变化，如图 7.3.4 所示。

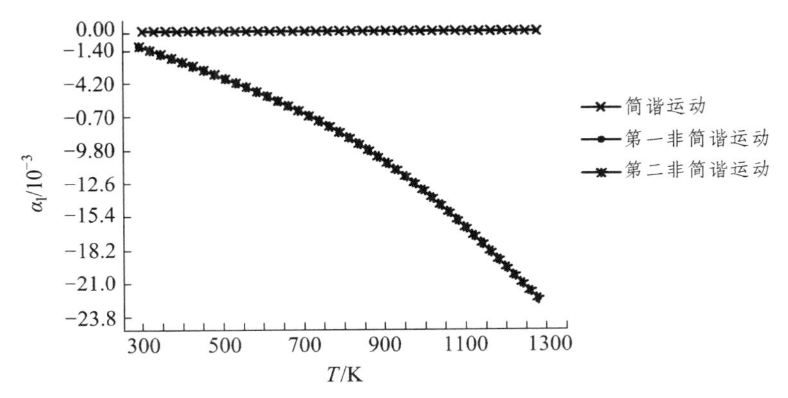

图 7.3.4 ZnS 类石墨烯的热膨胀系数随温度的变化

ZnS 类石墨烯的弹性模量随温度的变化见表 7.3.3，其变化曲线见图 7.3.5。

表 7.3.3 ZnS 类石墨烯的弹性模量随温度的变化

T/K		300	750	1300
B/GPa	(0)	0	0	0
	(1)	0.241405	13.22827	453.2535
	(2)	0.241402	13.22828	453.2535

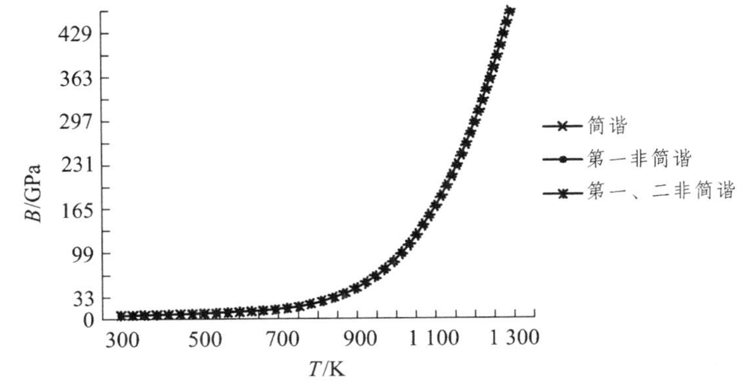

图 7.3.5 ZnS 类石墨烯的弹性模量随温度 T 的变化

由图 7.3.4 和 7.3.5 看出：① ZnS 类石墨烯的热膨胀系数在所讨论的温度范围内为负值，且随着温度的升高而数值增大，其数值在$1.178\times10^{-3}\sim22.323\times10^{-3}\,\mathrm{K}^{-1}$；而弹性模量为正值，随着温度的升高而数值增大。② 若不考虑非简谐项，则热膨胀系数为零；考虑非简谐项后，它的热膨胀系数随温度升高而变化。温度越高，考虑到非简谐振动后的值与不考虑时的值的差越大，即非简谐效应越显著。

7.3.3 类石墨烯的德拜温度和热容量随温度的变化

德拜温度是德拜模型中的一种重要参量，可理解为晶体中的原子都以最大振动频率（德拜频率）振动时具有的温度。类石墨烯的德拜温度与石墨烯的德拜温度的计算公式（4.4.2）式类似，考虑到原子非简谐振动后，它与温度的关系为：

$$\theta_{\mathrm{D}}=\theta_{\mathrm{D0}}\left[1+\left(\frac{15\varepsilon_1^2}{2\varepsilon_0^3}-\frac{2\varepsilon_2}{\varepsilon_0^2}\right)k_{\mathrm{B}}T\right] \tag{7.3.11}$$

这里$\theta_{\mathrm{D0}}=\left(\frac{\hbar}{k_{\mathrm{B}}}\sqrt{\frac{8\varepsilon_0}{3M}}\right)$是零绝对温度情况类石墨烯的德拜温度，式中的 M 为折合质量，由 $M^{-1}=M_+^{-1}+M_-^{-1}$ 决定。将各化合物的正、负离子质量 M_+、M_-以及简谐系数 ε_0 的值，代入 θ_{D0} 的计算公式，求得简谐近似下几种类石墨烯的零温德拜温度值，见表 7.3.4。

表 7.3.4 几种类石墨烯的零温德拜温度

化合物	SiC	ZnS	ZnSe	BN	BP	AlN	GaN
θ_{D0} / K	116.0	561.2	293.4	1906.7	1076.7	718.6	482.7

由式（7.3.10），得到 ZnSe 类石墨烯的德拜温度随温度的变化曲线，见图 7.3.6。

由图 7.3.6 看出：类石墨烯的德拜温度随温度升高而增大，几乎成线性关系，但变化非常缓慢。

与石墨烯的热容量随温度的变化类似，类石墨烯的摩尔定容热容量随温度的变化由下式决定：

$$c_V=4R\left(\frac{T}{\theta_{\mathrm{D}}}\right)^2\int_o^{\theta_{\mathrm{D}}/T}\frac{e^2x^2}{\left(e^2-1\right)^2}\mathrm{d}x \tag{7.3.12}$$

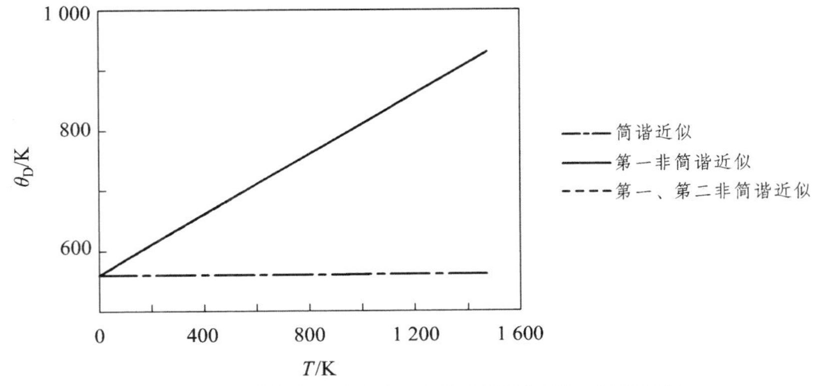

图 7.3.6 类石墨烯 ZnSe 的德拜温度随温度的变化

这里 R 为气体常数。由式（7.3.11）得到类石墨烯 SiC 和 ZnSe 的摩尔定容热容量随温度的变化如图 7.3.7（a）和 7.3.7（b）所示，图中的曲线 0、1、2 分别对应简谐近似和第一非简谐项，以及同时考虑到第一、二非简谐项的结果，其他类石墨烯的变化情况类似。

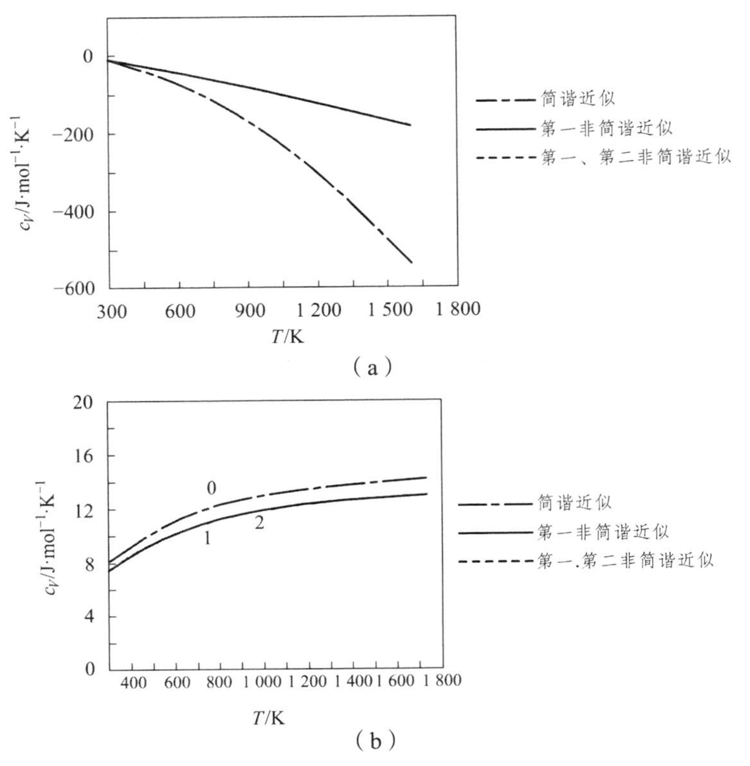

图 7.3.7 类石墨烯 SiC（a）和 ZnSe（b）的摩尔定容热容量随温度的变化

由图 7.3.6 和图 7.3.7 看出：简谐近似下，类石墨烯的德拜温度为常数，考虑到非简谐项后，德拜温度随温度升高而线性增大。类石墨烯的摩尔定容热容随温度升高而非线性增大，其中温度较低（如 T<800 K）时增大较快，遵从 $c_V \sim T^2$ 规律；而温度很高（如 T>1600 K）时则趋于常数。还看出：类石墨烯的摩尔定容热容要大于石墨烯的相应值。需指出：个别类石墨烯（如 SiC），它的热容量随温度的变化有异常情况。

为了反映非简谐效应与温度的关系，图 7.3.8（a）给出了同时计及第一、二非简谐项时的热容量 c_{va} 和简谐近似时的热容量 c_{v0} 的差 $\Delta c_V = c_{Va} - c_{V0}$ 随温度的变化。图 7.3.8（b）为同时计及第一、二非简谐项与只计及第一非简谐项的热容量的差 $\Delta c_V' = c_{V2} - c_{V1}$ 随温度的变化。

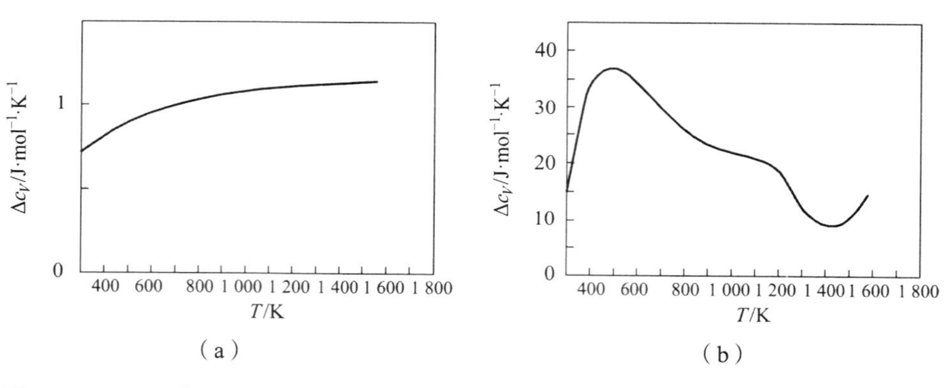

图 7.3.8　ZnSe 类石墨烯的 $\Delta c_V = c_{Va} - c_{V0}$（a）和 $\Delta c_V' = c_{V2} - c_{V1}$（b）随温度 T 的变化

由图 7.3.8（a）中可以看出在 300 ~1 600 K 的温度范围内，同时计算第一、第二非简谐项的热容量与简谐近似下的热容量的数值差随着温度的升高而升高，但是升高的斜率在逐渐减小。这表明：温度越高，非简谐效应越显著。从图 7.3.8（b）可以看出：在 300~1 600 K，考虑了第一非简谐项和考虑第一、第二非简谐项的热容量的差别很小，但可看出，同时考虑到第一、第二非简谐项的热容量要比只考虑到第一非简谐项的热容量要大。

7.3.4　短程作用对类石墨烯热力学性质的影响

考虑到原子间的短程作用后，由（7.1.3）式求得类石墨烯的简谐系数为：

$$\varepsilon_0 = \varepsilon_{0\sigma} + \varepsilon_{0\pi}$$

$$\varepsilon_{0\sigma}=\frac{4}{d^2}\alpha_c V_2\left[1-2\alpha_p^2+\frac{54C}{\alpha_c V_2}-\frac{10}{3}\alpha_c^2(1-6\alpha_c^2\alpha_p^2-\frac{3}{5}\alpha_p^2)\frac{V_1^2}{V_2^2}\right] \quad (7.3.13)$$

$$\varepsilon_{0\pi}=\frac{4}{\sqrt{3}d_0^2}\alpha_c^* V_2^*(1-2\alpha_p^{*2})$$

第一非简谐系数为：

$$\varepsilon_1=-\frac{4\alpha_c V_2}{d^3}\{[1-\frac{1}{3}\alpha_c^2-2\alpha_c\alpha_p(\frac{V_3}{V_2})+2\alpha_c^3\alpha_p(\frac{V_3}{V_2})]+\frac{18C}{\alpha_c V_2}$$
$$+[(-\frac{10}{3}\alpha_c+2\alpha_c\alpha_p^2+\frac{10}{3}\alpha_c^3+30\alpha_c^3\alpha_p)\frac{V_1^2}{V_2\sqrt{V_2^2+V_3^2}}\} \quad (7.3.14)$$

其中， $\varepsilon_{1\pi}=\frac{1}{6}\left(\frac{d\varepsilon_{0\pi}}{dd}\right)_{d_0}=\frac{4\alpha_c V_2}{\sqrt{3}d^3}[-1+\frac{1}{3}\alpha_c^2(1-4\alpha_p^2)]$

$$\varepsilon_\sigma=\frac{1}{6}(\frac{d\varepsilon_\sigma}{dd})_{d_0}=\varepsilon_1-\varepsilon_{1\pi}$$

第二非简谐系数 $\varepsilon_2=(1/4)(d\varepsilon_1/dd)_{d_0}$ 为：

$$\varepsilon_2=-\frac{\alpha_c V_2}{d^4}\left\{(-7-\frac{17\alpha_c^2}{3}+6\alpha_c^4)+(-14\alpha_c+34\alpha_c^3-20\alpha_c^5)\alpha_p(\frac{V_3}{V_2})-\frac{54C}{\alpha_c V_2}\right.$$
$$\left.+(-\frac{70}{3}\alpha_c+\frac{170}{3}\alpha_c^3+\alpha_c\alpha_p-\frac{100}{3}\alpha_c^5+310\alpha_c^3\alpha_p^2-420\alpha_c^5\alpha_p^2)\frac{V_1^2}{V_2\sqrt{V_3^2+V_2^2}}\right\}$$
(7.3.15)

其中，π键对第二非简谐系数的贡献 $\varepsilon_{2\pi}=\frac{1}{4}\left(\frac{d\varepsilon_{1\pi}}{dd}\right)_0$ 为：

$$\varepsilon_{2\pi}=\frac{\alpha_c V_2}{\sqrt{3}d^4}\left\{(-7+\alpha_c^2)\left[-1+\frac{1}{3}\alpha_c^2(1-4\alpha_p^2)\right]-\frac{4}{3}\alpha_c^2[(1-\alpha_c^2)(1-4\alpha_p^2)-4\alpha_c^2\alpha_p^2]\right\}$$

而σ键的贡献为： $\varepsilon_{2\sigma}=\frac{1}{4}\left(\frac{d\varepsilon_{1\sigma}}{dd}\right)_0=\varepsilon_2-\varepsilon_{2\pi}$。

将前述数据代入式（7.3.12）至（7.3.14），得到考虑短程相互作用时，类石墨烯的简谐系数 $\varepsilon_0=(\partial^2 E_b/\partial d^2)_{d_0}$ 与第一、第二非简谐系数 ε_1、ε_2 见表 7.3.5 和表 7.3.6。

表 7.3.5 考虑短程相互作用时，二维六角Ⅳ~ⅣA 族和Ⅱ~Ⅵ A 族类石墨烯的简谐系数和非简谐系数

No	1	2	3	4	5	6	7	8
化合物	Gr	Si	Gm	SiC	GeC	GeSi	ZnS	ZnSe
ε_0 /10^2 J·m^{-2}	7.299	1.700	1.414	3.183	2.842	1.739	1.446	1.581
$\varepsilon_{0\sigma}$ /10^2 J·m^{-2}	6.679	1.539	1.270	3.265	2.921	1.615	1.566	1.688
$\varepsilon_{0\pi}$ /10^2 J·m^{-2}	0.619	0.161	0.144	−0.082	−0.079	0.124	−0.119	−0.107
ε_1 /10^{12} J·m^{-3}	−2.641	−0.400	−0.348	−1.362	−1.527	−0.366	−0.509	−0.731
$\varepsilon_{1\sigma}$ /10^{12} J·m^{-3}	−1.581	−0.289	−0.255	−0.994	−1.196	−0.267	−0.359	−0.584
$\varepsilon_{1\pi}$ /10^{12} J·m^{-3}	−1.060	−0.111	−0.093	−0.368	−0.332	−0.099	−0.150	−0.147
ε_2 /10^{22} J·m^{-4}	3.657	0.286	0.235	1.028	0.940	0.253	0.354	0.376
$\varepsilon_{2\sigma}$ /10^{22} J·m^{-4}	2.724	0.223	0.185	0.751	0.694	0.198	0.236	0.263
$\varepsilon_{2\pi}$ /10^{22} J·m^{-4}	0.933	0.062	0.050	0.277	0.246	0.054	0.117	0.113

表 7.3.6 考虑短程相互作用时，二维六角Ⅲ~Ⅴ A 族类石墨烯的简谐系数和非简谐系数

No	9	10	11	12	13	14	15	16	17
化合物	BN	BP	BaS	AlN	AlP	AlAs	GaN	GaP	GaAs
ε_0 /10^2 J·m^{-2}	5.570	3.005	2.600	2.600	1.583	1.500	2.030	1.676	1.566
$\varepsilon_{0\sigma}$ /10^2 J·m^{-2}	5.841	2.931	2.452	2.801	1.686	1.591	2.222	1.774	1.661
$\varepsilon_{0\pi}$ /10^2 J·m^{-2}	−0.271	0.074	0.148	−0.202	−0.103	−0.092	−0.192	−0.098	−0.094
ε_1 /10^{12} J·m^{-3}	−3.114	−1.067	−1.125	−1.539	−0.958	−0.943	−0.581	−0.09465	−1.035
$\varepsilon_{1\sigma}$ /10^{12} J·m^{-3}	−1.997	−0.783	−0.885	−1.089	−0.829	−0.831	−0.450	−0.923	−0.912
$\varepsilon_{1\pi}$ /10^{12} J·m^{-3}	−1.118	−0.284	−0.240	−0.450	−0.129	−0.112	−0.130	−0.142	−0.123
ε_2 /10^{22} J·m^{-4}	3.442	0.787	0.668	1.128	0.344	0.308	0.413	0.387	0.343
$\varepsilon_{2\sigma}$ /10^{22} J·m^{-4}	2.353	0.588	0.507	0.721	0.256	0.235	0.290	0.290	0.262
$\varepsilon_{2\pi}$ /10^{22} J·m^{-4}	1.089	0.199	0.161	0.407	0.088	0.074	0.123	0.097	0.081

将表 7.3.5、表 7.3.6 与表 7.3.1、表 7.3.2 比较，可看出：考虑到原子短程作用后，各化合物的简谐系数、第一非简谐系数、第二非简谐系数都有较大的增长。例如，SiC 类石墨烯的简谐系数ε_0，考虑了短程作用后，由$\varepsilon_0 = 1.0619\times10^2\,\mathrm{J\cdot m^{-2}}$增大到$3.183\times10^2\,\mathrm{J\cdot m^{-2}}$，增大了 1.99 倍；第一非简谐系数值$|\varepsilon_1|$由$0.7007\times10^{12}\,\mathrm{J\cdot m^{-3}}$增大到$1.362\times10^{12}\,\mathrm{J\cdot m^{-3}}$，增大了 1.51 倍；第二非简谐系数值$|\varepsilon_2|$由$0.8775\times10^{22}\,\mathrm{J\cdot m^{-4}}$增大到$1.028\times10^{22}\,\mathrm{J\cdot m^{-4}}$，增大了 0.17 倍。可见，短程作用对类石墨烯热力学性质的非简谐效应是很大的。

由上述数据，代入式（7.3.4）至（7.3.11）各，可得考虑短程相互作用时，类石墨烯的热容量、热膨胀系数和格林乃森参量等随温度 T 的变化规律，其结果与不考虑短程相互作用时的结果类似，这里不再叙述。但总的来说，考虑短程相互作用后，所得的结果与实验更接近。

7.4 类石墨烯的弹性与形变以及有效电荷

弹性是力学性质中最重的性质之一，它在工程上的应用尤为广泛：强度、刚度、应力、波的传播、振动、热应力等在航天、航空、机械、化工等方面的应用都涉及弹性。类石墨烯是二维材料，很易发生形变。形变不仅影响弹性，而且影响类石墨烯的极性和有效电荷。本节将首先论述类石墨烯的弹性模量随温度的变化规律，然后分别论述类石墨烯的几种常见形变类型和形变对类石墨烯的极性和有效电荷等的影响。

7.4.1 类石墨烯的弹性模量

弹性模量 B 与键长 d 的关系由如下公式决定[9]：$\mathrm{B}=\varepsilon_0 d^2/\Omega$，将 $d=d_0(1+\alpha_1 T)$代入，得到弹性模量 B 随温度 T 的变化为：

$$B(T)=\frac{\varepsilon_0 d_0^2}{\Omega}\left[1+\alpha_1(\mathrm{T})T\right]^2 \tag{7.4.1}$$

其中的 $\alpha_1(T)$ 由式（7.3.6）决定。

在只考虑到第一非简谐项时，弹性模量随温度的相对变化率由下式决定[9]：

$$\frac{1}{B}\frac{\mathrm{d}B}{\mathrm{d}T}=\frac{1}{\varepsilon_0}\left[K\alpha_1(T)-\frac{k_{\mathrm{B}}}{2d_0^2\varepsilon_0}\left(\frac{K^2}{\varepsilon_0}-\xi\right)\right] \tag{7.4.2}$$

其中 $$\xi=\frac{240V_2}{d_0^2}\left(1-\frac{4}{3}\frac{V_1^2}{V_2^2}\right)$$

$$K=-\frac{8|V_2|}{d_0^2}[2-5\beta_2(\frac{V_1}{V_2})^2] \tag{7.4.3}$$

分别将上述类石墨烯化合物的数据代入式（7.3.6）后，得到$\alpha_1(T)$，再代入式（7.4.1）式，得到类石墨烯 SiC 的弹性模量随温度的变化（见文[10]），结果如图 7.4.1 所示。图中的曲线 a 是简谐近似的结果，曲线 b 是只计算到第一非简谐项的结果，曲线 c 是同时计算到第一、第二非简谐项的结果。由图看出：若不考虑非简谐项，则弹性模量为零；考虑非简谐项后，SiC 的弹性模量不再为零；考虑第一非简谐项和同时考虑到第一、二非简谐项时，SiC 的弹性模量均随温度升高而增大，其中只考虑第一非简谐项时 SiC 的弹性模量随温度升高而缓慢增大，且几乎成正比关系；同时考虑到第一、二非简谐项 SiC 的弹性模量的变化更快，且弹性模量随着温度升高的变化也越来越快。

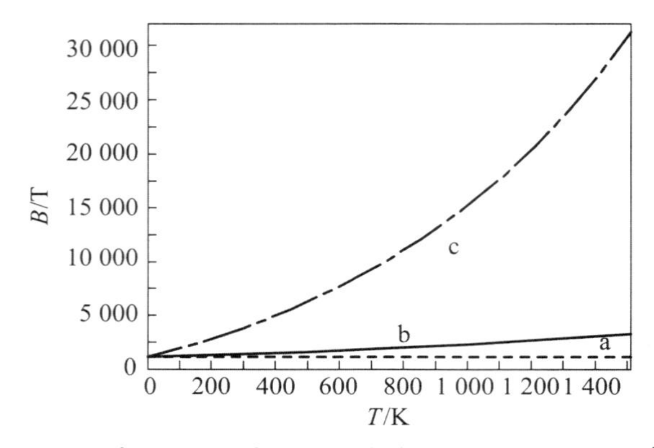

图 7.4.1　类石墨烯化合物 SiC 的弹性模量随温度的变化[10]

由式（7.4.1）得到的 ZnS 类石墨烯的弹性模量随温度的变化曲线见图 7.4.2。

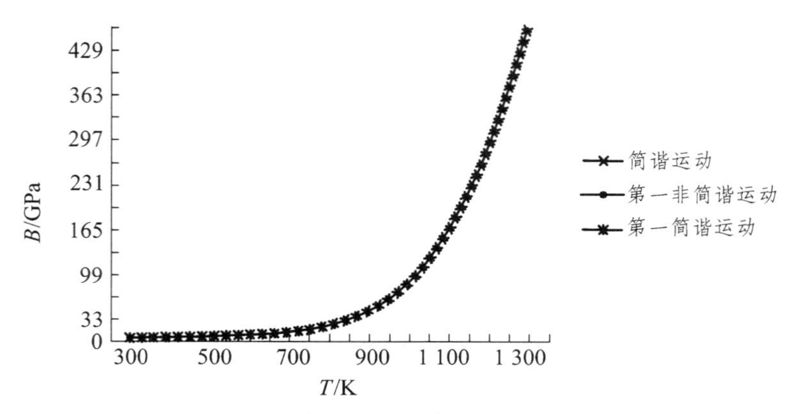

图 7.4.2　ZnS 类石墨烯的弹性模量随温度的变化

由图 7.4.2 看出：① 在所讨论的温度范围内，ZnS 类石墨烯的弹性模量的数值及其随温度的变化率随着温度的升高而增大，数值在 0.241405~453.2535 GPa，其中，温度低于 700 K 时，变化很小，而温度高于 700 K 后，则迅速增大。② 若不考虑非简谐项，则弹性模量为零；考虑非简谐项后，它的弹性模量随温度升高而变化。温度越高，考虑到非简谐振动后的值与不考虑时的值的差越大，即非简谐效应越显著。③ 第一非简谐和同时计及第一、二非简谐的结果差异极小，只在温度较低时才表现出来，即可忽略第二非简谐项的影响。

7.4.2　类石墨烯的形变

类石墨烯发生形变，既可能是两原子间的距离发生变化（称大小形变），也可能是绕垂直平面轴的旋转（剪切形变），如图 7.4.3 所示。

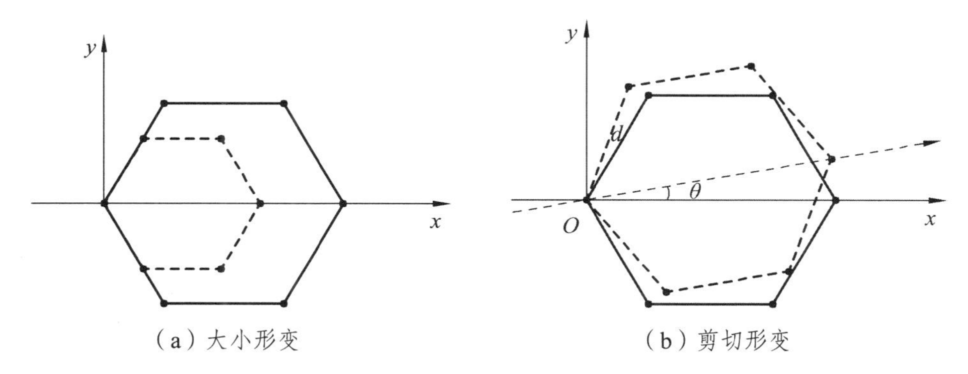

（a）大小形变　　（b）剪切形变

图 7.4.3　类石墨烯的两种常见形变

除大小形变和剪切形变外，还有如图 7.4.4 所示的单轴拉伸形变，即整体沿某个轴方向伸长或缩短。

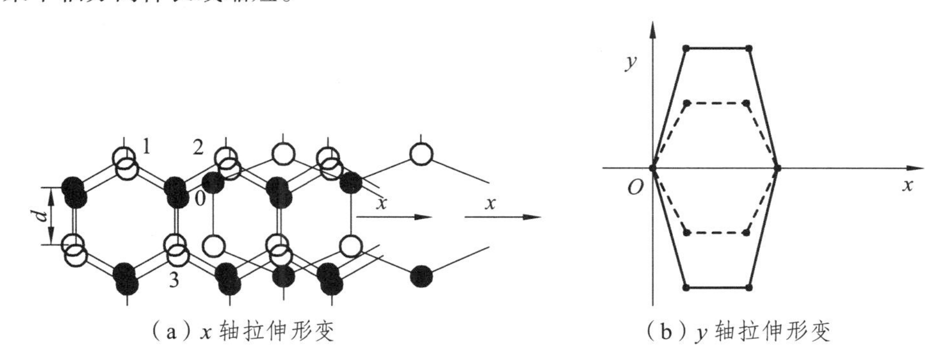

（a）x 轴拉伸形变　　（b）y 轴拉伸形变

图 7.4.4　类石墨烯的单轴伸长形变

除上述大小形变、剪切形变、单轴拉伸形变外，还可能有因原子的振动，会使原子间距离和键的方向均改变，或垂直类石墨烯平面方向振动引起的形变，这类形变称为动力学形变，这种形变我们这里不研究。

7.4.3 形变对类石墨烯极性的影响

首先研究大小形变和剪切形变对极性的影响。当石墨烯键长 d 变化或键夹角 θ 变化时，类石墨烯的σ键和 π 键的极化能 V_2、V_2^*变化了 δV_2 、$\delta V_2^\bullet$，相应的极性参量 $\alpha_p = V_2/\left(V_2^2+V_3^2\right)^{1/2}$ 和 $\alpha_p^\bullet = V_2^\bullet/\left(V_2^{\bullet 2}+V_3^{\bullet 2}\right)^{1/2}$ 也变化。对σ键，由大小形变（即键长 d 变化）引起的极性参量相对变化率 $\delta_p = (\alpha_p)^{-1}\left(\partial\alpha_p/\partial d\right)$、$\delta_p^\bullet = (\alpha_p^*)^{-1}\left(\partial\alpha_p^\bullet/\partial d\right)$就分别描述了大小形变对σ键和 π 的极性的影响。同样，由剪切形变（即转变 θ 变化）引起的极性参量相对率变化 $\tau_p = \left(\partial^2\alpha_p/\partial\theta^2\right)$、$\tau_p^{□} = \left(\partial^2\alpha_p^{□}/\partial\theta^2\right)$分别描述了σ键和π键的剪切形变的影响。

可由 δ_p 和 $\delta_p^{□}$的定义式求得：

$$\delta_p = 2\alpha_p\left(1-\alpha_p^2\right),\quad \delta_p^* = 2\alpha_p^*\left(1-\alpha_p^{*2}\right) \tag{7.4.4}$$

要确定 τ_P 和 $\tau_p^\bullet$，首先应确定 V_2 与转角 θ 的关系。剪切形变使系统偏转很小角度 θ 时，σ 键共价能算符矩阵元由 $V_{sp\sigma} = \langle s|V_2|p\rangle$、$V_{ppa} =< p|V_2|p >$ 变为 $V'_{sp\sigma} =< s|V_2|p > \cos\theta$，$V'_{ppa} =< p|V_2|p > \cos^2\theta$，令 $\cos\gamma = 1/\sqrt{3}$，$\sin\gamma = \sqrt{2/3}$，共价能 V_2 为：

$V_2 = V_{ss\sigma}\cos^2\gamma - 2V_{sp\sigma}\sin\gamma\cos\gamma - V_{ppa\sigma}\sin^2\gamma$，形变后的共价能为：

$$V_2' = V'_{ss\sigma}\cos^2\gamma - 2V'_{spa}\sin\gamma\cos\gamma - V'_{ppa}\sin^2\gamma$$

由此求得剪切形变引起共价能的变化$\delta V_2 = V_2' - V_2$。由于形变很小，将 $\cos\theta$ 对 θ 展开，当只取至前两项时，求得：

$$\delta V_2 \approx -\lambda V_2\theta^2 = \frac{\sqrt{2}\left(V_{spa}+\sqrt{2}V_{ppa}\right)}{V_{ssa}-2\sqrt{2}V_{spa}-2V_{ppa}}V_2\theta^2 \tag{7.4.5}$$

对所述类石墨烯化合物计算，λ 的值为 0.52~0.76，对 C，取 $\lambda = 0.66$（见文[11]）；对 SiC，取 $\lambda = 0.68$。在计算其他化合物时，近似取 $\lambda = 0.65$。

由 V_2 与转角 θ 的关系等，求得剪切形变对类石墨烯σ键的极性的影响参量 $\tau_p = \left(\partial^2\alpha_p/\partial\theta^2\right)_{\theta=0}$ 为：

$$\tau_p = 2\lambda\alpha_p\left(1-\alpha_p^2\right) \tag{7.4.6}$$

同样，对π键，剪切形变极性影响参量为：

$$\tau_{\rm p}^{2}=2\lambda\alpha_{\rm p}^{*}\left(1-\alpha_{\rm p}^{*2}\right) \tag{7.4.7}$$

当将 $\cos\theta$ 展开取至第 4 项时，对σ键：

$$\delta V_{2}=\left(\frac{\sqrt{2}}{3}V_{\rm spa}+\frac{2}{3}V_{\rm ppa}\right)\theta^{2}-\left(\frac{\sqrt{2}}{36}V_{\rm spa}+\frac{1}{6}V_{\rm ppa}\right)\theta^{2}$$

求得对σ键剪切形变的极性影响参量为：

$$\tau_{\rm p}=\frac{2}{V_{2}}\left(\frac{\sqrt{2}}{3}V_{\rm spa}+\frac{2}{3}V_{\rm ppa}\right)\alpha_{\rm p}\left(1-\alpha_{\rm p}^{2}\right) \tag{7.4.8}$$

同样，对π键，剪切形变极性影响参量为：

$$\tau_{\rm p}^{*}=\frac{2}{V_{2}^{*}}\left(\frac{\sqrt{2}}{3}V_{\rm sp\sigma}+\frac{2}{3}V_{\rm pp\sigma}\right)\alpha_{\rm p}^{*}\left(1-\alpha_{\rm p}^{*2}\right) \tag{7.4.9}$$

分别将表 7.1.1 的数据代入式（7.4.4）至式（7.4.9），求得大小形变和剪切形变对类石墨烯化合物极性的影响参量 $\delta_{\rm p}$、$\delta_{\rm p}^{*}$、$\tau_{\rm p}$、$\tau_{\rm p}^{*}$ 的数据，见表 7.4.1 和表 7.4.2。计算表明，它与文献[2]的结果接近。

表 7.4.1 二维六角Ⅳ~ⅣA 族和Ⅱ~Ⅵ A 族类石墨烯的极性参量和形变的极性影响参量

No		1	2	3	4	5	6	7	8
化合物		Gr	Si	Gm	SiC	GeC	GeSi	ZnS	ZnSe
$\alpha_{\rm p}$		0	0	0	0.24	0.25	0.0063	0.71	0.68
$\alpha_{\rm p}^{*}$		0	0	0	0.89	0.91	0.24	0.99	0.99
$\alpha_{\rm c}$		1	1	1	0.9708	0.9681	1	0.7042	0.7332
$\alpha_{\rm c}^{*}$		1	1	1	0.4560	0.4146	0.9424	0.1411	0.1411
$\delta_{\rm p}$	文献[2]	—	—	—	0.4524	0.4687	0.0126	0.7042	0.7311
$\delta_{\rm p}^{*}$	文献[2]	—	—	—	0.3700	0.3128	0.4524	0.0394	0.0394
$\tau_{\rm p}$	文献[2]	—	—	—	0.2986	0.3093	0.0083	0.4648	0.4825
$\tau_{\rm p}^{*}$	文献[2]	—	—	—	0.2442	0.2064	0.2986	0.0260	0.0260

表 7.4.2 二维六角Ⅲ~ⅤA 族类石墨烯的极性参量和形变引起的极性影响参量

No	9	10	11	12	13	14	15	16	17
化合物	BN	BP	BaS	AlN	AlP	AlAs	GaN	GaP	GaAs
$\alpha_{\rm p}$	0.32	0.18	0.16	0.56	0.49	0.47	0.57	0.46	0.44
$\alpha_{\rm p}^{*}$	0.90	0.57	0.35	0.98	0.96	0.96	0.98	0.96	0.95
$\alpha_{\rm c}$	0.9474	0.9837	0.9871	0.8285	0.8717	0.8827	0.2816	0.8879	0.8980
$\alpha_{\rm c}^{*}$	0.4359	0.8216	0.9367	0.1990	0.28	0.28	0.1990	0.28	0.3122

续表

No		9	10	11	12	13	14	15	16	17
化合物		BN	BP	BaS	AlN	AlP	AlAs	GaN	GaP	GaAs
δ_p	文献[2]	0.5745	0.3483	0.3118	0.7687	0.7447	0.7323	0.7696	0.7253	0.7096
δ_p^*	文献[2]	0.342	0.7696	0.6143	0.0776	0.1505	0.1505	0.0776	0.1505	0.1852
τ_p	文献[2]	0.3792	0.2298	0.2058	0.5073	0.4915	0.4833	0.5079	0.4786	0.4683
τ_p^*	文献[2]	0.2257	0.5079	0.4054	0.0512	0.0993	0.0993	0.0512	0.0993	0.1222

由表 7.4.2 得到的形变对类石墨烯化合物极性的影响如图 7.4.5 所示。图中，图中曲线 1、2 分别是大小形变对σ键和π键极性的影响参量δ_p和δ_p^*随类石墨烯化合物i的变化，图中$i=1,2,\cdots,14$分别代表化合物 SiC、GeC、GeSi、ZnS、ZnSe、BN、BP、BaS、AlN、AlP、AlAs、GaN、GaP、GaAs。由图看出：总的讲，大小形变对σ键极性的影响大于对π键的极性影响。在对所述 14 种化合物的影响中，以对 ZnS、ZnSe、AlN 等 6 种化合物的σ键的极性和对 BP 的π键的极性的影响为最大，由表 7.4.1 和表 7.4.2 的数据还看出：大小形变引起的极性改变参量δ_p、δ_p^*要大于剪切形变引起的极性参量的变量τ_p、τ_p^*。这表明大小形变对极性的影响总大于剪切形变。

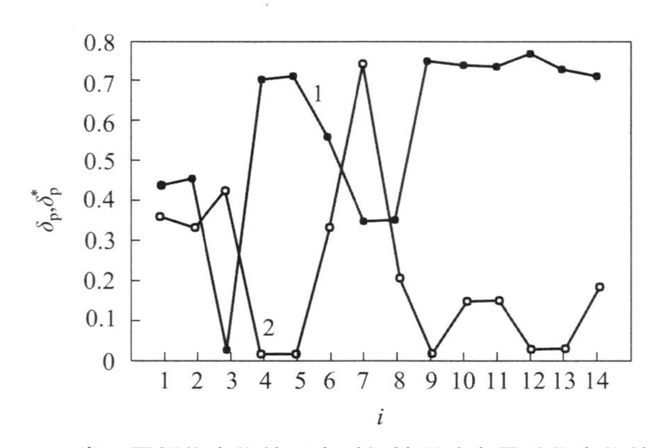

图 7.4.5 类石墨烯化合物的形变对极性影响参量随化合物的变化

7.4.4 形变对类石墨烯有效电荷的影响

类石墨烯化合物中，由于离子间的相互影响，正、负离子的电荷不等于它们单独存在时的电荷Z_+^0、Z_-^0。类石墨烯中的正、负离子的等效电荷称为有效电荷，记为Z_+、Z_-，它的大小与极性有关[2]：

$$
\begin{aligned}
Z_+ &= 4+4\alpha_p-4+3\alpha_p+\alpha_p^* \\
Z_- &= 4+4\alpha_p-4-3\alpha_p-\alpha_p^*
\end{aligned} \tag{7.4.10}
$$

当石墨烯发生形变时，由于极性的改变，必然导致有效电荷的改变。由大小形变引起有效电荷改变的大小、用形变影响参量$\xi_\pm=\left(\partial Z_\pm/\partial d\right)_{d_0}$表示，分别将$\alpha_p$、$\alpha_p^*$、等随$\alpha$的变化关系代入（7.4.10）式和$\xi_\pm$、$\eta_\pm$的定义式，求得：

$$
\begin{aligned}
\xi_+ &= 3\delta_p+\delta_p^* \\
\xi_- &= -3\delta_p-\delta_p^*
\end{aligned} \tag{7.4.11}
$$

对剪切形变引起的有效电荷形变参量，当只取至θ的2次方项时，为：

$$\eta_\pm=\pm 3\delta_p \tag{7.4.12}$$

当取至θ^4项时，为：

$$\eta_\pm=\pm 3\delta_p(1-\alpha_p^2) \tag{7.4.13}$$

几种类石墨烯的有效电荷Z_+、Z_-及其大小形变和剪切形变引起的有效电荷形变影响参量$\xi_\pm$、$\eta_\pm$的值见表7.4.3.

单轴拉伸形变、要产生附加的有效电荷。为了确定它的大小，如图7.4.6所示，当发生沿x轴方向的单轴伸长形变时，坐标为x_i的原子沿x方向的移动量为$u_i=\varepsilon x_i$，这里ε为形变常数。以负离子0为坐标原点，形变时相邻的正离子1和2沿相反方向移动，而正离子3未位移。键01、02、03的键长变化为：

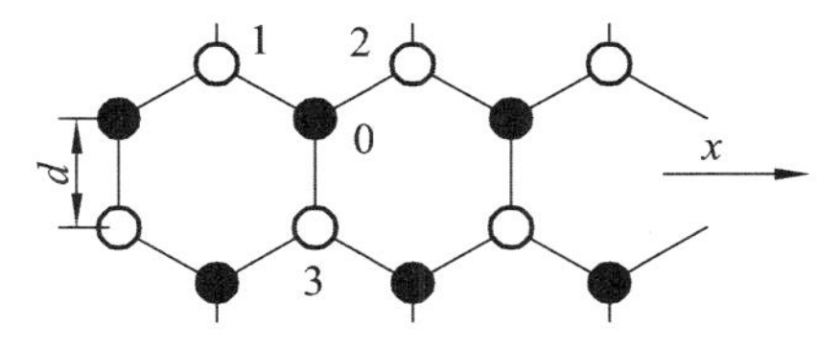

图7.4.6 类石墨烯化合物的结构示意图

$$\Delta d_{01}=\Delta d_{02}=\left(\varepsilon\alpha/4\right)\left(3-\xi\right),\quad \Delta\alpha_{03}=\nu\ 。$$

键长d的改变，必然引起键的极性的改变，由σ键和π键的极性参量和α_p和α_p^*的定义，可得到01、02、03键长改变引起的极性改变量$\Delta\alpha_p$。对σ键为：

$$\Delta\alpha_{\mathrm{p01}}=\delta_{\mathrm{p}}\left(\frac{\Delta\alpha_{02}}{\alpha}\right),\quad \Delta\alpha_{\mathrm{p02}}=\delta_{\mathrm{p}}\left(\frac{\Delta\alpha_{02}}{\alpha}\right),\quad \alpha_{\mathrm{P03}}=\delta_{\mathrm{P}}\left(\frac{\Delta\alpha_{03}}{\alpha}\right)$$

对π键，为：

$$\Delta\alpha^{*}_{\mathrm{p01}}=\delta^{*}_{\mathrm{p}}\left(\frac{\Delta\alpha_{01}}{\alpha}\right)、\Delta\alpha^{*}_{\mathrm{p02}}=\delta^{*}_{\mathrm{p}}\left(\frac{\Delta\alpha_{02}}{\alpha}\right)、\Delta\alpha^{*}_{\mathrm{p03}}=\delta\rho^{*}\left(\frac{\Delta\alpha_{03}}{\alpha}\right)$$

由此得到形变σ轨道键长改变引起的沿 x 轴方向的单轴伸长形变产生的有效电荷为：

$$Z_{\pm x}=Z^{*}_{+}+\left(\delta_{\mathrm{p}}+\frac{1}{3}\delta^{*}_{\mathrm{p}}\right)\frac{3-\xi_{\pm}}{2\xi_{\pm}} \tag{7.4.14}$$

同样，沿 y 轴方向的单轴伸长形变产生的有效电荷为：

$$Z_{\pm y}=Z_{\pm x}+\frac{1}{2}\left(\delta_{\mathrm{p}}+\frac{1}{3}\delta^{*}_{\mathrm{p}}\right) \tag{7.4.15}$$

由式（7.4.10）至式（7.4.15）得到的类石墨烯正、负离子有效电荷 Z_{+}、Z_{-} 和大小形变引起的有效电荷随键长变化率 ξ_{+}、ξ_{-} 剪切形变引起的有效电荷随转角的变化率 η_{+}、η_{-} 沿 x 轴和 y 轴的单轴形变引起的有效电荷 Z_{+x}、Z_{+y} 的数据见表 7.4.3。为了比较，表中还给出若照 Davydov 在文[11]中将 $\cos\theta$ 对 θ 展开，当只取至前两项时的结果。

晶格振动使原子相对格子发生位移，也要产生电荷，这种电荷称为动力学横向电荷（或称玻尔电荷），记为 e_{τ}。对照单轴伸长形变引起的有效电荷的推导，得横向电荷为：

$$e_{\tau}=Z_{+}+\frac{3}{2}\left(\delta_{\mathrm{p}}+\frac{1}{3}\delta^{*}_{\mathrm{p}}\right) \tag{7.4.16}$$

横向电荷随键长变化的变化率 $\varsigma=d_{0}(\partial e_{\tau}/\partial d)_{d_{0}}$ 为：

$$\varsigma_{+}=\varsigma^{\mathrm{e}}_{+}+3\delta_{\mathrm{p}}(1-3\alpha^{2}_{\mathrm{p}})+\delta^{*}_{\mathrm{p}}(1-3\alpha^{*2}_{\mathrm{p}}) \tag{7.4.17}$$

由式（7.4.10）至式（7.4.17）得到类石墨烯的有效电荷及其形变对有效电荷的影响参量见表 7.4.3 和表 7.4.4，x 轴和 y 轴的单轴形变引起的有效电荷 Z_{+x}、Z_{+y} 以及横向电荷随键长变化的变化率 ς_{+} 的数据在表中未列出。

表 7.4.3 二维六角Ⅳ~ⅣA 族和Ⅱ~Ⅵ A 族类石墨烯有效电荷及其形变对有效电荷的影响参量

No	1	2	3	4	5	6	7	8
化合物	Gr	Si	Gm	SiC	GeC	GeSi	ZnS	ZnSe
Z_+/e[11]	0	0	0	0.18	0	0.14	1.10	1.0
本书	0	0	0	2.57	2.66	0.284	5.96	5.75
Z_-/e	0	0	0	−0.65	−0.66	−0.234	−0.28	−0.31
ξ_+	0	0	0	1.727	1.719	0.490	2.147	2.233
ξ_-	0	0	0	−1.727	−1.719	−0.490	−2.147	−2.233
η_+	0	0	0	1.358	1.406	0.038	2.113	2.193
η_-	0	0	0	−1.358	−1.406	−0.038	−2.113	−2.193
Z_{+x}	0	0	0	0.392	0.214	0.182	1.243	1.128
Z_{+y}	0	0	0	3.434	0.998	5.286	7.036	6.866
e_τ	0	0	0	2.48	2.54	0.28	1.16	1.08

表 7.4.4 二维六角Ⅲ~ⅤA 族类石墨烯有效电荷及其形变对有效电荷的影响参量

No	9	10	11	12	13	14	15	16	17
化合物	BN	BP	BAs	AlN	AlP	AlAs	GaN	GaP	GaAs
Z_+/e	3.14	1.83	1.47	4.90	4.39+	4.25	4.97	4.18	4.03
Z_-/e	−0.58	−0.39	−0.19	−0.42	−0.47	−0.49	−0.41	−0.50	−0.51
ξ_+	2.066	1.815	1.550	2.384	2.385	2.347	2.386	2.326	2.314
ξ_-	−2.066	−1.815	−1.550	−2.384	2.385	−2.347	−2.386	−2.326	−2.314
η_+	1.724	1.045	0.935	2.306	2.234	2.197	2.309	2.176	2.129
η_-	−1.72	−1.05	−0.94	−2.31	−2.23	−2.20	−2.31	−2.17	−2.13
Z_{+x}	3.296	2.028	1.649	5.003	4.493	4.359	5.072	0.042	4.144
Z_{+y}	4.173	2.737	2.245	6.092	5.582	5.424	6.163	5.343	5.187
e_τ	1.90	0.78	0.28	2.89	2.66	2.58	2.91	2.55	2.47

由表看出：类石墨烯有效电荷及其形变对有效电荷的影响参量的大小，与化合物有关。对 ZnS 类石墨烯而言，有如下结果：① 三种形变均会造成有效电荷发生改变，且对负电荷的影响大于正电荷。② 三种形变中，大小形变对正有效电荷影响最大，单轴形变对负有效电荷影响最大，剪切形变对正负有效电荷影响最小。③ 大小形变与剪切形变对正负有效电荷影响的大小相同。

7.5 类石墨烯的介电性质

类石墨烯是极性分子介质，它的一个重要性质是介电性质，描述这一性质的量是它的极化率和介电常数。本节将论述类石墨烯的极化率和介电常数随温度的变化规律以及原子非简谐振动对它们的影响。

7.5.1 类石墨烯的极化率

电介质的极性是电场作用下，介质内形成电偶极矩造成。类石墨烯是由正、负离子组成，在外场作用情况下，一方面正、负离子中的电子电荷中心位置发生偏离，产生偶极矩，造成极化，这种极化称为电子极化，其极化率用 χ_e 表示。另一方面，正、负离子间的距离（即键长）也要发生变化，造成附加偶极矩，这种因键长变化造成的附加偶极矩的极化叫离子极化，其极化率用 χ_i 表示。

首先讨论电子极化。按照电学理论，单位体积的极化偶极矩 P 矢量和称为偶极矩（也称作极化密度），将它按电场强度 F 展开，有

$$P_i = \chi_{ij}^{(1)} F_j + \chi_{ijK}^{(2)} F_j F_K + \cdots\cdots \tag{7.5.1}$$

对三维晶体，i（或 j、k）代表 x、y、z 轴；对二维晶体，i（或 j、k）代表 x、y 轴，$\chi^{(1)}$ 称为线性极化率，$\chi^{(2)}$ 称为二次介电极化率。极化率与介电常数的关系为：

$$\varepsilon = 1 + 4\pi\chi_1 \tag{7.5.2}$$

对理想状态的单层类石墨烯化合物，假设电场 F 处于该平面，这时的线性极化率就由二维张量 $\chi_{ij}^{(1)}$ 变为一个数 χ_{11}，相应地介电常数也由二维张量变为一个标量 ε_0。要确定 χ_{i} 或 ε_0，就应确定电偶极矩 P 与电场 E 的关系。

对类石墨烯化合物，设它的极性参量为 α_{c}，在没有外电场时，键的偶极矩为[3]：

$$P^{(0)} = (e\gamma)\alpha_{\mathrm{p}}\left(1 - 2\alpha_{\mathrm{c}}^4 \frac{V^2}{V_2^2}\right) a e_{\mathrm{T}} \tag{7.5.3}$$

这里 e_{T} 为键长方向的单位矢量，由负离子指向正离子，γ 为无量纲的比例因子。当有电场方向为 $E = E_x ex + E_y e_y$ 的电场存在时，要生产附加的极化能

$\frac{1}{2}e\gamma\left(ae_{\mathrm{r}}\cdot E\right)$。极化能由 V_3 变为 $V_3'=V_3+(1/2)e\gamma\left(ae_{\mathrm{T}}\cdot E\right)$，这时一个键的键能 E_{b} 将变为 E_{b}'：

$$E_{\mathrm{b}}'=-2\sqrt{V_2^2+V_3'^2}+2S'V_2-\frac{4}{3}\alpha_{\mathrm{c}}'^3\frac{V_1^2}{V_2^2} \tag{7.5.4}$$

这里

$$\alpha_{\mathrm{c}}'=\frac{V_2}{\sqrt{V_2^2+V_3'^2}},\quad \alpha_{\mathrm{p}}'=\frac{V_3'}{\sqrt{V_2^2+V_3'^2}}$$

$$S'=\frac{2}{3}\alpha_{\mathrm{c}}^1\left[1-\frac{2}{3}\alpha_{\mathrm{c}}'^2\left(1-3\alpha_{\mathrm{P}}'^2\right)\frac{V_1^2}{V_2^2}\right]$$

由下式求得有电场时的偶极矩：

$$P^{(1)}=(e\gamma)^2\alpha_{\mathrm{c}}^3\left[1-2\alpha_{\mathrm{c}}^2\left(1-5\alpha_{\mathrm{P}}^2\right)\frac{V_1^2}{V_2^2}\right]\frac{\left(ae_r\cdot E\right)}{2V_2}ae_{\mathrm{r}} \tag{7.5.5}$$

对图 7.5.1 的各离子的编号，各键的 $\left(ae_{\mathrm{r}}\cdot E\right)ae_{\mathrm{r}}$ 为：

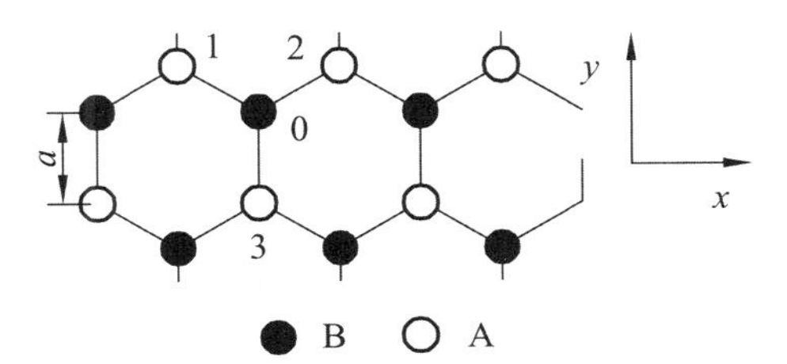

图 7.5.1 类石墨烯各离子编号示意图

A—正离子（白圆圈）；B—负离子（黑圆点）

$$\left(ae_1\cdot E\right)ae_{1x}=\frac{1}{4}a^2\left(-E_x+E_y\right)\left(-\sqrt{3}\right),\quad \left(ae_1\cdot E\right)ae_{1y}=\frac{1}{4}a^2\left(-E_x+E_y\right)$$

$$\left(ae_2\cdot E\right)ae_{2x}=\frac{1}{4}a^2\left(E_x+E_y\right)\sqrt{3},\quad \left(ae_2\cdot E\right)ae_2=\frac{1}{4}a^2\left(E_x+E_y\right)$$

$$\left(ae_3\cdot E\right)ae_{3x}=0,\quad \left(ae_3\cdot E\right)ae_{3y}=a^2E_y$$

将这些表示式代入式（7.5.5），得到有电场时的 P 与电场 E_x 的关系式。再

将 $P^{(1)}=P^{(1)}(E_x$、$E_y)$用 E_x、E_y 展开，就可得到线性极化率 $\chi_{ij}^{(1)}$ 等。

现研究最简单的一种特殊情况：设电场为 Ox 轴方向，这时 $E_y=0$。在 $P_x^{(1)}$ 按 E_x 展开至一次方的线性近似下，求得：

$$P_x^{(1)} \approx \frac{3}{2}a^2\frac{(e\gamma)^2\alpha_c^3}{2y_2}\left[1-2\alpha_c^2(1-5\alpha_p^2)\frac{V_1^2}{V_2^2}\right]E_x \tag{7.5.6}$$

由此得到一个键的 $\chi^{(1)}=\partial P^{(1)}/\partial E_x$ 值为：

$$\chi^{(1)}=\frac{3a^2(e\gamma)\alpha_c^3}{4V_2}\left[1-2\alpha_c^2(1-5\alpha_p^2)\frac{V_1^2}{V_2^2}\right] \tag{7.5.7}$$

由于一个键平均占有的体积为 $\Omega_a=S_a h$，而 S_a 为一个原子平均占有的面积 $S_a=3\sqrt{3}a/4$，h 为二维六角结构的厚度，可取为 $h=a$，那么单位体积的偶极矩为：

$$P=\frac{4P^{(1)}}{3\sqrt{3}a^3} \tag{7.5.8}$$

将式（7.5.6）代入式（7.5.8），并由 $\chi=\partial P/\partial E_x$，得到极化率为：

$$\chi_1=\frac{1}{\sqrt{3}}\frac{(e\gamma)^2\alpha_c^3}{V_2 a}\left[1-2\alpha_c^2\left(1-5\alpha_p^2\right)\frac{V_1^2}{V_2^2}\right] \tag{7.5.9}$$

现讨论离子极化。离子极化，是指在电场作用下，因离子电荷受力而使键长变化造成，在忽略电场作用有可能发生剪切形变条件下，只有键长变化会造成离子极化。

设在电场 E 的作用下，键长 a 发生变化 δa。第 i 个分量受的电场力为 $e\gamma E_i$，按照胡克定律，键长变化应与位移成正比：$e\gamma E_i=\varepsilon_0\delta a_i$，求得 $\delta a_i=e\gamma E_i/\varepsilon_0$。从而键长由 a 变为 $a'=a+\delta a_i$，相应地，V_2、α_c、α_p 等分别变为 V_2'，α_c'、α_p'。这时一个键的键能由 E_b 变为：

$$E_b'=-2\sqrt{V_2'^2+V_3^2}+2S'V_2'-\frac{4}{3}\alpha_c'^3\frac{V_1^2}{V_2'^2} \tag{7.5.10}$$

这里

$$V_2'=\frac{V_2}{\left(1+e\gamma E/\varepsilon_0 a\right)^2},\quad \alpha_c'=\frac{V_2^1}{\sqrt{V_2^1+V_3^2}},\quad \alpha_p'=\frac{V_3}{\sqrt{V_2'^2+V_3^2}}$$

$$S'=\frac{2}{3}\alpha_c'\left[1-\frac{2}{3}\alpha_c'^2\left(1-3\alpha_p'^2\right)\frac{V_1^2}{V_2'^2}\right]$$

由此求得离子极化产生的偶极矩 $\delta p_x=-\partial E_b'/\partial E$ 。设 E 沿 x 方向，由按 E_x 展开，取至一次方项，求得 δp_x 的近似式，进而求得离子电偶极矩 $\delta p_i=\delta P_x/Sah$ 和离子极化率 $\chi_i=\partial\delta P_i/\partial E_x$ ，结果是：

$$\chi_i\approx\frac{2(e\gamma)^2\alpha_p}{\sqrt{3}\varepsilon_0 a^3}\left[1+2\alpha_c^2-4\alpha_c^4\left(1+5\alpha_c^2\right)\frac{V_1^2}{V_2^2}\right] \quad (7.5.11)$$

7.5.2 类石墨烯的介电常数随化合物的变化

高频介电常数与离子极化率的关系为：

$$\varepsilon_\infty=1+4\pi\chi_1 \quad (7.5.12)$$

静电介电常数 ε_0 与电子极化率 χ_e 和离子极化率 χ_i 的关系为：

$$\varepsilon_0=1+4\pi\left(\chi_e+\chi_i\right) \quad (7.5.13)$$

将式（7.5.9）和（7.5.12）一起代入式（7.5.13），得到静电介电常数为：

$$\begin{aligned}\varepsilon_0=1+\pi(e\gamma)^2&\left\{\frac{\alpha_c^3}{\sqrt{3}V_2 a}\left[1-2\alpha_c^2\left(1-5\alpha_p^2\right)\frac{V_1^2}{V_2^2}\right]\right.\\&\left.+\frac{2\alpha_p}{\sqrt{3}\varepsilon_0 a^3}\left[1+2\alpha_c^2-4\alpha_c^4\left(1+5\alpha_c^2\right)\frac{V_1^2}{V_2^2}\right]\right\}\end{aligned} \quad (7.5.14)$$

将各类石墨烯化合物的 V_1、V_2 等数据代入式（7.5.12）和（7.5.14），得到几种常见类石墨烯化合物的高频和静电介电常数的数据，见表 7.5.1、表 7.5.2。表中的 ε_∞ 、ε_0 以真空介电常数 ε_0 为单位 1。

表 7.5.1 二维六角Ⅳ~ⅣA 族和Ⅱ~ⅤA 族类石墨烯的极化率和介电常数[3]

No	1	2	3	4	5	6	7	8
化合物	Ge	Si	Gm	SiC	GeC	GeSi	ZnS	ZnSe
x_e	—	—	—	0.49	0.50	0.53	0.33	0.33
x_i	—	—	—	0.13	0.15	0	5.92	1.27
ε_∞	—	—	—	7.16	7.28	7.66	5.15	5.15
ε_0	—	—	—	8.79	9.17	7.66	—	—

表 7.5.2 二维六角Ⅲ~ⅤA 族类类石墨烯的极化率和介电常数[3]

No	9	10	11	12	13	14	15	16	17
化合物	BN	BP	BaS	AlN	AlP	AlAs	GaN	GaP	GaAs
x_e	0.36	0.52	0.53	0.36	0.53	0.56	0.37	0.53	0.55
x_i	0.23	0.10	0.15	0.69	0.30	0.11	0.36	0.18	0.29
ε_∞	5.52	7.53	7.66	5.52	7.66	8.04	5.65	7.66	7.91
ε_0	8.41	8.79	9.55	14.14	11.43	9.42	10.17	9.92	11.56

图 7.5.2 给出了几种类石墨烯化合物介电常数随化合物的变化，可以看出，它与三维情况的实验值接近。

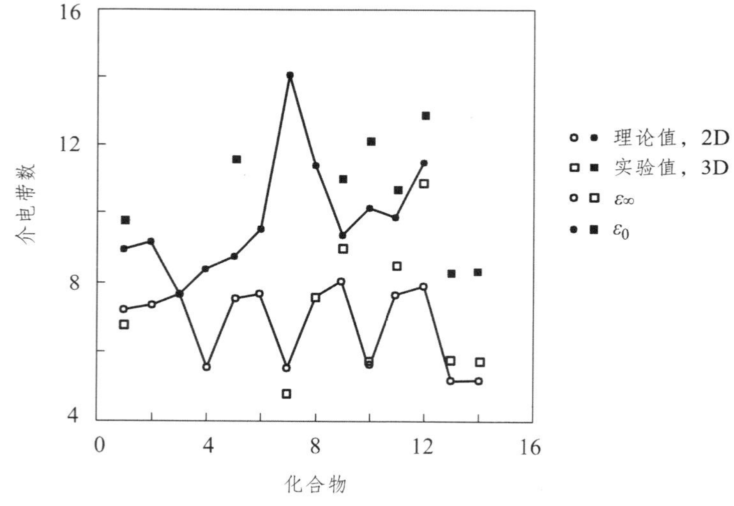

图 7.5.2 类石墨烯的介电常数随化合物的变化[3]

1—SiC；2—GeC；3—GeSi；4—BN；5—BP；6—Bas；7—AlN；8—AlP；9—AlAs；10—GaN11—GaP；12—GaAs；13—ZnS；14—ZnSe

7.5.3 类石墨烯的介电常数随温度的变化

类石墨烯的介电常数除与类石墨烯的极性参量有关外，还与键长 a 有关。考虑到原子作非简谐振动后，由于键长 a 与温度有关，因此，类石墨烯的介电常数就随温度而变。

设类石墨烯的线膨胀系数为 α_1，因热膨胀，键长由 a 变为 $a(1+\alpha_1 T)$，相应地 V_2、α_c、α_p 等都变为 $V_2(T)$、$\alpha_c(T)$、$\alpha_p(T)$。经计算，考虑到 α_1 很小而且系统可达到的温度不太高，可得到类石墨烯的介质常数随温度变化的关系为：

$$\varepsilon_{\infty}(T)=1+\frac{(e\gamma)^2\alpha_{\mathrm{c}}^3}{\sqrt{3}V_2^a(1-\alpha_1 T)}\left\{1-2\alpha_{\mathrm{c}}^3\left[1-\frac{5\alpha_{\mathrm{P}}^2}{(1-2\alpha_1 T)^2}\right]\frac{V_1^2}{V_2^2(1-2\alpha_1 T)^2}\right\} \quad (7.5.15)$$

$$\varepsilon_0(T)=\varepsilon_{\infty}(T)+\frac{4\pi(e\gamma)^2}{\sqrt{3}\varepsilon_0 a^3(1+\alpha_1 T)^3(1-2\alpha_1 T)^2}\left[1+2\alpha_{\mathrm{c}}^2-4\alpha_{\mathrm{c}}^4(1+5\alpha_{\mathrm{c}}^2)\frac{V_1^2}{V_2^2(1-2\alpha_1 T)^2}\right] \quad (7.5.16)$$

将各化合物的数据代入式（7.5.15）和（7.5.16），得到几种类石墨烯的介电常数随温度的变化。表 7.5.3 给出了类石墨烯 SiC 的高频介电常数和静电介电常数随温度的变化，表中本书（0）、（1）、（2）分别为简谐近似，只考虑到第一非简谐项，同时考虑到第一、二非简谐项的结果。

表 7.5.3　类石墨烯 SiC 的介电常数随温度的变化

T/K		100	200	300	400	500	600	700	800
$(\varepsilon_{\infty}-1)/10^{-9}$	本书（0）	1.051	1.051	1.051	1.051	1.051	1.051	1.051	1.051
	本书（1）	1.050	1.049	1.048	1.046	1.045	1.044	1.043	1.042
	本书（2）	1.050	1.049	1.048	1.046	1.045	1.044	1.043	1.041
$(\varepsilon_0-1)/10^{-9}$	本书（0）	1.219	1.219	1.219	1.219	1.219	1.219	1.219	1.219
	本书（1）	1.217	1.215	1.213	1.211	1.210	1.208	1.206	1.205
	本书（2）	1.217	1.215	1.213	1.211	1.210	1.208	1.206	1.204

文[10]由式（7.5.15）和（7.5.16），作出类石墨烯 SiC 的高频介电常数和静电介电常数随温度的变化温度变化曲线如图 7.5.3 所示，图中的曲线 0、1、2 分别为简谐近似，只考虑到第一非简谐项以及同时考虑到第一、二非简谐项的结果[10]。

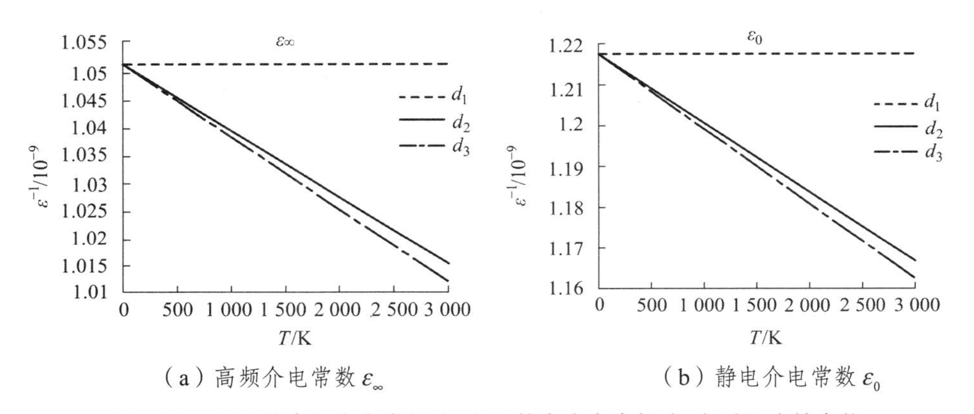

（a）高频介电常数 ε_{∞}　　（b）静电介电常数 ε_0

图 7.5.3　SiC 的高频介电常数（a）和静电介电常数（b）随温度的变化

由图 7.5.3 看出：类石墨烯 SiC 的高频介电常数和静电介电常数均随温度升高而减小。

参考文献

[1] TONG C J, ZHANG H, ZHANG Y N, et al. New manifold two-dimensional single-layer structures of zinc-blende compounds[J]. Journal of chemistry A. 2014, 2: 17971.

[2] DAVYAOV S Y. π键对 A_N-B_{8-N}类石墨烯有效电荷、内聚能和力常数的贡献[J]. 固体物理, 2016, 58(2): 392-400. (俄文文献)

[3] DAVYDOV S Y. 类石墨烯化合物 A_N-B_{8-N}的弹性和介电性质[J]. 半导体物理与技术, 2013, 47(8): 1065-1070. (俄文文献)

[4] DAVYDOV S Y. 在金属上的 A_N-B_{8-N}化合物六角二维层[J]. 固体物理, 2016, 58(4): 779-790. (俄文文献)

[5] HARRISON W A. Coulomb interactions in semiconductors and insulators[J]. Phys Rev B, 1985, 31: 2121.

[6] SAHIN H, CAHANGIROV S, TOPSAKAL M, et al. Monolayer honeycomb structures of group-Ⅳ element and Ⅲ-Ⅴ binary compounds: first principles caculations[J]. Phys Rev B, 2009, 80. 155453

[7] SUZUKI T, YOKOMIZO Y. Energy bands of atomic monolayers of various materials: possibility of energy gap engineering[J]. Physica E, 2010, 42: 2820.

[8] DAVYDOV S Y. 类石墨烯化合物上的吸附理论[J]. 半导体物理和技术, 2017, 51(2): 226-233. (俄文文献)

[9] DAVYDOV S Y, BASNEDJIK A W. 二维六角结构的弹性理论[J]. 固体物理, 2015, 57(4): 819-824. (俄文文献)

[10] 周虹君, 高一文. 非简谐振动对 SiC 的热膨胀系数和介电性能的影响[J]. 原子与分子物理学报, 2018, 35(5): 879-883.

[11] DAVYDOV S Y. 单层石墨烯的第三级弹性模型[J]. 2011, 53(3): 617-619. (俄文文献)

[12] 郑瑞伦, 胡先权. 面心立方晶格的非简谐效应[J]. 大学物理. 1994, 13(5): 15-18.

8 石墨烯热电效应及其应用

热电效应是指当物体存在温度梯度时，材料中的热能和电能会相互转换的现象。石墨烯热电性质的奇异现象和广泛的应用前景，已成为国内外重要的研究领域。本章将在论述热电效应的有关概念、分类以及热力学理论的基础上，论述石墨烯的热电效应及国内外研究进展，并应用固体物理理论，分别对金属基和半导体基外延石墨烯热电系数进行定量计算，探讨其变化规律和影响因素。最后论述石墨烯热电效应的应用，特别是在新型环境响应材料、热电器件及光电探测上的应用。

8.1 热电效应分类及其热电现象的热力学理论

本节将论述热电效应的有关概念和分类，在此基础上，着重论述热电现象的热力学理论，最后论述热电系数的计算公式。

8.1.1 热电效应的有关概念和分类

将两种不同的导体 A 和 B 连接成一个回路，两接点处保持不同的温度，中间接数字电压表，两个开路的接点保持在同一温度，就会观察到电压表中出现电压 ΔV，这种因温度差而产生的电动势叫温差电动势（图 8.1.1），因温差而引起热能与电能的相互转换的现象叫热电效应。

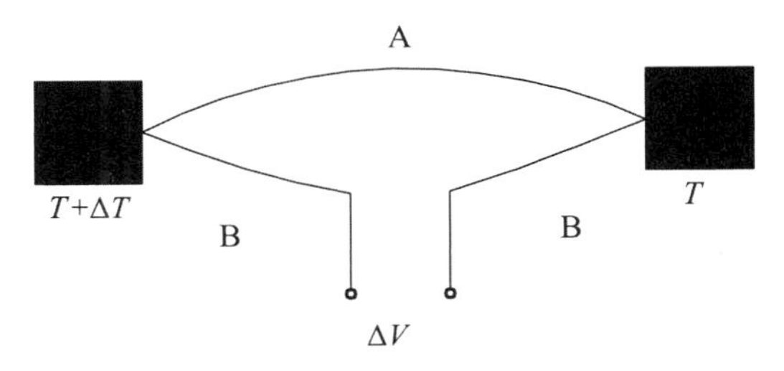

图 8.1.1 热电效应测试示意图

热电效应的产生是由于两种材料接触处温度和化学势不同，是一种不可逆过程的热力学现象。温差电现象主要有三种：塞贝克（Seebeck）效应、珀尔帖（Peltier）效应，汤姆孙（Thomson）效应。

塞贝克效应是指如图 8.1.1 所示的因温差ΔT而在回路中产生电势差ΔV的现象，它是塞贝克于 1827 年发现的。实验表明：电势差与温差成正比，即

$$\Delta V = \varepsilon_{AB} \Delta T \tag{8.1.1}$$

系数ε_{AB}称为金属 A 和 B 的温差电动势系数，常称为 Seebeck 系数。它的正负号规定为：高温端电动势使电流由 A 流向 B，则ε_{AB}为正；反之为负。

Seebeck 系数取决于材料 A、B 的性质和温度。若 B 为超导体，它的绝对热电势为零，则ε_{AB}也是 A 的绝对热电势ε_A。实验表明：当以纯铅为 A，而以 Nb_3Sn（$T_c = 18\,K$）超导体为 B，测得铅的热电势将由温度为$T = 7.25\,K$时的$-0.20\,\mu V \cdot K^{-1}$变化到温度为$T = 17.5\,K$时的$-0.78\,\mu V \cdot K^{-1}$。

珀尔帖效应是指如图 8.1.2 所示的两种金属 A、B 构成的回路，在 A、B 相连接处保持其恒定温度，当有电流通过时，实验发现：在一个接头处会放出热量，而另一接头处则吸收热量，这种因不同材料接触、在恒温条件下通过电流，在接头处有吸热或放热的现象。该效应是珀尔帖于 1834 年实验发现的。

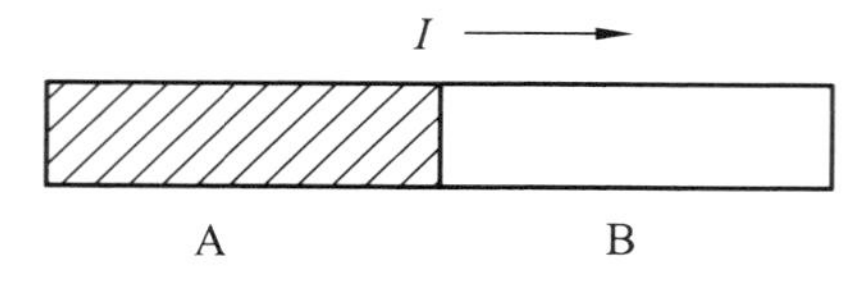

图 8.1.2 珀尔帖效应示意

实验表明：单位时间单位面积接头处吸收（或放出）的热量（称为珀尔帖热流密度$j_{q\pi}$）$j_{q\pi}$与由 A 流往 B 的电流密度j_e成正比：

$$j_{q\pi} = \pi_{AB} j_e \tag{8.1.2}$$

系数π_{AB}称为珀尔帖系数，其数值取决于两种材料的性质和温度。它的正负号规定为：当电流由 A 流向 B，引起流入端为吸热，流出端放热，此时π_{AB}为正；反之，为负。

汤姆孙效应是指当电流通过具有不同温度分布的同一均匀导体时，除放出焦耳热外，还要放出或吸收另外的热量的现象（图 8.1.3）。该效应于 1854 年由汤姆孙发现。因温度不同通以电流而产生的其他热量叫汤姆孙热。

实验表明：导体单位体积在单位时间放出（或吸收）的汤姆孙热q_T与导体的温度梯度ΔT和通过导体的电流密度j_e成正比：

$$q_T = -\tau J_e \cdot \nabla T \tag{8.1.3}$$

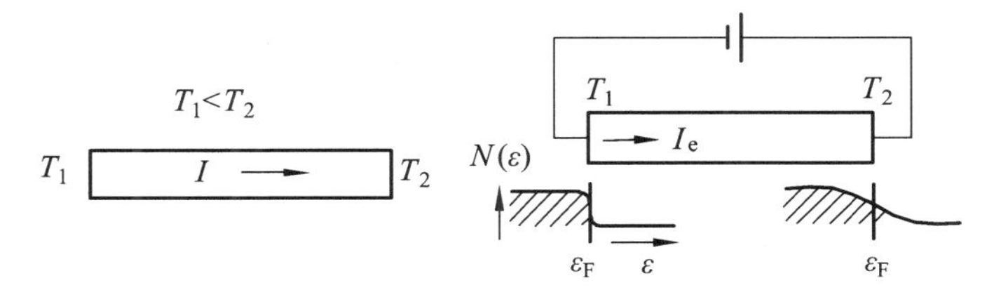

图 8.1.3 汤姆孙效应示意图

系数τ称为汤姆孙系数，它与材料的性质和温度有关。它的正、负号规定为：当电流方向与温度梯度方向相同时为正；反之为负。

此效应是可逆的：电流沿温度梯度方向流动时为吸热，而沿相反方向流动时为放热。τ的值在实验上可测，例如 0 °C 时，Li、Na、Cu、Ag、Fe、Pt 的τ值见表 8.1.1。

表 8.1.1 一些金属的汤姆孙系数[1] ($T = 273$ K)

元素	Li	Na	Cu	Ag	Fe	Pt
$\tau / \mu V \cdot K^{-1}$	23.2	−5.1	1.3	1.2	−5.4	−12.0

汤姆孙效应产生的原因是温度不同时，两端电子的分布和电子的平均能量不同：低温端电子平均能量比高温端电子的平均能量低，当电子从低温端往高温端运动时，必须给电子以额外的能量，此能量来自声子（晶格振动），最终取自外界，即吸收热量（汤姆孙热）。很易算得$\tau = C_e / ne$，这里n是单位体积电子数，C_e是单位体积电子的热容量，它与温度的关系为

$$C_e = \frac{3}{2} n k_B \left(\frac{T}{T_F} \right) \tag{8.1.4}$$

T_F为费米温度：$T_F = \mu(0) / k_B$，$\mu(0)$是材料的零温化学势。

8.1.2 热电现象的热力学理论

热电现象由塞贝克系数（ε_{AB}）、珀尔帖系数（π_{AB}）和汤姆孙系数（τ）描述，它们都与材料的性质和温度有关，而且这三者之间又彼此相联系。为了确定三者的关系，可采用不可逆过程热力学理论进行研究。

设导体同时存在着温度差 ΔT 、电势差 ΔV ，导体内就会出现电流和热流。设电流密度和热流密度分别为 j_{e} 和 j_{q} ，则导体中就要产生熵的改变 ΔS 。按照热力学理论，熵产生率与温度变化 ΔT 和电势差 ΔV 之间满足如下关系[2]：

$$\frac{\partial S}{\partial t}=-\nabla\cdot\frac{j_{\mathrm{q}}}{T}+j_{\mathrm{q}}\cdot\nabla\frac{1}{T} \tag{8.1.5}$$

第一项是由热量流入引起的局域熵密度的增加率，第二项是温度梯度引起的局域熵产生率。利用力（ $\nabla\left(\frac{1}{T}\right)$ 、 $-\frac{1}{T}\nabla\mu$ ）和流（ j_{e} 、 j_{q} ）的关系式：

$$\begin{aligned} j_{\mathrm{q}}&=L_{11}\nabla\left(\frac{1}{T}\right)-L_{12}\frac{1}{T}\nabla\mu \\ j_{\mathrm{e}}&=L_{21}\nabla\left(\frac{1}{T}\right)-L_{22}\frac{1}{T}\nabla\mu \end{aligned} \tag{8.1.6}$$

并用 Callen 给出的简化方式，可将（8.1.6）式简化为：

$$\begin{aligned} \frac{\mathrm{d}S}{\mathrm{d}t}&=-i_{\mathrm{q}}\frac{\Delta T}{T^2}-i_{\mathrm{e}}\frac{\Delta V}{T} \\ j_{\mathrm{q}}&=-L_{11}\frac{\Delta T}{T}-L_{12}\frac{\Delta V}{T} \\ j_{\mathrm{e}}&=-L_{21}\frac{\Delta T}{T^2}-L_{22}\frac{\Delta V}{T} \end{aligned} \tag{8.1.7}$$

系数 L_{11} 、 L_{12} 、 L_{21} 、 L_{22} 称为动力系数，其中， L_{12} 和 L_{21} 是由电势差引起的熵流和温差引起的熵流、电流的交叉系数。根据昂萨格（Onsager）关系，有 $L_{12}=L_{21}$ ，而 L_{11} 与电导率 σ 有关：

$$\sigma=\frac{e^2L_{11}}{T} \tag{8.1.8}$$

L_{11} 、 L_{22} 、 L_{12} 与热导率 K 有关：

$$K=\frac{L_{11}L_{22}-L_{12}^2}{T^2L_{11}} \tag{8.1.9}$$

为了求动力系数与温差电动势系数的关系，可利用如图 8.1.4 所示的热电偶回路。

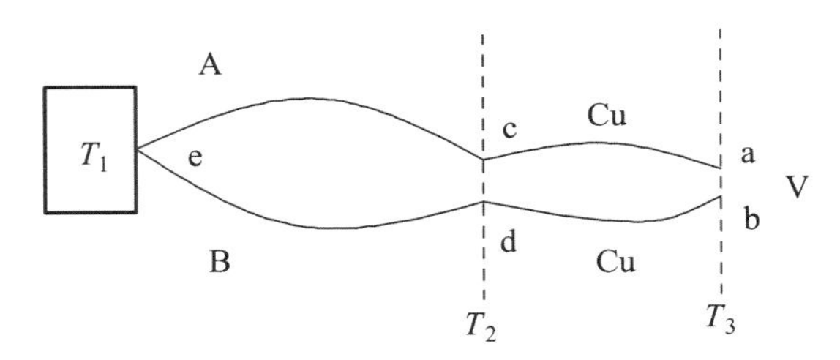

图 8.1.4 研究动力系数与温差电动势系数关系的热电偶示意

如图 8.1.4，热电偶的一端 e 放在待测温度 T_1，另一端分别与铜线连接于 c、d 两点，它们同处于温度 T_2（通常取 $T_2 = 273\ \mathrm{K}$），铜线的另一端 a、b 处于室温。若金属 A、B 和 Cu 的绝对热电势为 ε_{A}、ε_{B} 和 $\varepsilon_{\mathrm{Cu}}$，则此热电偶的电动势分段写为：

$$V_{\mathrm{a}} - V_{\mathrm{c}} = \int_{T_2}^{T_3} \varepsilon_{\mathrm{Cu}} \mathrm{d}T,\ V_{\mathrm{Cu}} - V_e = \int_{T_1}^{T_2} \varepsilon_{\mathrm{A}} \mathrm{d}T$$

$$V_{\mathrm{c}} - V_{\mathrm{d}} = \int_{T_2}^{T_1} \varepsilon_{\mathrm{B}} \mathrm{d}T,\ V_d - V_b = \int_{T_3}^{T_2} \varepsilon_{\mathrm{Cu}} \mathrm{d}T$$

将上述 4 个等式的左边、右边分别相加，得到：

$$V_{\mathrm{AB}} = V_{\mathrm{a}} - V_{\mathrm{b}} = \int_{T_1}^{T_2} \left(\varepsilon_{\mathrm{A}} - \varepsilon_{\mathrm{B}}\right) \mathrm{d}T \tag{8.1.10}$$

考察接点 e 处热流和电流情况，由热流平衡关系，可得到珀尔帖系数 π_{AB} 与绝对温差电动系数 ε_{A}、ε_{B} 之间的关系为：

$$\pi_{\mathrm{AB}} = T\left(\varepsilon_{\mathrm{A}} - \varepsilon_{\mathrm{B}}\right) \tag{8.1.11}$$

此关系称为开尔文第二关系式，它将珀尔帖系数与塞贝克系数联系起来。

为了得到汤姆孙系数与塞贝克系数的关系，考察图 8.1.4 中的一段，其放大图见图 8.1.5，热电偶仍是开路，导体中电流为零，但有温差，两端的温度为 T_1 和 T_2，在中间温度为 T 处的一小段，温差为 ΔT，产生电势差 $\Delta V_{\mathrm{A}} = \varepsilon_{\mathrm{A}} \Delta T$，进出这一小段的热流为 I_{q}，在导体 A 的两端 e 和 c 处，加一电压 V_{A}：

$$V_{\mathrm{A}} = V_{\mathrm{c}} - V_{\mathrm{e}} = \int_{T_1}^{T_2} \varepsilon_{\mathrm{A}} \mathrm{d}T$$

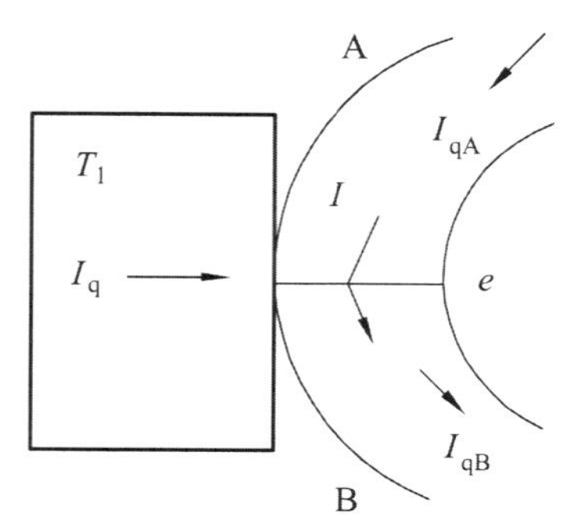

图 8.1.5 确定塞贝克效应与汤姆孙系数关系示意图

连接的导线材料与导体 A 相同，这样，在这一小段 A 导体中将有一电流，引起焦耳热 $I^2\Delta R$ 和汤姆孙热，这小段导体与外界交换的热量为：

$$\Delta I_q = I\Delta V_A - I_{\sigma A}\Delta T$$

由于 $\Delta V_A = \varepsilon_A \Delta T$ 、$I_q = IT_{eA} + IT\Delta\varepsilon_A$，求得，对 A 导体，有：

$$\tau_A = -T\frac{d\varepsilon_A}{dT}$$

对 B 导体，同样有：

$$\tau_B = -T\frac{d\varepsilon_B}{dT}$$

由此得到：

$$\tau_A - \tau_B = -T\frac{d}{dT}(\varepsilon_A - \varepsilon_B) \quad (8.1.12)$$

取 B 的 τ_B 、ε_B 为参考点，有：

$$\tau = T\frac{d\varepsilon}{dT} \quad (8.1.13)$$

该式揭示了汤姆孙系数与绝对温差电动势系数的关系。

将式（8.1.11）对温度 T 求导数，得到：

$$\frac{d\pi_{AB}}{dT} = (\varepsilon_B - \varepsilon_A) + T\frac{d}{dT}(\varepsilon_B - \varepsilon_A)$$

再将（8.1.13）式代入，得到

$$\frac{\mathrm{d}\pi_{\mathrm{AB}}}{\mathrm{d}T}+\left(\tau_{\mathrm{A}}-\tau_{\mathrm{B}}\right)=\varepsilon_{\mathrm{B}}-\varepsilon_{\mathrm{A}} \tag{8.1.14}$$

该式称为开尔文第一关系式，它揭示了塞贝克系数、珀尔帖系数和汤姆孙系数三者的关系。

8.1.3 热电系数的计算公式

热电材料转换效率高低的唯一指标是热电材料的性能优值（ZT），而 ZT 值与材料的温差电动势系数（材料的 Seebeck 系数 ε_{A} ）的平方成正比，提高 ε_{A} 的值是提高材料的热电性能的关键之一。

研究热电效应时，由于温差电动势系数 ε_{A} 与材料的电导率有关，而且也为了从微观上便于探讨材料的热电性质，常引入热电系数 β 。它由下式定义：

$$\varepsilon_{\mathrm{A}}=-\frac{\beta}{\sigma} \tag{8.1.15}$$

由于热电系数 β 在热电效应的主要指标——性能优值（ZT）——中起着主要作用：$ZT \propto \beta^2$ ，因此，从理论上研究热电效应与温度和材料性质的关系，主要是研究热电系数 β 随温度和材料性质的变化规律。它通常都是借助于莫特公式来确定[3]：

$$\beta=\frac{\pi^2}{3e}k_{\mathrm{B}}^2T\frac{\mathrm{d}\sigma(\mu,T=0)}{\mathrm{d}\mu} \tag{8.1.16}$$

但这公式只适用于准粒子弛豫时间强烈依赖能量情况，而一般情况要用如下公式确定：

$$\beta=\int_{-\infty}^{\infty}\frac{\varepsilon}{eT}\frac{\partial f}{\partial \varepsilon}A(\varepsilon+\mu)\mathrm{d}\varepsilon \tag{8.1.17}$$

这里 ε 为电子的能量，f 为费米分布函数，$A(\varepsilon)$ 是与材料性质和温度等有关的函数，可理解为准粒子（电子、空穴、声子等）的弛豫时间。要从理论上由式（8.1.16）或（8.1.17）计算热电系数 β ，应建立具体的物理模型，用格林函数理论或其他理论来确定。具体情况可见文献[4]。

8.2 石墨烯热电效应

石墨烯由于晶格对称性和碳原子的共价性，它的许多电学、光学性质具有奇异性。文献[4]等研究表明：石墨烯特别是在半导体基底上形成的外延石墨烯具有优异的热电性质，在室温下其热电系数 β 可达 30 $\mu V \cdot K^{-1}$，而一般的金属只达 0.01 $\mu V \cdot K^{-1}$。正是由于它的突出性能和广泛的应用价值，国内外对石墨烯热电性质及其应用进行了广泛研究。本节将在概述石墨烯热电性能有关概念和国内外对石墨烯热电效应的研究进展的基础上，论述提高热电效应的可能途径。

8.2.1 石墨烯热电性能概述

热电材料的性能优值（ZT）是热电材料转换效率高低的唯一指标，定义为：

$$\mathrm{ZT} = \frac{S^2 \sigma T}{K_\gamma + K_1} \tag{8.2.1}$$

式中：S 是材料的 Seebeck 系数；σ 是电导率；T 是绝对温度；K_γ 是载流子热导率；K_l 是晶格热导率。ZT 值越高，材料的热电性能越优良。目前常用热电材料的 ZT 值在1.0左右。理论上讲，热电材料的 ZT 值并无上限。

式（8.2.1）表明：提高 ZT 值的途径是：提高 Seebeck 系数 S 和提高电导率 σ、降低热导率 K_γ 和 K_1，而材料的 S、σ、K_γ 和 K_1 均与载流子（电子、空穴）的浓度 n 有关（见图 8.2.1）。由于 S、σ、K_γ 和 K_1 彼此联系，当优化其中一个热电性能时，必然导致其他参量的变化。例如，改变 S，必然改变固体材料的晶格振动模式和声子输运的散射机制，随之改变晶格热导率。适中和较高的载流子浓度，必然导致较强的电子和声子相互作用，导致晶格热导率的变化和波动。反之，通过对微观结构的调整和优化，可以有效降低晶格热导率，但同时也会影响电输运性质。因此，要对 S、σ、K_γ 和 K_l 等参量中的一个或几个参数进行独立控制，以实现优异热电性能，从内在机制上讲，是很困难的。

材料的电导率由载流子浓度和迁移率决定。石墨烯具有很高的载流子迁移率$\left(10^6\ \mathrm{cm}^2 \cdot \mathrm{V}^{-1} \cdot \mathrm{S}^{-1}\right)$，载流子浓度较高$(n \sim 1/\Omega)$，保证了它具有较大的电导率。例如：单层石墨烯电导率可达 $0.5\ \Omega^{-1} \cdot \mathrm{m}^{-1}$，碱金属基外延石墨烯电导率可达 $1.25\ \Omega^{-1} \cdot \mathrm{m}^{-1}$。另外，石墨烯的晶格对称性和费米能级附近具有尽可能多的能谷

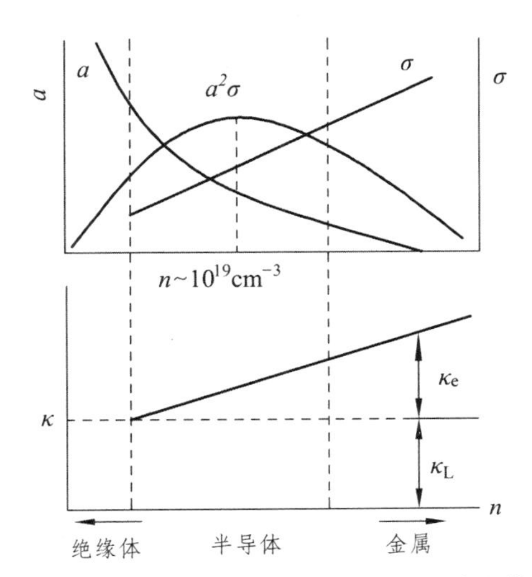

图 8.2.1 热电材料的 S, σ, K_l, K_v 随载流子浓度的变化[5]

以及大的有效质量，这些都使得石墨烯具有大的塞伯克系数 S 。热传导分为载流子的贡献和晶格振动的贡献两部分。半导体材料中，这两部分相当；在金属中，以电子的贡献为主；在绝缘体中以晶格振动为主。石墨烯中以晶格振动的贡献为主。我们对金属基外延石墨烯的计算表明，其热导率为 5000~ 2411 $W\cdot m^{-1}\cdot K^{-1}$ ，随温度升高而减小。用调节载流子浓度来调节热导率的可行性很小。上述表明：石墨烯是一种具有优良热电性能的材料，但也有待进一步提高改进。

由式（8.2.1）看到：性能优值（ZT）与材料的 Seebeck 系数 S 的平方成正比，而电导率接近常数，S 与热电系数 β 成正比，因此，提高性能优值（ZT）的关键是增大热电系数 β 。为此，国内外就此进行了不少的理论和实验研究[4]。

8.2.2 石墨烯热电效应的研究进展

自 2004 年石墨烯制备成功后，因其独特性能和广泛的应用前景，引起国内外的广泛关注。进行年来，随着温差电技术和低温测量技术的发展，人们已对石墨烯的热电性能进行不少研究。

在实验上，2009 年，文献[6]就采用通过门电压来控制载流子浓度的方法，对单层石墨烯的热电性质进行实验研究。发现电子和空穴对塞贝克效应的贡献相反（见图 8.2.2），Seebeck 系数 S 在通过狄喇克点时，要改变符号，当远离狄喇克点时，S 与载流子浓度的负 1/2 次方成正比（ $S\propto n^{-1/2}$ ）；与温度是线性关系，遵从半经典的 Mott 公式。

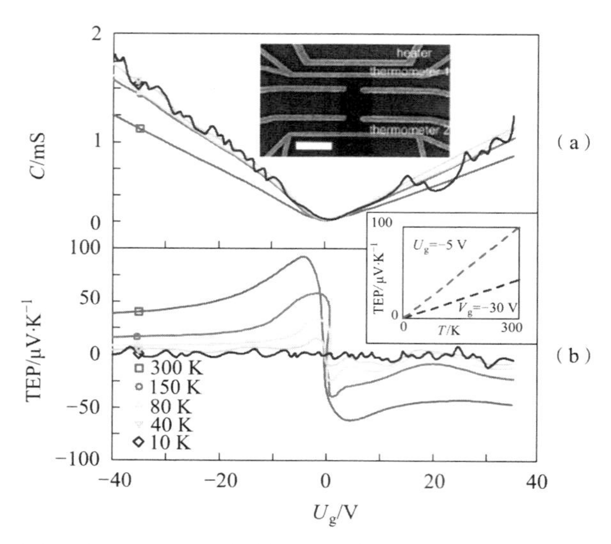

图 8.2.2 石墨烯导电（a）和温差电系数（b）随门电压的变化的实验曲线

2010 年，文献[7]对双层石墨烯热电效应进行测量，发现与单层石墨烯类似。在对石墨烯热电效应的理论研究上，2007 年文献[8]等从理论上研究了莫特公式对 Seebeck 系数的有效性。2009 年邢艳霞等在文献[9]中研究了单层石墨烯纳米带中磁场对 Nernst 和 Seebeck 效应的影响，用非平衡格林函数和紧束缚近似模型，对单层石墨烯纳米带中的 Nernst 和 Seebeck 效应进行研究，发现 Nernst 系数（N_c）是费米能的偶函数，而 Seebeck 系数（S_c）是奇函数。强磁场下，N_c 和 S_c 有峰状结构；而无磁场时，N_c=0，而 S_c 与纳米带的手性有关。当磁场由 0 逐渐增大时，不同边态类型的纳米带的 S_c 系数之间的差别会消失（见图 8.2.3）。

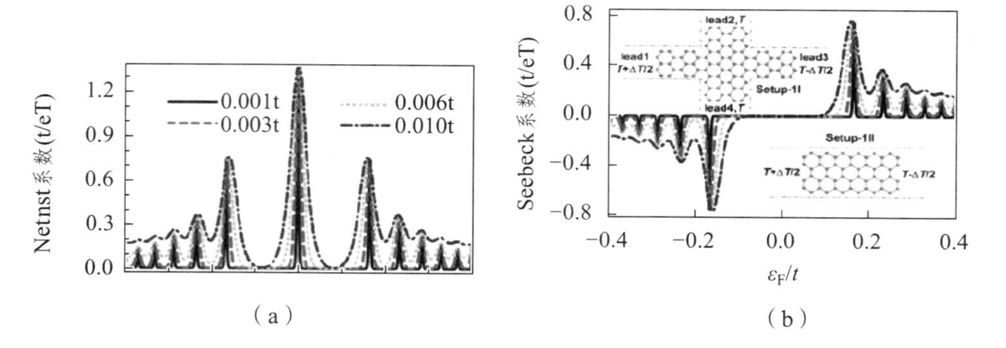

图 8.2.3 石墨烯的 Seebeck 系数（a）和 Nernst 系数（b）随费米能的变化

2016 年，文献[10]应用非平衡格林函数和紧束缚近似模型，通过计算，论述了 Seebrck 系数与珀尔替系数等的关系，探讨了温度、磁场等对热电、热磁系数的影响。2014 年谭任华等在文献[11]中，利用第一性原理与非平衡格林函数相结合的方法，系统研究了石墨烯纳米带中的热电性质与调控问题；2014 年文献[12]应用 Davydov 模型，利用库珀公式，从理论上研究了在半导体表面上形成的外延石墨烯的热电性质，证明了在半导体禁带能隙附近，外延石墨烯热电系数比狄喇克附近的热电势要大 4 倍，还对这种效应进行理论解释。2015 年，文献[13]在简单的解析模型下，研究了在量子金属和半导体薄膜上形成的外延石墨烯的热电输运性质，计算了电导率和热电系数 S，证明了这种系统中，有电导率和热电势的峰值，比单层石墨烯中要大几倍。该文还对二维、三维情况进行了比较。这些研究对揭示如何进一步提高石墨烯热电性能起到了重要的指导作用。

8.2.3 进一步提高石墨烯热电性能的途径

8.2.3.1 提高塞贝克（Seebeck）系数的方法

式（8.2.1）表明，热电效应的主要指标——性能优值（ZT）——与塞贝克（Seebeck）系数的平方成正比，而与其他量成正比，且随其他量的变化不大，因此，提高热电效应性能的关键是增大塞贝克系数 S。由于 S 与热电系数 β 成正比，因此，提高性能关键是增大热电系数 β。

泽伯克系数最主要是由材料的费米能级附近的电子能态密度和迁移率随能量的变化情况决定，因此，增大塞贝克系数的主要方法如下。

第一种方法是在费米能级附近，引入一个局域化的峰值，这样就可以显著增加电子能态密度随能量变化的斜率（图 8.2.4）。文献[14]中介绍了 Heremans 在 PbTe 中通过 Tl 掺杂，显著改变了费米能级附近的态密度，使系数 S 增大 1.7 ~ 3 倍，热电优值 ZT 从 0.7 增加到 1.5。

第二种方法是改变载流子的散射机制，从而改变迁移率随能量的变化关系。是适当在材料中引入电负性相差较大的杂质原子，改进热传导的散射机制，使其晶体热导率尽可能减小。材料热传导包括载流子热传导和晶格热传导，如何精确区分这两种热传导是至今尚未解决的难题。通常人们是根据维德曼-弗兰兹定律（$K_e = L_0\sigma T$）来计算载流子热导率 K_e，然后由总热导率 K 减去 K_e，就得到晶格热导率 K_v。这里 L_0 为洛伦兹常数，对金属，L_0=2.45×$10^{-8}$$V^2K^{-2}$，$\sigma$ 为电导率。为了有效控制热导率，常采取的方法是：引入各种散射机制来降低晶格电导率。这些散射机制包括：晶界对低频声子的散射、点缺陷对中高频声子的

散射、声子-声子的散射等。不同散射机制对热传导的贡献不同，因此，要根据情况，有针对性地选择相应的方法和手段，以散射特定频率的传热声子，达到降低导热率的目的。

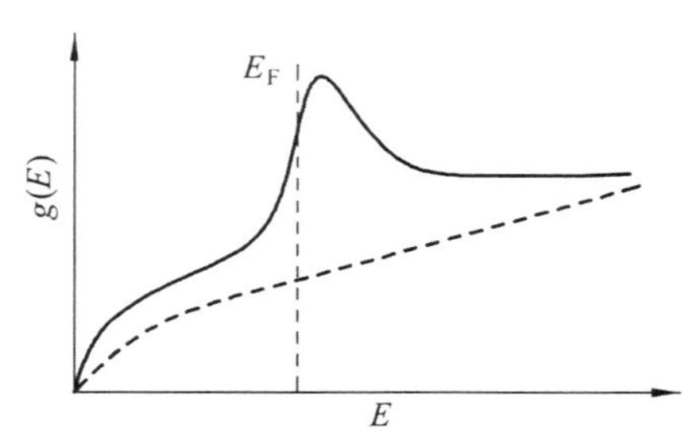

图 8.2.4　费米能级附近电子能态密度随能量的变化[5]

应指出：材料的热导率不可能无限制地降低，存在着一个最小晶格热导率的问题。晶格热导率与平均自由程成正比，理论上讲最小平均自由程就应是晶体中两原子之间的最小值，此时相应的热导率为最小晶格热导率。

要使材料接近最小热导率，除了掺杂等途径外，材料由三维向二维、一维、零维过渡，也是一种途径。利用低维材料电子能态结构的改变（见图 8.2.5）以及界面散射声子的程度远远超过对载流子的散射这些突出性质，为研制更优良的热电性能材料提供新途径、新方法，也为进一步提高石墨烯材料热电性能提供新思路。

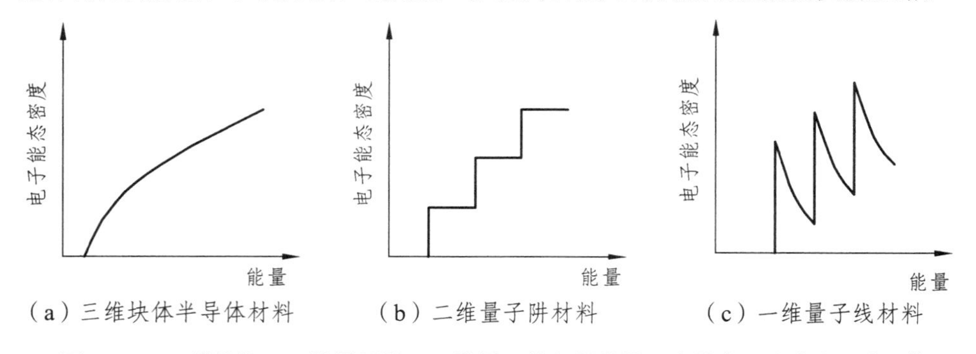

（a）三维块体半导体材料　（b）二维量子阱材料　（c）一维量子线材料

图 8.2.5　三维块体，二维量子阱、一维量子线和零维量子点的电子态密度示意图[5]

8.3　半导体基外延石墨烯热电效应的奇异现象

本节将在简要论述石墨烯热电效应研究进展的基础上，从微观角度论述热电系数随温度和化学势的变化规律。以半导体基外延石墨烯为例，论述在两种典型的物理模型下半导体基外延石墨烯外延石墨烯热电势的特点，并与单层石墨烯的热电势进行比较，简述石墨烯热电效应奇异现象的原因。本节还探讨了杂化势随温度的变化规律和原子非简谐振动对热电势的影响，最后论述了半导体膜基外延石墨烯热电势的变化特点。

8.3.1 石墨烯热电效应奇异性的发现

将石墨烯材料（包括石墨烯薄膜等）做成热电偶，与温差为 $\Delta T = T_2 - T_1$ 的两热源接触，并构成回路时，回路中要产生电动势，这种因温度差而引起的电动势叫温差电动势，记为 ΔV_{re}，它随温度的变化率 $\varepsilon = \mathrm{d}V_{re} / \mathrm{d}T$ 称为热电势（或称泽贝克系数）。实验表明，热电势 ε 与材料的电阻率 $\rho_e = 1/\sigma$ 成正比：

$$\varepsilon = -\frac{\beta}{\sigma} \tag{8.3.1}$$

β 称为热电系数，它描述了材料热电效应的大小。

石墨烯的一个突出性质是它具有很高的温差电动势，在室温下其热电系数可达 $30\ \mu V \cdot K^{-1}$，比一般金属的 $0.01\ \mu V \cdot K^{-1}$ 高近 3000 倍，尤其是在材料的化学势附近，其温差电动势更具有奇异性。

对于石墨烯热电势的奇异性，国内外学者已进行了不少的实验和理论研究。2007 年 Dragoman 等在文献[15]中用实验测出室温（300 K）时单层石墨烯的热电势可达 $30\ \mu V \cdot K^{-1}$，比通常金属热电势 $0.01\ \mu V \cdot K^{-1}$ 要高 300 倍。2012 年，文献[16]作了一些分析。2014 年，Alisultanov 等在文献[12]中，利用库珀公式，采用 Davydov 模型，得到普通情况下半导体基外延石墨烯热电势随温度和化学势变化的解析表示式，计算表明：用库珀公式计算的热电势，在半导体带隙边界附近，可达 $400 \mu V \cdot K^{-1}$，比用莫特公式计算的值还要大，该文还对出现热电势异常的原因给予解释。2015 年，文献[13]对金属和半导体薄膜上形成的外延石墨烯输运现象进行研究，表明：在薄膜上形成的外延石墨烯热电势仍有奇异现象，同样证实其热电势比单层石墨烯热电势要大很多倍。2016 年，文献[17]对在抛物形量子阱中声子拖曳对热电动势的影响作了理论研究。这些研究对石墨烯材料热电势随温度和化学势的变化作了一些研究，但有待深入，且未涉及原子非简谐振动对外延石墨烯热电效应变化规律的影响。

要探寻具有很大热电势的材料，就应确定材料的热电系数与温度和材料性质（如化学势）等的关系。

8.3.2 外延石墨烯的热电系数

下面论述热电系数与温度和化学势的关系。热电系数通常用 Mott 公式确定[3]:

$$\beta = \frac{\pi^2}{3e} k_B^2 T \frac{d\sigma(\mu \cdot T)}{d\mu}\bigg|_{T=0} \tag{8.3.2}$$

对于普通情况，热电系数应由如下公式确定[12]:

$$\beta = \int_{-\infty}^{\infty} \frac{\varepsilon}{eT} \frac{\partial f(\varepsilon)}{\partial \varepsilon} A(\varepsilon + \mu) d\varepsilon \tag{8.3.3}$$

这里 $f(\varepsilon)$ 是电子费米分布函数:

$$f(\varepsilon) = \frac{1}{e^{(\varepsilon-\mu)/k_B T} + 1} \tag{8.3.4}$$

而 $A(\varepsilon)$ 是材料的弛豫时间，它由如下库珀公式确定:

$$A(\varepsilon) = -\frac{2v_F^2 \hbar e^2}{\pi NS} \sum \text{Im}\, G_{vb1}(K, \varepsilon) \text{Im}\, G_{vb2}(K, \varepsilon)$$

式中的求和，是对 $K, v_{b1} = \pm 1, v_{b2} = \pm 1$ 的所有可能取值求和，具体形式取决于基底。

经计算，半导体上形成的外延石墨烯的 $A(\varepsilon)$ 为[12]:

$$A(\varepsilon) = -\frac{e^2}{2\pi^2 \hbar} \left\{ \frac{(\bar{\varepsilon}^2 - \Gamma^2) F(\Gamma) - 4\bar{\varepsilon}^2 \Gamma^2}{F^2(\Gamma) + 4\bar{\varepsilon}^2 \Gamma^2} + \frac{1}{2}\left(\frac{\bar{\varepsilon}}{\Gamma} + \frac{\Gamma}{\bar{\varepsilon}} \right) \left[\arctan \frac{F(\Gamma)}{2\bar{\varepsilon}\Gamma} + \arctan \frac{\bar{\varepsilon}^2 - \Gamma^2}{2\bar{\varepsilon}\Gamma} \right] \right\} \tag{8.3.5}$$

这里，

$$\bar{\varepsilon} = \varepsilon - \Lambda(\varepsilon), \quad \Gamma(\varepsilon) = \gamma + \Gamma_c(\varepsilon), \quad F(\Gamma) = \xi^2 - \bar{\varepsilon}^2 + \Gamma^2$$

式中，$\xi = (\sqrt{3}\pi)^{1/2} t$，$t$ 为近邻格点交换积分，γ 为阻尼，$\Lambda(\varepsilon)$ 和 $\Gamma_c(\varepsilon)$ 分别是吸附原子的移动函数和能级半宽度，由下式决定:

$$\Gamma_c(\varepsilon) = \pi V^2 \rho(\varepsilon) \qquad \Lambda(\varepsilon) = \frac{1}{\pi} P \int_{-\infty}^{\infty} \frac{\Gamma_c(\varepsilon')}{\varepsilon - \varepsilon'} d\varepsilon'$$

式中，V 为杂化势，$\rho(\varepsilon)$ 为基底的态密度，$\Gamma_c(\varepsilon)$ 和 $\Lambda(\varepsilon)$ 的具体形式取决于基底的性质。

将式（8.3.4）和（8.3.5）代入式（8.3.3），利用费米分布函数的导数 $\partial f/\partial\varepsilon$ 具有 δ 函数的性质，可求得 β 的近似式。为此，令 $\eta=(\varepsilon-\mu)/K_{\mathrm{B}}T$，即 $\varepsilon=\mu+\eta K_{\mathrm{B}}T$，$\varepsilon+\mu=2\mu+\eta K_{\mathrm{B}}T$，则：

$$\beta=\int_{-\infty}^{\infty}\frac{\varepsilon}{eT}\frac{\partial f}{\partial\varepsilon}A(\varepsilon+\mu)\mathrm{d}\varepsilon=\int_{-\infty}^{\infty}\beta(\eta)\frac{\partial f}{\partial\eta}\mathrm{d}\eta$$

这里：

$$\beta(\eta)=\frac{\varepsilon}{eT}A(\varepsilon+\mu)=\frac{1}{e}\left(\frac{\mu}{T}+\eta k_{\mathrm{B}}\right)A(2\mu+\eta k_{\mathrm{B}}T)$$

利用积分公式：

$$\beta=\int_{-\infty}^{\infty}\beta(\eta)\frac{\partial f}{\partial\eta}\mathrm{d}\eta=\beta_0+\beta_1+\beta_2+\cdots$$

其中：

$$\beta_0=\beta(0)\int_{-\infty}^{\infty}\frac{\partial f}{\partial\eta}\mathrm{d}\eta=-\beta(0)\text{，}\quad\beta_1=0$$

$$\beta_2=\frac{1}{2}\left(\frac{d^2\beta}{\mathrm{d}\eta}\right)_{\eta=0}\int_{-\infty}^{\infty}\eta^2\frac{\mathrm{d}f}{\mathrm{d}\eta}\mathrm{d}\eta=\frac{\pi^2}{6}\left(\frac{\mathrm{d}^2\beta}{\mathrm{d}\eta}\right)_{\eta=0}$$

取零级近似，求得：

$$\beta\approx\frac{\mu e}{2\pi hT}\left\{\frac{\left[\bar{\varepsilon}_{(2\mu)}^2-\Gamma_{(2\mu)}^2\right]F_{(2\mu)}^2-4\bar{\varepsilon}_{(2\mu)}^2\Gamma_{(2\mu)}^2}{F_{(2\mu)}^2+4\bar{\varepsilon}_{(2\mu)}^2\Gamma_{(2\mu)}^2}=\frac{1}{2}\left[\frac{\bar{\varepsilon}_{(2\mu)}^2}{\Gamma(2\mu)}+\frac{\Gamma(2\mu)}{\bar{\varepsilon}(2\mu)}\right]\right.$$

$$\left[\arctan\frac{F(2\mu)}{2\bar{\varepsilon}(2\mu)\Gamma(2\mu)}=\arctan\frac{\bar{\varepsilon}_{(2\mu)}^2-\Gamma_{(2\mu)}^2}{2\bar{\varepsilon}(2\mu)\Gamma(2\mu)}\right]\tag{8.3.6}$$

这里，$\bar{\varepsilon}(2\mu)=2\mu-\Lambda(2\mu)$，$\Gamma(2\mu)=\gamma+\Gamma_c(2\mu)$ （8.3.7）

$$F(2\mu)=\xi^2-\left[2\mu-\Lambda(2\mu)\right]^2+\left[\gamma+\Gamma_c(2\mu)\right]^2$$

在式（8.3.5）至（8.3.7）各式中，基底采用不同的物理模型，其具体计算公式会不同。

8.3.3 半导体基外延石墨烯的热电势

8.3.3.1 哈特利–安德森模型下的热电势

哈特利-安德森模型认为，在半导体基底中，电子在导带内为均匀分布。设禁带宽度为 $\varDelta$，按此模型，则半导体基底态密度可写为：

$$\rho(\varepsilon)=\rho_0\theta(|\varepsilon|-\varDelta)$$

这里 $\theta(|\varepsilon|-\varDelta)$ 为阶跃函数：当 $x=x_0$ 时，$\theta(x-x_0)=1$；当 $x\neq x_0$ 时，$\theta(x-x_0)=0$。而 $\rho_0=mS_1/\pi\hbar^2$，$S_1=3\sqrt{3}a^2/4$ 为相应于 1 个石墨烯原子占有的面积，a 为基底的晶格常数。

由此得到：

$$\varGamma_{\mathrm{c}}(\varepsilon)=\pi V^2\rho_0\theta(|\varepsilon|-\varDelta),\quad \varLambda(\varepsilon)=V^2\rho_0\ln\left|\frac{\varDelta-\varepsilon}{\varDelta+\varepsilon}\right|$$

进而得到：

$$\varGamma_{\mathrm{c}}(2\mu)=\pi V^2\rho_0\theta(2\mu-\varDelta)$$

$$\varLambda(2\mu)=V^2\rho_0\ln\left|\frac{\varDelta-2\mu}{\varDelta+2\mu}\right| \tag{8.3.8}$$

将式(8.3.8)代入式(8.3.7)，求得 $\bar{\varepsilon}(2\mu)$、$\varGamma(2\mu)$、$F(2\mu)$ 后，代入式(8.3.6)，得到半导体基外延石墨烯热电势 β 随温度和化学势 μ 的变化式。

如果是单层石墨烯，则 $V=0$，相应地，有 $\varGamma_{\mathrm{c}}(2\mu)=0$，$\varLambda(2\mu)=0$，$\bar{\varepsilon}(2\mu)=2\mu$，$\varGamma(2\mu)=\xi^2-4\mu^2+\gamma^2$，式（8.3.6）将得到进一步简化。

现以 Si 为基底进行计算，取 V=2 eV、T=100 K，设 $\gamma=0.001\,\mathrm{eV}$、$t$=2.38 eV，$a=5.430\times10^{-10}\mathrm{m}$，半导体能隙宽度 $\varDelta=1.14\,\mathrm{eV}$。将这些数据代入式（8.3.6）至（8.3.8）各式，得到半导体 Si 基外延石墨烯在哈特利-安德森模型下的热电势 β 随化学势的变化，如图 8.3.1（a）所示。为了比较，图 8.3.1（b）还给出单层石墨烯热电势随化学势的变化情况。

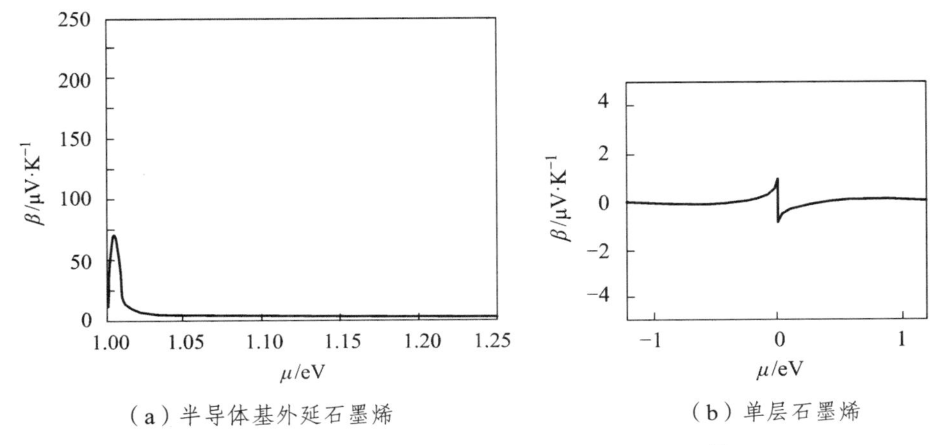

（a）半导体基外延石墨烯　　（b）单层石墨烯

图 8.3.1　$T=100$ K 时热电势随化学势的变化[12]

由图 8.3.1 看出：外延石墨烯的热电势有较大的值，可达到 $75\,\mu\text{V}\cdot\text{K}^{-1}$。而理想单层石墨烯的热电势只在 $\mu=0$ 处有峰值，而且只有 $10\,\mu\text{V}\cdot\text{K}^{-1}$。这表示：半导体基外延石墨烯的热电势要大于单层石墨烯的热电势。

现对外延石墨烯热电势出现异常增大现象说明如下：按照式（8.3.2），热电势与电导率对化学势的导数成正比，而电导率 σ 与准粒子（电子或声子等）的弛豫时间成反比。外延石墨烯中，由于碳原子与基底的作用，$\Gamma_c\neq 0$，即准粒子寿命 τ 与 Γ_c 成正比，因此，$\Gamma_c\neq 0$ 导致寿命 τ 的有限性。处于半导体禁带范围的能量的电子，不可能被基底散射 $(\Gamma_c=0)$；而能隙外的电子，可被基底散射 $(\Gamma_c\neq 0)$。在能隙边界附近的曲线，由于发生由 $\Gamma_0=0$ 到 $\Gamma_0\neq 0$ 的突变，曲线出现陡峭变化，这时的弛豫时间明显依赖于能量，电导率 σ 对化学势 μ 的变化率的增大，导致热电势的增大。总之，化学势接近费米面时，弛豫时间明显依赖能量，导致电导率的突变和热电势的峰值。

8.3.3.2　抛物型模型下的热电势

抛物型模型认为，电子能量随波矢的关系为抛物形状。按此模型半导体基底电子态密度为：

$$\rho_s(\varepsilon)=\begin{cases}A_V\sqrt{-\varepsilon-E_g/2} & \varepsilon<-\dfrac{1}{2}E_g\\ A_C\sqrt{\varepsilon-E_g/2} & \dfrac{1}{2}E_g<\varepsilon\\ 0 & |\varepsilon|\leqslant\dfrac{1}{2}E_g\end{cases}\tag{8.3.9}$$

这里 E_g 为半导体禁带宽度，它与温度的关系为[5]：

$$E_g(T)=E_g(0)[1-\frac{\alpha T^2}{E_{g0}(T+\beta)}] \quad (8.3.10)$$

对硅，$E_g(0)=1.17\ \text{eV}$，$\alpha=4.73\times10^{-4}\ \text{K}^{-1}$，$\beta=636\ \text{K}$。（8.3.9）式中的 A_C、A_V 为归一化常数，由下式决定：

$$A_C=\frac{m_C^{3/2}\sqrt{2}}{\pi^2\hbar^3}\Omega,\quad A_V=\frac{m_V^{3/2}\sqrt{2}}{\pi^2\hbar^3}\Omega \quad (8.3.11)$$

m_C、m_V 分别为导带电子和价带空穴的有效质量，Ω 为半导体原胞体积。这种模型下，半导体基外延石墨烯碳原子的 Γ_c 和 Λ 为：

$$\Gamma_c(\varepsilon)=\begin{cases}\pi|V|^2A_V(-\varepsilon-E_g/2)^{1/2} & \varepsilon<-E_g/2\\ \pi|V|^2A_C(\varepsilon-E_g/2)^{1/2} & \varepsilon>E_g/2\\ 0 & |\varepsilon|<E_g/2\end{cases}$$

$$\Lambda(\varepsilon)=\begin{cases}|V|^2A_V(-\varepsilon-E_g/2)^{1/2} & \varepsilon<-E_g/2\\ |V|^2A_C(\varepsilon-E_g/2)^{1/2} & \varepsilon>E_g/2\\ 0 & |\varepsilon|<E_g/2\end{cases} \quad (8.3.12)$$

将它代入式（8.3.6），得到抛物型模型下半导体 Si 基外延石墨烯的热电势 β 随化学势的变化如图 8.3.2（a）所示，随温度的变化如图 8.3.2（b）所示。

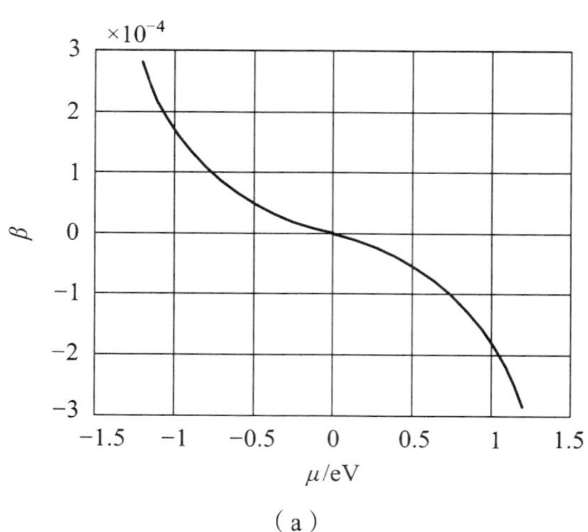

（a）

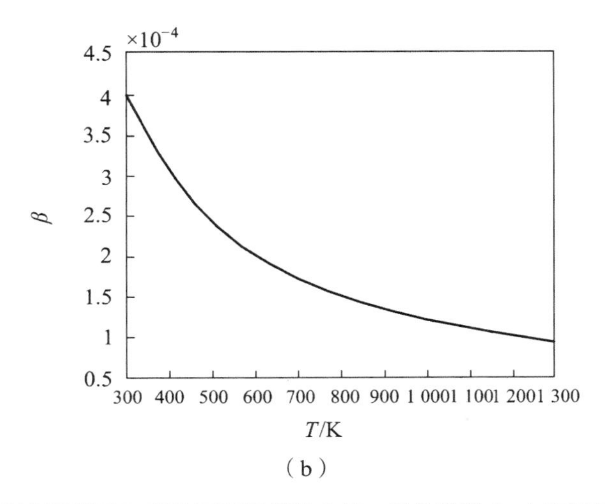

（b）

图 8.3.2 抛物型模型下 Si 基外延石墨烯热电势 β 随化学势（a）和温度（b）的变化

由图 8.3.2 看出：Si 基外延石墨烯热电势 β 随化学势的增大和温度的升高而减小，但大小为 150~400 $\mu V \cdot K^{-1}$。将图 8.3.2 与图 8.3.1 相比较还看出：用抛物型模型的计算结果，要比用哈特利-安德森模型的计算值要大。

8.3.4 杂化势随温度的变化和非简谐振动对热电势的影响

在热电势中，杂化势起着重要作用，杂化势随温度的变化对热电势有一定影响。杂化势 V 是电子在杂化轨道中的平均相互作用能，它与两原子的杂化轨道重叠区域的大小成正比。按照固体物理理论[18]，碳的四杂化轨道的电子云最大的方向指向正四面体的四个角[见图 8.3.3（a）]。

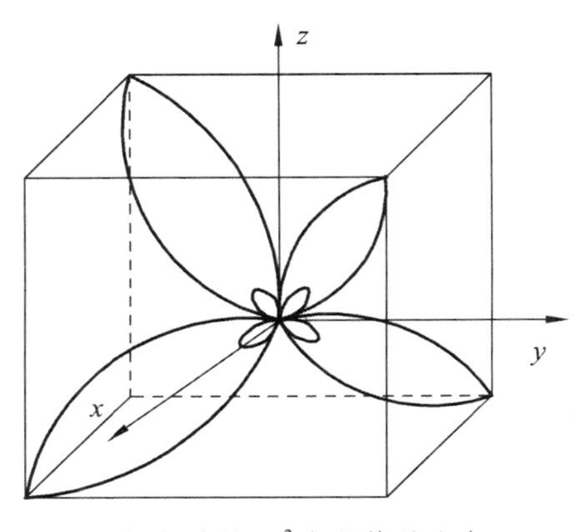

（a）碳的 sp^3 杂化轨道分布

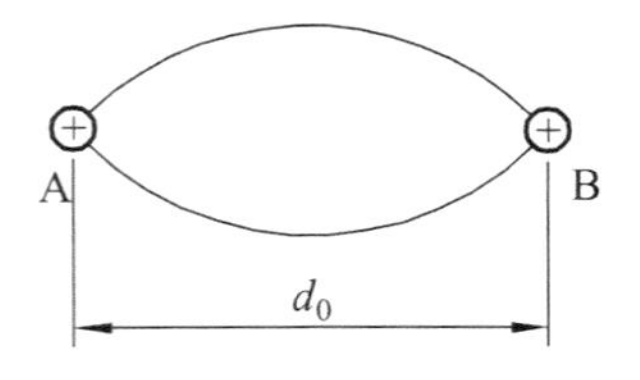

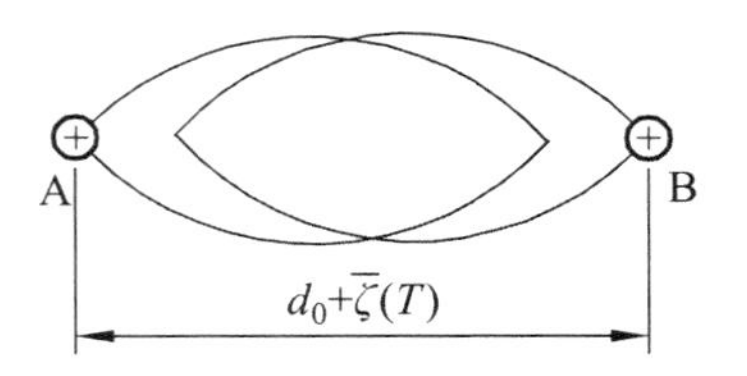

（b）平衡时 x 方向的杂化轨道分布　　（c）振动时的杂化轨道分布

图 8.3.3　原子非简谐振动引起电子云分布的变化

设碳原子 A 的一个杂化轨道的电子云最大方向指向正 x 方向，而碳原子 B 的一个杂化轨道电子云最大方向指向负 x 方向，平衡时，两个原子的杂化轨道在 x 方向几乎完全重合。按照文[12]，杂化势 $V=\eta\hbar^2/md_0^2$，这里 η 为待定参量，具体数值可由文献给出的石墨烯的杂化势的值确定。

设平衡时原子间距离为 d_0，由于原子的非简谐振动，任一温度下原子间距离将为：

$$d(T)=d[1+\alpha_1 T] \tag{8.3.13}$$

其中，α_1 是温度为 T 时的线膨胀系数，在温度不太低和不太高时由下式决定[19]：

$$\alpha_1=\frac{1}{d_0}\left[\frac{3\varepsilon_1 k_{\mathrm{B}}}{\varepsilon_0^2-3\varepsilon_2 k_{\mathrm{B}}T}-\frac{9\varepsilon_1\varepsilon_2 k_{\mathrm{B}}^2 T}{(\varepsilon_0^2-3\varepsilon_2 k_{\mathrm{B}}T)^2}\right] \tag{8.3.14}$$

原子间距离的改变，使两原子在 x 方向杂化轨道电子云重叠区域发生变化[见图 8.3.3（c）]，进而引起杂化势 V 发生改变。由杂化势与原子间距平方成反比可知，任意温度情况下的杂化势为：

$$V(T)=\frac{\eta\hbar^2}{md_0^2([1+\alpha_1 T]^2} \tag{8.3.15}$$

由石墨烯碳原子平衡时键长 $d_0=1.42\times10^{-10}$ m、原子振动的简谐系数 $\varepsilon_0=3.5388\times10^2\ \mathrm{J\cdot m^{-2}}$ 和第一、第二非简谐系数 $\varepsilon_1=-3.4973\times10^{12}\mathrm{J\cdot m^{-3}}$、$\varepsilon_2=3.2014\times10^{22}\mathrm{J\cdot m^{-4}}$ 以及文[12]给出零温情况下，外延石墨烯的杂化势 $V_0=2.0$ eV，代入式（8.3.15），得到外延石墨烯的杂化势随温度的变化如表 8.3.1 和图 8.3.4 所示。图中，线 0、1 和线 2 分别是简谐近似，只考虑到第一非简谐项和同时考虑到第一、二非简谐项的结果。

表 8.3.1 硅（Si）基外延石墨烯杂化势随温度的变化

T/K	300	500	700	800	1000	1100	1300
V_1	2.009811	2.016391	2.023003	2.026321	2.032982	2.036324	2.043032
$V_{1,2}$	2.009811	2.016391	2.023005	2.026323	2.032986	2.036329	2.043040

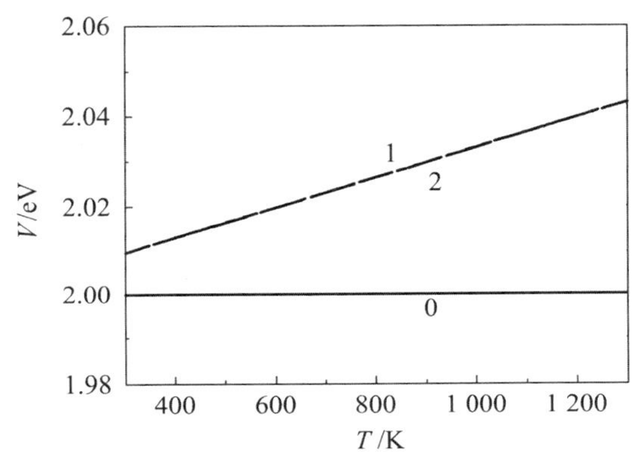

图 8.3.4 外延石墨烯的杂化势随温度的变化

由表 8.3.1 和图 8.3.4 看出：简谐近似下，外延石墨烯的杂化势不随温度改变；考虑到原子非简谐振动后，杂化势随温度升高而增大，但变化不大：温度由 300 K 升高到 1 300 K 时，杂化势只增大 1.65%，除此之外还看出：温度越高，非简谐与简谐近似的值的差越大，即非简谐效应越显著。

将式（8.3.15）代入式（8.3.12）后，再代入式（8.3.6），可得到：简谐近似下，外延石墨烯的热电势与温度无关；考虑到在原子的非简谐振动后，热电势的大小将随温度改变，总体趋势是：热电势 β 的大小随温度升高而减小。

8.3.5 半导体薄膜基外延石墨烯的热电势

对厚度为 L 的半导体薄膜上形成的外延石墨烯，其基底中的电子被认为是在平面方向上自由运动，而垂直膜的方向电子势能为无限深势阱，当半导体薄膜采用哈特利–安德森模型时，它的能级移动函数 $\Lambda(\varepsilon)$ 和能级半宽度 $\Gamma_c(\varepsilon)$ 为[17]：

$$\Gamma_c(\varepsilon)=\frac{\pi V^2\rho_0}{L}\sum_i\theta\left(|\varepsilon|-\varepsilon_i-\Delta\right)$$

$$\Lambda(\varepsilon)=\frac{V^2\rho_0}{L}\sum_i\ln\left|\frac{\varepsilon_i+\Delta-\varepsilon}{\varepsilon_i+\Delta+\varepsilon}\right| \tag{8.3.16}$$

这里 $\rho_0 = ms_1L_1/\pi\hbar^2$，$L_1$ 是石墨烯碳原子与基底相互作用的距离。进而得到

$$\Gamma(2\mu) = \frac{\pi V^2 \rho_0}{L} \sum_i \theta\left(|2\mu| - \varepsilon_i - \Delta\right)$$

$$\Lambda(2\mu) = \frac{V^2 \rho_0}{L} \sum_i \ln\left|\frac{\varepsilon_i + \Delta - 2\mu}{\varepsilon_i + \Delta + 2\mu}\right| \tag{8.3.17}$$

将式（8.3.17）代入式（8.3.7），求得相应的 $\bar{\varepsilon}(2\mu)$、$\Gamma(2\mu)$、$\Lambda(2\mu)$ 后，代入式（8.3.6），得到半导体薄膜上形成的外延石墨烯热电势 β 随温度 T 和随化学势 μ 的变化式。

由式（8.3.17）和式（8.3.6），计算出在温度 T=10 K，杂化势 V = 2 eV 的情况下，厚度分别为 L = 3 nm 、5 nm 的半导体薄膜基外延石墨烯的热电势随化学势的变化如图 8.3.5 所示[17]。

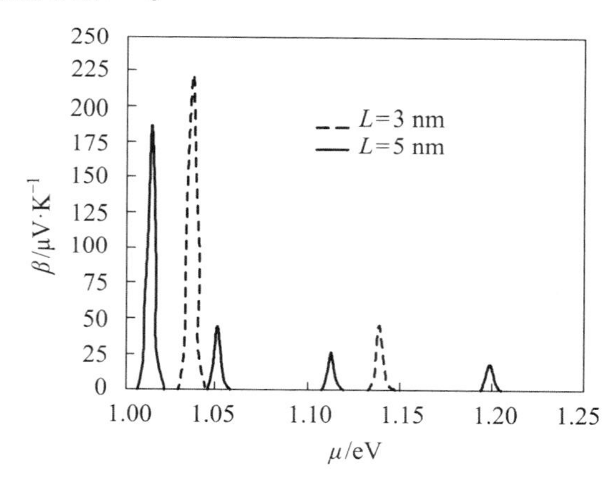

图 8.3.5　Si 膜基外延石墨烯热电势随化学势的变化[17]

由图 8.3.5 看出：① 薄膜上形成的外延石墨烯的热电势在费米能级附近有峰值，热电势可达到 225 μV·K^{-1}，与单层石墨烯热电势相比，薄膜上的外延石墨烯的热电势要大 7 倍。② 热电势与基底薄膜厚度有关：厚度减小时，其热电势的值有所增大，例如：$L = 50\times10^{-10}$ m 时，热电势值可达 190 μV·K^{-1}；而 $L = 30\times10^{-10}$ m 时，热电势值为 225 μV·K^{-1}。上述计算表明：半导体薄膜基外延石墨烯的热电势可达到 225 μV·K^{-1}，大于半导体块体基外延石墨烯的热电势（75 μV·K^{-1}），更远大于单层石墨烯的热电势（0.01 μV·K^{-1}），即用薄膜作基底的外延石墨烯的热电势要比块体情况的值大近 3 倍。而且，薄膜基底的厚度减小时，其热电势的值有所增大。这就为提高热电势提供了一条途径。

8.4 金属基外延石墨烯热电效应的奇异现象

本节将论述金属基外延石墨烯和金属薄膜基外延石墨烯热电势的特点，并与单层石墨烯的热电势进行比较，简述金属基外延石墨烯热电效应奇异现象增大的原因，最后研究声子拖拽对外延石墨烯热电势的影响。

8.4.1 金属块体基外延石墨烯的热电势

对金属块状基底中的电子，可作为三维自由电子气体处理，其态密度为：

$$\rho(\varepsilon)=\frac{\mathrm{S}_1 L_1\sqrt{2}m^{3/2}}{\pi^2\hbar^2}\varepsilon^{1/2} \tag{8.4.1}$$

这里的 $S_1=3\sqrt{3}d^2/4$ 是相应于 1 个石墨烯碳原子所占有的面积，d 为石墨烯的键长。由此求得三维金属块状基底准能级半宽度 $\Gamma_{\mathrm{c}}(\varepsilon)$ 和移动函数 $\Lambda(\varepsilon)$ 分别为[12]：

$$\Gamma_{\mathrm{c}}(\varepsilon)=\frac{V^2 S_1 L_1\sqrt{2}m^{3/2}\varepsilon^{1/2}}{\pi\hbar^3}$$

$$\Lambda(\varepsilon)=-Sign(\varepsilon)\Gamma_{\mathrm{c}}(\varepsilon) \tag{8.4.2}$$

由此求得：

$$\Gamma_{\mathrm{c}}(2\mu)=\frac{V^2 S_1 L_1\sqrt{2}m^{3/2}}{\pi\hbar^3}(2\mu)^{1/2}$$

$$\Lambda(2\mu)=-Sign(2\mu)\Gamma_{\mathrm{c}}(2\mu) \tag{8.4.3}$$

将式（8.4.3）代入以下公式：

$$\beta\approx\frac{\mu e}{2\pi\hbar T}\left\{\frac{\left[\bar{\varepsilon}_{(2\mu)}^2-\Gamma_{(2\mu)}^2\right]F_{(2\mu)}-4\bar{\varepsilon}_{(2\mu)}^2\Gamma_{(2\mu)}^2}{F_{(2\mu)}^2+4\bar{\varepsilon}_{(2\mu)}^2\Gamma_{(2\mu)}^2}+\frac{1}{2}\left[\frac{\bar{\varepsilon}_{(2\mu)}}{\Gamma(2\mu)}+\frac{\Gamma(2\mu)}{\bar{\varepsilon}(2\mu)}\right]\right.$$

$$\left.\left[\arctan\frac{F(2\mu)}{2\bar{\varepsilon}(2\mu)\Gamma(2\mu)}+\arctan\frac{\bar{\varepsilon}_{(2\mu)}^2-\Gamma_{(2\mu)}^2}{2\bar{\varepsilon}(2\mu)\Gamma(2\mu)}\right]\right\} \tag{8.4.4}$$

这里，$\bar{\varepsilon}(2\mu)=2\mu-\Lambda(2\mu)$，$\Gamma(2\mu)=\gamma+\Gamma_{c}(2\mu)$ （8.4.5）

$$F(2\mu)=\xi^{2}-[2\mu-\Lambda(2\mu)]^{2}+[\gamma+\Gamma_{c}(2\mu)]^{2}$$

可得到金属基外延石墨烯的热电势随温度和化学势变化情况。

以 Ni 为金属基底，同样取 $\gamma=0.001\,\mathrm{eV}$，$t=2.38\,\mathrm{eV}$，经过计算，得到 $V=2\,\mathrm{eV}$、$T=100\,\mathrm{K}$ 情况下 Ni 金属基底热电势随化学势的变化如图 8.4.1（a）所示，为了比较，图 8.4.1（b）给出单层石墨烯热电势随化学势的变化。可看出：金属块体作基底情况的热电势（$15\,\mu\mathrm{V}\cdot\mathrm{K}^{-1}$）要大于单层石墨烯的值（$0.01\mu\mathrm{V}\cdot\mathrm{K}^{-1}$）。这表示：用金属作基底的外延石墨烯作热电材料，可获得大的热电势。还看出：金属块体基底外延石墨烯的热电势随化学势的变化与单层石墨烯情况类似，但大小不同。

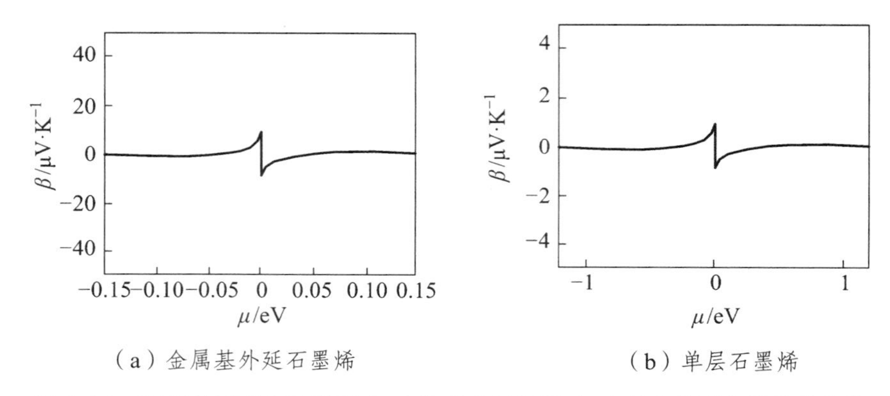

图 8.4.1 Ni 块体基外延石墨烯（a）和单层石墨烯（b）热电势随化学势的变化

8.4.2 金属薄膜基外延石墨烯的热电势

在厚度为 L 的金属薄膜上形成的外延石墨烯，其基底中的电子可视为二维电子气，电子态密度为：

$$\rho(\varepsilon)=\frac{mS_{1}L_{1}}{\pi\hbar^{2}L}\sum\theta(|\varepsilon|-\varepsilon_{i}) \tag{8.4.6}$$

由此求得能级半宽度为：

$$\Gamma_{c}(\varepsilon)=\frac{|V|^{2}mS_{1}L_{1}}{\hbar^{2}L}\sum_{i}\theta(|\varepsilon|-\varepsilon_{i})$$

进而求得：

$$\Gamma_{\mathrm{c}}(2\mu)=\frac{V^2 m S_1}{\hbar^2},\ \Lambda(2\mu)=0 \tag{8.4.7}$$

将式（8.4.7）代入式（8.4.5）后，求出 $\bar{\varepsilon}(2\mu)$、$\Gamma(2\mu)$、$\Lambda(2\mu)$，代入式（8.4.4），就得到金属薄膜基外延石墨烯的热电势随温度和化学势的变化式。

对 Ni 薄膜基外延石墨烯热电势进行计算，得到它的热电势随化学势的变化如图 8.4.2 所示[17]。

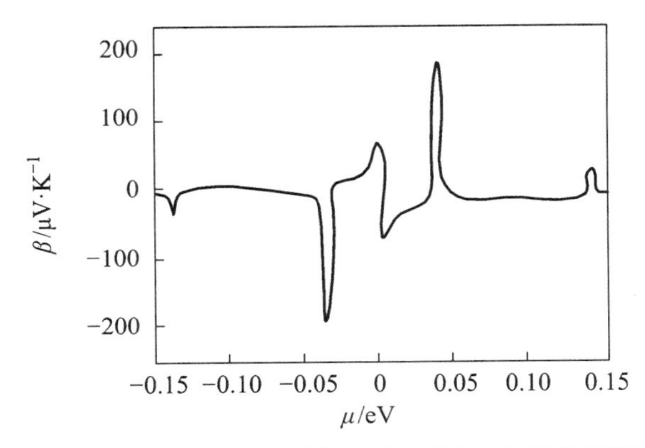

图 8.4.2 金属薄膜（L=3 nm）基外延石墨烯热电势随化学势的变化[16]

由图 8.4.2 看出：金属薄膜基外延石墨烯的热电势也很大。例如，在能子能量 $\varepsilon=\pm0.05$ eV 处，金属薄膜基外延石墨烯热电势可达 200 μV·K^{-1}，而块体基外延石墨烯热电势只有 15 μV·K^{-1}，是块体的相应值的 13.3 倍。这表明：薄膜上生长的外延石墨烯其热电效应更显著，而且厚度越小，这种效应越显著。

将图 8.4.1 和图 8.4.2 金属基或金属薄膜基外延石墨烯的热电势变化情况，与 8.3 节表示半导体块体或半导体薄膜基外延石墨烯的热电势变化情况的图 8.3.1 和图 8.3.2 相比较，可以看出：① 在相同温度和相同材料的情况下，薄膜上生长的外延石墨烯的热电势大于块体，对 Si 基底，L=3 nm 的膜上生长的热电势峰值可达 225 μV·K^{-1}，比块体的相应值 75 μV·K^{-1} 大 3 倍；对于 L=3 nm 的金属 Ni 膜上生长的外延石墨烯，热电势的峰值可达 200 μV·K^{-1}，比块体的相应值 10 μV·K^{-1} 大 20 倍。② 在半导体块体或半导体薄膜上生成的外延石墨烯，要比用金属块体或金属薄膜上生长的外延石墨烯，更易获得较大的热电势。其原因是基底的态密度等因素不同。

8.4.3 声子拖拽对外延石墨烯热电势的贡献

在有温度梯度的情况下，不仅电子分布会发生改变，而且声子分布也会发生改变。电子与声子的相互作用，影响了声子弛豫时间，使电子分布引起的热电势发生改变。文献[17]利用抛物形量子阱模型，在研究电子-声子相互作用时，在准弹性条件下，将声子分布视为平衡分布，并认为电子只和波矢 $q < 2\bar{k}$ 的那些声子发生作用，认为原子在平衡位置附近作简谐振动，并得到电子-声子相互作用对热电势的贡献（称声子拖拽热电势）：

$$\beta_{\text{ph}} = -\frac{e\sigma\beta^2 sm^2 L}{\pi^2 \hbar k_{\text{B}} \rho R T^2} I \tag{8.4.8}$$

其中，e 和 m 分别为电子电荷和有效质量，σ 为电导率，ρ 为质量密度，s 为声子声速，L 为声子平均自由程，$\beta = \sqrt{0.8} e_{14}/x$，$e_{14}$ 为压电常数，x 为静电介电常数，R 是由电子势具体形式决定的参量，在假设电子受的势能为抛物势的情况下，它可由 $R = \hbar^{1/2}(m\varepsilon_0)^{-1/4}$ 求得，ε_0 是石墨烯原子振动的简谐系数。I 为积分结果，由下式决定[17]

$$I = \int_0^1 F(x)\left[1 + \frac{me^2 R\mathrm{erf}(\sqrt{2}Rkx)}{\sqrt{\pi}\hbar^2 xRkx} \mathrm{e}^{2R^2k^2x^2}\right]^{-2} \frac{x^2}{\sqrt{1-x^2}} \mathrm{d}x \tag{8.4.9}$$

$$F(x) = \int_{-\infty}^{\infty} \left[Sh\left(\frac{\hbar sq}{2k_{\text{B}}T}\right)\right]^{-2} \left[1 + \left(\frac{E_1 q}{e\beta R}\right)^2\right] e^{-t^2/2} \mathrm{d}t$$

这里

$$q = \left(4R^2k^2x^2 + t^2\right)^{1/2}, x = \frac{q}{2k}$$

式中，t 为积分变量，q 为声子波矢，k 为电子波矢 $\boldsymbol{k} = (k_x, k_y)$ 的模，E_1 为形变势。

在（8.4.8）式中，质量密度 ρ 和电导率为常数，与温度无关，其中的 σ 由下式决定：

$$\sigma = \frac{e^2 k_{\text{F}}^2 \tau_{\text{F}}}{2\pi m} \tag{8.4.10}$$

式中，k_{F} 为费米波矢。

实际上，原子在平衡位置并不是做简谐振动，而是在做非简谐振动，晶体的质量密度 ρ 不是常数，而是会随温度改变。为了求得质量面密度随温度 T 的变化 $\rho(T)$，设石墨烯一个原子质量为 M，T=0 K 时，石墨烯键长 d_0，石墨烯线膨胀系数为 α_1，可得到：

$$\rho(T)=\frac{M}{(3\sqrt{3}d_0^2/4)[1+\alpha_1(T)T]^2} \quad (8.4.11)$$

其中 $\alpha_1(T)$ 与温度 T 的关系为[19]：

$$\alpha_1(T)=\frac{1}{d_0}\left[\frac{3\varepsilon_1 k_B}{\varepsilon_0^2-3\varepsilon_2 k_B T}-\frac{9\varepsilon_1\varepsilon_2 k_B^2 T}{\left(\varepsilon_0^2-3\varepsilon_2 k_B T\right)^2}\right] \quad (8.4.12)$$

ε_0、ε_1、ε_2 分别是石墨烯原子的振动简谐系数，第一、二非简谐系数。

考虑到原子非简谐振动后，声子的自由程 L 也不是常数，而是与温度有关，它与温度和德拜温度 θ_D 的关系为：

$$L(T)=L_0\exp\left[\frac{\theta_D(T)}{\eta T}\right]$$

$$\theta_D(T)=\theta_{D0}\left[1+\left(\frac{15\varepsilon_1^2}{3\varepsilon_0^3}-\frac{2\varepsilon_2}{\varepsilon_0^2}\right)k_B T\right] \quad (8.4.13)$$

将式（8.4.10）至（8.4.13）各式代入式（8.4.8），得到声子拖拽热电势随温度的变化：

$$\beta_{ph}(T)=-\frac{3\sqrt{3}e^3\beta^2 sm^2 d_0^2 L(T)I}{2\pi^4\hbar^2 k_B MR}\left(1-\frac{\gamma^2}{\zeta^2+\gamma^2}\right)\left[1+\alpha_1(T)T\right]^2 \quad (8.4.14)$$

式中的 γ 是在外延石墨烯中考虑到内部散射过程（在声子的、在杂质原子、在晶格缺陷等上的散射）准粒子的阻尼，而 $\xi=(\sqrt{3}\pi)^{1/2}t$，t 为石墨烯近邻格点交换积分。

由式（8.4.14）看出：声子拖拽对外延石墨烯热电势的贡献与温度有关，具体变化取决于石墨烯中原子相互作用情况和原子振动情况以及外延石墨烯与基底相互作用、石墨烯中的内部散射过程等。

取膜厚度 $L=60\times10^{-10}$m，对硅（Si）薄膜基外延石墨烯热电势进行计算，不考虑声子拖曳，且化学势 $\mu=0.5$ eV 时单层外延石墨烯的 β 随温度的变化如图

8.4.3 所示。

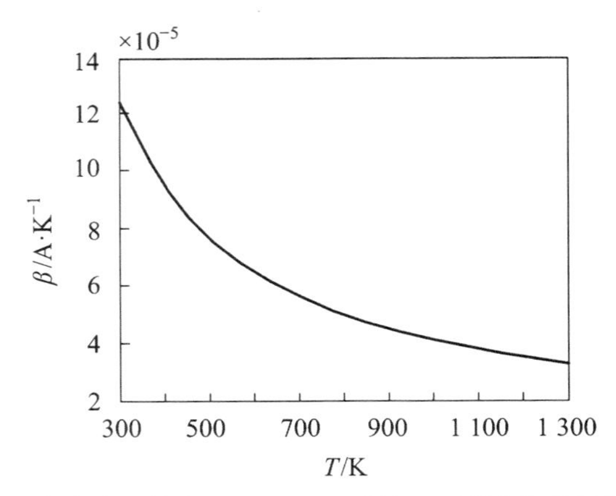

图 8.4.3 不考虑声子拖曳 $\mu = 0.5$ eV 时单层石墨烯的 β 随温度的变化

考虑声子拖曳后，薄膜基外延石墨烯热电势随化学势和温度的变化与不考虑声子拖曳时的情况类似，但数值有所增大。增大的情况与原子振动情况有关，可由式（8.4.14）分析。

8.5 石墨烯热电性能的应用

石墨烯热电性质是指当存在温度梯度时，材料中的热能与电能可直接相互转换的性质。石墨烯的这种性质及其热电效应的奇异现象，使得它在航天探测器、工业余热回收利用、太阳能高效热电-光电复合发电、温差发电和固态制冷等方面有广泛的应用。石墨烯热电性能如何应用也是材料科学技术领域中的前沿研究课题。本节将介绍石墨烯在新型环境响应材料和热电器件、光电探测器上的应用。

8.5.1 石墨烯热电性能在新型环境响应材料上的应用

生命的重要特征之一是生物体能对外界环境的刺激做出准确而迅速的响应。随着材料学科的发展和人们对材料性能需求的逐步提高，人们期望人造材料能够对外界刺激做出一定程度的感知或反馈，即具有比拟生物体的环境响应性。所谓环境响应型材料，就是指外界物理或化学刺激，诸如温度、pH 值、光场、电场、磁场以及应力等的变化，会导致其自身性质发生可逆改变的材料。

目前属于此类材料的有环境响应型聚合物纳米微球、薄膜、水凝胶等环境响应型高分子材料。但传统高分子材料存在响应速度慢、机械强度低等局限性，石墨烯材料的出现正好克服了它的不足，为制备新型高性能环境响应材料提供了有效的途径。

石墨烯具有强度高（达到 130 GPa）、在可见光波长范围内的透光率高（达 97.7%），热导率高（$5300\ W\cdot m^{-1}\cdot K^{-1}$），比表面积大（$2620\ m^2\cdot g^{-1}$）等优异性能，还具有优异的光电、热电转化特性，不仅是新一代具有重要价值的透明导电材料，而且其纳米复合物与三维宏观体就是一种重要的潜在的新型环境响应材料。高比表面积使得石墨烯易于与其他材料充分接触，加之石墨烯类石墨的表面性质，使得石墨烯对各种原子与分子有很强的吸附能力。大多数材料的过热电子可将能量传递到周围晶格，而石墨烯则需要很高的能量才能振动其晶格的碳原子核，因此只有很少的电子能将热能转移到晶格，但石墨烯在室温和普通光下即可产生载流子效应，具有“光热电”特性。正是石墨烯这一突出的“光热电”特性，使它在肿瘤治疗、电子皮肤等领域有潜在的应用前景。

氧化还原石墨烯（RGO）的比电容可达$100\sim300\ F\cdot g^{-1}$，不仅是理想的超级电容器电极材料，而且由它制成的透明导电薄膜，其电导率可达$550\ S\cdot cm^{-1}$，在1000~3000 nm 波长的透过率约为 70%，因而可作为透明导电材料。

石墨烯纳米片的本征光热、光热电效应，以及石墨烯宏观材料在应力下电阻的变化均是石墨烯材料环境响应行为的表现。利用其优良的机械与光电性质，可以制备基于石墨烯的各种功能复合材料与三维宏观材料，作为环境响应型智能材料的添加剂。

随着科学的发展和社会的进步，未来必将大力发展机器人。石墨烯纳米复合材料与三维宏观材料在人造肌肉与电子皮肤等领域表现了突出的应用价值。近几年来，国内外对此已开展了不少研究。2014 年，文[20]以 $FeCl_3\cdot6H_2O$ 与氧化石墨烯（GO）作为前驱体，通过一步溶剂热的方法，让 100~200 nm 粒径的 Fe_3O_4 纳米微球均匀地分布在石墨烯纳米片层间与表面，制备出磁性功能化的 Fe_3V 石墨烯纳米复合材料，它的电导率达到 $1.011\times10^2\ S\cdot m^{-1}$，饱和磁化强度达到 $83.6\ emu\cdot g^{-1}$。然后用这种磁性石墨烯材料作为交联剂，制备磁响应的聚异丙基丙烯酰胺（PNIPAAm）水凝胶。在此基础上，以聚二甲基丙烯酰胺（PDMAA）、聚乙烯醇（PVA）以及石墨烯作为"nanoblocks"，利用冰模板法抽滤，得到自支撑的三维柔性石墨烯泡沫膜（RGOF）。将 RGOF 膜组装在了 RGOF 触摸板。基于石墨烯的热电效应，在手指温度刺激下，检测手指接触的空间分布以及接触力的大小，并对热电流变化等性能进行测试。其测试组件结构与机理及部分结果如图 8.5.1 所示。测试过程是：在 RGOF 薄膜上下表面均连接 Pt 电极，并分别连接到电化学工作站的工作电极（WE）和对电极/参比电极（CE/RE）。RGOF 薄膜置于恒温表面，其上表面部分区域使用太阳光模拟器或者加热台辐射加热，测出在零工作电压条件下，电极 x-y 与 x-z 间的热电流曲线。

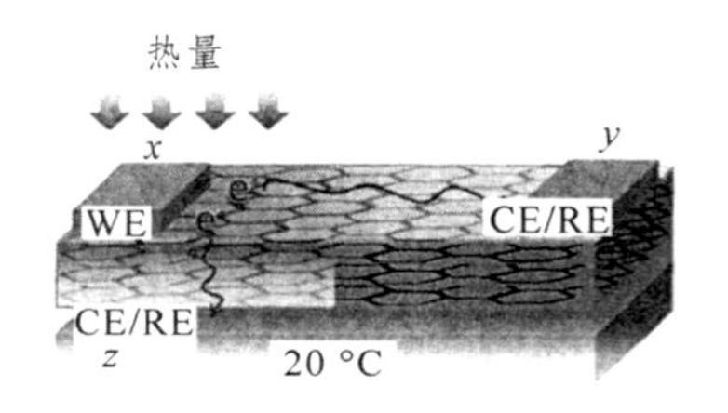

图 8.5.1　三维石墨烯气凝胶薄膜热电测试组件结构与机理示意图[20]

部分测试结果如图 8.5.2 所示[20]。其中，图（a）为热电流曲线；（b）为热电流与温度对比曲线；（c）为不同加热温度下热电流变化曲线；（d）为不同加热面积、不同薄膜弯曲曲率半径（r）下的热电流变化曲线。

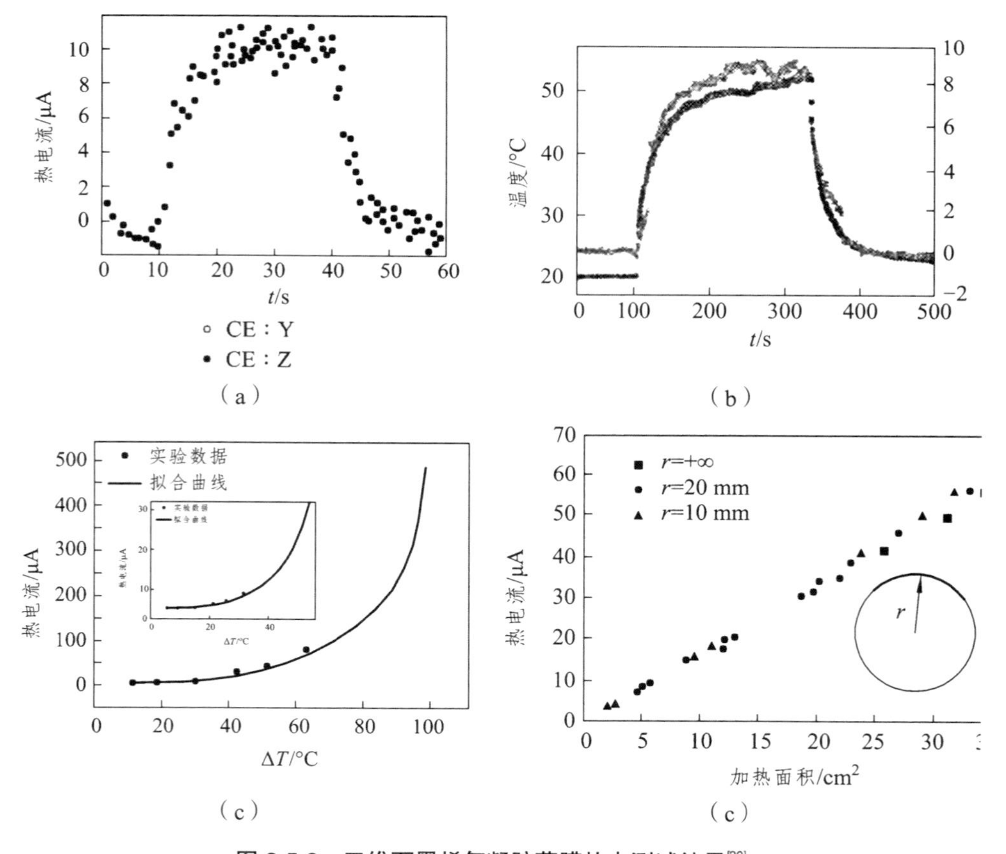

图 8.5.2　三维石墨烯气凝胶薄膜热电测试结果[20]

测试结表明：RGOF 的三维多孔结构具有良好的弹性。它的表面温度具有敏感的电学响应：在 5.6 cm^2 的加热面积下，当薄膜上下表面温差达到 97.0 K 时，热电流高达 550 A。热电流的值随着加热面积的增大呈线性变化，在薄膜被弯曲后仍保持很好的稳定性。实验还显示：人体手指触碰薄膜，因体温高于室温，所以温差足够引发显著的热电流信号，相比之下，其他物体由于其自身温度与薄膜温度相近（几乎近于室温），无法通过表面接触引发薄膜的电响应。因此，RGOF 凝胶薄膜可以有效地分辨人体触摸与其他物体触摸，而这种特性正是人类利用皮肤通过肢体接触与他人进行情感交流的基础。RGOF 在人体手指触碰时，表现出的良好的触敏现象和对表面温度变化产生的电学响应、RGOF 的高柔性和弹性都符合模拟人类皮肤的需求。此外，由于 RGOF 触敏材料的工作能源来自热能，不需外界电源供电，因此，RGOF 的使用条件接近于真实皮肤。

文[20]还在无外加电场情况下，进行拉伸断裂实验，结果表明：RGOF 能实现薄膜的机械自愈合与压力响应。它的拉伸断裂应变与抗拉应力分别高于自然皮肤 2 到 10 个数量级。即使在拉伸或者弯曲状态下，这种电子皮肤都能对轻微的触摸（0.02 kPa）表现出稳定的电学响应。

真实皮肤除具良好的热电响应、高柔性和弹性、高的抗拉和抗压等性能外，还应有好的触敏性能。文献[20]使用红外热像仪对人体手指触摸 RGOF 表面造成的温度变化进行了观察，结果如图 8.5.3 所示。当触摸 I 区域 0.53s 后，指温造成 I 区域平均温度升高 4.1 °C。箭头表示了热激电子的传输方向，电极检测到热电流大小约为 200 nA。见图 8.5.3（a）；当触摸 II 区域和 III 区域时，检测到的电流分别为 0、−200 nA，见图 8.5.3（b）。测试时手指施加的压强为（63±12）Pa，属于“轻触”范畴，尚不能导致薄膜变形，因此可以认为所检测到的电流基本为手指温度引起。图 8.5.3（c）显示了这种触敏性能的循环稳定性。

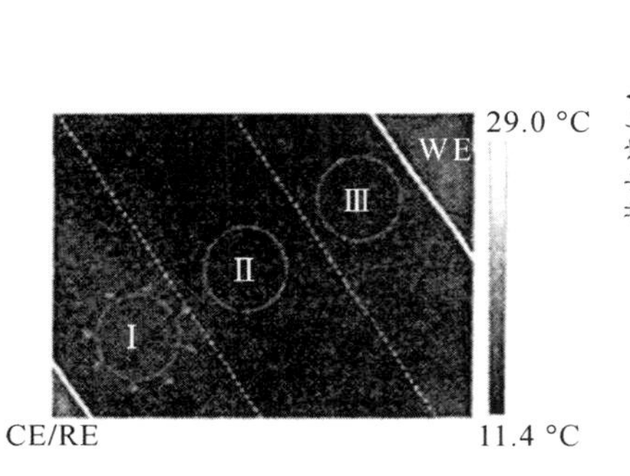

（a）RGOF 表面热成像图（标尺：5 mm）

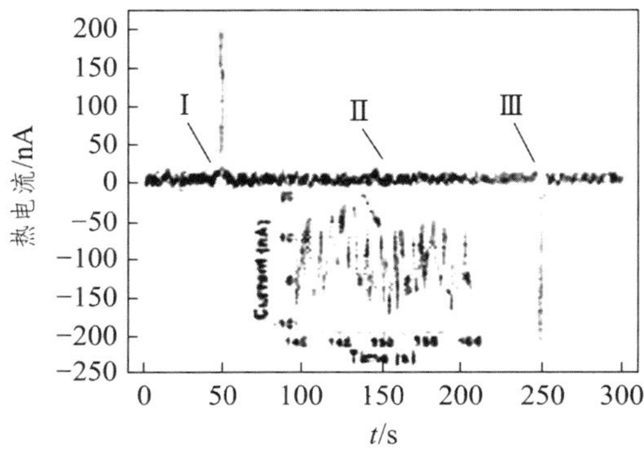

（b）RGOF 表面不同区域触摸电流曲线

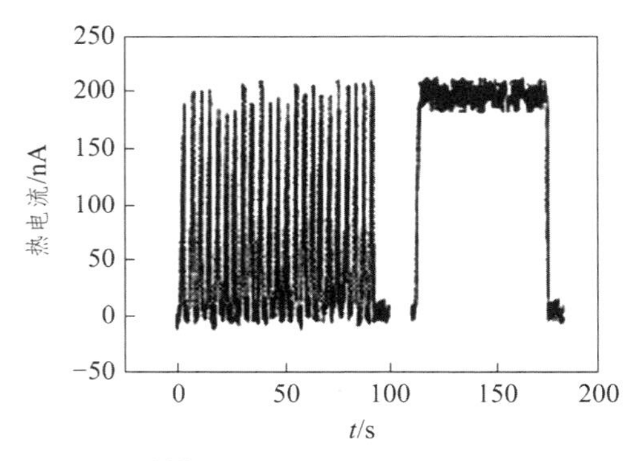

（c）触摸电流的长时与循环稳定性测试

图 8.5.3 红外热像仪对人体手指触模结果

文献[20]对 RGOF 在不同压力触敏下薄膜表面热扩散、压敏性能、温敏性能等进行了测试，结果见文[20]。

测试结果表明：所制的自支撑的三维柔性石墨烯泡沫膜（RGOF）具有许多优良性能，制备方便，结构更简单，更接近于人体皮肤真实的使用条件。有望作为一种新型的人造电子皮肤，服务于未来机器人，可以作为一种潜在的电子皮肤材料。

还需指出：所制的 RGOF 电子皮肤，可以探测人体皮肤的接触力。这主要是由于在不同压力下，RGOF 气凝胶薄膜发生不同程度的压缩形变，石墨烯层趋于致密，这时人体皮肤温度在薄膜表面及内部的扩散速率会发生改变。图 8.5.4（a）和（b）表征了两种极端压力下薄膜表面及截面的温度扩散。

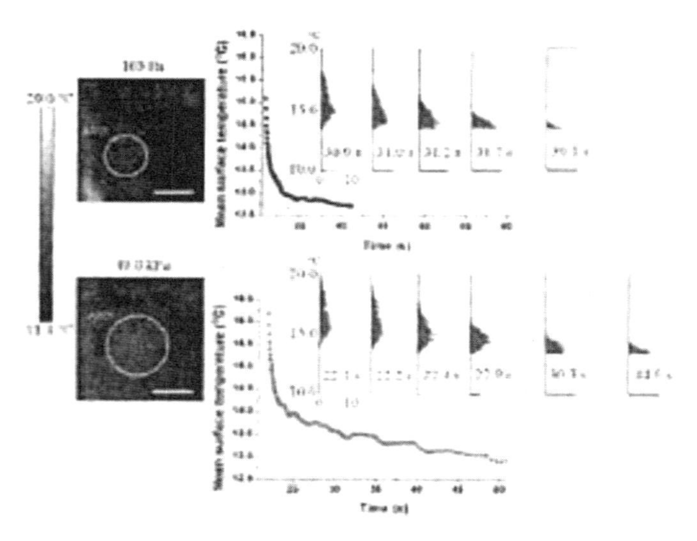

（a）不同压力触敏下薄膜表面热扩散结果（标尺：6 mm）

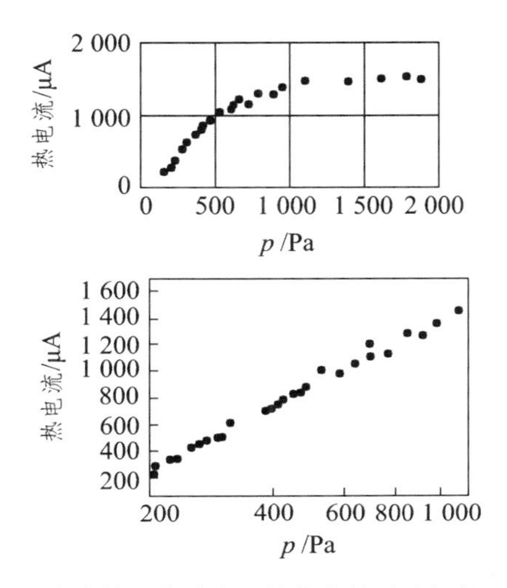

（b）不同压力触敏下薄膜截面热扩散结果（标尺：2.5 mm）

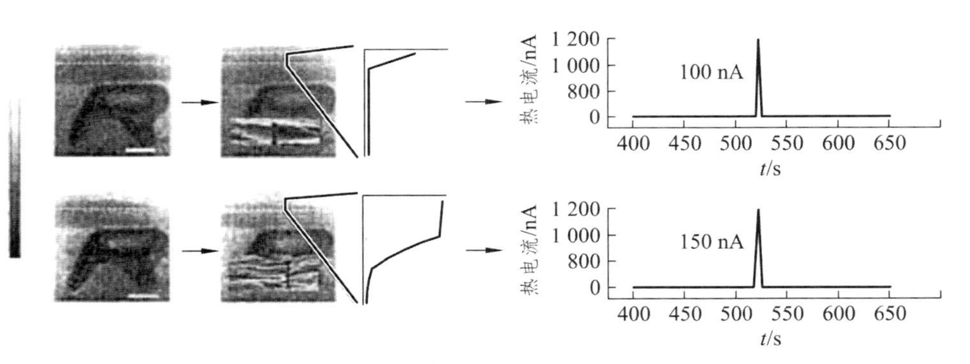

（c）不同压力下触敏电流变化

图 8.5.4 不同压力触敏下薄膜的扩散和触敏电流

8.5.2 石墨烯热电性能在热电器件上的应用

热电材料的应用要通过热电器件来实现。要成为优良的热电材料，至少应具备如下条件：① 接近费米能级的电子能带具有高的晶体对称性，有尽可能多的能谷，有较大的载流子有效质量，从而获得较高的 S 值。② 由负电性相近的元素组成化合物，要减小载流子输运中的极性散射，从而得到合理大小的迁移率，以保证有效质量和载流子迁移率之积尽可能大。③ 禁带宽度在 10 kBT 左右，其中温度 T 要接近使用温度，以保证材料的 ZT 值在使用温度附近有最佳值。④ 具有降低晶格热导率的功能。

石墨烯这种低维材料，具有许多优异性质，正好满足上述条件，因而可作热电器件的材料。

热电器件按照功能，可分为温差发电器和热电制冷器两类。热电器件具有高稳定性、易小型化、环境友好等突出优点。它的一个重要应用是：用于制作BMW530i 型概念车（图 8.5.5），它可以利用尾气预热发电，提高燃油利用率（见文[14]）中的参考文献[31]。

图 8.5.5　温差发电装置在 BMW530i 型概念车上的应用

石墨烯这种低维材料具有高的热电性能，因而可作为薄膜热电器件。2009 年，Kwon 等在文[21]用有机气相沉积制备了薄膜温差发电器件（图 8.5.6）：温差为 45 K 时，输出功率达 1.3 μW。

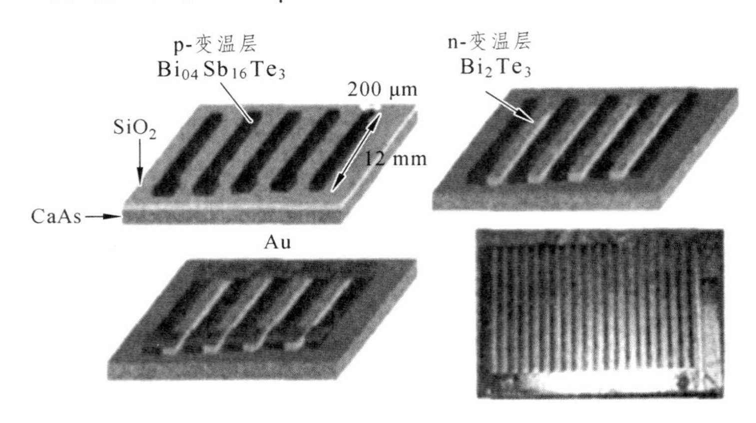

图 8.5.6　Bi–Sb–Te 基薄膜温差发电器件

同年 Chowdhury 等制备了 Bi_2Te_3 等超晶格热电制冷器件（图 8.5.7），功率密度达 1300 W·cm^{-3}，可用于冷却集成电路中的芯片，还可以有选择性地进行点对点冷却[22]。

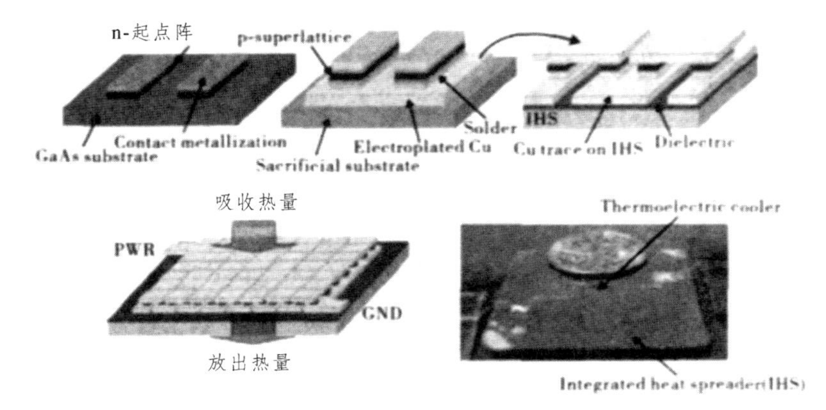

图 8.5.7 薄膜热电制冷器件

8.5.3 石墨烯热电性能在光电探测器上的应用

石墨烯在光电探测上有许多应用[23]。光电探测器的核心是将光信号转换为电信号。石墨烯光电探测的机理之一就是它的光热电效应。

在室温和普通光照下，石墨烯中的电子之间易发生相互作用。光子激发的电子-空穴对，会在秒级的时间内加热石墨烯中的载流子。由于光子能量很大，辐射场激发热载流子后，残余的温度远高于晶格原子，使载流子将温度快速转移，这就是光热电效应。

石墨烯材料具有的光热电效应以及光伏效应、辐射热效应等性质，使得石墨烯可用于各类光探测器，例如：金属-石墨烯光电探测器（利用石墨烯与金属的功函数不同而制成，图 8.5.8），石墨烯-半导体异质结光电探测器（图 8.5.9），石墨烯测辐射热计（图 8.5.10），量子点石墨烯探测器（图 8.5.11）等[23]。

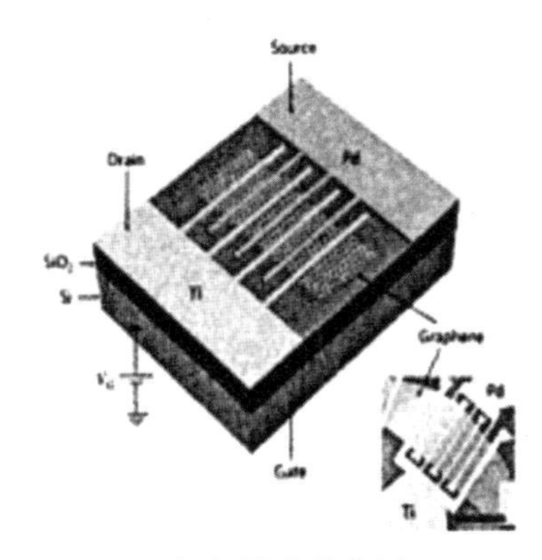

（a）器件结构图

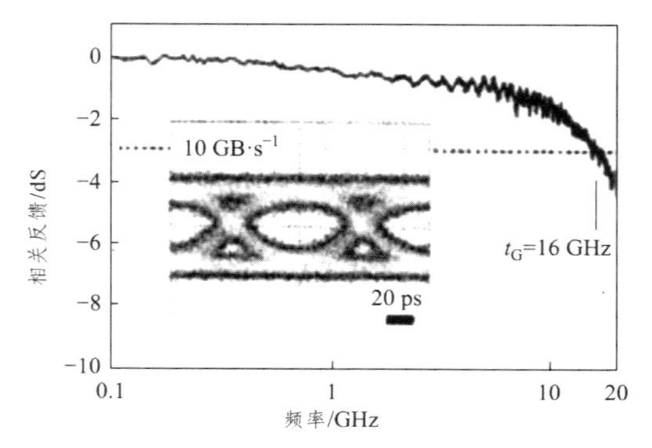

（b）10Gbits-1 数据流相应[23]

图 8.5.8 金属石墨烯探测器

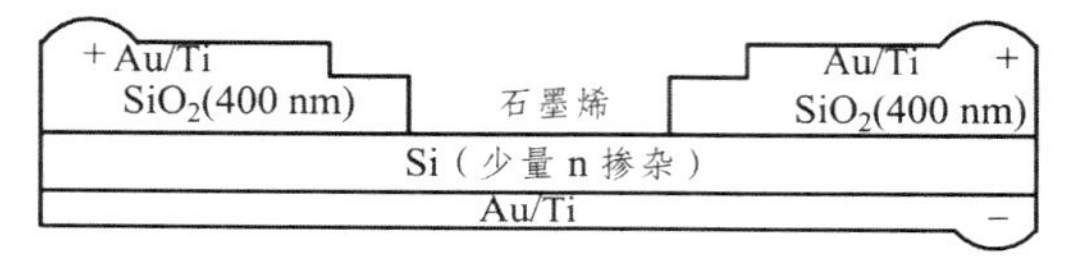

（a）探测器结构

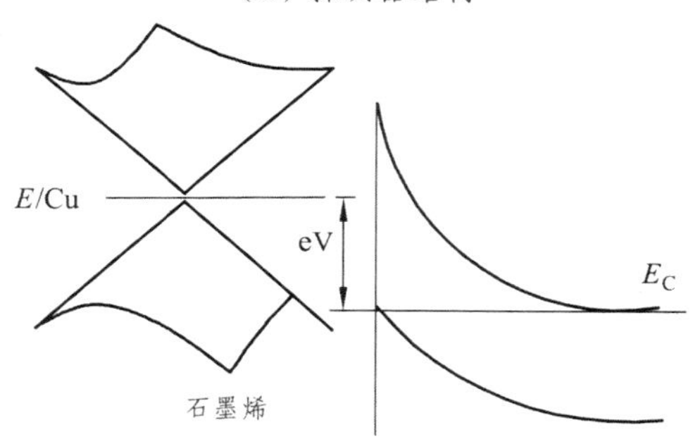

（b）施加栅电压的能带变化

图 8.5.9 石墨烯–硅异质结光探测器

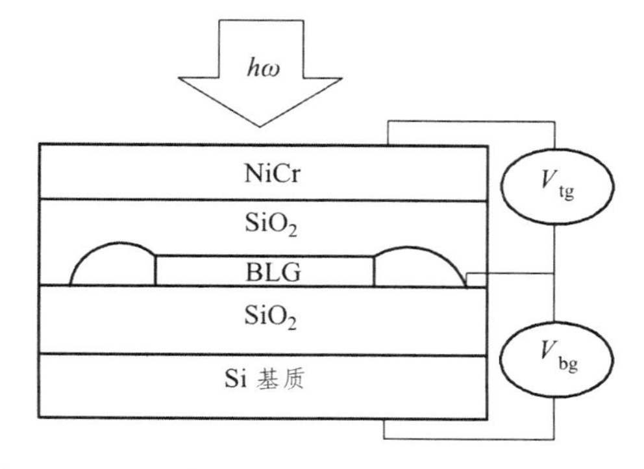

图 8.5.10 双栅双层石墨烯测辐射热计器件结构

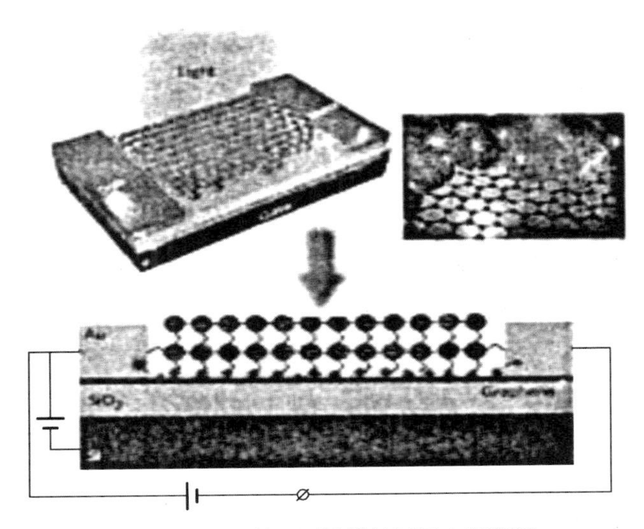

图 8.5.11 基于石墨烯的量子点探测器

应指出：石墨烯在室温下具有高载流子迁移率，石墨烯作为光探测器材料的理论带宽可达到 500 GHz，能适应光探测技术高速发展的要求，确实是研制高速光通信接收器的一种理想材料，但因石墨烯光吸收率只有 2.3%，如何提高光吸收率、降低成本等仍然是当前急需解决的问题。

参考文献

[1] 刘俊，陈希明. 热力学与统计物理学简明教程[M]. 北京：人民邮电出版社，2013: 70.

[2] 汪志诚. 热力学·统计物理[M]. 2 版. 北京：高等教育出版社，1980: 139.

[3] MOTT N F, JONES H. The theory of the properties of metals and alloys[M]. Oxford: Oxford University Press, 1945: 55.

[4] ALISULTANOV Z Z, MIRZEGASANOVA N A. Thermoelectric transport in epitaxial graphene on a size-quantized substrate[J]. Semiconductors, 2015, 49(8): 1062-1068. (俄文文献)

[5] 史迅，席丽丽，杨炯，等. 热电材料研究中的基础物理问题[J]. 物理，2011，40(11): 710-718.

[6] ZUEV Y M, CHANG W, KIM P. Thermoelectric and magnetothermoelectric transport

measurements of graphene[J]. Physical Review Letters, 2009, 102(9): 096807.

[7] WU X, HU Y, RUAN M, et al. Thermoelectric effect in high mobility single layer epitaxial graphene[J]. Applied Physics Letters, 2011, 99(13): 073412.

[8] DÓRA B, THALMEIER P. Magnetotransport and thermoelectricity in Landau-quantized disordered graphene[J]. Physical Review B, 2007, 76(76).

[9] XING Y, SUN Q F, WANG J. Nernst and Seebeck effects in a graphene nanoribbon[J]. Physical Review B, 2009, 80(23): 308-310.

[10] 魏苗苗. 多端石墨烯纳米带的磁致热电输运性质[D]. 石家庄: 河北师范大学, 2016.

[11] 谭仕华. 石墨烯纳米带热电性质及其调控的第一性原理研究[D]. 长沙: 湖南大学, 2014.

[12] ALISULTANOV Z Z, MIRZEGASANOVA N A. Thermodynamics of electrons in epitaxial graphene[J]. Technical Physics Letters, 2014, 40(2): 164-166. (俄文文献)

[13] ALISULTANOV Z Z, MIRZEGASANOVA N A. Thermoelectric transport in epitaxial graphene on a size-quantized substrate[J]. Semiconductors, 2015, 49(8): 1062-1068. (俄文文献)

[14] 张晖, 杨君友, 张建生, 等. 热电材料研究的最新进展[J]. 材料导报, 2011, 25(5): 32-35.

[15] DRAGOMAN D, DRAGOMAN M. Giant thermoelectric effect in graphene[J]. Applied Physics Letters, 2007, 91(20): 203116-203116$_{-3}$.

[16] SHARAPOV S G, VARLAMOV A A. Anomalous growth of thermoelectric power in gapped graphene[J]. Physical Review B Condensed Matter, 2012, 86(3): 47-52.

[17] HASANOV K A, HUSEYNOV J I, DADASHOVA V V, et al. Effect of phonon drag on the thermopower in a parabolic quantum well[J]. Semiconductors, 2016, 50(3): 295-298. (俄文文献)

[18] 黄昆, 韩汝琦. 固体物理学[M]. 北京: 高等教育出版社, 2001: 59-61.

[19] 程正富, 郑瑞伦. Thermal expansion and deformation of graphene[J]. Chinese Physics Letters, 2016, 33(4): 96-99.

[20] 侯成义. 环境响应型石墨烯复合材料的设计、三维构筑与性能研究[D]. 上海: 东华大学, 2014.

[21] KWON S D, JU B K, YOON S J, et al. Fabrication of bismuth telluride-based alloy

thin film thermoelectric devices grown by metal organic chemical vapor deposition[J]. Journal of Electronic Materials, 2009, 38(7): 920-924.

[22] Intesham chowdhury. et al. On-chip cooling by superlattice-based thin-filn thermelectrics[J] Nature Nanotechn. 2009. 4. 235.

[23] 张猛蛟，梁宛玉，简云飞，等. 石墨烯光电探测器[J]. 集成电路通讯，2015(2): 41-48.

附　录

1. 几个常用的积分公式

（1）Γ 函数及其应用

函数 $\Gamma(\alpha)=\int_0^{\infty}\mathrm{e}^{-x}x^{\alpha-1}\mathrm{d}x$（x>0）

称为 Γ 函数，由高等数学的知识知道，它有如下性质：

$$\Gamma(\alpha+1)=\alpha\Gamma(\alpha) \tag{1}$$

$$\Gamma(1)=\int_0^{\infty}\mathrm{e}^{-x}\mathrm{d}x=1 \tag{2}$$

$$\Gamma\left(\frac{1}{2}\right)=\sqrt{\pi} \tag{3}$$

利用上述性质，立即得到：

$$\Gamma(n)=(n-1)(n-2)\cdots1\Gamma(1)=(n-1)! \tag{4}$$

$$\Gamma\left(n+\frac{1}{2}\right)=\left(n-\frac{1}{2}\right)\left(n-\frac{3}{2}\right)\cdots\frac{1}{2}\cdot\sqrt{\pi} \tag{5}$$

对于不是明显的 Γ 函数，可以将它写为 Γ 函数的形式进行计算。

[例 1]　计算积分 $I=\int_{-\infty}^{\infty}\mathrm{e}^{-x^2}\mathrm{d}x$。

利用被积函数为偶函数的性质，并令 $x^2=y$，则 $y>0$，$\mathrm{d}x=\frac{1}{2}y^{-1/2}\mathrm{d}y$，可得：

$$I=2\int_0^{\infty}\mathrm{e}^{-x^2}\mathrm{d}x=\int_0^{\infty}\mathrm{e}^{-y}y^{\frac{1}{2}-1}\mathrm{d}y=\Gamma\left(\frac{1}{2}\right)=\sqrt{\pi}$$

[例 2] 计算积分 $I(n)=\int_0^{\infty}\mathrm{e}^{-\alpha x^2}x^n\mathrm{d}x$（$n$ 为零或正整数）。

进行代换，令 $y=\alpha x^2$，得 $\mathrm{d}x=\dfrac{1}{2\alpha^{1/2}}y^{-1/2}\mathrm{d}y$， $x=y^{1/2}/\alpha^{1/2}$，代入得到：

$$I(n)=\frac{1}{2\alpha^{\frac{1}{2}(n+1)}}\int_0^{\infty}\mathrm{e}^{-y}y^{\frac{1}{2}(n-1)}\mathrm{d}y=\frac{1}{2\alpha^{(n+1)/2}}\Gamma\left(\frac{n+1}{2}\right) \tag{7}$$

分别取 n=0, 1,2, 3, …代入（7）式，并利用（2）至（5）式，得到 I（n）的值。

2. 计算积分

$$I(n)=\int_0^{\infty}\frac{x^{n-1}}{\mathrm{e}^x-1}\mathrm{d}x \qquad \left(n=2,3,4,\frac{3}{2},\frac{5}{2}\right)$$

解：由 $\dfrac{x^{n-1}}{\mathrm{e}^x-1}=\dfrac{x^{n-1}\mathrm{e}^{-x}}{1-\mathrm{e}^{-x}}=x^{n-1}\mathrm{e}^{-x}(1+\mathrm{e}^{-x}+\mathrm{e}^{-2x}+\cdots)=\sum\limits_{k=1}^{\infty}x^{n-1}\mathrm{e}^{-kx}$

得到：

$$I(n)=\sum_{k=1}^{\infty}\frac{1}{k^n}\int_0^{\infty}y^{n-1}\mathrm{e}^{-y}\mathrm{d}y$$

例如：

$$I(2)=\int_0^{\infty}\frac{x\mathrm{d}x}{\mathrm{e}^x-1}=\sum_{k=1}^{\infty}\frac{1}{k^2}\int_0^{\infty}y\mathrm{e}^{-y}\mathrm{d}y=\sum_{k=1}^{\infty}\frac{1}{k^2}=\frac{\pi^2}{6}\approx 1.645 \tag{14}$$

$$I(3)=\int_0^{\infty}\frac{x^2\mathrm{d}x}{\mathrm{e}^x-1}=\sum_{k=1}^{\infty}\frac{1}{k^3}\int_0^{\infty}y^2\mathrm{e}^{-y}\mathrm{d}y=2\sum_{k=1}^{\infty}\frac{1}{k^3}=2\times 1.202 \tag{15}$$

$$I(4)=\int_0^{\infty}\frac{x^3\mathrm{d}x}{\mathrm{e}^x-1}=\sum_{k=1}^{\infty}\frac{1}{k^4}\int_0^{\infty}y^3\mathrm{e}^{-y}\mathrm{d}y=6\sum_{k=1}^{\infty}\frac{1}{k^4}=6\times\frac{\pi^4}{90}=6\times 1.082 \tag{16}$$

$$I\left(\frac{3}{2}\right)=\int_0^{\infty}\frac{x^{1/2}\mathrm{d}x}{\mathrm{e}^x-1}=\sum_{k=1}^{\infty}\frac{1}{k^{3/2}}\int_0^{\infty}y^{1/2}\mathrm{e}^{-y}\mathrm{d}y=\frac{\sqrt{\pi}}{2}\sum_{k=1}^{\infty}\frac{1}{k^{3/2}}=\frac{\sqrt{\pi}}{2}\times 2.612 \tag{17}$$

$$I\left(\frac{5}{2}\right)=\int_0^{\infty}\frac{x^{3/2}\mathrm{d}x}{\mathrm{e}^x-1}=\sum_{k=1}^{\infty}\frac{1}{k^{5/2}}\int_0^{\infty}y^{3/2}\mathrm{e}^{-y}\mathrm{d}y=\frac{3\sqrt{\pi}}{4}\sum_{k=1}^{\infty}\frac{1}{k^{5/2}}=\frac{3\sqrt{\pi}}{4}\times 1.341 \tag{18}$$